“十四五”国家重点出版物出版规划项目·重大出版工程

中国学科及前沿领域2035发展战略丛书

学术引领系列

国家科学思想库

# 中国量子物质与应用2035发展战略

“中国学科及前沿领域发展战略研究（2021—2035）”项目组

科学出版社

北京

## 内 容 简 介

量子物质前沿领域的兴起是人类对物质世界的认知深入到微观尺度的必然结果。该领域既是基础性的引领科学，又为高新技术和前沿科技产业的发展提供了物质基础和原理支撑。目前，我国在量子物质的主要分支上已形成较大的覆盖面，有些方向甚至走到了国际最前沿。《中国量子物质与应用 2035 发展战略》深入阐述了量子物质与应用领域的科学意义及战略价值，系统分析了领域的研究现状与发展趋势，结合关键科学问题和我国经济社会发展需求，凝练出了我国应优先发展的方向，并提出了相应的政策建议。

本书为相关领域战略与管理专家、科技工作者、企业研发人员及高校师生提供了研究指引，为科研管理部门提供了决策参考，也是社会公众了解量子物质与应用领域发展现状及趋势的重要读本。

**图书在版编目（CIP）数据**

中国量子物质与应用 2035 发展战略 / "中国学科及前沿领域发展战略研究（2021—2035）"项目组编 . —北京：科学出版社，2023.5
（中国学科及前沿领域 2035 发展战略丛书）
ISBN 978-7-03-075335-9

Ⅰ. ①中… Ⅱ. ①中… Ⅲ. ①量子论－发展战略－研究－中国 Ⅳ. ① O413

中国国家版本馆 CIP 数据核字（2023）第 058601 号

丛书策划：侯俊琳 朱萍萍
责任编辑：侯俊琳 唐 傲 郭学雯 / 责任校对：何艳萍
责任印制：师艳茹 / 封面设计：有道文化

科学出版社 出版
北京东黄城根北街 16 号
邮政编码：100717
http://www.sciencep.com
中国科学院印刷厂 印刷
科学出版社发行 各地新华书店经销
*
2023年5月第 一 版 开本：720×1000 1/16
2023年5月第一次印刷 印张：31 3/4
字数：499 000

**定价：218.00元**

（如有印装质量问题，我社负责调换）

“中国学科及前沿领域发展战略研究（2021—2035）”

## 联合领导小组

**组　长**　常　进　李静海

**副组长**　包信和　韩　宇

**成　员**　高鸿钧　张　涛　裴　钢　朱日祥　郭　雷　杨　卫　王笃金　杨永峰　王　岩　姚玉鹏　董国轩　杨俊林　徐岩英　于　晟　王岐东　刘　克　刘作仪　孙瑞娟　陈拥军

## 联合工作组

**组　长**　杨永峰　姚玉鹏

**成　员**　范英杰　孙　粒　刘益宏　王佳佳　马　强　马新勇　王　勇　缪　航　彭晴晴

# 《中国量子物质与应用2035发展战略》

## 顾　　问

（按姓氏笔画排序）

王玉鹏　王恩哥　方　忠　邢定钰　朱邦芬　向　涛　孙昌璞
汪卫华　张富春　林海青　封东来　赵忠贤　南策文　段文晖
俞大鹏　贾金锋　高鸿均　龚新高　谢心澄　潘建伟　薛其坤

## 编　写　组

**组　长：** 陈仙辉

**成　员：**（按姓氏笔画排序）

丁　洪　于国强　万贤刚　马　龙　马旭村　马衍伟
马琰铭　王开友　王亚愚　王伯根　王　垈　王　健
王　浩　王晨杰　王强华　王楠林　王　雷　王震宇
王　镇　牛　群　毛金海　方　辰　孔　良　石友国
石　磊　卢海舟　叶　鹏　田明亮　吕　力　朱增伟

乔振华　任治安　向红军　刘正猷　刘正鑫　刘俊明
刘恩克　刘　渊　刘　辉　江　颖　孙玉平　孙　阳
严忠波　杜宗正　杜海峰　李世燕　李　伟　李建新
李　犨　李　涛　李　源　杨义峰　肖　江　吴克辉
吴施伟　吴　涛　何　林　何　珂　汪　忠　沈　洁
沈　健　宋凤麒　宋　成　张广宇　张广铭　张文清
张远波　张志勇　张秀娟　张　定　张振宇　张　童
张　焱　张警蕾　陈立东　陈延峰　陈国瑞　陈泽国
陈　钢　陈晓嘉　陈　健　陈　焱　苑震生　林　熙
尚大山　金　魁　周兴江　周树云　周　睿　周　毅
郑东宁　孟子扬　赵立东　赵纪军　赵建华　赵　俊
郝　宁　胡江平　修发贤　俞　榕　闻海虎　姚　宏
姚　望　袁　洁　袁洪涛　袁辉球　贾　爽　顾正澄
徐洪起　殷月伟　翁红明　高春雷　郭尔佳　郭建刚
唐新峰　梅佳伟　曹光旱　戚　杨　葛　浩　董　涛
韩　伟　程金光　程智刚　焦　琳　裴艳中　翟　荟
熊仁根　缪　峰

# 总　　序

党的二十大胜利召开，吹响了以中国式现代化全面推进中华民族伟大复兴的前进号角。习近平总书记强调“教育、科技、人才是全面建设社会主义现代化国家的基础性、战略性支撑”[①]，明确要求到2035年要建成教育强国、科技强国、人才强国。新时代新征程对科技界提出了更高的要求。当前，世界科学技术发展日新月异，不断开辟新的认知疆域，并成为带动经济社会发展的核心变量，新一轮科技革命和产业变革正处于蓄势跃迁、快速迭代的关键阶段。开展面向2035年的中国学科及前沿领域发展战略研究，紧扣国家战略需求，研判科技发展大势，擘画战略、锚定方向，找准学科发展路径与方向，找准科技创新的主攻方向和突破口，对于实现全面建成社会主义现代化“两步走”战略目标具有重要意义。

当前，应对全球性重大挑战和转变科学研究范式是当代科学的时代特征之一。为此，各国政府不断调整和完善科技创新战略与政策，强化战略科技力量部署，支持科技前沿态势研判，加强重点领域研发投入，并积极培育战略新兴产业，从而保证国际竞争实力。

擘画战略、锚定方向是抢抓科技革命先机的必然之策。当前，新一轮科技革命蓬勃兴起，科学发展呈现相互渗透和重新会聚的趋

① 习近平. 高举中国特色社会主义伟大旗帜 为全面建设社会主义现代化国家而团结奋斗——在中国共产党第二十次全国代表大会上的报告. 北京：人民出版社，2022：33.

势，在科学逐渐分化与系统持续整合的反复过程中，新的学科增长点不断产生，并且衍生出一系列新兴交叉学科和前沿领域。随着知识生产的不断积累和新兴交叉学科的相继涌现，学科体系和布局也在动态调整，构建符合知识体系逻辑结构并促进知识与应用融通的协调可持续发展的学科体系尤为重要。

擘画战略、锚定方向是我国科技事业不断取得历史性成就的成功经验。科技创新一直是党和国家治国理政的核心内容。特别是党的十八大以来，以习近平同志为核心的党中央明确了我国建成世界科技强国的“三步走”路线图，实施了《国家创新驱动发展战略纲要》，持续加强原始创新，并将着力点放在解决关键核心技术背后的科学问题上。习近平总书记深刻指出：“基础研究是整个科学体系的源头。要瞄准世界科技前沿，抓住大趋势，下好‘先手棋’，打好基础、储备长远，甘于坐冷板凳，勇于做栽树人、挖井人，实现前瞻性基础研究、引领性原创成果重大突破，夯实世界科技强国建设的根基。”①

作为国家在科学技术方面最高咨询机构的中国科学院（简称中科院）和国家支持基础研究主渠道的国家自然科学基金委员会（简称自然科学基金委），在夯实学科基础、加强学科建设、引领科学研究发展方面担负着重要的责任。早在新中国成立初期，中科院学部即组织全国有关专家研究编制了《1956—1967年科学技术发展远景规划》。该规划的实施，实现了“两弹一星”研制等一系列重大突破，为新中国逐步形成科学技术研究体系奠定了基础。自然科学基金委自成立以来，通过学科发展战略研究，服务于科学基金的资助与管理，不断夯实国家知识基础，增进基础研究面向国家需求的能力。2009年，自然科学基金委和中科院联合启动了“2011—2020年中国学科发展

① 习近平. 努力成为世界主要科学中心和创新高地 [EB/OL]. (2021-03-15). http://www.qstheory.cn/dukan/qs/2021-03/15/c_1127209130.htm[2022-03-22].

战略研究"。2012 年，双方形成联合开展学科发展战略研究的常态化机制，持续研判科技发展态势，为我国科技创新领域的方向选择提供科学思想、路径选择和跨越的蓝图。

联合开展"中国学科及前沿领域发展战略研究（2021—2035）"，是中科院和自然科学基金委落实新时代"两步走"战略的具体实践。我们面向 2035 年国家发展目标，结合科技发展新特征，进行了系统设计，从三个方面组织研究工作：一是总论研究，对面向 2035 年的中国学科及前沿领域发展进行了概括和论述，内容包括学科的历史演进及其发展的驱动力、前沿领域的发展特征及其与社会的关联、学科与前沿领域的区别和联系、世界科学发展的整体态势，并汇总了各个学科及前沿领域的发展趋势、关键科学问题和重点方向；二是自然科学基础学科研究，主要针对科学基金资助体系中的重点学科开展战略研究，内容包括学科的科学意义与战略价值、发展规律与研究特点、发展现状与发展态势、发展思路与发展方向、资助机制与政策建议等；三是前沿领域研究，针对尚未形成学科规模、不具备明确学科属性的前沿交叉、新兴和关键核心技术领域开展战略研究，内容包括相关领域的战略价值、关键科学问题与核心技术问题、我国在相关领域的研究基础与条件、我国在相关领域的发展思路与政策建议等。

三年多来，400 多位院士、3000 多位专家，围绕总论、数学等 18 个学科和量子物质与应用等 19 个前沿领域问题，坚持突出前瞻布局、补齐发展短板、坚定创新自信、统筹分工协作的原则，开展了深入全面的战略研究工作，取得了一批重要成果，也形成了共识性结论。一是国家战略需求和技术要素成为当前学科及前沿领域发展的主要驱动力之一。有组织的科学研究及源于技术的广泛带动效应，实质化地推动了学科前沿的演进，夯实了科技发展的基础，促进了人才的培养，并衍生出更多新的学科生长点。二是学科及前沿领域的发展促进深层次交叉融通。学科及前沿领域的发展越来越呈现出多学科相互渗透的发展态势。某一类学科领域采用的研究策略和技术体系所产生的基础理论与方法论成果，可以作为共同的知识基础适用于不同学科领域的多个研究方向。三是科研范式正在经历深刻变革。解决系统性复杂问题成为当前科学发展的主要目标，导致相应的研究内容、方法和范畴等的改变，形成科学研究的多层次、多尺度、动态化的基本特征。数据驱动的科研模式有力地推动了新时代科研范式的变革。四是科学与社会的互动更加密切。发展学科及前沿领域愈加重要，与此同时，“互联网 +”正在改变科学交流生态，并且重塑了科学的边界，开放获取、开放科学、公众科学等都使得越来越多的非专业人士有机会参与到科学活动中来。

“中国学科及前沿领域发展战略研究（2021—2035）”系列成果以“中国学科及前沿领域2035发展战略丛书”的形式出版，纳入“国家科学思想库－学术引领系列”陆续出版。希望本丛书的出版，能够为科技界、产业界的专家学者和技术人员提供研究指引，为科研管理部门提供决策参考，为科学基金深化改革、“十四五”发展规划实施、国家科学政策制定提供有力支撑。

在本丛书即将付梓之际，我们衷心感谢为学科及前沿领域发展战略研究付出心血的院士专家，感谢在咨询、审读和管理支撑服务方面付出辛劳的同志，感谢参与项目组织和管理工作的中科院学部的丁仲礼、秦大河、王恩哥、朱道本、陈宜瑜、傅伯杰、李树深、李婷、苏荣辉、石兵、李鹏飞、钱莹洁、薛淮、冯霞，自然科学基金委的王长锐、韩智勇、邹立尧、冯雪莲、黎明、张兆田、杨列勋、高阵雨。学科及前沿领域发展战略研究是一项长期、系统的工作，对学科及前沿领域发展趋势的研判，对关键科学问题的凝练，对发展思路及方向的把握，对战略布局的谋划等，都需要一个不断深化、积累、完善的过程。我们由衷地希望更多院士专家参与到未来的学科及前沿领域发展战略研究中来，汇聚专家智慧，不断提升凝练科学问题的能力，为推动科研范式变革，促进基础研究高质量发展，把科技的命脉牢牢掌握在自己手中，服务支撑我国高水平科技自立自强和建设世界科技强国夯实根基做出更大贡献。

“中国学科及前沿领域发展战略研究（2021—2035）”

联合领导小组

2023 年 3 月

# 前　言

物质材料是人类文明发展的重要基础。人类对石器、青铜器、铁器、钢和硅基半导体材料的大规模应用可以被用于划分人类文明发展的不同阶段。从这个意义讲，人类文明的发展史也是一部物质材料发展的历史。量子物质研究领域的兴起是人类对物质世界的探索深入微观层次的自然结果，其主要研究对象是由大量粒子组成的复杂体系的物质结构及其粒子集体运动的基本规律。20世纪，固体能带理论、朗道费米液体理论和磁性微观量子模型的建立促进了晶体管、信息磁存储设备的发明以及整个微电子工业的发展，推动着人类社会进入信息时代。然而随着越来越多新物质体系的发现，新的量子现象不断被揭示，新的物理概念和物理规律也大量涌现，这些发现超越了传统能带理论和朗道费米液体理论的范畴。在量子物质前沿领域的研究对象中，电荷、自旋、轨道和晶格等微观自由度之间往往存在着紧密的耦合，外界参量微小的变化即可使系统在不同的量子物态之间转换从而产生巨大的物性变化，使系统表现出丰富的物理现象，从而产生诸多实际的应用。国际上普遍认为量子物质领域的发展极有希望推动下一次产业革命，为人类经济社会发展带来新的机遇。

量子物质前沿领域立足于对物质微观层面上基本规律的探索，着眼于先进功能材料、量子现象和器件的实际应用，是一个基础性和应用性都很强的科学领域。一方面，对量子物质的研究不断改变着人类对物质中单粒子和集体激发基本规律的认知，把人类对物质世界的理解在微观尺度和复杂性这两个方向上推进到前所未有的深度；另一方面，量子物质前沿领域不断涌现的新材料和新现象，推动人们产生新的物理思想，为信息和能源领域的长久发展提供物质基础与原理支撑。

量子物质是一个相对新颖并快速发展的前沿研究领域，其内涵和研究对象在过去十多年得到巨大的扩展。在“量子物质”这一概念出现的早期，一般是指凝聚态物理中的强关联电子体系，而后随着拓扑物态、低维物理和新型磁性等研究领域的兴起，量子物质的科学内涵也日益扩大，形成了一个具有丰富物理性质和覆盖面广泛的前沿领域。目前，量子物质前沿领域总体处于基础研究全面开展和产业应用的培育阶段，未来十五年是有望实现多点突破的关键时期。在这样的形势下，量子物质前沿领域未来的发展趋势如何，存在哪些关键科学问题，有望产生哪些重要突破，如何满足信息、能源和材料领域的发展诉求，都需要我们系统、深入地进行研判和布局。

在国家自然科学基金委员会和中国科学院的统一部署下，项目负责人陈仙辉集合国内量子物质研究领域110余位专家组成的工作组，开展了量子物质与应用发展战略研究。根据量子物质前沿领域的发展规律和国家需求，研究工作组经过多次讨论确定了战略研究报告的基本结构，制定了研究内容大纲，确定了超导与强关联体系、拓扑量子物态体系、低维量子体系、多自由度耦合的量子物态体系、极端条件下的新奇量子物态以及量子物质的探索与合成等六个大方向，共计50个具体研究方向进行专题调研与研究。之后，在整理和汇总各专题报告的基础上，经过集中研讨形成了战略研究报告的初稿。工作组随后数次征集了领域内专家的意见和建议，对报告内容进行了仔细的修改。研究报告提交至战略研究顾问组进行评议后，征询院士、专家的建议和修改意见，编写组按照反馈的建议和意见对报告内容做了认真修改、完善并最终定稿。

本书汇聚了国内百余位量子物质领域专家学者的共同努力，以翔实的资料数据和调研为基础，评述了量子物质及应用前沿领域的科学意义与战略价值，总结与分析了量子物质领域在国内外的研究现状和发展趋势，甄选我国应该重点瞄准的发展方向，给出了相应的研究思路和发展目标。希望它能对我国量子物质领域乃至物理学科的发展发挥积极的推动作用。

在战略研究和书稿编撰过程中，我们得到了许多同行专家的大力支持，顾问组的院士、专家也提供了宝贵的指导意见。在此，对众多院士、专家们的指导和帮助表示衷心的感谢！

由于量子物质前沿领域分支众多且发展迅速，书中难免会存在不完善、疏漏之处，恳请专家和读者给予批评指正。

陈仙辉

《中国量子物质与应用2035发展战略》编写组组长

2022年9月

# 摘　要

认知和利用物质材料是人类文明发展的基础。量子物质前沿领域的兴起是人类对物质世界的认知深入到微观尺度的必然结果。该前沿领域起源于凝聚态物理，研究对象是由大量（微观）粒子组成的复杂物质体系的结构以及粒子的集体激发行为。量子物质领域在发展过程中与物理学的其他分支（特别是原子分子物理和光学）、化学、材料科学、信息科学、微电子学、生物学及医学等不断交叉融合，已成为物质科学的核心前沿领域。量子物质研究既是基础性的引领科学，又与应用需求密切相关。一方面，量子物质领域的研究把人们对物质世界的认识在微观尺度和复杂性这两个方向上推进到前所未有的深度，并以此指导设计新型材料结构、发现新奇物态、制备先进量子器件；另一方面，它还具有鲜明的先导特性，为高新技术和前沿科技产业的发展提供不可或缺的物质基础与原理支撑，很有可能推动下一次产业革命。量子物质和应用是一个相对新颖并快速发展的前沿研究领域，其内涵和具体研究内容在过去十年不断得到扩展。在这个时间节点编纂一部战略发展规划，在回顾和总结我国量子物质领域已取得的成就的基础上，对不同分支领域进行深入剖析，审视其发展态势，评估所面临的挑战和机遇，甄选优先发展方向，为我国相关科研工作者、各级政府和科技管理部门提供一个相对前瞻性的视角和参考，是一件有意义的工作。

## 一、量子物质与应用前沿领域的科学意义与战略价值

量子物质是量子力学应用于物质科学并深入发展的必然结果，极大地提升了人类对微观世界的认知，也从根本上改变了能源、信息和材料这三大现代科技支柱的原有理论框架与研发模式。顾名思义，量子物质是将量子理论运用于物质科学的研究领域，具有十分广阔的科学内涵。通过综合考虑学科发展历史规律和未来发展趋势，确定量子物质前沿领域的主要研究对象为：电子关联相互作用显著或存在某种类型电子序（如超导、磁有序）的材料体系，由于波函数的几何相位而呈现奇特电子特性的体系，以及其他宏观集体性质受量子行为控制的系统（如超冷原子体系）等。量子物质的普遍特征是大量个体单元组成的复杂体系表现出“演生”现象：对于由大量个体单元构成的复杂体系，其整体行为并不能依据单个粒子的性质做简单的外推，而是在每一个不同的复杂层次都会呈现全新的物理概念、物理定律和物理原理，其整体性质远超出个体单元的物理学规律。

量子物质前沿领域的研究不断改变着人类对物质世界的认知，推动了人们对物质中各种单粒子和集体激发基本规律的理解。基于单电子近似的固体能带理论和朗道费米液体理论在区分绝缘体、半导体、金属和解释它们的物理性质上取得了巨大的成功，促进了晶体管的发明和微电子工业的发展，推动着人类社会进入信息时代；磁性微观量子模型的建立，使人类对磁性的起源和相关物性有了深刻认识，众多新的磁性物理现象的发现（如巨磁阻效应），开辟了磁记录和高速信息读写的新方式，目前已被广泛应用于电子信息工业和日常生活中。在量子物质前沿领域中，研究对象往往存在电荷、自旋、轨道和晶格等微观自由度之间的紧密耦合，外界参量微小的变化即可导致系统在不同的量子物态之间转换从而产生巨大的物性变化。随着新物质体系的不断发现，大量新奇的演生物理现象、新

的物理概念被不断揭示，如（分数）量子霍尔效应、量子自旋霍尔效应、高温超导电性、近藤效应、马约拉纳准粒子、斯格明子、量子自旋液体等，已超越了现有能带理论和朗道费米液体理论的范畴。量子物质前沿领域不断涌现的新材料、新现象和新物理，将推动人们产生全新的物理思想，促成科学上的重大变革，为信息、材料和能源领域的长久发展提供科学基础，具有重要的战略意义。

## 二、量子物质与应用前沿领域的发展规律和发展趋势

量子物质前沿领域的一大鲜明特点是与实际应用需求密切相关，从根本上推动技术进步和产业变革。在量子物质领域不断涌现的新物质和新现象为诸多新技术的形成奠定了原理基础作为支撑，为高新技术的发展提供了物质材料，其每一次跨越和突破都会推动若干新兴产业的发展。20 世纪，沿着摩尔定律快速发展的半导体电子技术引领了全球科技、经济市场和社会生活的进步与发展。目前，半导体集成电路中器件尺寸正逼近物理极限，基于传统材料的半导体器件性能和制造工艺接近发展的瓶颈。在这样的时代背景下，如何在基础材料以及器件层面实现突破，支撑现代社会的计算需求，是当前量子物质领域的重要前沿课题。一方面，基于量子物质的低功耗信息存储、存内计算和类脑计算等迅速发展，这些新型计算架构有望更好地满足大数据、人工智能等方面的计算需求；另一方面，基于量子态叠加和纠缠的量子计算在近年来取得了很大进展，有望对人们未来的生产和生活方式产生革命性影响。量子物质领域的研究是材料科学中重大创新的先导，为能源和信息技术的长远发展提供了科学基础。例如，超导材料所展现的零电阻、完全抗磁和磁通量子化等奇特电磁性质已经在电力、医疗、通信、军事以及科学研究等领域获得了广泛的应用，在不久的将来，超导相关技术也有望在能源、交通和量子计算等领域中产生大规模应用。

近年来，量子物质领域的发展在深度和广度上表现出强劲的态

势，研究的边界不断拓展，研究更加深入，研究对象更加广泛。随着研究手段的不断发展，人们能够在多种极端情况下实现新的物质结构和形态，对它们的深入研究也不断提升人们的认知水平。实验技术的发展和完善，使得人们对量子物态的研究从统计平均的宏观水平，深入到单原子的空间尺度、阿秒的时间尺度，从而揭示了大量新的量子现象。随着研究的不断深入，量子物质领域的研究对象也从早期的电子等费米子体系拓展到光子、冷原子等玻色子体系及极化子等复合准粒子体系，从三维块材扩展到量子效应显著的低维和界面体系；物态调控手段越来越多样化、协同化，通过改变压力、磁场、电场、应力、堆垛摩尔周期等多种方式实现对量子物态和性质的调控；对材料制备的控制能力不断提高，薄膜生长和异质结构筑技术使得人们有望实现“自下而上”的功能导向的原子制造技术路线，在原子尺度构造、搭建、调控量子物质体系，进而直接制造功能器件。

随着量子物质研究的不断深入，人们所探索的物质系统越来越复杂，仅靠实验观测来总结物质世界的演化会有很大局限性，因此理论、计算和实验观测的结合越来越紧密。量子多体系统的数值计算方法在关联物态的研究过程中获得了长足的发展，大量新的数值算法被提出，如新型量子蒙特卡罗方法、动力学平均场方法、密度矩阵重正化群方法、各种类型的团簇近似方法等，使得人们计算处理复杂物质系统的能力不断提升。建立一个超越朗道框架的普适的低能有效理论图像不仅是量子物质领域研究自身的需要，也是其基础研究价值最重要的体现方式。这一目标的达成需要来自实验、理论、计算研究的长期密切合作。这种新研究范式的建立，必将使相关基础科学和应用研究迈上一个新的历史台阶。

在量子物质领域的研究中，尖端精密测量技术和大科学装置发挥着越来越重要的作用。物质科学的发展历史表明，关键表征技术的进步能极大地促进人们对物质材料的科学认识和应用。先进表征技术的发展本身也带来了众多应用技术的进步，如实验表征通常对物质表面的洁净程度有非常高的要求，为此发展出超高、极高真空技术；很多奇异物性在低温甚至极低温才会出现，因而发展出低温和极低温制冷技术；对材料性质进行测量时通常需要外部磁场调控，因此催生出稳态强磁场和脉冲强磁场技术。可以说，国际上前沿物质科学研究的竞争，在很大程度上取决于能否掌握和研发出领先的、创新性的表征技术，而先进表征技术的突破又能推动尖端应用科学技术的发展。同时，大科学装置是开展战略性、基础性和前瞻性科学研究的基础，是实现高水平的科技突破和集成创新的重要支撑，为提升国家原始创新能力、完善专业人才队伍建设、加强国际交流合作、带动高新产业发展起到巨大的促进作用。在量子物质研究领域，同步辐射光源、中子源以及稳态和脉冲强磁场等大科学装置作为重要的支撑平台，极大地提高了探索和研究量子物态的能力。

我国在量子物质的各分支领域都有布局并且进行了长期的支持，在研究队伍规模、测量设备条件、理论认知深度等方面都已具备较强的国际竞争力。目前，我国在量子物质的主要分支上已形成较大的覆盖面，在许多领域也取得了受国际同行广泛关注的研究成果，有些方向甚至走到国际最前沿，在一段时间内引领学科的发展。近十多年来，我国在量子物质领域中取得了一系列国际瞩目的研究成果，代表性工作包括铁基高温超导、量子反常霍尔效应、外尔半金属、拓扑材料数据库以及新型二维材料的发现等。在量子物质的应用研究中，我国研制了 10 kV/2.5 kA 和 35 kV/2.2 kA 三相同轴交流高温超导电缆，已将超导电缆分别运用于深圳和上海高负荷密度供电区域，系全球首次城市核心区域实用化应用；我国在自主研制二维结构超导量子比特芯片的基础上，成功构建了包含 62 个比特的可编程超导量子计算原型机“祖冲之号”，实现了量子优越性并为后续研究具有重大实用价值的量子计算打下了基础。

总体来说，在量子物质与应用前沿领域，我国已实现了研究“量”的突破，并在一些分支领域做出了引领性的工作，但还没有实现主流方向上的大面积领先，标志性的原创工作还不显著。这主要表现在深层次、长周期的系统性研究工作不多，独立发现的新物质体系、发现新现象和新规律的原创性工作较少；理论计算和实验测量在总体上的相互合作不够充分；自主研发新颖实验技术、开发新的计算方法的能力仍待加强；较为注重材料工艺和简单表征研究，缺乏研究上游新概念、新理论的工作；基础研究的下游——实际应用之路还较为狭窄。下一步发展需要在原创性上下功夫，实现更多“质”的突破，建设量子物质与应用前沿领域的科技强国。未来，应加强领域总体规划，完善宏观布局，逐渐减少一些重复性的研究，鼓励深层次、长期系统的原创性研究；充分发挥大科学装置的作用，完善专业人才队伍建设；鼓励发展新的计算方法和软件、自主研发尖端实验设备，提高开创性研究的能力。

## 三、量子物质与应用前沿领域的关键科学问题、发展思路和重要研究方向

量子物质和应用前沿领域立足于对物质微观世界中基本规律的探索，着眼于先进功能材料、量子现象和器件的实际应用，是一个基础性和应用性都很强的科学领域。目前，国际上量子物质领域总体仍处于基础研究全面开展和产业应用的培育阶段，未来十年是有望实现多点突破的关键时期。在未来布局上需要追求在应用导向研究和长远探索性研究之间保持均衡发展，既要强调对新物理、新现象、新材料和新物态调控手段的探索，也要重视发挥其在材料、信息、能源等领域的引领作用，使科学研究成为推动社会经济发展的原动力。在研究方向的选择上，统筹兼顾自由探索和国家战略导向性研究，优化研究队伍的组织架构。

根据自身物理规律的特质以及与不同应用领域的融合情况，可将量子物质与应用前沿领域分为超导与强关联体系、拓扑量子物态体系、低维量子体系、多自由度耦合的量子物态体系、极端条件下的新奇量子物态以及量子物质的探索与合成六个分支方向。布局应在总体统筹的情况下各有侧重，既要保持分支领域的研究特点，又要促进分支之间的交叉融合，推动我国量子物质领域的快速、可持续发展。

超导与强关联体系中最重要的科学问题包括高超导转变温度乃至室温超导的实现、对高温超导机理的理解以及超导材料的低成本和大规模应用。如果电子具有强的配对势，同时晶格还不失稳，就有可能获得更高转变温度的超导。从理论上讲，除了电声子耦合图像之外，还存在一种预期，即利用电子系统自身的强关联效应来实现高温下的超导配对。在强关联图像下，这些强配对势的库珀对如何形成，如何理解伴随超导出现反常物性，是高温超导机理研究的重点内容。建立一个超越朗道框架的普适的低能有效理论图像不仅是高温超导机理研究自身的需要，而且也能促成物理学的重大突破。为此，还有必要发展多体数值计算方法以得到强关联系统准确的基态、激发态和相变等关键信息。在超导应用方面，一方面需要提高高温超导材料的综合性能，使其性价比优于传统的导电材料，实现低温制冷系统长期运行的可靠性和稳定性。另一方面，超导集成电路、新材料电子技术、量子技术新原理等也会成为电子信息技术领域的前沿和国际竞争热点。其中超导量子计算在过去二十多年发展迅速，已经从最初的展示宏观电路量子特性的基础研究，发展成一个有可能孕育出变革性新技术的研究方向。

拓扑材料的高通量计算和非磁性拓扑电子材料数据库的建立，使得拓扑材料的分类和预测工作已经基本完成。拓扑量子物态领域的下一步研究目标是预测、发现、调控新型拓扑材料和拓扑量子物态。“新”可以体现在以下几个方面。①与已发现的材料相比，物理性质更为理想的拓扑绝缘体和拓扑半金属材料，为拓扑电子学器件发展提供材料基础。②与磁性、超导电性等效应共存的拓扑物态和其对应的材料。它们不仅是值得深入探索的新颖物态，也是拓扑物理走向应用的一个重要出口。例如，磁性拓扑材料有望成为拓扑自旋电子学、拓扑电路互连、高温量子反常霍尔效应等物理效应的理想载体，在信息传感、信息传输、逻辑运算、高密度存储和催化等方面具有巨大的应用潜力；拓扑超导作为马约拉纳准粒子的载体，有望用以发展拓扑量子计算。③打破了传统的“体边对应原理”的新型拓扑量子物态，如高阶拓扑物态、非厄米拓扑体系等。在此基础上，利用新奇的拓扑物性，即无耗散的电荷、自旋输运，具有全局稳定的高容错性，非局域电、磁、光、热调控等，可用于拓扑量子计算的马约拉纳零能态等，来推动原型拓扑器件的探索。同时，光和声是除电子之外另外两个信息载体和媒介，在信息的产生、传播、处理和显示中具有不可取代的作用。与之对应的拓扑玻色体系的性质具有鲁棒性，有望发展适于光波、声波调控的新应用和新器件。

低维量子体系的研究总体仍处于基础研究阶段，部分材料体系正迈向产业应用的培育阶段。结合国家需求和领域发展前景，低维量子体系的研究目前在以下四个方向上蕴含大量原创性发现的机会。①新型低维量子体系的创制，以及多种低维量子物态的复合。②低维量子体系的物态调控，以及基于低维量子体系物态调控的器件原型研发。③低维量子材料的大规模制备及其产业化应用。④低维量子体系先进表征手段的研发及其国产化。基础研究首先要扩大低维材料的研究范围，预测、制备更多的新型材料，并通过在单原子、单电子、单自旋水平上的结构与性能表征，更深入理解新奇物性的起源，从而进行精准的调控。在此基础上探索二维量子材料在面向未来的信息功能器件中的应用，发展和半导体工艺兼容的相关技术和工艺，研发高灵敏度、高速、低功耗的自旋逻辑器件和存储器件。同时，需要开发有效的样品生长与转移技术，实现高质量、大面积低维材料的制备和转移加工；鼓励对科研设备的自主研发，加强前沿实验技术与企业间的合作，对通用的核心实验技术和有应用前景的前沿表征技术进行推广。

立足固体中电子与相关物理自由度间的关联，结合国家需求和领域发展前景，多自由度耦合量子物态体系应优先布局发展的方向如下。①自旋电子学，着重发展与半导体微电子工艺兼容的超高密度、大容量、非易失磁存储和逻辑存算一体化器件等；②新型热电材料，发展新概念、新方法协同调控电子声子输运，研发热管理和能量转换一体化的新概念器件；③铁电和多铁材料，关注量子理论的发展和多功能设计，推动智能材料与器件、电控磁性存储和新型铁电量子器件的研发；④忆阻材料，促进存算一体神经形态、模拟、数字逻辑、随机计算等超越传统冯•诺依曼架构的研究探索。多自由度耦合的量子物态，常伴随着热力学相空间多个能量极小值出现，空间上的电子相分离难以避免。研究电子相分离的基本规律和演生效应不仅具有重要的基础科学价值，而且将指导开发更多的新型功能器件。为克服当前存算分离计算框架的困难，发展基于高性能量子材料的类脑计算、存算一体化和深度学习功能的神经网络体系也被寄予很高期望。

极端实验条件是已知与未知之间的边界。极端条件下对新奇量子物态的探索虽然难度大、周期长，但却是一个明确可行、有望获得未知物理现象的研究方向。极端条件下对新奇量子物态的研究已经体现出明确的价值，并针对部分关键科学问题形成了较为集中的研究方向。磁场下的物态调控随着强磁场装置的发展成为量子物质领域的重要研究方向。在强场激光和超快光学领域也有一系列前沿热点问题（如光诱导的高温超导电性、光诱导的超快相变和调控、强场激光对磁性材料的调控、强场激光对拓扑材料的调控、强光场和微纳结构的强耦合效应等）。超冷原子（分子）系统可以用来模拟复杂的量子多体模型并用显微学的方法研究其物理性质，理解凝聚态物理和量子场论中悬而未决的物理问题，并为精密测量和量子计算等领域提供高精度的量子测控技术。多种不同极端条件的结合也为对现有科学问题的深入理解提供了有价值、有潜力的研究方法。在极端条件下量子物质的研究中，尖端仪器的创新以及大科学装置的应用扮演着重要角色。

新型量子材料的探索与合成往往是量子物质领域研究的突破口，并对相关科学技术起到决定性作用。如何在无机化合物晶体结构数据库中寻找有科学价值的量子材料，确定哪些元素可以组成尚未被发现的量子材料，是量子物质领域的根本问题之一。材料基因组是材料研发的最新理念，其通过高通量计算缩小尝试范围，利用并行和组合思想的方法加速实验流程，借助机器学习寻找海量数据库中潜藏的规律，并回过头来修正理论模型，指导材料设计。新颖异质界面的构筑、基于电子能带的多物态调控、微纳尺度的低功耗优性能器件以及人工带隙材料等也是未来需要重点发展的方向。近年来，人们在以转角石墨烯为代表的摩尔超晶格体系中陆续实现了多种新颖的量子物态，转角调控也成为量子物态人工调控的新的有效手段。

## 四、围绕量子物质与应用前沿领域发展的政策建议

综合量子物质领域的研究特点、发展现状和国家需求，为保障未来十五年我国该领域的持续发展并进入世界前列，提出如下建议。①建立更活跃的跨学科交流网络，鼓励国内不同研究小组之间的深入合作，组建具有不同学科背景的联合攻关团队，明确适合跨学科合作模式下符合时代发展的成果贡献体现形式和考核评价机制，鼓励研究人员围绕重大基础问题开展长期、深入的合作。②在基础研

究和应用开发中，应鼓励和坚持走自主创新的道路，在科研经费方面给予长期稳定支持，提高科研经费的分配和使用效率，通过政策倾斜鼓励有条件的企业投资或自主展开基础科研。③重视人才队伍的结构化培养，重视基础教育，优化学科的课程教育体系，建立技术人员的支持和晋升机制。④深化企业、科研院所和高校之间的合作，注重前沿基础研究与产业界的联系，提高技术创新能力和创新技术的产品转化。⑤鼓励科研设备的自主研发，开展多种类的仪器研制项目。⑥在新的国际环境下，应加强国际学术交流和合作，建立新的交流和合作途径及模式。

# Abstract

The cognition and utilization of materials constitute the foundation for the development of human civilization. The rise of quantum matter is an inevitable result of human cognition of materials to the microscale. In this frontier, which originates from condensed-matter physics, the structures of complex material systems comprising many (micro) particles and the basic law of collective excitation behavior of these particles are adopted as research objects. Notably, the field of quantum matter continuously overlaps with other branches of physics (particularly the atomic and molecular physics and optics), chemistry, material science, information science, microelectronics, biology, and medicine, and it has become the frontier field of material science. Quantum matter research is a basic leading science that proffers solutions to practical application-based needs. On the one hand, the study of quantum matter expands our understanding of materials to an unprecedented level in the directions of both complexity and microscopic scale, naturally guiding the design of new material structures, discovery of novel states of matter, and fabrication of advanced quantum devices. On the other hand, due to its distinctive leading characteristics, this research field presents indispensable material foundation and principle support for developing highly advanced and cutting-edge science and technology industries, and it is expected to play a leading role in the next industrial revolution. As a relatively new research frontier, quantum matter and its applications are developing rapidly, and its connotation and specific research content have expanded in the past decade. Therefore, it is meaningful to compile a strategic development plan for reviewing and summarizing the progress in the field of quantum matter in China, which encompasses an in-depth analysis of different subfields, examination of their development trend, evaluation of the challenges and opportunities faced, and determination of high-priority development directions. Additionally, forward-looking perspectives and reference for relevant scientific researchers, governments at all levels, and science and technology management departments in China are provided.

## 0.1 Scientific significance and strategic value of the frontier field of quantum matter and its application

Quantum matter, as the name implies, involves applying quantum mechanics to material science. The emergence of quantum matter not only significantly improves our cognition of the micro-world, but also fundamentally changes the original theoretical framework and research and development (R&D) mode of the three modern scientific and technological pillars: energy, information, and materials. With applying quantum theory to material science, the scientific connotation of quantum matter is considerably broad. Based on the careful consideration of the discipline's historical development law and future development trends, the main research objects of quantum matter include material systems with significant electronic-correlation interaction or some types of electronic orders (such as superconductivity and magnetic order), systems exhibiting peculiar electronic characteristics because of the geometric phase of the wave function, and other systems (e.g., ultracold atomic systems) whose macroscopic collective properties are controlled by quantum behaviors. A universal feature of quantum matter is that complex systems composed of many individual units show “emergent” phenomena, i.e., the overall behavior of a complex system composed of many individual units cannot be simply extrapolated based on the properties of individual particles. Instead, at different complex levels, new physical concepts, laws, and principles emerge, and the overall properties are far beyond the physical laws of individual units.

The research on the frontier filed of quantum matter constantly changes our cognition of the material world and promotes our understanding of individual particles and the various basic laws of collective excitation in materials. Using the band theory of solids based on single-electron approximation and Landau’s Fermi-liquid theory, researchers have achieved significant success in distinguishing insulators, semiconductors, and metals, in addition to explaining their physical properties. These achievements have facilitated the invention of transistors and the development of the microelectronic industry, launching human society into the information age. With the establishment of the microscopic quantum theory of magnetism, humans obtained a deep understanding of the origin of magnetism and its related physical properties. Many new magnetic phenomena have been discovered, such as the giant magnetoresistance , which has facilitated the development of magnetic recording and high-speed information reading and writing. Today, these phenomena are widely utilized in the electronic information industry and our daily life. In the frontier field of quantum-matter, there are often close couplings among micro degrees of freedom, such as charge, spin, orbit, and crystalline lattice, in the research objects. Slight changes in external stimuli may lead to phase transitions between different quantum states, resulting in significant changes in the physical properties. The continuous discovery of new material systems has led to the continuous discovery of many novel and evolutionary physical phenomena, as well as new physical concepts, such as the (fractional) quantum Hall effect, quantum spin Hall effect, high-temperature superconductivity, Kondo effect, Majorana quasiparticle, Skyrmion, and quantum spin liquid, which are beyond the scope of the existing band theory and Landau's Fermi-liquid theory. The emergence of new materials, new phenomena, and new physics in the frontier of quantum matter, will inspire breakthrough in physical understanding, promote major changes in science, and provide a scientific basis for the long-term development in the fields of information, materials, and energy. Thus, the field of quantum matter is of high strategic significance.

## 0.2 Development law and development trend in the frontier field of quantum matter and its application

A distinctive feature of the frontier field of quantum matter is its close relation to practical application-based needs. Thus, this field fundamentally promotes technological progress and industrial transformation. The new materials and new phenomena emerging in the field of quantum matter provide theoretical support for developing various new technologies and materials for the development of new and high technologies. Each leap and breakthrough will facilitate the emergence of several emerging industries. In the last century, the rapid development of semiconductor electronic technology following Moore's law led to the progress and development of science and technology, the economic market, and social standards worldwide. Today, the size of devices in semiconductor-integrated circuits is approaching the physical limit, and the performance of and manufacturing engineering for semiconductor devices based on traditional materials are approaching the limit. In this background , low-power information storage, in-memory computing, and neuromorphic computing based on the quantum matter are developing rapidly, and these new computing architectures are expected to better meet the computing needs of big data and artificial intelligence. Moreover, the research on quantum computing based on quantum superposition and entanglement has recorded significant progress in recent years, and this field is expected to have a revolutionary impact on our production and lifestyle in the future. The research in the field of quantum matter plays a leading role in achieving major innovation in material science, providing a scientific basis for the long-term development of energy and information technology. For example, the peculiar electromagnetic properties of superconducting materials, such as zero resistance, Meissner effect, and flux quantization, have been widely exploited in electric power, medical treatment, communication, military, and scientific research applications. In the near future, the large-scale application of superconductivity-related technologies is anticipated in energy, transportation, and quantum computing fields.

In recent years, the development of the quantum matter field has shown a strong trend in depth and breadth. The research boundaries are constantly expanded, and the research objects are becoming more in-depth and extensive. The continuous advancement in this frontier will enable the achievement of new material structures and forms in various extreme situations. Meanwhile, the in-depth study of these new material structures and forms will also broaden our cognitive level constantly. The development and improvement of experimental techniques will promote the in-depth research of quantum states from the macro level of statistical average to the spatial scale of single atoms and the time scale of attosecond, thus enabling the emergence of numerous quantum phenomena. With the research advancement, the research objects in the field of quantum matter have also expanded from fermion systems, such as electrons in the early stage, to bosonic systems such as photons and cold atoms, as well as composite quasiparticle systems. The research objects have also expanded from three-dimensional bulk materials to low-dimensional and interface systems with significant quantum effects. The diversity and synergy of the means of phase manipulation are improving, and the quantum state and properties can be regulated by adjusting the pressure, magnetic field, electric field, strain, moiré stacking, etc. The control of material-synthesis procedures is continuously improving. Film growth and heterostructure engineering enable the achievement of "bottom-up" function-oriented atomic manufacturing technologies, as well as the construction, building, and manipulation of quantum matter systems at the atomic scale to directly manufacture functional devices.

With the advancement in quantum matter research, the complexity of material systems is increasing, and the evolution of the material world based only on experimental observation will be met with significant limitations. Therefore, the efficient combination of theory, calculation, and experimental observation is strongly desired. The research on correlated states of matter has facilitated the advancement of the research on the numerical calculation method of the quantum many-body system, with many new numerical algorithms being proposed, such as the new quantum Monte-Carlo method, dynamic mean field method theory, density matrix renormalization group method, and various types of cluster approximation methods, which continuously improve our ability to calculate and manage complex material systems. The establishment of a universal low-energy effective model beyond Landau's framework is not only the objective of quantum matter research, but also the most important embodiment of its basic research value. In the field of quantum matter, , the role of cutting-edge precision-measurement technology and large-scale scientific facilities is becoming increasingly important. The development history of material science shows that the advancements in key characterization technology can significantly promote our understanding of scientific principles and the application of materials. The international competition in cutting-edge material science research, as it were, largely depends on whether leading and innovative characterization technologies can be developed and mastered, and breakthroughs in advanced characterization technologies can promote the development of cutting-edge applied science and technology. Preferably, large-scale scientific facilities are the basis for strategic, basic, and forward-looking scientific research, and they provide important support for the realization of high-level scientific and technological breakthroughs and integrated innovation. Furthermore, they play a significant catalytic role in promoting the original innovation abilities of countries, improving the building of professional talent team, strengthening international exchange and cooperation, and driving the development of high-tech industries. As important supporting platforms in the field of quantum matter, synchrotron radiation light sources, neutron sources, static/pulsed strong magnetic fields, and other large-scale scientific facilities significantly promote the exploration and study of quantum states.

China has created strategic plans to research various branches of quantum matter and has provided long-term support, and it has reached the global standard in terms of research team size, measurement equipment conditions, theoretical cognition depth, and so on. Thus far, China has achieved extensive coverage of the major branches of quantum matter and has recorded research achievements that have attracted consielerable attention from international peers in many fields. In some branches, it has even reached the global forefront, playing a leading role in discipline development for a period. Over the last ten years, a series of internationally remarkable research achievements have been recorded by China in the field of quantum matter. The representative work includes iron-based high temperature superconductivity, quantum anomalous Hall effect, Weyl semimetal, topological material databases, and the discovery of two-dimensional materials. In the application field of quantum matter, China has developed 10kV/2.5kA and 35kV/2.2kA three-phase coaxial high-temperature superconducting cables, which have been employed in high-load-density power-supply areas in Shenzhen and Shanghai, respectively. These are the first practical application in urban core areas globally. China has successfully built a 62-bit programmable superconducting quantum computing prototype, "Zu Chongzhi", based on its self-developed two- dimensional superconducting quantum bit chip, which has realized quantum superiority and has laid a foundation for the research on quantum computing with significant practical value.

Generally, China has made breakthroughs in the "quantity" of research in the frontier field of quantum matter and application, and has played a leading role in some branch fields. However, it has not yet established a large-scale leading edge in the mainstream directions and is not prominent enough in iconic original works. This is mainly attributed to the following. There are not many deep-seated and long-term systematic research works, and original works on the independent discovery of new material systems, phenomena, and laws are lacking. The collaboration between theoretical calculation and experimental observation is insufficient. The ability to independently develop novel experimental technologies and new computing methods still requires improvement. The study of material technology and simple characterization are prioritized, while upstream new concepts and new theories are underemphasized. China focuses on the basic research of laboratory applications, whereas downstream practical applications are relatively trivialized. The next step in development requires effort in originality to achieve more breakthroughs, and to build a scientific and technological powerhouse in the frontier field of quantum materials and applications. In the next fifteen years, we should strengthen the overall planning of the field, improve the macro layout, gradually reduce some repetitive research, encourage deep, long-term and systematic original research; fully function the large scientific facilities, and improve the construction of professional talent teams; encourage the development of new computing methods and software, independently develop cutting-edge experimental equipment, and enhance the ability to conduct pioneering research.

## 0.3 Key scientific issues, development ideas, and important research directions in the frontier field of quantum matter and application

Established for exploring the basic laws in the "micro" world of matter, the quantum matter and application frontier focuses on the practical application of advanced functional materials, quantum phenomena, and devices. This scientific field is strong in terms of foundation and applicability. To date, the global study of quantum matter is still in the stage of comprehensive development of basic research and cultivation of industrial applications; multiple breakthroughs are expected in the coming decade. When planning for the future, it is necessary to pursue a balance between application-oriented research and long-term exploratory research. We should emphasize not only the exploration of new physics, new phenomena, new materials, and new state regulation means, but also the leading role of this frontier in the fields of materials, information, and energy, so that the fundamental research can become one of the driving forces in the economic and social development. In the choice of research directions, we should strive to achieve an overall balance between free exploration and national strategy-oriented research while optimizing the organizational structure of the research team.

According to the characteristics of its physical laws and the integration with different application fields, the quantum matter and application frontier can be divided into six branches: superconductivity and strong-correlation systems, topological quantum matter systems, low-dimension quantum systems, strongly-coupled quantum systems with multiple degrees of freedom, novel quantum state of matter under extreme conditions, and quantum matter exploration and synthesis. The overall plan should have different emphases, which should not only maintain the research characteristics of the branches but also promote the cross integration among branches and the rapid and sustainable development of the quantum matter field in China.

The most important scientific directions in the fields of superconductivity and strong-correlation systems includes the realization of a high superconducting transition temperature and even room-temperature superconductivity, the mechanism of high-temperature superconductivity, and the low-cost and large-scale applications of superconducting materials. If the electrons have a strong superconducting pairing potential and the lattice is not unstable, it is possible to achieve superconductivity with higher critical temperature. Exploring the formation of Cooper pairs with a strong pairing potential within strong-correlation picture and understanding the abnormal physical properties accompanying superconductivity are the key contents of the research on the high-temperature superconducting mechanism. The establishment of a universal low-energy effective theory that goes beyond the Landau framework is not only a request for the study of high-temperature superconductivity, but also leads to a major breakthrough in physics. For this reason, it is necessary to develop many-body numerical calculation methods to obtain accurate, key information of ground states, excited states, and phase transitions in strongly correlated systems. In terms of superconducting applications, on the one hand, it is necessary to enhance the cost-performance ratio of high-temperature superconductors to achieve a value close to that of traditional electric conducting materials and realize the reliability and stability of long-term operation of low-temperature refrigeration systems. On the other hand, superconducting integrated circuits, new material electronic technology, and new principles of quantum technology will also become the frontiers and international competition hotspots in the field of electronic information technology. Among them, superconducting quantum computing has developed rapidly in the past two decades, from the initial basic research to understand the quantum characteristics of macro circuits to a research stage that may breed new transformative technologies.

With the establishment of high-throughput calculation methods for topological materials and non-magnetic topological electronic material databases, the classification and prediction of topological materials have been basically achieved. The prediction, discovery, and regulation of new topological materials and topological quantum states have become the new research objectives in the field of topological quantum states. "New" can be reflected in the following aspects. The first is that the hunting for topological insulators and topological semimetals with more ideal physical properties compared to the existing materials that can provide a material basis for the development of topological electronics devices. The second is that topological materials coexisting with magnetism and superconductivity. They not only provide platforms to realize novel quantum states worth deeply exploring, but also presents an important outlet for the application of topological physics. For example, magnetic topological materials are expected to become ideal platform for physical effects such as topological spintronics, topological circuit interconnection, high-temperature quantum anomalous Hall effect, and have enormous application potential in information sensing, information transmission, logic operations, high-density storage, and catalysis. Topological superconductors, as the carrier of Majorana quasi-particles, are expected to be used to develop topological quantum computing. The third is that new topological quantum states that break the traditional "bulk-boundary correspondence", such as higher-order topological states and non-Hermitian topological systems. Exploiting the novel topological properties, namely non-dissipative charge and spin transport, globally stable high fault tolerance, and non-local electrical, magnetic, optical, and thermal regulation, Majorana zero mode for topological quantum computing, can promote the exploration of prototype topological devices. Conversely, light and sound are two other information carriers and media besides electrons, which play irreplaceable roles in the generation, transmission, processing, and display of information. The corresponding topological Bosonic system is robust, and new applications and devices suitable for the regulation of light and sound waves are expected to be developed.

Generally, the research on low-dimensional quantum systems is still in the basic research stage, with material system research approaching the cultivation stage for industrial application. Taking together the national needs and field development prospects, currently, there are huge opportunities for original discovery in the following four directions of the field of low-dimensional quantum systems: (1) the discovery of new low-dimensional quantum systems and the recombination of multiple low-dimensional quantum states; (2) phase manipulation of low-dimensional quantum systems, and the research and development of primitive device based on the regulation of low-dimensional quantum systems type; (3) large-scale preparation of low-dimensional quantum materials and their industrial application; (4) advanced characterization methods for low-dimensional quantum systems and its localization. We should aim to first expand the research scope of low-dimensional materials, and predict and prepare more new materials. Thereafter, through the structure and performance characterization at the single-atom, single-electron, and single-spin levels, the research efforts can be devoted to understanding the origin of the novel physical properties and achieving accurate regulation. Thus, research works should focus on exploring the application of two-dimensional quantum materials in future-oriented information functional devices; developing relevant technologies and techniques compatible with semiconductor processes; and realizing high-sensitivity, high-speed, and low-power spin logic devices and memory devices. Meanwhile, it is necessary to develop effective sample growth and transfer technologies to realize the preparation and transfer processing of high-quality and large-area low-dimensional materials; encourage the independent research and development of scientific research equipment, strengthen the cooperation between cutting-edge experimental technologies and enterprises, and promote common core experimental technologies and promising cutting-edge characterization technologies.

In strongly-coupled quantum systems with multi-degrees of freedom, according to the national demand and field development prospects, the following research fields should be prioritized for fields: spintronics, focusing on the development of ultrahigh-density, large-capacity, non-volatile magnetic storage and logic in-memory-computing devices compatible with semiconductor microelectronic technologies; new thermoelectric materials, focusing on developing new concepts and new methods to coordinate and control electron-phonon transport and new concept devices integrating thermal management and energy conversion; ferroelectric and multiferroic materials, focusing on the development of quantum theory and multifunctional design, as well as the promotion of the R&D of intelligent materials and devices, electrically controlled magnetic storage, and new types of ferroelectric quantum devices; and memristor materials, promoting the research and exploration of in- memory-computing neural morphology, simulation, digital logic, stochastic computing, and so on, beyond the traditional von

Neumann architecture. Strongly-coupled quantum systems with multi-degrees of freedom are often accompanied by multiple energy minimum in the thermodynamic phase space, and spatial phase separation is difficult to avoid. The study of basic laws and evolutionary effects of phase separation not only has important basic scientific value, but also guides the development of more new functional devices. To overcome the difficulties of the separation of storage and calculation in the current framework, research efforts should be devoted to the development of neural-network systems with brain-like computing capabilities, in-memory-computing capabilities, and deep-learning functions based on high-performance quantum materials.

Extreme experimental conditions constitute the boundary between the known and the unknown. Although the exploration of novel quantum states under extreme conditions is difficult and time-intensive, it is definitely a feasible research direction that is expected to provide insights into unknown physical phenomena. Clear results have been obtained in the research on novel quantum states under extreme conditions, and a relatively concentrated research direction has been established targeting some key scientific problems. With the development of strong magnetic field scientific facility, the regulation of the state of matter using magnetic field has become an important research direction in the frontier field of quantum matter. In the fields of intense field laser and ultrafast optics, there are also a series of cutting-edge hot issues (such as light-induced high-temperature superconductivity, light-induced ultrafast phase transition and regulation, regulation of magnetic materials by strong-field laser, regulation of topological materials by strong-field laser, strong coupling effect of strong light field and micro-nano structure, etc.). Ultracold atomic (molecular) systems can be used to simulate complex quantum many-body models and to study their physical properties using microscopy, for the understanding of outstanding physics problems in condensed matter physics and quantum field theory, and to provide high-precision quantum technologies for precision measurement and quantum computing.

The exploration and synthesis of new quantum materials are often correct routes for achieving breakthroughs, and they play decisive roles in related science and technology . The identification of scientifically valuable quantum materials in the database of crystal structures of inorganic compound and the determination of elements that constitute undiscovered quantum materials are two of the fundamental problems in the field of quantum matter. The latest concept in material research and development is the material genome, which narrows the research scope by high-throughput calculations, accelerates the experimental process through the methods of parallel and combinatorial thoughts, identifies the hidden laws in massive databases through machine learning, and subsequently modifies the theoretical model to guide material design. In the future, the following topics should be prioritized: the construction of novel heterogeneous interfaces, multistate regulation based on electron energy bands, micro-nano-scale low-power and high-performance devices, and artificial bandgap material. In recent years, a variety of novel quantum states have been realized in moiré superlattice systems such as twisted angle graphene, and twist-angle method has also become a new and effective means for artificial regulation of quantum state of matter.

## 0.4 Policy suggestions on the development of the quantum matter frontier and its applications

Based on the research characteristics, development status, and national needs in the field of quantum matter, the following suggestions are put forward to ensure that China continues its development and emerges as the global leader in this field in the next 15 years. (1) Establish a more active interdisciplinary communication network, encourage in-depth cooperation among different domestic research groups, establish joint research teams with different disciplinary backgrounds, define achievement contribution manifestation forms and evaluation mechanisms suitable for development under the interdisciplinary cooperation mode, and foster long-term and in-depth cooperation among researchers on major basic issues. (2) Encourage and adhere to the principles of independent innovation in basic research and application development, provide long-term stable support in terms of scientific research funds, improve the allocation and usage efficiency of scientific research funds, and introduce preferential policies to encourage eligible enterprises to invest or independently carry out basic scientific research. (3) Attach importance to basic education and the structured cultivation of talents, optimize the curriculum of the educational system for various disciplines, and establish support and promotion mechanisms for technicians. (4) Strengthen the cooperation among enterprises, research institutes, and universities, prioritize the connection between cutting-edge basic research and industrial circles, and promote technological innovation capabilities and the product transformation of innovative technologies. (5) Encourage the independent R&D of scientific research equipment and the performance of various instrument-development projects. (6) Strengthen international academic exchange and cooperation in the new international environment.

# 目　　录

总序 / i

前言 / vii

摘要 / xi

Abstract / xxiii

第一章　量子物质与应用前沿领域总论 / 1

第一节　量子物质的定义和内涵 / 1

第二节　量子物质与应用前沿领域的科学意义和战略价值 / 3

第三节　量子物质与应用前沿领域的现状及其形成 / 6

第四节　量子物质与应用前沿领域的关键科学、技术问题和发展方向 / 12

第五节　围绕量子物质与应用前沿领域发展的政策建议 / 21

第二章　超导与强关联体系 / 24

第一节　新超导材料的探索 / 26

一、科学意义与战略价值 / 26

二、研究背景和现状 / 27

三、关键科学、技术问题与发展方向 / 30
第二节 非常规超导机理的实验与理论研究——铁基超导 / 32
一、科学意义与战略价值 / 32
二、研究背景和现状 / 34
三、关键科学、技术问题与发展方向 / 43
第三节 非常规超导机理的实验与理论研究——铜氧化物超导 / 46
一、科学意义与战略价值 / 46
二、研究背景和现状 / 47
三、关键科学、技术问题与发展方向 / 50
第四节 重费米子超导 / 54
一、科学意义与战略价值 / 54
二、研究背景和现状 / 54
三、关键科学、技术问题与发展方向 / 57
第五节 有机超导体 / 59
一、科学意义与战略价值 / 59
二、研究背景和现状 / 60
三、关键科学、技术问题与发展方向 / 63
第六节 非中心对称超导体 / 65
一、科学意义与战略价值 / 65
二、研究背景和现状 / 66
三、关键科学、技术问题与发展方向 / 69
第七节 高压下富氢高温超导体 / 70
一、科学意义与战略价值 / 70
二、研究背景和现状 / 70
三、关键科学、技术问题与发展方向 / 72
第八节 非常规超导体中的反常物性 / 75

一、科学意义与战略价值 / 75
二、研究背景和现状 / 76
三、关键科学、技术问题与发展方向 / 78
第九节　二维转角体系的关联物理 / 80
一、科学意义与战略价值 / 80
二、研究背景和现状 / 81
三、关键科学、技术问题与发展方向 / 86
第十节　其他过渡金属基超导体 / 87
一、科学意义与战略价值 / 87
二、研究背景和现状 / 88
三、关键科学、技术问题与发展方向 / 91
第十一节　高温超导材料的应用——强电应用 / 94
一、科学意义与战略价值 / 94
二、研究背景和现状 / 94
三、关键科学、技术问题与发展方向 / 98
第十二节　超导材料的应用——弱电应用 / 99
一、科学意义与战略价值 / 99
二、研究背景和现状 / 101
三、关键科学、技术问题与发展方向 / 104
第十三节　量子自旋液体与自旋 - 轨道液体 / 107
一、科学意义与战略价值 / 107
二、研究背景和现状 / 107
三、关键科学、技术问题与发展方向 / 110
第十四节　具有电子关联的强自旋 - 轨道耦合的体系 / 113
一、科学意义与战略价值 / 113
二、研究背景和现状 / 113

三、关键科学、技术问题与发展方向 / 117
第十五节 强关联理论与计算方法 / 119
一、科学意义与战略价值 / 119
二、研究背景和现状 / 120
三、关键科学、技术问题与发展方向 / 126
第十六节 量子临界现象和相变 / 133
一、科学意义与战略价值 / 133
二、研究背景和现状 / 134
三、关键科学、技术问题与发展方向 / 139
第十七节 关联多体系统中的量子纠缠、量子混沌及其非平衡动力学 / 140
一、科学意义与战略价值 / 140
二、研究背景和现状 / 141
三、关键科学、技术问题与发展方向 / 145

第三章 拓扑量子物态体系 / 148

第一节 新型拓扑材料 / 149
一、科学意义与战略价值 / 149
二、研究背景和现状 / 150
三、关键科学、技术问题与发展方向 / 153
第二节 拓扑玻色系统 / 156
一、科学意义与战略价值 / 156
二、研究背景和现状 / 157
三、关键科学、技术问题与发展方向 / 159
第三节 量子霍尔效应 / 163
一、量子反常霍尔效应 / 164

二、量子自旋霍尔效应 / 167
三、分数量子霍尔效应 / 169
四、量子热霍尔效应 / 171
五、三维量子霍尔效应 / 173
六、非线性霍尔效应 / 176
**第四节　拓扑半金属 / 178**
一、科学意义与战略价值 / 178
二、研究背景和现状 / 179
三、关键科学、技术问题与发展方向 / 182
**第五节　关联拓扑物态 / 184**
一、科学意义与战略价值 / 184
二、研究背景和现状 / 185
三、关键科学、技术问题与发展方向 / 188
**第六节　拓扑超导体与马约拉纳费米子 / 190**
一、科学意义与战略价值 / 190
二、研究背景和现状 / 192
三、关键科学、技术问题与发展方向 / 198
**第七节　拓扑量子计算和器件 / 201**
一、科学意义与战略价值 / 201
二、研究背景和现状 / 201
三、科学、技术问题与发展方向 / 204
**第八节　拓扑序和拓扑量子相变 / 207**
一、科学意义与战略价值 / 208
二、研究背景和现状 / 208
三、关键科学、技术问题与发展方向 / 211
**第九节　拓扑量子物态体系——非厄米量子体系 / 214**

一、科学意义与战略价值 / 214
二、研究背景和现状 / 214
三、关键科学、技术问题与发展方向 / 217

第四章 低维量子体系 / 220

第一节 团簇与量子点——新型准零维量子材料 / 222
一、科学意义与战略价值 / 222
二、研究背景和现状 / 223
三、关键科学、技术问题与发展方向 / 226
第二节 新型一维量子材料 / 229
一、科学意义与战略价值 / 229
二、研究背景和现状 / 230
三、关键科学、技术问题与发展方向 / 233
第三节 新型二维量子材料 / 236
一、科学意义与战略价值 / 236
二、研究背景和现状 / 237
三、关键科学、技术问题与发展方向 / 243
第四节 人工范德瓦耳斯异质结构 / 247
一、科学意义与战略价值 / 247
二、研究背景和现状 / 248
三、关键科学、技术问题与发展方向 / 252
第五节 二维/界面超导及低维体系的量子相变 / 254
一、科学意义与战略价值 / 254
二、研究背景和现状 / 255
三、关键科学、技术问题与发展方向 / 257
第六节 低维材料的量子调控 / 260

一、科学意义与战略价值 / 260
二、研究背景和现状 / 261
三、关键科学、技术问题与发展方向 / 263
第七节 低维材料的电子学及其芯片应用 / 266
一、科学意义与战略价值 / 266
二、研究背景和现状 / 267
三、关键科学、技术问题与发展方向 / 270
第八节 低维材料先进表征手段 / 273
一、科学意义与战略价值 / 273
二、研究背景和现状 / 274
三、关键科学、技术问题与发展方向 / 277

第五章 多自由度耦合的量子物态体系 / 281

第一节 自旋电子学 / 283
一、科学意义与战略价值 / 283
二、研究背景和现状 / 285
三、关键科学、技术问题与发展方向 / 293
第二节 能谷电子学 / 300
一、科学意义与战略价值 / 300
二、研究背景和现状 / 301
三、关键科学、技术问题与发展方向 / 303
第三节 新型热电材料 / 306
一、科学意义与战略价值 / 306
二、研究背景和现状 / 306
三、关键科学、技术问题与发展方向 / 309
第四节 新型铁电及多铁材料 / 311

一、铁电材料的科学意义与战略价值 / 312
二、铁电材料方向的研究背景和现状 / 312
三、铁电材料方向的关键科学技术问题与发展方向 / 316
四、多铁性材料的科学意义与战略价值 / 320
五、多铁性材料的研究背景和现状 / 320
六、多铁性材料的关键科学技术问题与发展方向 / 324
第五节 电子相分离及演生功能 / 326
一、科学意义与战略价值 / 326
二、研究背景和现状 / 327
三、关键科学、技术问题与发展方向 / 329
第六节 忆阻材料及其应用 / 332
一、科学意义与战略价值 / 332
二、研究背景和现状 / 332
三、关键科学、技术问题与发展方向 / 335
第七节 基于神经网络功能实现的新体系 / 339
一、科学意义与战略价值 / 339
二、研究背景和现状 / 340
三、关键科学、技术问题与发展方向 / 344
第八节 全量子化凝聚态体系 / 346
一、科学意义与战略价值 / 346
二、研究背景和现状 / 346
三、关键科学、技术问题与发展方向 / 350
第六章 极端条件下的新奇量子物态 / 353
第一节 高压下的新奇量子物态 / 355
一、科学意义与战略价值 / 355

二、研究背景和现状 / 356

三、关键科学、技术问题与发展方向 / 358

第二节　强磁场下的新奇量子物态 / 360

一、科学意义与战略价值 / 360

二、研究背景和现状 / 361

三、关键科学、技术问题与发展方向 / 363

第三节　极低温下的新奇量子物态 / 366

一、科学意义与战略价值 / 366

二、研究现状及其形成 / 367

三、关键科学、技术问题与发展方向 / 370

第四节　光诱导的新奇量子物态及超快现象 / 373

一、科学意义与战略价值 / 373

二、研究现状及其形成 / 374

三、关键科学、技术问题与发展方向 / 377

第七章　量子物质的探索与合成 / 380

第一节　量子块体物质的探索和合成方法 / 382

一、科学意义与战略价值 / 382

二、研究现状 / 383

三、研究思路 / 388

四、发展趋势 / 390

第二节　量子薄膜材料生长 / 391

一、科学意义与战略价值 / 391

二、量子薄膜材料的背景和现状 / 392

三、关键科学、技术问题与发展方向 / 395

第三节　材料基因工程 / 398

一、国内外研究和发展现状 / 398
二、发展趋势和科学问题 / 401
三、优先支持的研究方向和建议 / 403
第四节 人工带隙材料与应用 / 404
一、光子晶体 / 405
二、声子晶体 / 411
三、超构材料 / 416
四、超构表面 / 422
五、非厄米人工材料 / 428

第八章 保障措施及建议 / 434

参考文献 / 438

关键词索引 / 445

第一章

# 量子物质与应用前沿领域总论

认知和利用物质材料是人类文明发展的基石，古代石器、青铜器、铁器、钢，到现代硅基半导体材料的广泛应用被作为划分人类文明的不同阶段的标志。从这个意义上讲，人类社会的发展史就是一部物质科学发展的历史。20世纪初期，随着人类生产实践和科学实验深入微观物质世界，人们发现微观粒子的运动与日常生活中宏观物体的运动行为具有很大差异。于是，量子力学应运而生，开启了人类认识量子世界的序幕。几十年来，对量子现象的研究跨越了不同的空间维度、时间尺度以及丰富的物质体系，提升了人类对微观世界的认知，也从根本上改变了能源、信息和材料这三大当代科技支柱的原有理论框架与研发模式。其中，对量子物质的研究不仅极大地促进了人们对物质世界的微观理解，而且催生了许多应用领域的前沿方向，如超导电子学、磁电子学、自旋电子学以及拓扑电子学等。

## 第一节　量子物质的定义和内涵

物理学的研究范式与架构是人类认识与改造自然的核心方法论。“量子物质”起始于凝聚态物理（旧称固体物理学），已发展为多学科交叉融合的前沿领域。这一前沿领域主要关注这样一大类物质材料：电子关联相互作用显著或存在某种类型的电子序（如超导、磁有序）的材料体系，或由于波函数的几何相位而呈现出奇特的电子特性（如拓扑绝缘体和类似石墨烯的狄拉克电子体系等），以及其他宏观集体性质受量子行为控制的系统（如超冷原子体系）。量子物质的共性特征是大量个体单元表现出“演生”（emergence）现象：对于由大量个体单元构成的复杂体系，其整体行为并不能依据单个粒子的性质做简单的外推，而是在每一个不同的复杂层次都会呈现全新的物理概念、物理定律和物理原理，其整体性质远超出个体单元的物理学规律（Anderson，1972）。量子物质领域的核心内容，就是研究和利用这种超越个体特性“演生”出来的合作现象。

“量子物质 / 材料”是一个相对新颖并快速发展的概念。这个概念的演化，最早可以追溯到 20 世纪 80 年代在“关联电子材料”中涌现的一系列革命性发现。这些发现为量子物质领域随后的发展确立了方向。20 世纪 60 年代和 70 年代，凝聚态物理的主题是在朗道费米液体理论和对称破缺理论的框架下，研究不同的电子有序态，利用序参量、关联函数等来描述各种不同的物相和它们对外场的响应。这一研究范式持续到了 20 世纪 80 年代，出现了两个关键的进展——高温超导体和（分数）量子霍尔效应，它们的发现对这一经典框架提出了严峻挑战，极大地激发了人们对强关联电子体系的研究兴趣。电子的强关联是指体系中电子之间的强库仑排斥势不能被有效简化处理的一个重要科学问题，是经典能带论和朗道费米液体理论框架下一个必然的科学延伸。这也是为什么“量子材料”这个概念早期是作为关联电子体系的别称出现的。近年来，随着拓扑材料与低维材料中演生量子现象的井喷式发展，量子物质的范畴已从关联电子材料体系扩展为更加广泛的物质体系（Keimer and Moore，2017；Tokura, et al.，2017）。典型的例子是拓扑物态：系统中电子波函数的几何性质，可以在不存在强电子关联、不破坏体系对称性的情况下导致非平凡或“奇异”的电子行为和物理效应。以二维石墨烯和三维拓扑绝缘体为代表的相关领域迅速发展，使人们越来越清楚地意识到，对量子物态的研究不应局限于强关联电子体系，而是需要一种新的、具有更广阔内涵的概念来描述。这个概念就是“量子物质”。到目前为止，被人们较为广泛接受的量子物质前沿领域包括：①超导电性和超导材料，如非常规超导体、铜氧化物和铁基高温超导、重费米子超导体等；②关联电子体系，如莫特绝缘体、巨磁电阻、多铁材料等；③拓扑物理，如拓扑绝缘体、拓扑半金属、拓扑超导体等；④超流体、超冷原子、（分数）量子霍尔效应等其他量子体系；⑤先进功能材料中的量子现象，如新型热电材料等。

回溯量子物质学科的发展进程，这绝不单纯是各分支方向的简单堆砌，也绝不仅仅是一次简单的学术名词上的创新。“量子物质”这一概念提供了一个本质上的共同线索，即演生物理，将物理、化学、材料、微电子学和量子信息等多个学科的对应前沿领域联系在了一起，为多学科的交叉和融合提供了桥梁。在这里，来自不同学科分支的学术思想、理论方法和技术手段相互碰撞，形成了多元而异质的交融和协同合作，培育了一批新兴学科生长点，同时深刻地影响了现代科学技术的发展，甚至有望推动下一次产业革命。

## 第二节　量子物质与应用前沿领域的科学意义和战略价值

量子物质是多学科融合形成的交叉前沿，已成为物质科学与应用研究的核心领域。它发展于凝聚态物理，具有很强的基础学科属性，其发展将极大推动人们对物质世界的认知水平，丰富人们的知识宝库；它具有很强的交叉性，为材料、化学、微电子学、计算机科学和量子信息等科学领域的交叉融合提供了物质基础与桥梁，催生了一大批新兴学科交叉生长点；它与应用需求密切相关，是发展前沿科技产业的必要物理基础，是高新技术发展的先决条件，极有可能推动下一次产业革命。具体而言，量子物质与应用前沿领域的战略地位表现在以下几个方面。

（1）对量子物质的研究深刻地改变了人们对物质微观世界的认识，加深了人们对物质中各种单粒子和集体激发规律的理解。传统凝聚态物理的研究范式为基于单电子近似的能带理论和朗道费米液体理论对单电子性质的修正。这些理论在区分绝缘体、半导体、金属和解释它们的物理性质上取得了巨大的成功，并为半导体科学与技术奠定了基础。而在量子物质中，传统的能带理论和朗道费米液体理论不再适用。由于晶格、电荷、自旋、轨道等自由度紧密地耦合在一起，牵一发而动全身，所以量子物质表现为典型的复杂多体体系，其性质由大量电子的集体激发行为所决定，表现出多种多样、与单个电子截然不同的量子行为和特征。回顾历史，量子物质研究的兴起可追溯到20世纪80年代铜氧化物高温超导体的发现和（分数）量子霍尔效应的观测。前者展现了电子关联相互作用在物质体系中的重要作用，后者则将拓扑这一纯粹的数学概念引入到物质体系中。这些发现确立了量子物质研究的主要方向，即电子的关联性和拓扑特性，它们共同构成了当前量子物质研究的两大核心前沿。

随着量子物质研究的兴起，传统凝聚态物理研究的面貌发生了重大变化，大量新的物理概念和理论方法不断涌现（如非费米液体、量子临界、重费米子等）。此外，在量子物质中观察到许多新奇的演生现象（如量子反常霍尔效应、自旋霍尔效应、高温超导电性、巨磁电阻效应、多铁性与磁电耦合、电荷－轨道有序等）和演生粒子（如外尔费米子、马约拉纳费米子、磁单极子、斯格明子等）。同时，量子物质前沿领域的发展推动了包括角分辨光电子能谱、扫描探针显微镜、中子散射、超快及非线性光谱技术等在内的多种测量手段的发明或发展，人们对微观物质世界的探测得以在亚埃的空间尺度、阿秒的时间尺度上进行；量子多体系统的理论和数值计算方法也得到了空前发展。量子物质前沿领域不断涌现的新材料和新现象，将推动人们建立全新的物理思想，促成科学上的重大变革。

（2）量子物质前沿领域的研究对象、研究方法和技术向相邻学科渗透，与材料、微电子、计算机和信息等多个学科的交叉广泛且深入，表现出丰富的层次特征。随着研究的深入，量子物质领域的发展在深度和广度上表现出强劲的态势。研究对象从早期的电子等费米体系已拓展到光子、冷原子等玻色体系及极化子等复合准粒子体系，从三维块材扩展到量子效应显著的低维和界面体系；物态调控手段愈加多样化、协同化，通过改变压力、磁场、电场、应力、堆垛摩尔周期等多种方式实现对量子物态和性质的调控；对材料制备的控制能力不断提高，薄膜生长和异质结构筑技术使得人们有望实现“自下而上”的功能导向的原子制造技术路线，在原子尺度上构造、搭建、调控量子物质体系，进而直接制造功能器件。

量子物质前沿领域的交叉性很强，与物理学、材料科学、化学、信息科学、能源科学存在着密不可分的联系。该前沿领域中的每个新材料和新现象的发现，都有可能催生出一个新的学科方向。例如，凝聚态物理中对称性自发破缺的概念在粒子物理、宇宙学等多个领域都有广泛应用。凝聚态理论物理学家安德森（Anderson）借鉴超导理论最早指出，由对称性破缺产生的戈德斯通（Goldstone）玻色子可以通过吸收无质量的规范场而获得质量。随后，三组研究者独立完成了具体的相对论场论计算，表明规范对称的自发破缺使得规范粒子获得质量，这就是基本粒子质量起源的安德森–希格斯（Anderson-Higgs）机制。又如，自旋电子学是磁性物理与信息技术相结合的一门新兴交叉学科，它利用固体电子内禀自旋实现对信息的处理、存储和传输等。与电子电荷间相互作用能比较，电子自旋间相互作用能要小三到四个量级，因此固体自旋器件具有超低能耗、超快速度和超长相干时间等优势，是“后摩尔时代”信息产业的潜在发展方向之一。

（3）量子物质科学是发展前沿科技产业的必要物理基础，是高新技术发展的先决条件。量子物质前沿领域有着广泛的应用背景，强烈的应用需求极大地推动着该领域的发展，不断地为该领域提供新的课题和研究方向。近年来，随着人工智能、大数据和物联网等新兴信息技术的蓬勃发展，人类社会的发展对计算能力的需求呈现爆炸式增长。目前，硅基半导体集成电路工艺已进入 5 纳米技术节点，尺寸非常接近物理极限，能耗、性能和制造工艺等瓶颈问题日益凸显。基于量子物质的非易失信息存储、突破冯·诺依曼架构的存内计算和类脑计算、磁电高效耦合的异质结逻辑存储和运算等，以及基于量子态叠加和纠缠的量子计算，将改进和突破现有的经典模式，简化多功能器件的构型，适应高密度、低功耗、极速的海量信息收集和处理，对未来人们的生产和生活方式产生变革性影响。如何在基础材料以及器件层面实现突破，支撑现代社会的计算和数据处理需求，是量子物质领域的重要研究课题，也是国家重大战略需求。

在面对即将到来的第二次量子科技革命的关键时刻，布局量子物质与应用研究对我国的科学发展和技术升级都具有重要的战略意义，这一领域的突破将会像半导体芯片一样给人类社会的发展带来极其深远的影响。

## 第三节 量子物质与应用前沿领域的现状及其形成

“量子物质”首次作为专业术语出现在论文中是在20世纪90年代。在2010年前后，这个概念开始较为广泛地出现于论文和学术活动之中（Cheong，2021）。可以看到，“量子物质”是一个相对新颖的概念，它的内涵也在过去十年中不断得到扩展。在“量子物质”这一概念出现的早期，它一般指凝聚态物理中的强关联电子体系，随着拓扑物态、低维物理和新型磁性等研究领域的兴起，量子物质的研究对象不断增多，内涵日益扩大，目前形成了一个成熟的、覆盖面广泛的前沿领域。根据自身物理规律的特质以及与不同应用领域的融合情况，可将量子物质与应用这一前沿领域分为超导与强关联体系、拓扑量子物态体系、低维量子体系、多自由度耦合量子物态体系、极端条件下的新奇量子物态以及量子物质的探索与合成六个方向。这六个方向既有各自的研究特点，又相互联系、相互促进。本节和随后的章节将梳理这六个方向的发展情况和现状，进一步凝练和明确重点科学问题及优先发展方向。

### （一）超导与强关联体系

20世纪中期，基于固体能带论的朗道费米图像在描述很多的金属、半导体和绝缘体及其相关的科学问题时取得了巨大的成功，这为半导体物理和计算机科学的飞速发展奠定了基础。在随后的一段时间内，凝聚态物理研究的基石是朗道费米液体理论和对称破缺的概念，通过确定反映系统基本对称性的序参量，可以确定该对称性的出现条件、特性和对外界的响应。然而，人们发现存在越来越多的材料，用固体能带论来描述它们时会出现一些很严重的问题。究其原因是在经典能带理论的框架下，人们把电子之间的相互作用当作弱微扰进行了平均场的处理。这样的处理可以大大简化计算的复杂性，使得固体中大量电子的基本属性能够被确定下来。然而在很多真实材料中，这样的简化很难成立，对电子属性的描述需要涉及电子的强关联特性。20世纪 80 年代，铜氧化物高温超导体和（分数）量子霍尔效应的发现颠覆了传统的朗道理论框架。以铜氧化物和铁基超导为代表的两大类高温超导体以及重费米子超导、量子临界、赝能隙等物理现象一起，构成了关联电子体系的核心内容。从此，凝聚态物理在思想方法和研究方法上都实现了质的飞跃，人们提出了大量新的物理思想（如量子自旋液体）和理论研究方法，发展了多种新的测量手段和数据分析方法。建立一个普适的、超越朗道理论框架的物理模型，将给人类认识和利用物质资源的能力带来质的飞跃。

我国在超导和强关联领域的研究一直得到国家多个部门的持续支持，发展势头良好，在许多研究方向上与国际先进水平相当。就超导方面而言，国家从“九五”期间的攻关和攀登计划就开始有组织地对国内超导研究进行资助，后来这些资助演变为由以科技部主导的 973 计划和 863 计划支持，到“十三五”期间进一步演变为由国家重点研发计划支持。国家自然科学基金委员会对超导和电子强关联方向也一直给予了强有力的支持。强关联电子系统的研究在“十三五”时期之前以国家自然科学基金项目支持为主，之后也得到国家重点研发计划的有力支持。由于这些支持，我国在超导和强关联电子材料领域呈现繁荣发展的局面。在这两个领域的主要分支方向上，我国都有相关人员从事研究工作。在超导的应用方面，我国也走在了世界前列，并具有自身的特色和优势。同时，得益于国家在过去二十年的时间内实施的各项人才政策，很多学成归国的学者也壮大了我国的研究队伍。在超导和强关联电子研究领域，我国在研究队伍规模、测量设备条件、理论认知深度等方面都已具备国际竞争力。另外，我国在制冷技术、综合极端条件物性测量方法、先进谱学测量等方面与国际尖端水平仍有一定差距，亟待进一步发展和完善。

### （二）拓扑量子物态体系

拓扑物理学的研究，源于物理学家对于守恒量和宏观量子数的长期的、内在的兴趣，其快速发展则得益于人们对于拓扑边界态在量子比特和新型电子元件设计中的应用前景的预期。20 世纪 80 年代，量子霍尔效应的发现颠覆了人们对传统物质相和相变理论的认知，将数学中的拓扑概念引入物理学研究，揭示了一类特殊的凝聚态体系中蕴含着一种新的全局守恒量，即拓扑不变量。近十几年来，以拓扑绝缘体和拓扑半金属的理论预测与实验发现为代表，各种相关的新奇物态相继被预测和发现，如拓扑超导体、玻色拓扑物态、高阶拓扑物态、磁性拓扑物态以及非厄米拓扑物态等，这些新奇物态的发现极大地拓宽了人类对物质科学的认知与理解。多种量子霍尔效应处于该研究领域的核心，各种新奇拓扑物态都与其有关联或是其延伸，近年来的进展包括量子反常霍尔效应、量子自旋霍尔效应、量子热霍尔效应、三维量子霍尔效应、（分数）量子霍尔效应以及非线性霍尔效应等。拓扑物态的研究极大地促进了物质科学及其相关学科的快速发展，代表了人类认识自然界物态和相变的研究前沿。除了具有重大理论研究价值，其相关的应用价值也备受瞩目，可能的应用场景包括且不限于新一代超低功耗电子元件、量子信息的储存媒介、高容错量子计算、高效信息传输以及新型表面催化等。

我国在拓扑量子体系也早有布局并且进行了长期的支持。近年来，我国科学家在这一领域不断取得重大的原创性成果，包括量子反常霍尔效应、外尔半金属、本征磁性拓扑绝缘体、三维量子霍尔效应、拓扑材料数据库、铁基拓扑超导体、光 / 声学拓扑态、非厄米趋肤效应等一系列重要成果，处于国际先进水平。

## （三）低维量子体系

在面向现代信息科技产业的新材料、新器件探索中，低维量子体系有其独特的优势。“界面即器件”，低维材料的电场调控作为场效应管工作的核心，是当今整个半导体产业的基础。由于低维体系中各种量子序之间由竞争而达到的平衡极其容易受到外界的微扰而被打破，从而对体系的物性产生巨大的影响。外界微弱的光、电、应力等信号就可以通过低维体系而加以放大，这有助于寻找全新的器件原型。更为重要的是，当电子被局限在低维量子体系中时，电子的量子行为因为尺寸效应得到放大而占据主导。由于低维体系中特殊的拓扑结构、各种丰富的量子序以及它们之间的相互关联与竞争，引发了量子霍尔效应等一系列新奇的物理现象。这使低维量子体系成为量子物质研究的核心前沿，深刻影响了量子物质研究的各个分支。例如，一维碳纳米管在材料制备、晶体管研究和电路集成领域的发展取得了一系列长足的进步，为碳基集成电路的发展打下了基础。以石墨烯、过渡金属硫族化合物、黑磷为代表的二维材料改变了低维量子体系的研究范式。这类材料表面无悬挂键，在原子级厚度可以稳定存在，其中二维半导体材料有望为未来半导体器件提供材料宝库；它们还可任意堆叠，形成丰富的人工异质结，成为发现新物性的理想平台。由于以上这些原因，低维量子体系的研究经过多年发展方兴未艾，涵盖了凝聚态物理的所有主要方向，成为量子物质研究中最活跃的前沿之一。

我国在低维量子体系的各个方向都有布局。十多年来，我国科学家在这个领域中取得了一系列国际瞩目的研究成果，例如，石墨烯和过渡金属硫族化合物的大面积制备，硅烯、硼烯、二维黑磷等新型材料的提出与制备等。但也可以看出，在二维量子材料研究领域，我国大部分领先的进展比较集中在材料制备方面，在新型材料预测、量子特性表征以及调控方面还没有做到全面领先，有许多方向是在国外同行做出首次突破后再迎头赶上。同时，我国在二维逻辑器件、存储器件和类脑计算方面的基础研究也达到了较高水平，但在产业化应用方面还存在明显的短板。

### （四）多自由度耦合量子物态体系

固体中的电子除了拥有电荷自由度和自旋自由度外，还存在与这两个自由度密切关联的多物理维度，如电子轨道、声子、能带、低能激发等，其对应的物态可称为“多自由度耦合的量子物态”。当今科技前沿激烈竞争的情势，迫切要求超越电荷自由度，去积极探索并利用自旋自由度以及演生的其他物理维度，以推动我国科技进步和高科技产业升级换代。自旋电子学利用固体电子的内禀自旋实现对信息的处理、存储和传输等。与电子电荷间相互作用能比较，电子自旋间相互作用能要小三到四个量级，因此固体自旋器件具有超低能耗、超快速度和超长相干时间等优势。新型热电材料能够在固体状态下实现热能和电能的相互直接转换，既能实现精确的温度控制和制冷，也能实现高效热电发电；在量子物质框架下，发展新概念、新方法协同调控电子声子输运，实现热电优值（ZT 值）提高，可显著拓展热电研究领域和范畴。20 世纪 90 年代铁电量子理论的诞生诠释了铁电态作为一个量子物态的地位，改变了铁电材料研究的态势，也触发了多铁性这一新领域；铁电半导体、铁电金属和二维铁电材料等新概念的诞生更是将铁电和多铁材料纳入多自由度耦合量子物态麾下，赋予其新的生命力和应用前景。基于量子物质的存算一体化和类脑计算将超越传统冯·诺依曼架构，将在非易失性存储、高速高效计算、智能传感和人工智能芯片等未来高科技领域发挥重要作用。

国内自旋电子学方向的研究起步较晚，近十年来，随着投入的逐步增大，该领域逐渐与国际先进水平接轨；在热电领域，我国在过去二十余年取得了长足发展，在高效热电材料、热电输运新效应、先进制备技术、器件研制等方面取得了众多国际领先成果；在铁电材料领域，我国在压电材料、纳米铁电、多层铁电电容器材料等领域达到国际先进水平，不过铁电材料方向实现超越的研究分支并不多，整体研究水平还可提高；在强关联材料相分离的多场调控方面，我国处于国际先进水平，相对而言，对于利用相分离效应构筑新型人工神经网络器件这一前沿领域，目前我国尚处于“跟跑”状态。

## （五）极端条件下的新奇量子物态

极端条件下的探索，不仅在过去带来了意外的量子现象，而且将继续帮助人们认知物理世界。首先，极端条件是调控已知量子物态的便利手段，理论研究可以通过极端条件帮助人们认识和理解新物理规律，为实验研究指明方向。其次，在凝聚态物理中，多体问题中的许多未知还有待极端条件实验在新的参数空间中探索。极端条件下对新奇量子物态的探索虽然难度大、周期长，但却是一个明确可行、有望获得未知物理现象的努力方向。强磁场下拓扑材料、重费米子材料、非常规超导体、半导体材料以及磁性量子材料的研究都随着强磁场装置的不断发展而走向繁荣。在强场激光和超快领域，也有一系列如光诱导的高温超导电性、光诱导的超快相变和调控、强场激光对磁性材料的调控、强场激光对拓扑材料的调控、强光场和微纳结构的强耦合效应等前沿热点问题。超冷原子（分子）系统可以用来模拟复杂的量子多体模型并用显微学的方法研究其物理性质，帮助理解凝聚态物理和量子场论中仍然悬而未决的物理问题，并为精密测量和量子计算等领域提供高精度的量子测控技术。总而言之，多种不同极端条件的结合为现有科学问题的深入理解提供了有价值、有潜力的研究方法。

得益于我国经济实力和科技实力的迅速提升，极端条件下的新奇量子物态的研究也取得了明显的进步。随着金刚石对顶砧高压技术的推广，国内已有多家科研院所成立了高压研究团队，搭建了先进的高压综合极端环境研究平台，这些团队在一系列前沿研究方向取得了重要进展。随着我国对强磁场科技基础设施的投入和建设，国内已经初步建成了集中的强磁场实验装置，在强磁场下拓扑材料的研究中贡献显著，并在国际上已有一定的知名度。在极低温方向，我国搭建了世界最低温度的干式制冷机，可获得 0.09 mK 的低温环境。我国的超冷原子物理研究从 2010 年之前的只能跟踪国际前沿，经过十年左右的发展，目前少数研究方向已经达到了国际“并跑”，极少数方向取得重要进展并已出现了“领跑”的态势。在超快时间分辨技术对量子物态的探测和调控上，我国在光诱导新奇量子物态方面已经做出了一系列有显示度的工作。然而，整体而言，因为受限于技术积累和人才储备，我国的极端条件实验研发相对于发达国家起步较晚，对前沿科学发展的贡献还相对较少，同时受限于我国原有的实验基础，极端条件下的参数拓荒和技术革新缺乏一些知识传承和经验积累。

### （六）量子物质的探索与合成

显著的量子效应常常和新材料的设计、发现和制备密切相关，因此新型量子物质的探索和合成在一定程度上决定了量子材料科学上的发现和技术的产生。大多数量子材料体系具有内禀复杂性，很难进行有效的理论预言，经常出现“机缘巧合”式的重大新发现。随着人们对量子物质认识的不断加深，量子物质探索和合成逐渐发展出了独特的研究手段和思路，能够通过合理的材料设计提高发现新型量子材料的概率，使得量子材料的合成已经在一定程度上摆脱了早年以“试错”为主的研究范式。近几十年来，随着薄膜制备技术的突飞猛进，以分子束外延、脉冲激光沉积、磁控溅射等为代表的薄膜制备方法不仅能够合成高熔点、多组分和确定化学计量比的单晶薄膜材料，还可以将不同物性的量子材料堆叠成量子阱、量子线、量子点、异质结构或者超晶格，尤其是组合薄膜高通量合成技术的发展和实现，为量子材料性能的优化和研究提供了宽广的平台。同时，材料基因设计与合成技术也为人们提供了高效的研究思路：其通过高通量计算缩小尝试范围，利用基于并行和组合思想的方法加速实验流程，借助机器学习寻找海量数据库中潜藏的规律，并回过头来修正理论模型，指导材料设计。

我国在量子物质的探索和合成方面处于国际先进水平。在铜氧化物和铁基高温超导材料、新型二维材料发现与制备、拓扑绝缘体薄膜生长和异质结构筑、过渡金属氧化物界面等领域都有国际领先的研究成果出现。我国的高通量实验技术虽然起步晚，但在非晶材料和超导材料研究方面做出了引领性工作。在人工带隙材料研究领域，我国注重实验研究与理论研究结合，材料制备与器件研制结合，基础研究与应用研究结合，研究目标与国家需求结合，在研究队伍规模、测量设备条件、理论研究的广度和深度等方面均不弱于发达国家水平，部分领域处于领先地位。

总体来说，在量子物质与应用前沿领域，我国已实现了研究“量”的突破，并在一些分支领域做出了引领性的工作，但还没有实现主流方向上的大面积领先，标志性的原创工作还不够显著，尤其缺少“从 0 到 1”的原创性工作。下一步发展需要在原创性上下功夫，实现更多“质”的突破，建设量子物质与应用前沿领域的科技强国。在未来十五年，应加强领域总体规划，完善宏观布局，逐渐减少一些重复性的研究，鼓励深层次、长期系统的原创性研究；充分发挥大科学装置的作用，完善专业人才队伍建设；鼓励发展新的计算方法和软件、自主研发尖端实验设备，提高进行开创性研究的能力；加强基础研究和产业界的合作交流。

## 第四节　量子物质与应用前沿领域的关键科学、技术问题和发展方向

量子物质和应用前沿领域立足于对物质微观世界中基本规律的探索，着眼于先进功能材料、量子现象和器件的实际应用，是一个基础性和应用性都很强的科学领域。目前，国际上量子物质领域总体仍处于基础研究全面开展和产业应用的培育阶段，未来十年是有望实现多点突破的关键时期。在未来布局上需要追求在应用导向研究和长远探索性研究之间保持均衡发展，既要强调对新物理、新现象、新材料和新物态调控手段的探索，也要重视发挥其在材料、信息、能源等领域的引领作用，使基础研究成为推动社会经济发展

的原动力。下面将在超导与强关联体系、拓扑量子物态体系、低维量子体系、多自由度耦合量子物态体系、极端条件下的新奇量子物态以及量子物质的探索与合成六个方向，分别阐述未来十五年的关键科学、技术问题以及发展方向。

## （一）超导与强关联体系

超导电性是宏观量子相干现象，该领域最重要的科学问题包括：①高转变温度乃至室温超导的实现；②非常规高温超导机理的理解；③超导的低成本和大规模应用。在常压下获得高转变温度的超导体是人们一直追求的目标。基于超导领域中传统的巴丁－库珀－施里弗（Bardeen-Cooper-Schrieffer，BCS）理论，如果能够有效提高德拜温度和电声子耦合常数，超导转变温度理论上是可以提高到室温的。但是，强电声子耦合也将导致晶格失稳，这也是基于 BCS 理论超导转变温度存在上限（麦克米兰极限）的原因。目前一些轻元素化合物在高压下所表现出来的高温超导基本上属于该理论范畴。如何在低压力，甚至常压下，利用电声子耦合实现高温超导是一个科学难题。实际中二硼化镁超导体的配对机理就是在这种范畴下实现的，其超导转变温度可达 40 K。

超导电性需要电子的配对和相干凝聚两步才能实现。如果电子具有强的配对势，同时晶格还不失稳，有可能获得更高转变温度的超导。从理论上讲，除了电声子耦合图像之外，还存在一种预期，即利用电子系统自身的强关联效应。根据目前对铜氧化物和铁基这两大类非常规高温超导机理的理解，强关联效应下电子可以形成很强的配对势，如铜氧化物超导体中的配对势可达 50 meV，甚至更高，同时辅以一定的超流密度，超导转变温度可达到很高的值。在强关联图像下，这些强配对势的库珀对如何形成，是非常规超导机理研究的重点内容。目前认为，对于强关联的电子系统，通过调节其电子排斥势（$U$）和电子巡游的带宽（$w$）或动能（$t$），当两者达到一定的平衡条件时，自然可以获得电子配对态。这个配对态的电子如果能够移动并构成相位关联就形成了超导态。另外，这样的系统中会产生一个局域磁超交换相互作用，帮助电子进行配对。

非常规超导体系还在物性上表现出一些共性的规律，如量子自旋液体、反铁磁涨落、量子临界现象、赝能隙、多种有序相的竞争和合作、严重偏离朗道费米液体理论预期的非费米液体行为等，这些反常物性也是该领域的核心问题。目前关于这些问题主要的困惑在于，既无法找到与赝能隙对应的明确的对称性自发破缺序参量，也无法找到奇异金属行为作为一个量子临界现象所对应的对称性自发破缺相变。这些困惑反映了高温超导机理研究领域的如下核心困难：人们缺乏一个超越朗道框架的系统的低能有效理论图像。高温超导机理问题久议不绝，关键的原因是人们对于非费米液体这一高度纠缠的量子液体的理解还处在初级阶段。建立这样一个超越朗道框架的普适的低能有效理论图像不仅是高温超导机理研究自身的需要，而且也能促成凝聚态物理的重大变革。为此，还有必要发展多体数值计算方法，以得到强关联系统准确的基态、激发态和相变等关键信息。基于电子强关联效应的高温超导机理问题和电子关联性也构成了美国科学杂志《科学》（*Science*）评选出的125个人类现在面临的重大科学问题（Science，2005）中的2个（第38号：是否有统一解释电子关联性的理论？第42号：高温超导的配对机制是什么？）

超导电力技术发展面临的主要挑战在于：高温超导材料的性价比是否能够做到优于传统的导电材料，低温制冷系统能否具有长期运行的可靠性和稳定性。该方向发展的重点内容包括：面向柔性直流输电系统应用的超导直流限流器、大容量交直流高温超导电缆、用于中高压直流电网的超导储能系统、大功率高温超导电机、多功能复合型超导电力设备等。同时，需要寻找具有应用价值的，临界温度在20～40 K，且具有更高临界磁场的新型实用超导材料。此类实用超导材料是目前超导应用探索最迫切的需求，它对发展高场粒子加速器、医疗健康和产业发展等领域至关重要。

以超导微观理论、超导材料机理和多种量子效应为基础，超导薄膜和约瑟夫森结组成器件单元和电路，可以形成传感器、探测器、数字电路、量子比特等多种超导电子有源器件和滤波器等无源器件。相较半导体器件，尽管超导电子器件在灵敏度、噪声、速度与功耗等方面具有无与伦比的性能优势，但目前仅在天文、引力波探测、量子通信以及国防等特殊领域发挥着重要作用。未来十五年，超导集成电路、新材料电子技术、量子技术新原理等将会成为电子信息技术领域的前沿和国际竞争热点。其中超导量子计算在过去二十多年发展迅速，已经从最初的展示宏观电路量子特性的基础研究，发展成一个有可能孕育出变革性新技术的方向。

## （二）拓扑量子物态体系

目前，人们已经发现了相当数目的拓扑量子材料，其中大部分属于弱关联拓扑绝缘体和拓扑半金属。拓扑材料的高通量计算和非磁性拓扑电子材料数据库的建立，改变了领域内的研究生态，本来作为核心研究内容的拓扑绝缘体的分类和预测被认为已经基本解决。考虑到国家的战略需求、科学问题的内涵和我国已有研究团队的优势，下一步相关基础研究的前沿是预测、发现、调控新型拓扑材料和拓扑量子物态。"新"可以体现在如下几个方面：①与已发现的材料相比，物理性质更为理想的拓扑绝缘体（能隙更大、化学更稳定）和拓扑半金属（费米面更小、迁移率更高）材料，从而为拓扑电子学器件发展提供材料基础。②与磁性、超导电性等效应共存的拓扑物态和其对应的材料，如磁性拓扑绝缘体、磁性拓扑半金属和拓扑超导体。它们不仅是值得深入探索的新颖物态，而且是拓扑物理走向应用的一个重要出口，如磁性拓扑材料有望成为拓扑自旋电子学、拓扑电路互连、高温量子反常霍尔效应等物理效应的理想载体，在信息传感、信息传输、逻辑运算、高密度存储和催化等方面具有巨大的应用潜力；拓扑超导作为马约拉纳准粒子的载体，有望用以发展拓扑量子计算。③打破了传统的"体边对应原理"的新型拓扑量子物态，如高阶拓扑物态、脆拓扑绝缘体、非厄米拓扑体系等。④推动拓扑原型器件的探索：利用新奇拓扑物性，即无耗散的电荷、自旋输运，具有全局稳定高容错性，非局域电、磁、光、热调控等，可用于拓扑量子计算的马约拉纳零能态等，推动原型拓扑器件的探索。⑤光和声是除电子之外另外两个信息载体和媒介，在信息的产生、传播、处理和显示中具有不可取代的作用；拓扑玻色体系的性质具有鲁棒性，有望发展适于光波、声波调控的新应用和新器件。

量子反常霍尔效应在磁性掺杂拓扑绝缘体中的最初观测需要 30 mK 的极低温，这样的温度甚至低于大部分常规超导材料的超导转变温度。这不但极大提高了量子反常霍尔效应相关研究的门槛，还成为制约其实际应用的主要障碍。经过多年的努力，在磁性掺杂拓扑绝缘体系统中量子反常霍尔效应所需的观测温度仅提高到 1.4 K 左右。如果能够将量子反常霍尔效应工作温度提高到液氮沸点以上（≥77 K），将使其获得广泛的实际应用。从现有的理论和实验结果来看，在此类材料和磁性绝缘体的异质结构中将量子反常霍尔效应实现温度提高到液氮温区是有可能的，磁性外尔半金属等材料甚至有可能贡献更高温度的量子反常霍尔效应。

拓扑量子计算是未来量子计算的实现途径之一。与超导量子计算等主流途径相比，拓扑量子计算具有本征的容错性，对局域扰动天然免疫，从而大大降低了纠错码的难度，可以实现容错量子计算。但要实现拓扑量子比特仍然有大量的科学和技术问题需要解决：理论上设计出切实可行的编织方案，进一步地考虑可扩展的多拓扑量子比特体系的设计与操作；材料上制备更纯的马约拉纳零能模体系，消除准粒子污染，实现液氦温区甚至更高温度下的马约拉纳零能模；探索可控的马约拉纳零能模操纵手段，实现操纵效率与准粒子寿命、退相干时间的匹配。

## （三）低维量子体系

目前国际上低维量子体系的研究总体仍处于基础研究阶段，部分材料体系（如碳纳米管、石墨烯、二维硫族化合物等）正迈向产业应用的培育阶段。结合国家需求和领域发展前景，低维量子体系的研究目前在以下四个方向上蕴含大量原创性发现的机会：①新型低维量子体系的创制，以及多种低维量子物态的复合；②低维量子体系的物态调控，以及基于低维量子体系物态调控的器件原型研发；③低维量子材料的大规模制备及其产业化应用；④低维量子体系先进表征手段的研发及其国产化。

低维量子材料的新物态、新效应、新现象层出不穷，还处在迅速发展阶段。基础研究首先要扩大低维材料的研究范围，预测、制备更多的新型材料，并通过在单原子、单电子、单自旋水平上的结构与性能表征，更深入理解新奇物性的起源，进行精准的调控。通过门电压、畴壁、应力、异质结以及堆垛摩尔周期等方式，实现低维材料在原子尺度上的精准修饰和调控，并获得材料体系中光、电、磁等相互作用信息，为通过外场调控低维量子材料的物性奠定基础。还可以用离子插入改变二维材料层与层之间的相互作用，实现对材料物相、物性和功能的调控。

在低维材料的制备、物性表征和调控研究的基础上，利用低维量子材料中光子、电子及其耦合相互作用的新现象、新效应、新物理，探索二维量子材料在面向未来的信息功能器件中的应用。发展和半导体工艺兼容的相关技术和工艺，实现高灵敏度、高速、低功耗自旋逻辑和存储器件，利用该特性发展适合的器件结构，找到器件的构筑办法，解决器件制作的相关问题，研究器件的载流子输运规律，加强器件层面上的凝聚态理论研究。

开发有效的样品生长与转移技术，实现高质量、大面积低维材料的制备和转移加工。对于高品质的低维量子材料，如何实现金属有机物化学气相沉积和外延可控生长仍是一个尚需深入研究的关键问题。高品质量子器件的精准制备能力，是衡量当代一个国家前沿芯片技术和量子计算科学研究水平的重要指标。目前，我国只有少数几个研究机构能够制作出与发达国家水平相匹配的器件，而大多数研究机构只停留在以对低维量子材料进行物理性质表征为目的而制作简单器件结构的阶段，与我们这样一个科技大国的地位不符。低维材料的先进表征技术则是凝聚态实验技术中的标杆。针对国际前沿科学的研究动向和我国实验科学的研究现状，发展原创性核心技术和研发国产设备、打破国外技术垄断是接下来我国表征技术方面的两个主要发展方向。为此，需要发展一系列极限探测灵敏度，极端条件（低温强磁场高压）下空间 / 时间 / 能量 / 自旋分辨的探测技术，以实现对低维体系的电子能带结构、低能元激发超快动力学过程、自旋轨道耦合特性等进行极限探测与操纵。需鼓励对科研设备的自主研发，加强人才培养，加强前沿实验技术与企业间的合作，对通用的核心实验技术和有应用前景的前沿表征技术进行推广。

### （四）多自由度耦合量子物态体系

结合国家需求和领域发展前景，立足固体中电子与相关物理自由度间的关联，多自由度耦合量子物态体系应为优先布局发展的方向，其关键科学问题如下。

自旋电子学：基础探索方面，对自旋转移力矩、自旋轨道力矩、自旋霍尔效应、自旋泽贝克效应、拓扑非平庸磁斯格明子等效应研究的不断深化，促进了磁性金属、铁磁半导体、铁磁半金属、磁性拓扑材料、自旋波材料和反铁磁半导体等新材料的研发，为研制新的自旋相关器件打下坚实基础。新一代器件，包括与半导体微电子工艺兼容的超高密度、大容量、非易失磁存储和逻辑存算一体化器件，可能是“后摩尔时代”信息产业发展的主要方向之一。

能谷电子学：对能谷自由度进行调控，可出现新的物理效应，导致自发谷极化，类似于铁磁性。与此对应的“能谷铁磁性”可实现非易失量子信息存储。揭示光、电、磁等手段调控能谷的原理将为光电应用带来更多功能，包括非易失信息存储、突破冯·诺依曼架构的存算一体化，着重研发低对称二维体系、摩尔异质结超晶格以及拓扑非平庸低维体系，促进以新一代经典比特和量子比特为核心的新型光电信息器件研发。

热电材料：热电转换以热能发电和电能制冷功能为核心。因为无机械运动、无污染和易于集成化，热电器件有若干难以替代的应用，绿色能源产业对热电器件迫切需求。热电转换涉及的物理问题是弱化固体电子自由度与晶格自由度的耦合，实现电荷输运与热输运解耦。发展新概念、新方法协同调控电子声子输运，实现 ZT 值提高，可显著拓展热电研究领域和范畴。研究工作应聚焦于成分组成丰度高的元素以取代贵金属，着重研发热管理和能量转换一体化的新概念器件，关注智能可穿戴的柔性热电材料与器件。

新型铁电多铁材料：20 世纪 90 年代铁电量子理论的诞生诠释了铁电态作为一个量子物态的地位，改变了铁电材料研究的态势，也触发了多铁性这一新领域。铁电半导体、铁电金属和二维铁电材料等新概念的诞生更是将铁电和多铁材料纳入多自由度耦合量子物态麾下，赋予其新的生命力和应用前景。基础研究方面，将关注量子理论的发展和多功能设计，强化构建有机铁电理论。新材料方面，重视低维铁电、铁电半导体、高性能多铁材料、高稳定性有机铁电和磁电拓扑材料等新方向。应用方面，将推动智能材料与器件、电控磁性存储和新型铁电量子器件的研发。

电子相分离及演生功能：多自由度耦合的量子物态，常伴随热力学相空间的多个能量极小，空间的电子相分离难以避免。研究电子相分离的基本规律和演生效应不仅具有重要的基础科学价值，而且将指导开发更多的新型功能器件。基础研究方面，关注多场调控电子相分离的结构与动力学，特别是超快超微尺度下的相分离形成与演化。物理效应和应用探索上，有效利用电子相分离构建高性能微纳荷电子学和自旋电子学器件，并探索电子相分离在神经网络和量子信息等新兴领域中的作用。

忆阻材料：源于多重量子物态共存与竞争的本质，忆阻效应在一大类量子材料中普遍存在。有潜力的忆阻材料包括可控氧化–还原材料、相变材料、铁电多铁材料、电化学材料等，将促进存算一体神经形态、模拟、数字逻辑、随机计算等超越传统冯·诺依曼架构的研究探索，特别是在非易失性存储、高速高效计算、智能传感和人工智能芯片等未来高科技领域发挥着重要作用。

基于神经网络功能实现的新体系：为克服当前存算分离计算框架的困难，发展基于类脑计算概念的存算一体化和深度学习功能的神经网络体系被寄予很高期望。未来的神经网络体系将依赖于高性能量子材料及仿生功能和高度集成架构的研发，最终走向脑机结合的新型神经网络功能器件的研发。

全量子化凝聚态体系：目前固体量子物态研究主要关注原子核外电子态，通常将原子核作为经典粒子处理。这个近似的主要出发点是考虑原子核的质量远大于电子的质量。这对于轻元素组成的凝聚态体系是存在问题的。超越电子态绝热的玻恩–奥本海默近似，将电子和原子核同时量子化的相关研究即全量子化凝聚态物理学，正在成为凝聚态物理研究的前沿和生长点。目前，将主要关注富氢和轻元素体系的全量子化效应，在实验上着重推进超快光谱学与新型探针技术结合，在理论上发展基于精确电子结构的核量子效应模拟方法和非绝热动力学方法。

### （五）极端条件下的新奇量子物态

极端实验条件，是已知与未知之间的边界，极端条件下对量子物态研究的深度，取决于实验对新参数空间和新实验方法的开拓能力。极端条件的实现常常意味着对现有极限的突破，因此这类研究通常难度大、周期长、注重经验传承、注重知识积累。极端条件下新奇量子物态研究应注重以下几个方向。

高压下的量子物态：高压可以有效缩短原子间距，增加电子轨道重叠，改变自旋间的交换作用，影响化学键和电荷分布，从而有效调控量子自由度之间的耦合与相互作用。由于原位高压下的物性调控原则上不引入晶格无序和额外的电荷载流子，而且能够实现准连续的调控，被认为是一种“干净且精细”的调控手段。目前对高压调控机制仍然缺乏系统性和规律性的认识，在未来的高压研究中迫切要求系统化、标准化地建立高压结构和物性数据库，并发展多样化的高压技术和有效的微观性质探测手段。

强磁场下的量子物态：强磁场能有效控制物质的内部能量，在发现和认识新奇量子现象、揭示新规律、探索新材料、催生新技术等方面发挥着重要的作用。国内已经初步建成了稳态和脉冲强磁场实验装置，还需进一步提高磁场强度，提升表征技术测量精度和磁场下多极端条件的集成，瞄准量子物质领域的重大基础问题开展前瞻性研究，集中力量攻关。

极低温下的量子物态：在接近绝对零度的情况下，量子涨落和粒子之间的相互作用成为决定体系各种物理性质的主要因素。极低温度量子物态研究以氦物理和超冷原子系统为主。超冷原子系统的主要目的是帮助解决经典计算无法处理的强关联量子多体问题。其基本思路是制备强关联人工量子物态，开发一系列的局域和全局量子测控手段，获得强关联量子物态的量子相变行为、关联特性、动力学过程、拓扑结构、规范对称性等物理属性。

光诱导的量子物态及超快现象：基于超短脉冲激光发展起来的超快时间分辨实验技术已发展成探测和调控量子物态的重要手段之一，弱场激发下可利用超快谱学技术探测材料在激发后由非平衡态到平衡态的动力学弛豫过程，而强场激光脉冲激发则可能驱动量子材料发生超快时间尺度的相变，实现对量子物态的超快调控。激光诱导的新奇量子现象和量子物态的超快操纵目前还处于大发展阶段，在这方面尖端仪器的创新和应用扮演着重要角色。

### （六）量子物质的探索与合成

新型量子材料的探索与合成往往是量子物质领域研究的突破口，并对相关科学技术起到决定性作用。如何在无机化合物晶体结构数据库的 250 000 个条目中寻找有科学价值的量子材料，如何确定哪些元素可以组成尚未被发现的量子材料，是量子物质领域的基本问题。随着对物质材料或者某种物理现象研究的不断深入，人们探索出寻找新的量子物质的四种思路，即单一目标指向、物理模型驱动和探索全新材料以及材料基因工程，最终实现材料设计和材料合成的有机结合。

薄膜材料具有低维度和异质界面等特点，可以针对量子约束、量子相干、量子涨落、拓扑电子态、电子 – 电子相互作用、自旋轨道耦合以及对称性破缺等物理问题进行人工结构设计和多场调控。新颖异质界面的构筑与奇异效应研究、基于电子能带的多物态调控研究、原位薄膜生长与物性表征的关键技术研究、微纳尺度的低功耗优性能器件研究等已逐渐成长为未来十年里需要重点发展的课题，同时与量子材料薄膜的生长、测量和器件等密切相关的基础科学与技术问题也亟待深入而系统的研究。

材料基因组是材料研发的最新理念，其通过高通量计算缩小尝试范围，利用并行和组合思想的方法加速实验流程，借助机器学习寻找海量数据库中潜藏的规律，并回过头来修正理论模型，指导材料设计。量子材料的高通量制备需要关注非均匀条件下的晶体生长动力学、空间分辨的材料成相控制技术等，同时发展匹配的跨尺度多参量表征技术，快速建立量子材料实验数据库；构建完备的、具有自主知识产权的高通量计算工作流系统，使材料计算过程标准化、自动化；计算模拟材料多方面的物性，全面覆盖材料相空间，与高通量实验数据产生关联并融合人工智能进行材料物性预测。

人工带隙材料是将各类功能基元材料视为人造原子，再以一定的周期结构人工排布而成的材料体系。光波、声波和其他准粒子在其中的传播像晶体中的电子一样形成相应的能带结构，从而实现材料体系的按需设计、结构可调、性能可控。未来发展需要注重人工带隙结构物态调控机制的挖掘，进一步拓宽在人工“原子”的设计和基础材料方面的使用，从跨尺度、多维度、多界面的视角理解其演生物理现象及综合性能；注重开发以需求为导向的优化算法，发展较为普适的结构逆向设计原理；进一步提高加工和表征能力的技术手段创新；随着调控物理机制的不断揭示与完善，研究的重心需要从揭示物理效应逐渐到追求器件性能再到开发应用场景的过渡。

## 第五节　围绕量子物质与应用前沿领域发展的政策建议

综合量子物质领域的研究特点、发展现状和国家需求，为保障未来十五年我国该领域的持续发展并进入世界前列，提出如下建议。

（1）量子物质与应用前沿领域涉及凝聚态物理、计算物理、材料科学、化学、人工智能、信息科学等多个学科方向。建议增加跨学科的交流计划，建立更活跃的跨学科交流网络，鼓励国内不同研究小组之间的深入合作，建立有效的组织结构和联合研究中心，充分利用国内深厚的技术基础和多样性的文化背景来产生“从 0 到 1”的新思想。可考虑组建具有不同学科背景的联合攻关团队，并明确适合跨学科合作模式下符合时代发展的成果贡献体现形式和考核评价机制，鼓励研究者围绕重大基础问题开展长期、深入的合作。

（2）在基础研究和应用开发中，应鼓励和坚持走自主创新的道路。增强配套能力和核心竞争力，建立有自主知识产权的产业链，建立新材料结构设计 / 制造 / 认证评价的基础支撑体系。创新是发展的不竭动力，提高自主创新能力，特别是“源头创新”尤为重要，也是建设科技强国中摆在我们面前的重大任务。为此，应在科研经费方面给予长期稳定支持，提高科研经费的分配和使用效率，通过政策倾斜鼓励有条件的企业投资或自主展开基础科研。

（3）重视人才队伍的结构化培养。在人才培养方面，注重老中青和传帮带，注重科研人员年龄衔接方面的合理优化，防止人才断层；在人才梯队建设方面，要建立良好的人才评价机制，注重“小同行”评审，有效支持长期探索钻研的科研人才；在人才引进、项目申请等方面对年轻科研人员可给予适当倾斜；重视基础教育，优化学科的课程教育体系，培养研究生的创新能力；重视技术人员培养，建立技术人员支持和晋升的成熟机制。

（4）深化企业、科研院所和高校之间的合作，注重前沿基础研究与产业界的联系，构建管理部门、创新企业和研究机构的交流平台，提高技术创新能力和创新技术的产品转化，通过创新成果的不断涌现推动应用技术的进步。对通用的核心实验技术和有应用前景的前沿表征技术进行推广，加强产业化的配套政策支持，将科研项目、人才团队、企业资质三个因素综合考虑作为政策导向的主要依据，对有核心自主知识产权的国产高端精密设备予以相应的政策倾斜。

（5）鼓励对科研设备的自主研发，开展多种类的仪器研制项目。主要包括三类：第一类是以解决科学问题为导向开展重大科学仪器的自主研发，项目中需包含多个互相关联的核心子部件，且实现自主知识产权的国产化制造，从而组装形成可直接进行前沿科学实验的科学装置；第二类是针对单个核心技术或部件开展自主研发，项目不要求技术的直接应用，以“从 0 到 1”的技术突破为导向，解决各领域中“卡脖子”的技术瓶颈；第三类是对具有自主研发能力和已有自主研发设备的研究团队，应加大对其未来研究项目的资助力度，鼓励自研设备在解决前沿科学问题的同时能够持续性地进行技术创新和改进。

（6）在新的国际环境下，建立国际学术交流和合作的新途径、新模式。在原创思想产生、实验技术积累、高水平青年人才储备等方面，发达国家仍然具备明显的优势。应坚持开放的国际合作和学术交流，做好国外人才引进工作，充分利用国际智力资源。

# 第二章

# 超导与强关联体系

超导电性是固体材料中电子系统发生配对和凝聚以后而出现的宏观量子相干现象，具有丰富的量子力学内涵和重要的应用前景。超导态表现出零电阻和完全抗磁性等奇异性质，已经在数千种材料中被发现。它可以被广泛地用于能源、信息、交通、医疗、国防、重大科学工程等方面，是可能孕育颠覆性技术的材料系统之一。电子的强关联是指固体材料中电子之间的强库仑排斥势不能被有效简化处理的一个重要科学问题，它是经典能带论和朗道费米液体理论框架下一个自然的科学延伸。以铜氧化物和铁基超导为代表的两大类非常规高温超导体，其基本电子属性的描述都涉及电子强关联特性。基于电子强关联效应的高温超导机理问题和电子关联性本身是凝聚态物理中两个非常重要的科学问题。在本章，我们针对这两个重大科学问题进行介绍。

超导领域最重要的科学问题包括：①室温超导的实现；②非常规高温超导机理的理解；③超导的低成本和大规模应用。超导现象是宏观量子相干现象，在室温常压下获得超导是人们一直追求的目标。基于超导领域中传统的 BCS 理论（Bardeen et al.，1957），如果能够有效提高德拜温度和电声子耦合常数，超导转变温度理论上是可以提高到室温的。但是，强电声子耦合也将导致晶格失稳，这也是基于 BCS 理论超导转变温度存在上限的原因。目前一些轻元素化合物在高压下所表现出来的高温超导基本上是属于该理论范畴。如何在常压下，利用电声子耦合实现高温超导是一个科学难题，但依然有迹可循。实际中二硼化镁超导体的配对机制就是在这种范畴下实现的，其超导转变温度可达 40 K。超导电性需要电子的配对和相干凝聚两步才能实现。如果电子具有强的配对势，同时晶格还不失稳，就有可能获得更高转变温度的超导。在强关联图像下，这些强配对势的库珀对如何形成，是非常规超导机理研究的重点内容。目前认为，对于强关联的电子系统，调节其电子排斥势（$U$）和电子巡游的带宽（$w$）或动能（$t$），当两者达到一定的平衡条件时，自然可以获得电子配对态。这个配对态的电子如果能够移动并构成相位关联就形成了超导态。另外，这样的系统中会产生一个局域磁超交换相互作用，帮助电子进行配对。

非常规超导是目前超导机理研究的重要方向。本章针对不同的材料体系，如铜氧化物、铁基、重费米子、有机材料、二维转角摩尔结构材料等进行具体介绍。同时，本章还就非常规超导现象所表现出来的一些共性的规律进行介绍和讨论，如量子自旋液体、反铁磁涨落、量子临界现象、赝能隙、多种有序相的竞争和合作、严重偏离朗道费米液体理论预期的非费米液体行为等。另外，本章也对在轻元素化合物和其他过渡金属化合物中如何进行新型超导的探索进行了介绍，并总结了超导材料的一些前瞻性应用。

我国在超导和强关联领域一直得到国家多个部门的持续支持，发展势头良好，在很多研究方向上与国际先进水平相当，处于同台竞技的阶段。在这两个领域的主要分支方向上，我国都有相关人员从事研究。同时，得益于国家在过去大约二十年的时间内实施的各项人才政策，很多在国外学成归国的学者大大壮大了我国的研究队伍，完善了一大批重要的实验手段，如角分辨光电子能谱（angle resolved photoemission spectroscopy，ARPES）、低温强磁场的扫描隧道显微镜（scanning tunneling microscope，STM）、中子散射、核磁共振（nuclear magnetic resonance，NMR）、缪子自旋弛豫（muon spin relaxation，μSR）、红外光电导、极端高压下物性测量、极低温强磁场下的电和热的输运测量等。因此，在超导和强关联研究领域，我国在研究队伍规模、测量设备条件、理论认知深度等方面都已达到与发达国家相当的水平，有些领域正处于领先的状态。

# 第一节　新超导材料的探索

## 一、科学意义与战略价值

超导电性是一种宏观量子现象，它所展现的零电阻、完全抗磁、磁通量子化以及约瑟夫森效应等电磁性质已经在电力、医疗、通信、军事以及科学研究等领域获得了广泛的应用。在不久的将来，超导相关技术可望在能源、交通和量子计算等领域中产生大规模应用。在基础研究方面，对于超导电性的深入研究不仅能够帮助我们理解这一奇特宏观量子现象背后的物理机制，而且大大推动了多体电子理论的发展。因此，超导材料探索和机理研究不仅对物理、材料和电子信息等学科的发展具有重要的支撑作用，也是国家长久发展的战略需求之一。

新超导材料的探索在超导研究中一直处在学科前沿。一方面，新超导材料的发现是寻找具有优良应用性能的超导体的基础；另一方面，超导材料的重大发现往往会开辟全新的研究领域，带来新知识、新思想和新方法。从第一个单元素超导体——金属汞到具有广泛应用的合金超导体，从第一个非常规超导体到各种各样的奇异非常规超导体，从铜氧化物高温超导体到铁基高温超导体，超导材料探索的一个又一个突破，不仅为基础物理学研究注入新的活力，而且也为潜在的超导应用铺平道路。

具有高临界温度、高临界磁场以及高临界电流的“三高”超导材料是超导强电应用的基本需要。一般来说，高临界温度超导体也具有较高的临界磁场，同时具有产生高临界电流的潜力。所以，临界温度指标 $T_c$ 尤其重要。目前，寻找高临界温度超导体的基本思路主要有两条：①基于电－声子作用机制常规超导体的 $T_c$ 取决于其电－声子耦合强度、德拜温度以及电子的态密度，并且一般需要在包含轻元素体系中寻找高 $T_c$ 材料；②非常规超导体的产生很可能与自旋涨落有密切联系，所以其 $T_c$ 一般取决于系统的磁性交换作用的强度。主流的观点认为，3d 过渡金属化合物是发现新一类高温超导体的理想材料。目前，超高压下室温超导已经实现，实现具有应用价值的常压室温超导体将是新超导材料探索的终极目标。

对新型非常规超导材料探索的价值还在于其奇特的非常规超导配对方式以及新颖的关联电子行为和拓扑物态。这些研究对于非常规超导机理的统一解决以及对关联电子体系物理规律的认识都有重要意义。

## 二、研究背景和现状

自从 1911 年超导现象被发现以来，具有超导电性的材料范围不断地扩大。目前已知超导电性普遍存在于金属单质、合金、过渡金属化合物、稀土化合物以及有机化合物等各类材料之中。许多材料（如非金属单质、金属铁等）虽然在常压下没有超导电性，但是在高压下却可以成为超导体。另外，就同一种材料而言，在其单晶、多晶、非晶、纳米晶以及薄膜等多种物质形态中都可能观察到超导电性。

中国科学家在新超导材料的探索研究中扮演着越来越重要的角色。从铜氧化物超导体开始，我国的超导研究逐渐步入国际先进行列，并且培养了一批优秀科学家。这些人长期坚守超导研究阵地，为我国在铁基超导体新材料探索研究竞争中赢得先机，并且在该领域长期发挥主导和引领作用。最近十余年以来，我国科学家在其他新超导材料的探索方面也不断取得重要成果，在国际上有重要学术影响力。当今新超导体探索的研究动机主要有三个方面，即面向高临界温度、面向非常规超导机理、面向超导应用。以下就这三方面内容进行简要介绍。

### （一）探索具有更高临界温度的新超导体

超导材料虽然很常见，但是具有高 $T_c$ 的材料却非常难得。图 2-1 汇总了一些典型超导材料的临界温度和它们被发现的年代。在 1973 年以前，最高 $T_c$ 纪录是 23.2 K（A15 结构的二元化合物 $Nb_3Ge$），这个纪录一直保持了长达十三年之久。现在，基于强电－声子耦合理论的麦克米兰极限（40 K）被普遍接受为临界温度的门槛（McMillan，1968）。到目前为止，常压下 $T_c$ 高于 40 K 的超

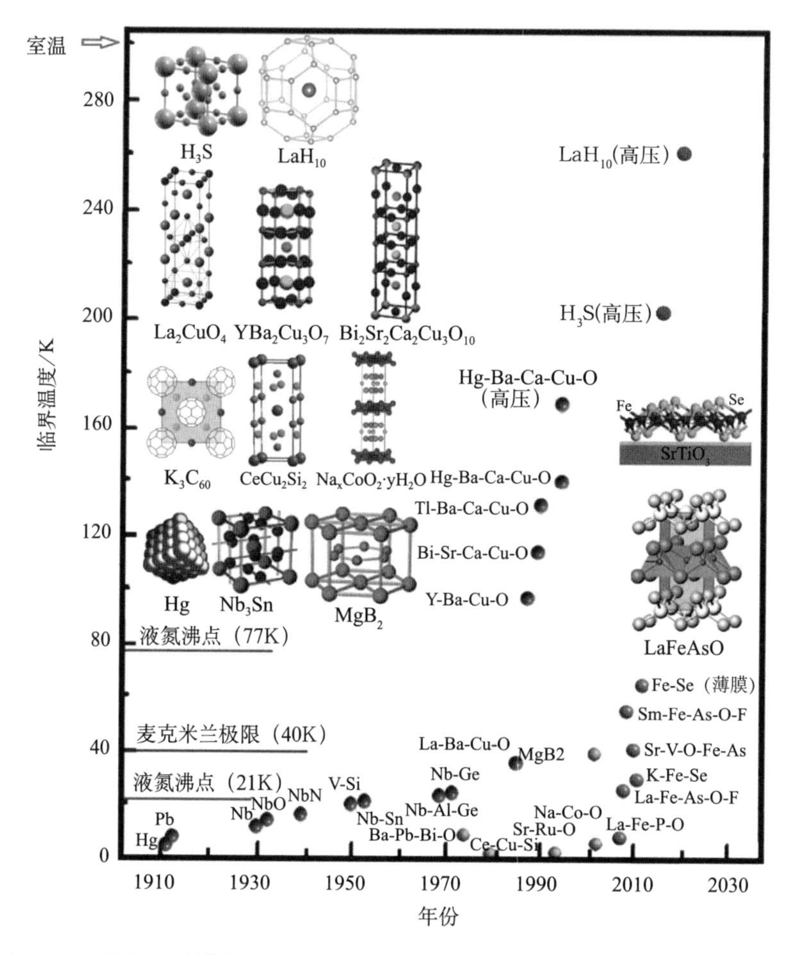


图 2-1　各类超导材料发现的年代和临界温度记录，插图为典型的超导体结构

导体目前仅有两种，它们分别是1986年发现的铜氧化物高温超导体（Bednorz and Mueller，1986）和2008年发现的铁基高温超导体（Kamihara et al.，2008）。$T_c$ 高于 20 K 且低于 40 K 的超导体也仅有数种，包括 Nb-Ge 化合物、$K_xC_{60}$ 和 $MgB_2$ 等。值得注意的是，在这 8 种材料中，$T_c$ 最高的两种超导体都是非常规超导体，这显示出非常规超导体在产生高 $T_c$ 方面的优势。目前铜氧化物高温超导体的最高 $T_c$ 纪录是 138 K（高压下可达 165 K）。

常规超导体中产生高 $T_c$ 的主要研究思路是含轻元素体系的稳定化。超高压条件下能够产生很多新的物相（100 GPa 所产生的自由能变化达到每个原子数百毫电子伏），而且超高压能够明显缩短原子间距，容易形成金属物态，因此高压力下轻元素化合物体系中很可能产生高温超导电性。近年来，在高压稳定的超氢化合物（superhydrides）体系中发现了 $T_c$ 很高的超导体。例如，在超高压（100～300 GPa）条件下，$H_3S$ 和 $LaH_{10}$ 的 $T_c$ 分别达到 203 K 和 250 K（Drozdov et al.，2015，2019）。在富氢体系的研究中，如何考虑全量子化效应的影响是十分重要的问题。值得一提的是，第一性原理计算在寻找这些高温超导体中起到了引领作用。

### （二）探索新型非常规超导体

相对于常规超导体，非常规超导体比较罕见。而且除铜氧化物和铁基超导体以外，大部分非常规超导体的 $T_c$ 都比较低。这主要是超导配对的能量尺度的差异所致。例如，虽然重费米子超导体的 $T_c$ 一般仅仅为 1 K 左右，但是，如果以费米温度（$T_F$）作为衡量标准，其 $T_c/T_F$ 值要远大于常规超导体，而与铜氧化物和铁基超导体接近。从这个意义上说，重费米子和部分有机超导体也可归为“高温”超导体。1979 年发现的第一个重费米子超导体 $CeCu_2Si_2$ 也是第一个非常规超导体（Steglich et al.，1979）。此后发现的重费米子超导体主要是包含变价稀土离子和锕系元素的化合物，比较重要的重费米子超导体有 $CeCoIn_5$、$UGe_2$、$UPt_3$ 和 $UTe_2$ 等。

1979 年还发现了第一个有机超导体：$(TMTSF)_2PF_6$（Jérome et al.，1980）。此后又相继发现了几种这类电荷转移型有机超导体。例如，$(BEDT\text{-}TTF)_2Cu(NCS)_2$ 的 $T_c$ 达到 11 K。这类超导体与铜氧化物超导体、铁基超导体以及重费米子超导体有很多相似之处，因此被归类为非常规超导体。

过渡金属（尤其是 3d 过渡金属）化合物体系中的超导电性亦较为少见，目前所发现的此类超导体也大多为非常规超导体，具体包括：1994 年发现的 $Sr_2RuO_4$，2003 年发现的层状钴基超导体 $Na_xCoO_2 \cdot yH_2O$（$T_c = 4.7$ K），2014～2015 年发现的 CrAs 与 MnP（高压下 $T_c$ 分别为 2 K 和 1 K）和 $K_2Cr_3As_3$（常压下 $T_c$ 为 6.1 K），以及 2019 年发现的镍氧化物超导薄膜 $Nd_{1-x}Sr_xNiO_2/SrTiO_3$。$Sr_2RuO_4$ 超导体被研究多年，但其超导配对对称性至今仍不清楚。$Na_xCoO_2 \cdot yH_2O$ 是目前仅有的钴氧化物超导体，其中的 Co 原子形成三角晶格，$Co^{4+}$ 的低自旋态为 S = 1/2，因此被认为是实现共振价键态的理想候选体系。最近在 $Nd_{1-x}Sr_xNiO_2$ 和 $Pr_{1-x}Sr_xNiO_2$ 薄膜中发现了 9～15 K 的超导电性（Li D et al.，2019），该体系可能是最接近于铜氧化物超导体的新超导体系，相关研究必将有助于最终解决高温超导电性微观机理问题。与上述各种超导体的准二维结构不同，$K_2Cr_3As_3$ 是兼具准一维结构和强关联特性的非常规超导体，它的发现为非常规超导体研究提供了崭新的研究对象。

由于拓扑材料的发展，近年来对拓扑超导体进行了广泛的探索。对于包含重元素（如第 6 周期元素）的特定晶体结构（如准二维过渡金属硫族化合物、$Bi_2Se_3$ 等体系），由于其强自旋轨道耦合作用，可能产生新颖拓扑量子态，包括拓扑超导态等。

### （三）探索具有应用前景的新超导体

目前获得广泛应用的超导材料主要是低温超导体 NbTi 和 $Nb_3Sn$ 等。铜氧化物高温超导体、铁基高温超导体和 $MgB_2$ 等新兴材料的应用范围也在逐渐扩大。从应用需求的角度上讲，开发出性价比优于 NbTi 和 $Nb_3Sn$ 的新超导材料将是十分有意义的。目前，铜氧化物高温超导材料的开发正在趋于成熟，其在液氮温区的超导电缆应用具有独特优势。而铋系的圆线和钇系的带材正在进行 30T 以上的高场应用验证。最近国内已成功研制出中心磁场高达 32.35 T 的全超导磁体，打破了美国国家强磁场实验室创造的 32.0 T 超导磁体的世界纪录，标志着我国高场磁体技术已经达到世界领先水平。然而铜基超导材料的高成本对其应用限制极大，因而性能优异、价格低廉的铁基超导材料也正在获得极大关注并快速发展。其 s 波超导各向异性更小同时具有对掺杂不敏感、载流能力强、临界磁场高达 100 T 以上且可方便制备圆线等优点，有望成为下一代高场应用超导材料的首选。目前铜氧化物和铁基高温超导材料的应用仍然存在着诸多问题，而未来新材料的发现则往往是打破现有应用框架、实现超导技术飞跃性突破的最大希望。

## 三、关键科学、技术问题与发展方向

历史上崭新超导材料的发现大多数属于“机缘巧合”，尤其是对于非常规超导体的发现。这是因为超导电性产生是复杂的量子多体问题，对其临界温度进行精确理论计算非常困难。而对于关联电子体系中的非常规超导机制，目前尚缺乏公认的超导理论，对非常规超导体的探索一般是基于过去的经验。然而，随着对超导电性（特别是非常规超导）的认识加深和相关科学技术的进步，探索新超导体的方法也有了长足的进步，发现新超导体的速度明显加快。铜氧化物超导体在超导现象被发现的 75 年后出现，而铁基超导体在铜氧化物超导体被发现的 22 年后出现。基于这个基本现状和发展趋势，新超导材料的探索在未来 5～15 年很有希望产生突破性的进展。

未知非常规（高温）超导体究竟在什么样的体系中存在？如果存在，如何寻找并实现？这些问题的正确回答显然有助于加速新超导材料探索的进程。

寻找常压下非常规超导体、高温超导体或室温超导体需要正确认识非常规超导电性的核心特征（或非常规超导基因），以便能够缩小探索范围，并进一步定位探索对象。虽然目前非常规（高温）超导电性机理问题尚未解决，然而，研究者经过长期研究积累，已经形成一些共识。目前主流观点认为，非常规超导电性源于（反铁磁）自旋涨落。一般认为，低维结构、阻挫结构、适当的关联效应以及较小的自旋可能产生较强的自旋涨落。超导临界温度则与自旋涨落能量以及反铁磁交换作用强度成正比。

可以预见，未来 5 ～15 年新超导材料仍将不断涌现，并有可能出现突破性进展（如新的非常规高温超导体乃至室温超导体的发现）。经过数十年的研究积累与相关技术的进步，探索新超导体的方法也有了新的发展，产生了“材料基因”和“原子制造”等新概念。基于材料设计、大数据、机器学习和人工智能等手段有可能改变超导材料探索的面貌。具体实验方法上也出现了多种合成和调控手段，如超高温高压合成、组合合成、各种软化学方法、固态 / 液态离子调控、电子浓度门电压调控等。

未来 5 ～15 年本方向的优先发展方向建议如下：

（1）凝练非常规高温超导的共性特征，发展基于“高温超导基因”的理论预测方法，采纳大数据、机器学习和人工智能等搜索和预测手段，为实验探索提供有价值线索。

（2）结合第一性原理计算等理论模拟手段，发展材料设计的方法，重点是设计具有特定晶体结构的、热力学稳定的（或亚稳的）新化合物。

（3）发展和优化各种合成技术和调控手段，例如，超高温高压合成、组合技术、软化学合成、固态/液态离子调控和门电压调控等。考虑到很多超导体的热力学不稳定特征，采用这些“非常规合成”手段往往是有必要的。

（4）过渡元素化合物（特别是3d过渡金属化合物）将仍然是探索新型非常规高温超导体的主要材料体系。在钴基和镍基体系中比较有希望发现新的高温超导体。另外，像$Sr_2IrO_4$相关体系是否存在（高温）超导电性，值得进一步探索。

（5）高压下的室温超导材料将是未来新超导材料探索的重要研究方向之一。

（6）除了准二维层状材料，准一维材料以及三维材料不应被忽视。尤其是三维材料，一旦取得突破，它在应用上的优势将显现出来。

（7）努力寻找具有应用价值的、临界温度在20 ～40 K、具有高临界磁场的新型实用超导材料。此类实用超导材料实际上是目前超导应用探索最迫切的需求。目前广泛使用的Nb系合金超导材料使用液氦制冷，氦资源稀少、昂贵，而且我国的氦气资源主要依赖于国外进口，很容易受到限制，从而影响大批相关低温超导设备正常使用；另外，Nb系超导体的临界磁场限制其只能应用于约20 T以下，目前应用已至极限，无法满足各行业对于更高磁场的需求。探索此类超导材料，可以摆脱液氦，使用液氢或低温制冷机制冷，也将进一步扩大磁场应用至30～40 T的范围。

# 第二节　非常规超导机理的实验与理论研究——铁基超导

## 一、科学意义与战略价值

2008年初，日本东京工业大学相关课题组在氟掺杂的LaFeAsO中发现转变温度达26 K的超导电性（Kamihara et al.，2008）。紧接着，中国科学家通过把镧位替换成其他稀土元素（如Sm、Ce、Nd等），很快在常压下获得了 40 K 以上的超导转变温度（Chen X H et al.，2008；Chen G F et al.，2008；Ren et al.，2008），并迅速引发了全球性的超导研究热潮。目前，铁基超导系统已经演变成以铁砷（FeAs）基和铁硒（FeSe）基为导电面的两个主要家族，在每个家族中又发现了多个结构成员，其中以迈斯纳抗磁信号为标志的最高超导转变温度已经达到 65 K。铁基超导体是目前发现的两个非常规高温超导体系之一，其物理内涵与铜氧化物超导体有很多相似之处，也有很多不同。首先，它们都是具有 3d 族过渡金属的化合物，电子之间关联性很强；其次，部分铁基超导体系的母体，如 1111 体系，122 体系和 FeTe 体系，均具有反铁磁长程序，通过压制这个反铁磁序，超导会逐渐出现，并表现出一个类似于铜氧化物超导体的穹顶形状的相图；最后，NMR 和中子散射实验均表明其具有很强的反铁磁涨落，而且与超导起源密切相关。这些均说明铁基超导体和铜氧化物超导体的机理具有某些相似之处。但是，从另外的角度看，铁基超导体中电子关联性没有铜氧化物强，其母体在很多时候具有“坏金属”特性，而不具备强的莫特绝缘特性，有证据表明其关联性来源于强的洪德耦合作用；铁基超导体具有多能带特征，部分能带的费米能接近超导能隙，因此存在 BCS 图像到玻色 – 爱因斯坦凝聚（BEC）渡越的可能；铁基超导体中的自旋或轨道因素导致了电子向列相和轨道序的存在；部分铁基超导体中表现出非平庸拓扑表面态的特征，因此可能具备本征拓扑超导电性（Fernandes et al.，2022）。因此，铁基超导体也许处于铜氧化物和常规 BCS 超导体之间，其物理内涵大大丰富了非常规超导机理研究的内容，对构建非常规高温超导图像至关重要（Chubukov，2012）。对于铁基高温超导配对机理的研究，可以从一个全新的视角对高温超导非常规配对机理进行审视和理解，有望最终解决这一物理学上多年未解决的难题（赵忠贤和于渌，2013）。

铁基高温超导材料是除了铜氧化物高温超导材料以外，唯一发现的一大类在常压下转变温度接近液氮温度的超导材料。铁基高温超导的理论和实验研究，可以帮助我们进一步探寻到新型铁基超导材料，提高超导转变温度。如果在铁基高温超导中实现稳定的液氮温区及以上温度的超导电性，同时结合铁基超导材料本身的优异性质，如低各向异性、强磁通钉扎和高的不可逆磁场等，将对超导大规模应用等多个领域产生巨大的影响，给人类社会的发展带来革命性的进步。

## 二、研究背景和现状

铁基超导体根据超导导电层特性的不同，可以分为两大类，即 FeAs 和 FeSe 基家族。FeAs 和 FeSe 单层都具有相同的四方（或正交）晶系，铁的阳离子形成四方（或正交）的平面结构，包夹 Fe 平面的上下两层阴离子（As/Se）分别沿着阳离子 – 阳离子次近邻的两个轴方向（*a*/*b* 轴）与阳离子错开半个晶胞。

FeAs 基家族主要包括 1111 体系、122 体系、111 体系、多层离子插层体系、112 体系以及双层 FeAs 结构的 1144 体系和 12442 体系等。1111 体系是指 ZrCuSiAs 结构的铁基超导，其结构沿着 *c* 轴方向在 FeAs 层之间插入 REO（RE = 稀土元素），AeF（Ae = 碱土）或者 ThN 层。最早发现的 LaFeAsO（F）即属于该家族。中国科学家将稀土 La 替换为 Sm、Ce、Nd 等其他稀土元素，使得超导转变温度提高到 40 K 以上，成功突破了麦克米兰极限，最高 $T_c$ 可以达到 56 K。122 体系是指具有 $ThCr_2Si_2$ 结构的铁基超导体，其结构是利用碱土或碱金属将两层 FeAs 隔开，相邻的 FeAs 层镜像对称，其代表性化合物包括 $Ba_{1-x}K_xFe_2As_2$、$Ca_{1-x}Na_xFe_2As_2$ 等，也可以在 Fe 位置进行 Co、Ni、Ru、Pd 等电子型掺杂。122 体系由于单晶容易生长，是目前研究最广泛的一类铁基超导体，最高超导转变温度达到 40 K。111 体系是指 PbFCl 结构的铁基超导体，该类化合物的 FeAs 层由锂 / 钠离子隔开，主要代表化合物为 LiFeAs 和 NaFeAs 等，最佳超导转变温度大约为 20 K。多层离子插层型铁基超导体结构相对复杂，种类也很繁多，它们 FeAs 层之间的间距比较大，插入 FeAs 层之间的载流子库层均为复杂的多层结构，主要包括 32522 体系，其代表化合物为 $Sr_3Sc_2O_5Fe_2As_2$；42622 体系，其代表化合物为 $Sr_4V_2O_6Fe_2As_2$ 、$Ca_{10}Pt_nAs_8(Fe_{1-x}Pt_x)_2As_2)_5$ 以及 $Ba_2Ti_2Fe_2As_4O$ 等。这一类铁基超导由于元素较多，生长单晶相对困难，因此目前研究相对较少。112 体系结构与 1111 体系相似，FeAs 层之间插入 $Ca_{1-x}La_xAs$ 层，且结构略有畸变，其空间群为 *P*21。双层 FeAs 结构的 1144 体系和 12442 体系是近几年新发现的超导体，其代表化合物分别为 $KCaFe_4As_4$ 和 $KCa_2Fe_4As_4F_2$。这类化合物的结构特点是以不同碱（土）

金属的 122 相，或者 122 相和 1111 相交互生长，以 $KCa_2Fe_4As_4F_2$ 为例，该超导体系由 CaFeAsF 和 $KFe_2As_2$ 交互生长而成，其超导临界温度达到 35 K。

FeSe 基家族主要包括 $Fe_{1+x}Se/Te/S$、单层 FeSe 薄膜、$A_xFe_{2-y}Se_2$（A = K、Rb、Cs、Tl）、化学插层 FeSe 等。11 体系的 FeSe 为结构最简单的铁基超导体，其 $T_c$ 为 8 ～10 K，高压下可达 38 K，而且在 90 K 左右有一个向列相转变。通过 Te 替换部分 Se，形成 $FeSe_{1-x}Te_x$，常压下最高 $T_c$ 可以达到 14 K 左右，薄膜可以达到 23 K 左右。单层 FeSe 薄膜是指 $SrTiO_3$ 衬底上制备 FeSe 单层薄膜，谱学测量发现可能存在临界温度接近甚至超过液氮温区（77 K）的超导能隙结构（Wang Q Y et al.，2012）。$A_xFe_{2-y}Se_2$ 结构与 FeAs 122 相似，但为了达到电荷平衡，存在 Fe 和 A 的缺位，且有空间相分离发生，这类材料超导转变温度在 36 K 左右，高压下有 48 K 超导电性的报道。低温下化学插层 FeSe 是指，在相对低温的条件下将阳离子基团插入到 FeSe 层之间，可以获得 40 K 以上的高温超导。主要包括碱金属 / 碱土金属和液氨共插层 FeSe，如 $Li_x(NH_3)_yFe_2Se_2$，水热法合成的 $(Li_{1-x}Fe_x)OHFeSe$，复杂分子插层的 FeSe 材料等。这类化合物与 $A_xFe_{2-y}Se_2$ 相比，不存在或有较少 Fe 缺位，也没有相分离发生。其中 $(Li_{1-x}Fe_x)OHFeSe$ 由于单晶容易生长，且在空气中稳定，而受到广泛关注。

大量的实验和理论计算表明铁基超导体是一种层状准二维材料。决定铁基超导体物理性质的根源来自于 FeAs/FeSe 层。这些层由共边四面体 $FeAs_4(Se_4)$ 配合物构成。在铁基超导体中，铁离子接近于 +2 价，外层有 5～ 6 个 3d 电子。由于四面体晶体场的作用，$t_{2g}$ 轨道能量高于 $e_g$ 轨道。但是由于四面体晶体场能级劈裂远小于铜基超导的八面体晶体场，所以铁基超导中 Fe 的 3d 轨道对费米面或多或少都有贡献。所以铁基超导是一个多轨道的复杂系统，成为有别于单带铜基高温超导的一个重要特点。

除了个别的材料外，密度泛函理论（density functional theory，DFT）计算出的能带结构和 ARPES 测量的结果基本一致。其中大部分材料的费米面主要由位于简约布里渊区的 Γ 点空穴型和位于 M 点的电子型费米面组成。值得注意的是，为了和实验结果一致，DFT 的 Γ 点能带和 M 点能带还需要做相对的移动；相对移动的大小和各个材料的关联强度相关。普遍认为 FeAs 基超导的关联强度要弱于 FeSe 基超导。除此之外，由于多余的电子掺杂，122

型化合物和单层 FeSe 等材料只存在 M 点电子型费米面，同时 Γ 点的价带顶也远离费米面。这些结果都和 DFT 计算结果有很大偏差，有待进一步研究。总体来说，DFT 计算结果定性吻合铁基材料电子结构，但关联效应对具体电子结构存在很大影响。

铁基超导体中电子间存在库仑排斥与不同电子轨道间的洪德耦合，其强度与铁原子 3d 电子组成的能带带宽大小相近，因而体系正常态是具有较强关联的金属。铁基超导体中的洪德耦合显著影响体系电子性质。洪德耦合使各轨道上电子自旋倾向于平行排列，形成局域磁矩。在相干温度之下，磁矩被巡游电子有效屏蔽，体系呈现费米液体行为；而在此温度之上，由于电子相干性的破坏，体系可呈现偏离费米液体的行为（Haule and Kotliar, 2009）。另外，由于洪德耦合强烈压制了电子的轨道间涨落，在铁基超导体中，电子关联效应具有轨道选择的特点，即 $d_{xy}$ 轨道相对于 $d_{xz}/d_{yz}$ 等其他轨道电子具有更强的局域性，在电子结构上表现为更大的能带重正化系数与更小的谱权重。这些性质目前已经被基于第一性原理的能带计算结合动力学平均场或隶自旋理论等多体计算方法比较准确地描述，也已经在 FeSe 基超导体中被 ARPES 等实验所证实。但如何调节轨道选择的强弱来调控体系电子能带结构仍是理论与实验上具有挑战性的问题。

铁基超导的母体基态为金属自旋密度波或者超导态。由于母体不是莫特反铁磁绝缘态，早期的研究倾向于认为铁基超导属于弱关联，由巡游性决定。弱关联理论指出 Γ 点空穴口袋和 M 点电子口袋的嵌套理论可以解释（0, π）自旋密度波和 s± 超导配对。这一理论框架在早期发现的 FeAs 基材料中相对符合，然而 FeSe 基材料和只存在电子型费米面的材料的出现使得弱关联理论难以自圆其说。与此相反，强关联理论构建反铁磁交换模型，可以很好地描述铁基各种磁性基态及其自旋激发谱和超导配对性。总体来说，铁基超导是一个定域关联性和巡游性都很强的体系。

此外，在多种铁基材料中发现存在电子向列序，导致了铁原子平面内的四重旋转对称破缺，为电阻、能带劈裂、自旋激发等一系列电子性质带来了沿空间取向的各向异性。目前理论与实验研究普遍认为向列序源自体系各向异性的磁涨落，与体系中条纹反铁磁基态相伴而生。但 FeSe 基超导体中的向列序存在于 90 K 之下，却并不存在反铁磁基态。虽然诸多实验证据表明在向列序中仍存在强烈的各向异性磁涨落，但其基态电子结构仍然不清楚。另外，实验发现随着掺杂浓度增加，向列序/反铁磁序受到压制，同时低温下出现超导电性，并且在最佳掺杂浓度附近体系向列序的涨落得到显著增强（Chu et al., 2012）。因此研究向列序及其涨落如何影响超导对揭示铁基超导体超导机制有重要意义。

铁基超导最核心的问题还是超导配对。首先从超导配对对称性而言，大部分实验支持铁基是无节点的 s 波配对。但是由于铁基是一个多带系统，多个能带穿越费米面，不同能带之间的相位可能不同，这也成为争论的焦点。铁基超导存在大量高于 40 K 的超导材料，基本可以排除 BCS 电声子配对机制。早期利用费米面嵌套，弱关联理论指出自旋涨落使得空穴型和电子型费米面超导配对波函数相反，称为 s± 配对。同时，另外一种图像认为轨道涨落才是超导起源，导致两种费米面超导配对波函数相同，称为 s++ 配对。适用范围更广的强关联理论利用 $t$ - $J_1$ - $J_2$ 反铁磁交换模型明确给出 s± 配对，同时预言了配对波函数，与实验非常吻合。$d_{xz}$ 和 $d_{yz}$ 轨道组合形成的类 $d_{xy}$ 轨道与 $d_{xy}$ 轨道独立在费米面附近，与 p 轨道产生强反铁磁交换耦合也许是铁基材料体系中出现高温超导的主要因素。除此之外，奇宇称配对也有可能是铁基超导体中的一种配对形式。简而言之，和铜基超导等关联体系一样，铁基超导的配对对称性基本达成共识，但是超导配对的物理机理还需要进一步探讨。

ARPES 作为可以直观探测材料内电子结构信息的实验手段，在铁基高温超导研究中扮演了非常重要的角色。我国相关研究课题组一直处于国际引领地位。下面将从电子结构基本信息、相互作用表征、配对相互作用、配对对称性和重电子掺杂 FeSe 基超导材料几个方面介绍相关研究背景和现状。

ARPES 对于电子结构基本信息的表征，基本覆盖了目前所发现的所有铁基高温超导材料。目前获得了一些基本的共识。首先，铁基超导材料低能电子结构基本符合理论计算的能带结构，具有多带和多轨道特性。其能带的轨道组分和能带数量在不同类铁基超导材料中有所不同。其次，铁基超导材料的电子结构具有一定的三维特性。例如，在 LiFeAs 和 $FeTe_{1-x}Se_x$ 中，其费米面会在 $k_z$ 方向上闭合，同时发生能带在 $k_z$ 方向的杂化。这些结果为建立正确的理论模型提供了实验依据。同时，多变的能带数量、轨道组分和三维性，给建立统一有效的理论模型提出了挑战。

在表征电子关联相互作用方面，研究发现铁基高温超导材料中不同轨道能带的重正化因数可以差别很大。例如，在11类铁基高温超导材料中，$d_{xy}$轨道相关能带的宽度要大幅窄于$d_{xz}$和$d_{yz}$轨道相关能带的宽度，其重正化因数可达到10以上。同时，实验发现不同轨道能带的相干性也存在很大差别，并具有明显的温度依赖行为。这些实验结果显示了多轨道的重要性，为建立轨道选择莫特绝缘态和洪德非相干金属等相关理论提供了重要实验证据。

在对称破缺态方面，ARPES对铁基高温超导中的各个对称破缺态都进行了表征。在向列序相中，实验发现了电子结构重构具有显著的轨道依赖和动量依赖特性，表明向列序中可能存在复杂形式的轨道序。而在磁有序相的研究中，实验发现其自旋密度波能隙具有明显的轨道依赖特征，可以用大动量的轨道内电子散射来解释。这些研究提示铁基中存在磁扰动、轨道扰动和晶格扰动，这些都可能在超导配对中起一定的作用。

ARPES可以通过对超导能隙在动量空间的分布进行表征，从而推测出超导配对对称性的形式。目前获得的能隙结构可以分为两类。一类是无节点的基本各向同性的能隙结构，能隙在空穴口袋上和电子口袋上近似各向同性分布，并且能隙大小接近。这一类的代表材料包括$Ba_{1-x}K_xFe_2As_2$、LiFeAs、$FeTe_{1-x}Se_x$等。另一类是具有节点的或强各向异性的能隙结构。例如，在$BaFe_2(As_{1-x}P_x)_2$中，实验发现能隙随$k_z$的增加快速降低，并在$k_z$方向布里渊区顶点附近降为零，产生了环状的节点。而在FeSe中，实验发现，能隙在空穴口袋上具有二度旋转对称的各向异性，并具有二度旋转对称的节点结构。这些测量结果，提示了可能的s± 波的配对对称性。但同时，能隙结构的复杂性，包括能隙节点和各向异性的能隙结构，提示了铁基高温超导配对机制中多轨道性和三维性的重要性。

重电子掺杂FeSe基超导材料的发现，给铁基超导配对机理研究提出了重要的挑战。典型材料包括$K_{1-x}Fe_{2-y}Se_2$和FeSe单层膜等。ARPES发现，重电子掺杂FeSe基超导材料的费米面只包含布里渊区顶点的电子型的费米口袋。其超导能隙虽无节点但具有一定各向异性。对于FeSe单层膜电子态的研究，显示其高超导转变温度可能和表面的电声子相互作用增强有关。后续的同位素替换研究和衬底替换研究也支持这一观点。同时，对于FeSe单层膜相图的研究显示，其超导态可能和磁有序态或绝缘态近邻，指出电子关联和磁性相互作用的重要性。重电子掺杂 FeSe 基超导作为不同于传统铁基超导材料的新的一类体系，对于它的理解还存在很多疑问，相关研究仍在进行中。

对一个新的超导体系，电阻和霍尔效应等输运实验，以及比热和热导等热力学实验对揭示其超导机理至关重要。输运实验表明，铁基超导体确实如能带计算的情况一样具有多带特征。铁基超导体中具有铁原子，因此通常认为对超导是不利的，在铁基超导体中实现超过 40 K 的超导确实大大出乎了人们的意料。更令人意外的是，在铁基超导体内除了超导相，还存在着长程磁有序、短程磁有序、向列序等多个相，而这些不同的相之间既有竞争也有共存。在这种情况下，量子临界现象出现的可能性也大大增加。电阻率是这种量子临界现象的重要表征手段。在朗道费米液体理论中，材料的电阻率与温度表现出二次方的关系。然而，当实验条件接近量子临界点时，费米液体理论不再适用，电阻率和温度的关系会偏离两次方。$KFe_2As_2$ 中电阻率的温度 1.5 次方关系表明量子临界确实存在于铁基超导体之中。除了量子临界之外，在众多相中向列序相也引起了很大的兴趣。面内电阻率的各向异性是向列序相的一个重要标志。例如，高达 2 以上的面内电阻率各向异性比例就清楚地证实了 Co 掺杂的 $BaFe_2As_2$ 就存在着向列序相。类似地，在 FeSe 中也观察到向列序相引起的面内电阻率的各向异性，但是其产生向列序相的原因仍然有待研究。

对于铁基超导体，确定它的超导能隙的结构和对称性能够很好地反映超导电子的配对方式，对探索其超导配对机制非常重要。比热的测量在一定程度上可以反映超导的能隙结构。一系列的比热研究发现，铁基超导体的有效质量均在最佳掺杂点有增强效应，与部分系统的电阻的线性率或穿透深度实验结果吻合，均指向在最佳掺杂点也许存在量子临界特性。对于铁基超导体中是否存在能隙节点，比热实验显示，大多数 FeAs 基超导体具有完全打开的能隙和多带特征，与 s± 配对模式吻合。通常情况下，如果超导能隙存在具有对称性的节点，其低温电子比热呈现温度二次方的关系；而如果超导能隙不存在节点，那么其低温电子比热与温度表现为 e 指数的关系。在掺杂铁基超导体 $BaFe_2As_2$ 的比热测量中，K、Ni、Co 欠掺杂样品的低温电子比热呈现温度平方的依赖关系，这可能来自于杂质散射对 s± 超导配对态的影响，而非体系中存在能隙节点。此外，肖特基贡献、拟合精度等问题也容易影响比热分析。

热导率是材料导热能力的量度，也是材料的一种体性质。测量铁基超导体在极低温下的热导率是研究块状超导体能隙结构的一种更有力的直观手段，可以根据热导率得到的能隙结构情况进一步去推断铁基超导体的配对机制。对于超导体来说，我们可以将超导体的热导率与温度的关系表示为 $\kappa = aT+bT^{\alpha}$。其中，第一项 $aT$ 在 $T\rightarrow 0$ 时称为线性剩余项，表示超导体中的电子热导率贡献；第二项 $bT^{\alpha}$ 表示超导体中的声子热导率贡献，其中 $a$ 是一个介于 2 到 3 之间的值。如果超导体是 s 波配对的，超导能隙被完全打开，那么在零温极限下费米面附近的所有电子全部形成库珀对，而库珀对是不传递热的，因此在零温极限下不存在能够携带热量的准粒子，$a=\kappa_0/T\rightarrow 0$。绝大多数铁基超导体就属于这种情况。如果超导体是 d 波配对的，能隙函数在节点方向等于零，那么零温极限下这些方向仍然存在可以传递热量的准粒子激发，此时 $\kappa_0/T$ 不为 0。这种情况在铁基超导体中并不多见，极度过掺杂 122 体系 $KFe_2As_2$ 是其中最著名的例子，明显的线性剩余项是 $KFe_2As_2$ 能隙节点强有力的证据。不同于大多数铁基超导体的热导率结果比较明确，FeSe 的热导率结果存在较大的争议。有些课题组观察到了非零的 $\kappa_0/T$，认为存在能隙节点；但也有课题组没有观察到类似现象，认为不存在能隙节点。这些结果还有待于进一步甄别。

超导体在磁场作用下恢复正常态的过程中，$\kappa_0/T$ 会逐渐增加。通过测量铁基超导体在外加磁场下的热导率行为，可以获得更多关于其能隙结构的信息。$T\rightarrow 0$ 时，准粒子被局域在磁通涡旋芯子里，垂直于磁场方向的导热只能靠相邻磁通涡旋之间的隧穿来完成。随着磁场增大，磁通涡旋越来越密集，使得准粒子更容易在磁通涡旋核心之间隧穿。这会让 $\kappa_0/T$ 随 $H$ 以指数的形式缓慢增加。如果是能隙各向同性的单能带的超导体，或者虽然是多能带超导体，但各能带或者各角度的能隙不存在很强的各向异性时，都能看到这种特征的指数形式的曲线。如果不同能隙间具有较强的各向异性或者不同能隙大小相差较大，那么 $\kappa_0/T$ 对 $H$ 不再是单纯的指数增长，而是存在从上凸到下凹的变化规律。通过这种方式，无论是以 $Ba_{1-x}K_xFe_2As_2$ 为代表的 122 体系还是以 FeSe 为代表的 11 体系都被发现存在着多个能隙大小不等的能带参与超导配对。这对理解不同能带的电子对超导能隙的贡献有着重要的意义。

在铜氧化物高温超导体被发现以来的三十余年间，虽然自旋关联被认为和高温超导机理有密切关系，但是自旋关联如何导致超导配对这一核心问题一直没有定论，也有研究认为电子和声子及轨道等其他相互作用可能在高温超导配对中也起到了重要的作用。2008 年，铁基超导体的发现进一步表明自旋关联与高温超导的密切关系，因为与铜氧化物超导体类似，大部分铁基超导体的母体也是反铁磁体，通过在母体中引入电荷可以获得超导电性，而且在超导体中自旋涨落和超导有强烈耦合。这些发现表明在反铁磁体中通过电荷掺杂获得高温超导电性这一发现并非偶然。FeAs 基和 FeSe 基超导体是铁基超导体的两个最重要的分支。FeAs 基超导体的母体具有条纹状反铁磁结构，反铁磁序伴随着向列序发生，通过掺杂改变了空穴和电子费米面的嵌套条件，所以母体中的条纹状反铁磁序和向列序被压制，然后超导电性出现。有理论认为超导配对机制是电子型费米面上的电子通过交换反铁磁自旋涨落而散射到空穴型费米面上，从而建立配对关系。这种基于费米面嵌套和反铁磁自旋涨落产生的配对将导致 s± 波的超导配对形式（Mazin et al., 2008），即不同类型费米面上的超导能隙没有节点，但在费米面之间存在相位变号。这种 s± 波配对机制得到了中子 - 自旋共振峰实验的支持。与此同时，NMR 实验也发现基于电子和空穴费米面散射产生的低能自旋涨落和超导电性有明显的关联。

基于电子和空穴费米面相互作用的 s± 波配对模型在铁砷类超导体中取得了一些成功。但是，这种配对机制在随后发现的电子掺杂 FeSe 基超导体和单层 FeSe/STO 薄膜中受到了挑战。因为在电子型 FeSe 基超导体和单层 FeSe/STO 薄膜中不存在空穴费米面，但却仍然呈现较高的超导转变温度。并且，电子型 FeSe 基超导体的母体材料 FeSe 也没有长程反铁磁序，只有向列序。理解 FeSe 基超导体的新奇磁性以及电子型 FeSe 和单层 FeSe/STO 超导配对机制是目前国内外该领域广泛关注的问题。近期的研究表明 FeSe 母体中有条纹和奈尔磁涨落共存的竞争性磁相互作用，而铜氧化物超导体和 FeAs 基超导体中则分别只存在奈尔和条纹磁涨落。这似乎暗示 FeSe 的磁性刚好介于铜氧化物和铁砷超导体之间。当在 FeSe 中引入大量电子后，空穴费米面完全消失，出现了基于纯电子费米面间散射的中子自旋共振模，并且其自旋激发谱存在扭曲的拐点，这些发现都指向自旋关联仍然在 FeSe 基超导配对中起着重要作用，并且电子型 FeSe 的自旋激发可能存在局域和巡游磁矩二者的贡献，而基于电子费米面间散射的巡游自旋激发以及基于局域磁交换相互作用产生的高能自旋激发可能都和超导配对相关。图 2-2 汇总了几类典型铁基超导材料的费米面以及预期的超导能隙结构（Fernandes et al.，2022）。

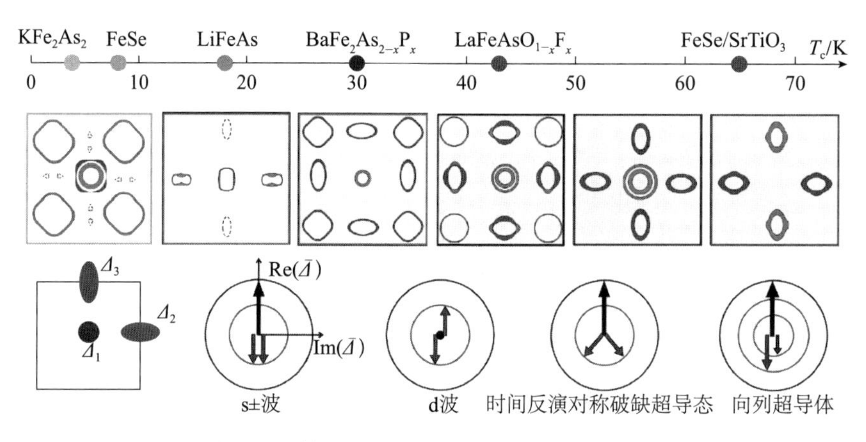


图 2-2　几种典型铁基超导材料的费米面以及超导能隙结构示意图

STM 是利用量子力学的隧道效应研究超导体原子分辨的形貌和能隙结构的重要谱学手段。STM 的研究重点在于判定铁基超导体的配对对称性和能隙函数，主要基于隧道谱测量、杂质态效应以及准粒子相干散射术。通过隧道谱测量，人们发现大多 FeAs 基的体系具有完全打开的能隙，并没有能隙节点，与 s 波对称性一致。此外，在能隙以外的隧道谱上发现玻色型激发的共振模式，这一模式可能与超导配对以及反铁磁涨落密切相关，与非弹性中子散射（inelastic neutron scattering, INS）观测到的共振峰也许来源一致。在铁基超导体中引入无磁性杂质，如在 $NaFe_{1-x}Co_xAs$ 中的 Fe 位置掺入 Cu 杂质，观测到拆对效应并诱导出能隙内束缚态，根据安德森理论，如果无磁性杂质也能够造成隙间态，可以证明超导能隙的符号存在变化，即与理论预言的 s± 比较吻合。

此外，利用相位分辨的准粒子相干散射技术也可以得出超导能隙的重要信息。超导态的元激发是博戈留波夫（Bogoliubov）准粒子，受杂质、缺陷等散射形成驻波。此散射过程可以理解为电子从动量 $k$ 态被弹性散射到 $k'$ 态，在实空间形成以 $q = k' - k$ 为波矢的态密度调制，通过傅里叶变换得到 $q$ 处的散射强度，进而反演出动量空间的电子能带以及超导序参量的信息，称为准粒子相干散射（quasiparticle interference，QPI）技术。通过测量能隙以内的 QPI 图案，可以得到费米面上能隙大小的分布，证明铁基超导体是各向异性 s 波配对，当能量超过能隙，可以得到超导体正常态能带的性质，如费米面大小，轨道谱权重，电子向列相行为等。对于超导体能隙的相位，一直以来都是一个很难直接观测的物理量。由于 QPI 是相位敏感的测量和分析技术，近年来已发展作为甄别铁基超导体能隙相位的有力手段，通过外加磁场或者非磁性杂质成功地判断能隙符号在动量空间是如何发生反转的。这种方法在 Fe(Te，Se)、LiFeAs 和 FeSe 等超导体中很好证明了空穴口袋和电子口袋上面的能隙符号反转效应，证明了 s± 能隙结构。磁场在铁基超导体内部以量子涡旋的形式存在，通过测量磁通的激发态可以获得许多重要的信息。FeSe 薄膜中二度对称的磁通证明了该系统中二度对称的电子激发行为；Fe(Se,Te) 中多级分立的磁通束缚态（Caroli-de Gennes-Matricon state，CdGM state）的观测，证明该体系具有浅带特点，与 ARPES 的结果吻合；最近在多个体系的磁通中心发现马约拉纳零能模（Majorana zero mode），证明了铁基超导体也许具有天然的拓扑超导属性。

## 三、关键科学、技术问题与发展方向

从材料学角度看，应该继续探索新型铁基超导体系，发现体超导温度达到和超过液氮温度是一个重要的发展方向。这方面有机分子或无机化合物层的插层效应，或场效应能够发挥重要作用。同时，如何利用界面增强相互作用机理进一步提高铁基超导转变温度也是一个重要方向。

从机理的角度看，有几个关键的科学问题。

（1）铁基超导机理与铜氧化物超导机理有什么异同？尽管铁基超导体和铜氧化物超导体都起源于电子关联性，但是其表现出来的规律似乎有些差别。铜氧化物超导体明显是处于莫特极限情况下的，很多实验显示出其强配对和低超流的特征。正因为这个原因，铜氧化物超导体具有很强的超导涨落，可能有预配对的特征。而铁基超导体的配对强度适中，超流密度也不低，因此超导涨落效应很弱。

（2）铁基超导机理的定位：与弱耦合（即费米面失稳）图像和莫特强关联图像的关系？中子散射和NMR等实验均说明反铁磁涨落似乎在铁基超导体的起源方面起到了至关重要的作用。但弱耦合的费米面失稳图像是否就能够解释超导机理，答案似乎是否定的，因为不同系统的铁基超导体的费米面有很大差异，如果费米面失稳是配对的驱动力，明显是不能够解释的。那么相反，磁超交换是否是配对的根本原因，如果是，它与铜氧化物的关系如何？

（3）如何理解浅费米口袋和BEC凝聚图像问题，是否是局域配对？如何建立统一的大图像？铁基超导体表现出了多带和浅带的行为。如果比较超导能隙和费米能的大小，明显是不符合弱耦合BCS理论的基本要求的。那么浅带效应会带来哪些结果？

（4）铁基超导体的超导凝聚能和自旋关联能的定量关系如何？如何找到自旋关联导致超导的更直接、更定量的证据？如果自旋激发是导致超导电子配对的原因，那么不同超导转变温度的材料应该在自旋关联能上表现出与超导转变温度类似的变化，找到并定量揭示相关的物理参数对理解超导机理十分关键。中子自旋共振在铁基超导、铜氧化物超导体及重费米子超导体中是否有相同起源？它们和超导配对对称性的关系如何？

（5）FeAs基与只有电子费米面的FeSe基超导体的自旋关联和超导可否建立统一图像？如何在实验上确定两者的配对对称性？如果二者有统一图像，它们与铜氧化物的磁性和超导的关系如何？

（6）竞争性的磁相互作用是否是铁基超导体中的普遍现象？在FeSe母体材料中奈尔磁和条纹磁涨落共存，在$YFe_2Ge_2$中的铁磁和条纹反铁磁涨落共存对相关体系的超导配对机制有什么影响？其他的铁基超导体中是否也存在铁磁涨落？ $YFe_2Ge_2$是否是自旋三重态配对的p波超导体？

（7）在铁基超导体中有明显的向列相的证据，它与超导的产生是否密切相关？有些向列相与结构相变和反铁磁相变相伴随，但是有些系统中，如FeSe中的向列相没有反铁磁相伴随。因此向列相的根本起源是什么？与轨道涨落有关还是与自旋涨落有关？如何在实验上完整描绘向列序下电子结构的演化？这方面仍然需要理论和实验的进一步研究。

（8）如何在实验上精确测量和表征铁基超导的关联相互作用信息？如何

在实验上验证洪德相互作用和库仑排斥相互作用耦合所产生的奇异电子态行为，例如，轨道选择莫特绝缘相，指数依赖关系的自能、电荷和自旋自由度的分离等。

因此，铁基超导领域可优先资助的研究方向如下。

（1）继续在铁基超导方面开展深入细致的研究，探索新的铁基超导体系，并利用插层、场效应和压力等手段对电子态进行调控，进一步完善铁基超导体系，努力提高超导转变温度并突破液氮温度。

（2）结合理论和多种谱学研究手段，深入研究超导机理问题，以能隙结构、关联性强弱和基态相变为重点，从具有不同电子结构的铁基材料的特性中寻找其共同点，并结合铜氧化物超导体的研究积累，寻找高温超导的普遍规律并构建统一的图像。

（3）电子结构测量的精细化和完善化：提高仪器的能量分辨率和角度分辨率，提高 ARPES 的测量精度。通过小光斑、压力退畴、表面退化等手段排除表面态和多畴对测量结果的影响。通过偏振和光子能量变化，获得整个三维布里渊区中全部低能能带的实验信息。通过细致温度和掺杂调控，研究相图中的共存区和四方磁有序相等存在于相边界的微小相区的电子态信息。电子结构测量和连续样品调控特别是原位调控的结合：利用小光斑和高通量薄膜生长技术，研究电子态在相图中的连续演化。利用原位掺杂和原位加压等技术，研究能隙结构随掺杂和压力的连续演化并判断能隙对称性。利用缺陷、掺杂和压力等技术对铁基超导中的能隙节点进行调控，并观测节点的演化。利用原位插层、原位掺杂等技术，研究电子结构和能隙结构在传统铁基高温超导和重电子掺杂 FeSe 基材料中的连续演化，构建两者之间的联系。利用 ARPES 和分子束外延技术的结合，对界面应力、掺杂、缺陷等进行调控，通过研究电子结构和超导性质的演化理解界面效应对超导电性的影响。

（4）对于电子结构未知的铁基高温超导材料的探测：对于新发现的铁基超导材料进行电子结构和超导能隙结构的表征。利用小光斑和高亮度激光和高亮度同步辐射技术，对一些难以合成大单晶的铁基高温超导材料的电子结构进行探测。

（5）进一步确定铁基超导体的非平庸拓扑表面态以及拓扑超导电性，研究磁通束缚态以及具有马约拉纳激发模的磁通内禀结构，努力操控这些磁通并实现满足非阿贝尔统计的任意子的量子模拟。

（6）从应用的角度看，铁基超导体的各向异性度较低，上临界磁场和不可逆磁场非常高（比如 $Ba_{0.6}K_{0.4}Fe_2As_2$ 在 4.2 K 的上临界磁场可达 100 T），磁通钉扎和临界电流均很高，有很好的应用潜力，建议加大铁基超导材料的磁通钉扎和临界电流方面的研究力度，合成高质量的铁基超导线带材，为铁基超导的大规模应用打下基础。

## 第三节　非常规超导机理的实验与理论研究——铜氧化物超导

### 一、科学意义与战略价值

铜氧化物高温超导体的超导配对机理是《科学》杂志公布的全世界 125 个最前沿的科学问题之一。深入理解高温超导微观机理，是探索新型超导材料、提高超导转变温度的重要驱动力，对于超导材料在无损耗输电、磁悬浮、超强磁场、滤波器等方面的应用至关重要。在此之外，关于其反常物性的研究也极大地丰富了我们关于强关联电子体系的认识，为我们超越朗道理论框架，发展凝聚态物理新的理论基础提供了强大的推动力。在最近的几十年里，铜氧化物高温超导机理的研究不仅有力地促进了包括铁基超导在内的强关联电子体系非常规超导的研究，而且还催生了大量新的凝聚态物理研究方向（如量子自旋液体研究、量子临界现象研究、非费米液体研究等），并使得凝聚态物理在思想方法和研究方法上都实现了质的飞跃。

获取全面而翔实的实验数据是理解高温超导微观机理的前提和根本保障。由于铜氧化物材料的复杂性，我们需要对其电荷、轨道、自旋、声子、电子结构等信息在实空间、动量空间的静态结构以及动力学行为进行精密表征，并探索其在极低温、超强磁场、超高压中的响应。这就需要利用凝聚态物理中多种互补的尖端实验技术，并结合材料体系的精准制备和调控。实际上，对铜氧化物超导体的研究已经大大促进了实验方法和仪器设备的研发，这也必将带动国家精密测量技术和大科学装置的发展，推动国家在仪器设备上的自主研制和人才储备。在铜氧化物的研究中积累起来的技术和方法，也可以应用到其他战略性研究领域，特别是新型量子材料、新能源材料、信息功能器件等。

同时，由于强关联系统的非微扰特征，大量现代场论方法和概念被引入高温超导机理研究，并在相关凝聚态物理研究中发挥了重要作用。另外，由于成熟解析理论的缺失，量子多体系统的数值计算方法在高温超导机理研究过程中得到了长足发展，大量新的数值算法被提出（如新型量子蒙特卡罗方法、动力学平均场方法、密度矩阵重正化群方法、各种类型的团簇近似方法等）。上述这些研究方向现在都已成为凝聚态物理的重要子领域。人们近年来还发现，关于高温超导体奇异物态和强关联效应的研究与黑洞物理、夸克-胶子等离子体、处于幺正散射极限的超冷原子体系以及量子混沌的研究有着密切的关系。可以说，高温超导机理研究从根本上改变了基础物理研究的面貌，它不仅促成了基础物理学不同分支间的交叉融合，而且将凝聚态物理重新带回到基础物理的核心。

## 二、研究背景和现状

在铜氧化物高温超导体发现之后，人们很快发现 $CuO_2$ 面是导致其非凡物性的核心结构单元。在铜氧化物高温超导体的母体材料中，Cu 位的轨道处于半填充状态，但由于强烈的局域库仑关联，电子的电荷自由度被冻结，同时由于 $CuO_2$ 面中位 2p 轨道所传导的超交换作用，母体材料表现出反铁磁绝缘行为。这一认识成为后续铜氧化物高温超导机理研究的基础。基于 $t$ - $J$ 模型和哈伯德（Hubbard）模型的理论研究表明，在上述反铁磁绝缘背景上通过掺杂引入载流子后体系最有可能形成的是具有 d 波配对对称性的超导体。这一预言随后得到了大量实验有力的支持。这成为铜氧化物高温超导机理研究早期取得的重大胜利。

但在随后的研究中，人们发现铜氧化物高温超导体的正常态具有大量无法在费米液体理论框架下理解的反常物性（向涛，2007；Keimer et al.，2015）。这导致我们不能将铜氧化物高温超导体的超导转变理解为传统 BCS 理论框架下的准粒子电子配对凝聚。这些反常物性最典型的体现是赝能隙现象和奇异金属行为。赝能隙现象是指在超导临界温度以上电子低能谱权重丢失的现象。为了寻找赝能隙现象对应的“序参量”，人们进行了非常细致的实验探索，也确实在赝能隙现象对应的相图区域发现了大量对称破缺有序或对称破缺序参量涨落的证据，所涉及的序参量包括电子配对、电荷密度波、自旋密度波、配对密度波、电子向列性以及自发环流等，这些潜在的序参量被统称为交织序（Fradkin et al.，2015）。但是人们发现其中任何一种交织序都不可能独立地解释整个赝能隙区复杂的物性。实际上，ARPES 测量结果表明，赝能隙并不能看作费米液体框架下由于自发对称破缺打开的单粒子能隙。例如，在赝能隙区，体系并不存在定义良好的封闭的费米面，取而代之的是无法定义其所包围的确切面积的开放的弧段（称为“费米弧”）。同时，实验发现在赝能隙建立过程中电子谱权重转移所涉及的能量尺度远大于热能量以及超导配对能隙或其他交织序对应的能隙的尺度。

奇异金属行为出现在赝能隙打开温度以上的温度区域，这时体系确实具有一个封闭的费米面，但这并不代表体系的物性比赝能隙区正常。实际上，ARPES 测量发现，在这个名义的费米面上并不存在真正相干的准粒子峰。同时实验发现，体系在奇异金属区的电阻率和霍尔浓度都与温度成正比，这与通常费米液体金属所表现出的随 $T^2$ 变化的电阻率以及与温度无关的霍尔浓度非常不同。此外，实验发现这一区域电子对熵的贡献虽然也像费米液体金属那样随温度线性上升，但是该线性关系外推到 0 K 的截距却是负值（被一些研究者称为“暗熵”现象）。目前，关于奇异金属行为起源的一个流行的看法是将其视为由相图中某个量子临界点控制的量子临界行为。对于这一量子临界点位置的一个普遍猜测是体系超流浓度达到最大的掺杂浓度，即 $x_c \approx 0.19$。这个可能的量子临界点通常被超导所掩盖。但是，人们并不清楚是什么自由度在如此大的掺杂浓度下发生量子临界。

近十年来，通过大量系统深入的实验工作，人们对于赝能隙现象随温度和掺杂浓度的演化行为以及赝能隙现象与奇异金属行为的关系有了全新的认识。实验发现，赝能隙所伴随的费米弧的出现温度正是体系反铁磁涨落打开能隙的温度。通过施加强磁场压制超导，人们发现赝能隙现象消失的掺杂浓度正是体系费米面拓扑结构发生从空穴型到电子型的利夫席茨（Lifshitz）转变的掺杂浓度，而这正好是人们此前猜测的量子临界点的位置（$x_c \approx 0.19$）。在 $x = x_c$ 附近，比热、电阻率、拉曼（Raman）响应的向列性表现出一系列来源不明的量子临界行为。例如，实验发现，在强磁场诱导的低温正常态中，电子线性温度依赖比热的斜率在 $x = x_c$ 处发散，同时直流电阻率在此处表现出最为典型的线性温度依赖关系，由电阻率导出的准粒子散射率接近所谓的普朗克极限，即 $\hbar/\tau \approx k_B T$。类似的量子临界行为此前也曾在重费米子体系和铁基超导体系的量子相变点附近发现过。但非常不同的是，在 $x = x_c$ 处人们没有发现任何明确的量子相变的证据。此外，实验发现体系零温正常态的霍尔浓度在 $x = x_c$ 附近发生从正比于 $x$ 形式的掺杂依赖到正比于 $1+x$ 形式的掺杂依赖的跳变。当 $x > x_c$ 时，体系的热霍尔效应系数与霍尔系数满足费米液体金属的维德曼－弗兰兹（Wiedemann-Franz）定律，而当 $x < x_c$ 时，随着体系的霍尔响应受到强烈抑制，一个改变了符号的热霍尔响应随着 $x$ 的减小单调递增并在半填充的反铁磁绝缘态达到最大，严重违背了维德曼－弗兰兹定律。此外，人们通过非弹性 X 射线共振散射（resonant inelastic X-ray scattering，RIXS）测量发现，即使在远离反铁磁有序的区域，铜氧化物高温超导体中仍然存在稳定的局域磁矩涨落。除了谱峰有一定程度的展宽外，这些局域磁矩涨落的色散关系和谱权重几乎不随掺杂变化。

尽管人们还不能充分理解这些近期实验进展的隐含的意义，但它们无疑向高温超导机理研究提供了重要的物理线索。尤其是，上述实验结果表明铜氧化物高温超导体的奇异金属行为可以看成是赝能隙终止点附近量子临界行为的表现。这一发现提示我们也许应该将相图中欠掺杂与过掺杂的分界线从超导临界温度的最高点改为超流密度的最高点。这一变化将对整个高温超导机理研究的走向产生重大的影响。而 RIXS 测量的结果则提示我们，高温超导体中的电子同时表现出巡游准粒子和局域磁矩的特性。

在实验技术方面，铜氧化物超导体的研究推动了超快光谱学、中子散射、STM、ARPES、NMR、RIXS、氧化物分子束外延等技术的迅速发展。以 ARPES 为例，在过去的三十年间其能量分辨率由 30 ~ 40 meV 发展到目前的好于 1 meV；角度分辨率则由原来的 2°发展到目前普遍的 0.3°再到 0.1°；对电子的探测能力，由当初的一个动量点发展到一维，再到现在兴起的二维探测能力；探测方式也从角分辨基础上发展出了自旋分辨、时间分辨、空间分辨等；同步辐射光源的发展，大大促进了光电子能谱技术的发展，真空紫外激光的引入进一步提升了光电子能谱的分辨率。

在物性研究方面，这些先进的实验技术揭示了铜氧化物超导体的超导配对对称性、动量空间各向异性电子结构、实空间的电荷和自旋有序态、声子和磁性激发的色散关系、电荷 / 磁性 / 晶格动力学、自旋共振态和轨道激发态等新奇的物理现象。其中，铜氧化物超导态 d 波配对对称性的确立是一个重大的科学发现。目前研究的重要前沿包括赝能隙态和奇异金属态的本质、从莫特绝缘体到 d 波超导态的电子结构演化、电荷有序态的来源及其与超导态的关系、超导性质随层状结构变化规律等。

我国在铜氧化物超导体的实验研究方面在过去二十年中取得了长足进步，在主要的实验技术和材料体系方面均有所布局。在深紫外激光 ARPES 的研制及其对铜氧化物电子结构的精密测量、解理单层铜氧化物微晶的超导性质、莫特绝缘体母体的电子结构、铜氧化物的分子束外延和组合薄膜制备、电子动力学的超快光谱研究等方面做出了具有国际影响的工作。此外，国内已经建成的同步辐射光源、散裂中子源、强磁场实验室等大科学装置也将在铜氧化物超导体的研究中发挥重要作用。

## 三、关键科学、技术问题与发展方向

从以上叙述可以看出，目前高温超导机理研究的核心目标是理解赝能隙现象的起源及其与奇异金属行为的关系。学术界关于这一问题主要的困惑在于：我们既无法找到与赝能隙对应的明确的对称性自发破缺序参量，也无法找到奇异金属行为作为一个量子临界现象其对应的对称性自发破缺相变。这些困惑反映了高温超导机理研究领域如下核心困难：我们缺乏一个超越朗道框架的系统的低能有效理论图像。传统凝聚态物理认为，相互作用费米子系统的物性可以在基于对称性自发破缺加费米液体理论的朗道理论框架下获得理解。但是这个基于平均场理论和微扰理论的框架排除了一种重要的可能性，即微扰展开发散未必伴随对称性的自发破缺，而是有可能使体系进入一种高度纠缠的量子多体液态——非费米液体状态。铜氧化物高温超导机理问题久议不绝，关键的原因是我们对于非费米液体物性的理解还处在一鳞半爪的阶段。

建立这样一个超越朗道框架的普适的低能有效理论图像不仅是高温超导机理研究自身的需要，也是高温超导机理研究体现其基础研究价值最重要的方式。这一目标的达成需要来自实验、理论、计算研究的长期密切合作，可以作为这一领域在未来一段时间里的前进方向。

这样一个关于高温超导机理的系统的低能有效理论需要具有广泛的解释和预言铜氧化物高温超导体反常物性的能力。尤其是，这一理论需要对赝能隙终止点发生的量子临界行为的起源以及零温霍尔在此掺杂浓度发生的从 $x$ 到 $1+x$ 的跳变的意义做出明确说明。同时，它必须对体系奇异金属行为的各种表现，尤其是线性温度依赖的电阻率和霍尔浓度，以及所谓的“暗熵”行为提供一个明确的解释。此外，它必须对赝能隙现象的本质，尤其是赝能隙区各种交织序的成因及相互关系提供一个普适的解释。要达到这些目标，我们首先需要确定朗道理论框架在铜氧化物高温超导体中失效的根本原因，或者说发现超越这一理论框架的基本组织原则。目前学术界关于这一点有多种不同的看法，这些看法包括演生对称性 / 序参量的交织［如 SO(5) 理论及其推广］、电子自由度的分数化 / 规范涨落效应（如共振价键理论）、量子临界以及电子的局域－巡游二元性等。但是，在理论和实验上分辨这些不同的组织原则却是一项艰巨的挑战。

这一困难既有理论方面的原因，又有实验方面的原因。在理论上，与上述组织原则对应的低能有效理论往往即使在低能极限下仍然是强耦合的，传统的基于准粒子图像的解析方法往往不能得到能够直接与实验比较的结果。为此，有必要大力发展低能有效模型上的数值计算能力。同时，需要重视超越朗道框架且严格可解的低能有效模型的研究，争取早日发现描述非费米液体行为的“伊辛”（Ising）模型。此外，还需要超越准粒子图像，发展强关联系统中对输运行为的更加全局的理解。在最近十年里，这三个方面的研究都获得了长足的发展，尤其是低能有效模型的量子蒙特卡罗模拟，萨赫德夫－叶－基塔耶夫（Sachdev-Ye-Kitaev，SYK）模型的研究，基于全息原理的输运特性研究等，但是其发展程度与回答高温超导机理的核心问题还有相当的距离。在实验上，我们需要提升铜氧化物高温超导体低能电子能谱测量的分辨率以及对测量结果的唯象分析能力。同时，在极端条件下（尤其是强磁场条件下），连续可控条件下（尤其是连续掺杂条件下）以及超快和非平衡条件下的物性测量技术必须得到实质性的提升。此外，还需要发明或发展新的测量方法，以确定一些理论上至关重要但目前实验上还无法测量的物理量，如电子预配对的强度、动量分辨的非占据态电子能谱以及电子的反常自能等。

同时，作为一个微观机理研究，我们必须了解上述低能有效理论是如何从铜氧化物高温超导体的微观相互作用模型中涌现出来的。特别是，我们必须了解这一涌现过程将在体系物性，尤其是电子能谱上留下哪些可证伪的特征。要在低能有效理论和微观相互作用模型之间建立这一桥梁，我们不能仅局限于对低能涌现自由度的研究，还需要对铜氧化物高温超导体中自旋、电荷以及单粒子自由度在中能及高能端的动力学行为开展更加系统的研究。这些电子能谱在中–高能端反常特征的典型体现有：单粒子能谱中的“瀑布”现象和强烈的粒子–空穴不对称性，光电导谱/电荷涨落谱/电子拉曼（Raman）谱中的非德鲁德（non-Drude）行为，以及自旋涨落谱高能端大量目前还无法清楚分辨的弥散谱权重等。

要回答以上涌现机制问题，理论上我们需要大力提高处理铜氧化物高温超导体微观模型，尤其是单带哈伯德模型和相关 $t$ - $J$ 模型的解析和数值能力。在高温超导机理研究的过去几十年里，这一方面的研究已经取得了大量的进展，尤其是关于这些模型的数值模拟方法的发展应用，如量子蒙特卡罗、密度矩阵重正化群、动力学平均场方法等。寻找上述模型严格可解但不失物理实质的极限近似也是重要的理论探索方向之一。此外，除了模型的基态性质，我们还需要大力提高计算和预言这些模型动力学和热力学行为的能力。这方面的研究虽已有一些有价值的尝试，但是仍然处于发展的早期。

实验方面，当前研究的主要科学问题包括：在电子相图中高温超导态的产生与消亡过程，即超导如何从莫特绝缘体的母体中随着电荷掺杂演化出来，又是如何随着过量的电荷掺杂而消失的；赝能隙态占据着铜氧化物相图的很大区域，且与超导态存在着共存或近邻的紧密关系，而其物理来源至今依然没有定论；在最佳掺杂区域的奇异金属态显示线性电阻等典型的非费米液体行为，且其表象简单而普适，然而至今没有令人信服的物理图像解释；铜氧化物相图中存在着多种电荷、自旋、库珀对的有序态，梳理其普适性和特异性，以及与超导态的关系将有助于对电子相图和电子相互作用的理解；铜氧化物中是否存在着类似传统超导体的电子与玻色模式的耦合，是否可以利用精密谱函数测量及数据分析方法获取与高温超导相关的谱学特征；是否能够结合氧化物分子束外延和栅极电压调控的方法，制备类似半导体二维电子气的高质量铜氧面，以去除掺杂对实验研究带来的复杂性；三十余年多种实验手段对铜氧化物的研究已经积累了海量数据，能否利用机器学习等新型数据分析方法从中提取出难以察觉的规律；铜氧化物中是否存在着类似于传统超导体中同位素效应这样的关键线索，能够直接揭示对超导配对起决定性作用的物理参数；为什么铜氧化物超导性质显著依赖于每个原胞中铜氧面的数目，但在不同体系中又有明显的定量区别，铜氧面间的耦合如何影响超导电性；为什么电子型与空穴型掺杂铜氧化物超导体具有非常不同的超导性质和电子相图，为什么电子型超导材料非常稀缺。

铜氧化物高温超导体反常物性的研究不仅涉及具体体系超导机理的理解，还担负着发展凝聚态物理新的理论基础的重要使命。目前，关于铜氧化物高温超导体的超导电性和反常物性的研究已经进入深水区，开始触及强关联物理的核心困难——缺乏超越朗道理论框架的普适的低能有效理论图像。我们已经不能满足局限朗道理论框架或局限于个别现象的唯象分析，而是希望能从铜氧化物高温超导体错综复杂的物性中抽象出一个超越朗道理论框架且具有普适性的低能有效理论图像。

要达成这一目标，需要实验和理论研究者围绕重大基础问题开展长期、深入的合作。鼓励实验学家发展强关联电子体系新的物性调控手段和测量手段，提升物性测量的精确度和分辨率；鼓励实验学家以明确的物理问题为驱动，针对同一系列样品综合应用不同的调控手段和测量手段开展系统深入的探索；鼓励理论学家在高温超导低能有效模型的解析和数值研究方面以及相关研究方法的发展方面投入长期的研究精力，发展高效可靠的新型计算方法来深入研究与高温超导息息相关的微观模型（包括但不限于哈伯德模型和 $t$ - $J$ 模型），确定能实现高温超导的微观模型并为进一步提高 $T_c$ 提供理论指导。

# 第四节　重费米子超导

## 一、科学意义与战略价值

作为典型的强关联电子体系，重费米子材料中存在多种微观相互作用，如晶体场效应、近藤效应、非局域磁交换作用、自旋－轨道耦合等，其特征能量尺度低并且接近，基态性质易受压力、磁场、化学掺杂等参量调控，产生了诸如重费米子超导、非费米液体行为等宏观量子现象，是研究量子材料中多种竞争序相互作用的理想体系。重费米子超导通常出现在磁性量子临界点附近，表现出与铜基高温超导和铁基超导类似的电子相图，其研究对理解高温超导的形成机理具有重要借鉴意义，有助于探索新型高温超导材料。另外，与其他非常规超导体相比，重费米子超导呈现出更丰富的物理内涵，其超导配对态可以是自旋单态，或者是自旋三重态，甚至是两者的混合态。重费米子材料体系非常纯净，超导电性通常为压力诱导产生，因此更有利于研究非常规超导的起源及其本质特征。部分重费米子超导体还表现出拓扑超导电性，对实现拓扑量子计算具有重要的应用前景。此外，很多重费米子超导基于铀和钚等核元素，对这些化合物的研究将有助于认识这些锕系元素的物理和化学性质，从而为核科学技术与国防安全奠定物理基础。

由于重费米子超导的转变温度低，并且很多出现在高压条件下，限制了许多现有超导研究方法的应用。因此，许多重要科学问题如重费米子超导的形成机理、超导序参量的对称性、超导与量子临界性的关系以及拓扑超导电性等都还有待进一步研究，并强烈依赖新的实验技术的发展。

## 二、研究背景和现状

超导作为一种宏观量子现象，具有零电阻和完全抗磁性等特性，在不同行业拥有广泛的应用前景，也是当今发展量子计算的重要基础。早期的超导研究主要集中在无磁性的简单金属及其合金材料。在这些材料中，超导对非磁性杂质散射不敏感，但微量的磁性杂质却可以抑制超导的出现。对于这类简单金属或者合金超导，20 世纪 50 年代发展起来的基于电声子耦合的 BCS 超导理论可以成功地进行解释。现在，这类简单 BCS 超导材料通常又被称为常规超导体。

1979 年，德国科学家弗兰克 • 斯特里奇（Frank Steglich）首次在磁性重费米子化合物 $CeCu_2Si_2$ 中发现超导，这也是科学家们发现的首个非 BCS 超导体（Steglich et al.，1979）。到目前为止，科学家发现了大约 40 个重费米子超导体，主要集中在铈基和铀基重费米子化合物中，同时在少部分镨基、镱基、镎基和钚基重费米子化合物中也观察到了超导，其中部分铈基和铀基重费米子超导为压力诱导产生。这些材料体系呈现各种不同的晶格对称性、磁性或非磁性竞争序以及复杂的费米面拓扑结构，导致了丰富多样的重费米子超导态。

在重费米子化合物中，局域的 f 电子与巡游电子通过近藤效应而产生相干杂化，导致材料的能带在费米能级附近发生重正化，准粒子有效质量大幅提升，高达自由电子的上千倍，“重费米子”因此而得名。另外，局域的 f 电子也可以通过极化巡游电子而形成长程磁有序。因此，重费米子超导表现出许多与先前研究的常规 BCS 超导体不一样的性质：超导通常出现在磁性量子临界点附近，可以与磁性微观共存；超导库珀电子对来自于重费米子，其费米速度远低于晶格畸变的速度。因此，重费米子超导不可能源自电声子相互作用，其配对机理超越了常规的 BCS 超导理论。

重费米子超导的发现颠覆了人们对超导电性的理解，拓展了超导研究的范畴。随后发现的有机超导体、铜氧化合物高温超导体和铁基超导体都表现出与重费米子超导相似的电子相图，同属于非常规超导体。虽然重费米子超导体的超导转变温度较低，一般都低于液氦温度，然而相比其费米温度（重费米子化合物的费米温度可比自由电子低 3 个数量级），重费米子超导也可以称得上一类“高温”超导。因此，重费米子超导的研究对揭示高温超导形成机理，提升超导转变温度具有重要的科学意义。另外，非常规超导仍是当今凝聚态物理研究的前沿热点，催生了许多重要的理论模型和先进的实验方法，但其产生机理仍然是未解之谜。

相比其他类型的非常规超导材料，重费米子超导体更纯净，更有助于揭示超导的本质特征。同时，重费米子超导体还表现出更丰富的物理内涵，呈现许多独特的性质。在重费米子化合物中，不同类型材料体系中 f 电子的数目以及局域程度都大不相同，超导可以跟多种有序态竞争或者共存，可出现在反铁磁、铁磁、变磁、电四极矩、价电子等量子临界点或者失稳态附近，从而诱导丰富的电子态性质，这是其他类型超导材料所不具有的。例如，在 $CeCu_2Si_2$、$CePd_2Si_2$ 等铈基重费米子材料中，超导通常出现在反铁磁量子临界点附近，超导配对态与反铁磁量子临界涨落相关，一般表现出自旋单态超导。而 $UGe_2$、UCoGe、URhGe、$UTe_2$ 等铀基重费米子超导表现出很高的上临界磁场，超导可以与铁磁共存，符合自旋三重态配对超导的特征。这些铀基材料的发现也将重费米子超导研究拓展到了拓扑超导的范畴，特别是最近在 $UTe_2$ 中的系列发现引起了广泛的关注。另外，URhGe 甚至在磁致变磁相变临界点附近出现超导重入现象。在 $CeCu_2Si_2$ 和 $CeAu_2Si_2$ 等化合物中，压力诱导了双超导相：除了低压反铁磁量子临界点附近的超导相外，在更高的压力下还出现了第二个超导相，该超导相可能源自价态量子临界涨落，但这方面的研究仍有待进一步深入。此外，人们还在 $URu_2Si_2$ 中发现隐藏序与超导共存，在 $PrOs_4Sb_{12}$ 和 $PrT_2X_{20}$ 等镨基超导体系中发现超导与电四极矩序紧密相关。通常情况下，重费米子超导出现在某种量子相变点附近，但也有部分重费米子超导远离量子临界点，如 $YbAlB_4$ 等。

2004 年，奥地利科学家在非中心对称反铁磁重费米子化合物 $CePt_3Si$ 中观察到了超导（Bauer et al.，2004），从而开启了非中心对称超导的研究热潮。到目前为止，人们除了在 $CePt_3Si$、$CeTSi_3$（T = Co, Rh, Ir）、UIr 等非中心对称重费米子化合物中观察到超导外，还发现了一系列弱关联的非中心对称超导体，部分材料的超导态甚至破坏时间反演对称性。在非中心对称超导态中，反对称自旋－轨道耦合会使自旋简并的能带发生劈裂，允许自旋单态和自旋三重态的混合，从而表现出许多奇异的性质。理论上，非中心对称超导体还是潜在的拓扑超导材料，是当前的一个热点研究方向。

重费米子体系中丰富的物理现象还不断推动了实验技术及理论方法的发展。实验上，一系列极端条件下的物性测量技术的发展与重费米子超导体的发现相辅相成，如极低温强磁场下的量子振荡测量、高压下的输运性质及热力学参量的测量、极低温下的谱学测量等。理论上，为了准确描述重费米子超导体中的多体相互作用，逐渐建立起了自旋涨落诱导超导配对的理论、局域量子临界理论、价态涨落、二流体模型等物理图像，为理解高温超导提供了理论模型。

重费米子研究强烈依赖低温、高压和强磁场等极端条件下的宏微观物性测量。但受限于研究条件，国内重费米子研究起步较晚，前期研究基础薄弱，人才储备少，亟待大力加强。近年来，随着实验条件的改善以及优秀人才相继回国，我国的重费米子研究迎来了新的发展机遇，在国际上的影响力和显示度正在快速增加，已成为国际强关联电子研究领域不可缺少的重要一员。特别是近几年来，在国家重点研发计划等项目的资助下，一批具有重要原创性的研究成果正逐渐呈现出来，在重费米子超导序参量、新型量子相变、重费米子体系中的 ARPES 研究等方面取得了重要突破或者发现，引领了相关学科的发展。另外，我国在综合极端条件物性测量方法、先进谱学测量、重费米子理论等方面与世界先进水平仍有一定差距，亟待进一步发展和完善。

## 三、关键科学、技术问题与发展方向

重费米子体系属于典型的强关联电子体系。在外界参量的调控下，该类材料体系中复杂而微妙的多体相互作用可以诱导丰富的量子现象，是探索新颖量子物质态及其演化规律的理想材料体系。此外，量子相干、量子涨落和量子纠缠等效应被认为是当今发展量子科学技术的物理基础，而强关联电子体系正是研究这些量子效应的理想载体。

重费米子体系具有丰富的物理内涵，如重费米子超导、量子相变、奇异金属、关联拓扑态等。相比其他类型的非常规超导体，重费米子超导性质更加丰富：超导可以出现在铁磁、反铁磁以及顺磁材料体系中，可以与磁性微观共存或者竞争；超导可以通过自旋涨落、价态涨落或者轨道涨落等多种方式形成库珀电子对，超导配对态可以是自旋单态、自旋三重态甚至是两者的混合态；重费米子超导可以出现在量子临界点附近，也可远离量子临界点；同一材料体系中可以出现不同类型的超导态，源自相同或者不同的超导配对机制；部分重费米子超导还表现出非平庸的拓扑性质，是潜在的拓扑超导体。

然而，受实验条件和实验方法的限制，重费米子超导产生的物理机制仍然不清楚，尚缺乏一些实验上的决定性证据。另外，由于重费米子体系中复杂的多体相互作用，精准的理论计算与模拟仍然很困难，目前理论尚且落后于实验，亟待发展新的理论方法。

今后一段时间，该领域亟待解决的关键科学问题以及重点发展方向包括如下。

## （一）重费米子超导序参量对称性

由于重费米子超导的转变温度低，部分情况下还是压力诱导产生，因此表征其超导性质具有很大的挑战性。到目前为止，几乎所有重费米子超导体的超导序参量都尚未确定。重费米子超导的实验研究还主要集中在宏观物性的测量，其结果可以为研究超导序参量提供重要的物理信息，但很难确定其超导配对对称性。后续研究需要加强低温谱学和相位敏感实验的研究，从而最终确定其超导序参量对称性，进而揭示其超导配对机制。此外，最近的一些极低温实验测量打破了先前的共识，例如，在 $CeCu_2Si_2$ 中观察到了无能隙节点的类 s 波超导行为。怎样理解这些看似矛盾的实验现象，成为一个新的科学问题。确定材料的电子结构，揭示超导序参量的对称性，这将是理解重费米子超导的前提和基础。

## （二）重费米子超导的配对机制

与其他非常规超导类似，重费米子超导的配对机制仍然不清楚。目前所发现的大部分重费米子超导都与量子临界性紧密相关，超导可以出现在不同类型的量子相变点附近，说明重费米子超导的形成可能与量子临界涨落相关。然而，在 $YbAlB_4$ 等少数重费米子材料中，超导又远离磁性量子临界点。那么，超导与其他竞争序的相互作用如何？重费米子超导与量子相变是否直接有关？重费米子超导库珀电子对的配对机制是什么？重费米子超导与高温超导是否有相似之处？阐明这些悬而未决的问题不仅对理解重费米子超导至关重要，也有助于理解高温超导机理、探索新型高温超导材料。

## （三）拓扑超导电性

近年来，强关联拓扑态，包括重费米子拓扑超导、拓扑近藤半金属和拓扑近藤绝缘体等，已发展成为重费米子领域的一个重要新生研究方向。然而，受限于谱学测量的能量分辨率和理论计算的复杂性，强关联拓扑量子态的研究要比弱关联电子体系困难得多，目前尚缺乏行之有效的实验方法来直接探测其拓扑性质。最近有证据表明，$UTe_2$ 和 $UPt_3$ 等重费米子超导体表现出拓扑超导特性，是一类潜在的拓扑超导材料，从而吸引了广泛的关注。进一步探索新型拓扑材料，确定其拓扑性质将是重费米子超导研究的一个重要发展方向。

### （四）重费米子超导新材料与新物性

新超导材料的发现往往可以推动一个领域的发展。在重费米子材料中，几乎每一个超导新家族都表现出一些自身独有的物理性质。因此，继续探索新型重费米子超导材料，对揭示重费米子演生量子态具有重要的科学意义。例如，铁磁量子临界点是否存在超导？是否存在与电荷序相关的量子临界点和超导？自旋轨道耦合与电子关联效应结合会对超导配对态产生什么影响？是否可以诱导超导量子相变或者拓扑相变？

### （五）实验技术的发展

重费米子研究强烈依赖综合极端条件（如极低温、高压、强磁场等）下的多种宏微观物性测量。相比发达国家，我国不管在相关实验设备还是测量方法等方面都还有较大差距，主要仪器设备及材料仍依赖进口。在今后很长一段时间，我们仍需集中精力开发具有自主知识产权的科研仪器，创新发展极端条件下的测量方法；实现极低温设备、超导磁体、精密测量仪表的国产化，解决液氦的供给问题；提升 ARPES、STM 等谱学测量的能量分辨率，拓展可测量的温度范围和可调控的实验参量。

# 第五节　有机超导体

## 一、科学意义与战略价值

有机超导材料是含有碳或碳氢元素的化合物超导材料，该体系具有独特的晶体结构和电子结构，其研究一直是凝聚态物理研究中的热点。20 世纪 60 年代，美国科学家考虑在特定的几何结构中通过激子交换机制实现超导电性，理论预言在有机体系中可能存在超过室温的超导电性，激发了研究者们对有机超导体的研究热情。目前的有机超导材料主要涉及有机电荷转移盐材料，其中包括准一维的 $(TMTSF)_2X$（$X = PF_6, ClO_4$ 等）和层状二维的 $(BEDT\text{-}TTF)_2X$ 化合物，碱金属掺杂富勒烯 $A_xC_{60}$，金属掺杂稠环芳烃以及链状苯基材料等。有机超导材料质量轻，具有柔性，外界压力能显著改变其电子结构，从而实现量子态的调控。有机超导体的研究发展主要集中在以下两个方面。

一是在有机超导体的材料方面，结合尖端的材料物理和材料化学方法，探索合成具有更高超导转变温度 $T_c$ 乃至室温超导的材料。第一个有机超导体是由法国科学家在 1979 年对准一维有机电荷转移盐 $(TMTSF)_2PF_6$ 施加压力抑制竞争序所得到的，此类材料的 $T_c$ 不足 1 K。1982 年人们首次合成了层状有机超导体 $(BEDT\text{-}TTF)_2X$，这类材料的 $T_c$ 可达到 12.4 K。1991 年佛罗里达大学的研究组首次发现碱金属掺杂富勒烯 $A_xC_{60}$ 存在超导转变，此类材料的 $T_c$ 可达到 38 K。2010 年人们在金属掺杂稠环芳烃中发现超导电性。

二是在有机超导体的超导机理方面，针对有机超导体系具有低维性、强烈的电子 – 声子相互作用、强烈的电子 – 电子相互作用等特性，采用各种先进的凝聚态物理表征技术，研究其物态的特性。目前发现若干有机超导体系在母体或低掺杂区为莫特绝缘体，或具有自旋序或电荷序，或存在结构相变，超导电性通常伴随这些竞争序的抑制或相变而被诱导出来。有机超导体的相图与铜氧高温超导体、重费米子超导体和铁基超导体等其他非常规超导体相图相似，反映出这些非常规超导体系可能具有相似的超导起源。此外，在有机超导体中可观察到莫特绝缘体 – 超导体相变、自旋液体行为、赝能隙、三维量子效应、磁场诱导的奇异超导态等新奇物理现象。因此，有机超导体的研究将有助于发现和揭示非常规超导电性的物理机制，对于高温超导电性微观理论的突破，以及高温超导材料的设计和制造具有重要的科学意义。

## 二、研究背景和现状

探索具有更高超导转变温度乃至室温的超导体以及揭示其超导电性的微

观机制一直以来都是凝聚态物理的核心研究领域之一。20 世纪 60 年代，美国科学家和苏联科学家先后理论预言，考虑在特定的几何结构中实现超导电性的激子交换机制，在有机体系中可能存在高超导转变温度甚至超过室温的超导电性（理论上可高达 2200 K），从而激发了研究者们对有机超导体的广泛研究热情。目前已发现的有机超导材料主要包括以下种类：有机电荷转移复合盐、金属掺杂富勒烯 $C_{60}$ 体系、金属掺杂稠环芳烃、链状苯基有机化合物，还有个别无法归类的，如 C-N-S 元素组成的有机超导体。

1979 年，法国科学家杰罗姆（D. Jérome）对准一维有机电荷转移盐 $(TMTSF)_2PF_6$（四甲基硒富瓦烯・六氟磷酸盐）通过施加压力来抑制竞争序获得了超导电性（Jérome et al.，1980）。这是有机超导电性首次在实验上被证实，这类材料的超导转变温度不足 1 K。1982 年，日本京都大学研究组首次合成了层状有机超导体 $(BEDT\text{-}TTF)_2X$［双（亚乙基二硫醇）四硫代富瓦烯］，在这类材料中 $\kappa$-$(BEDT\text{-}TTF)_2Cu[N(CN)_2]Br$ 常压下的超导转变温度最高可达到 12.4 K。1991 年，美国研究组首次发现钾金属掺杂富勒烯 $K_xC_{60}$ 存在 18 K 的超导转变（Hebard et al.，1991），目前这类材料中 $Cs_3C_{60}$ 的超导转变温度最高可达到 38 K。2010 年，日本冈山大学界面科学研究组发现了稠环化合物有机超导体，他们在钾金属掺杂苉中发现了超导温度为 7 K 和 18 K 的超导电性。

纵观有机超导体的发展历程，在准一维有机电荷转移盐 $(TMTSF)_2X$ 到层状有机超导体 $(BEDT\text{-}TTF)_2X$ 的相关研究中较缺乏我国科学家的材料制备和实验工作，仅有相关少量的理论工作；在钾金属掺杂富勒烯 $C_{60}$ 体系的相关研究中，近年来，我国科学家在材料制备和实验工作方面做出了一些重要工作；在金属掺杂稠环芳烃体系超导电性的相关研究中，继 2010 年日本科学家首次发现后，我国科学家迅速跟进做出了创新性工作，但在后续持续开展深入广泛的研究方面有所不足。总体而言，在以上接受度最广的有机超导国际科学竞争中，我国科学家在材料、实验及理论研究中的参与度尚显不足。

近年来，我国科学家报道在一系列链状苯基有机化合物中发现超导电性，在碱金属掺杂的对三苯中观察到高达 123 K 的超导转变，在金属元素与苯环上的碳原子通过单键相连形成的金属有机物中也陆续发现了超导电性。这些在与苯相关的链状苯基材料连同稠环芳烃中发现的超导电性，表明苯基基团可能是导致超导电性出现的关键结构单元，为有机超导材料的实验设计提供了思路。

以上的有机超导体系普遍具有低维性、强烈的电子–声子相互作用及电子–电子相互作用的特性，展现出与常规超导体不同的强关联电子体系的新奇物性。同时，有机超导材料具有柔性，较小的压力能显著改变其电子结构，从而易于实现量子态的调控。有机超导体的新奇物性研究主要集中在以下方面。

（1）有机超导体普遍由轻质元素构成，具有强烈的电子–声子相互作用；同时由于低维体系中屏蔽效应弱，具有强烈的电子–电子相互作用。在若干有机超导体中，NMR、STM、能斯特效应等实验结果支持其超导能隙在费米面上显示节点特征，表明体系具有非常规超导电性，这些实验证据区别于在金属或过渡金属化合物中的电子–声子超导配对机制所产生的常规超导电性。

（2）若干有机超导体的母体或在欠掺杂时为莫特绝缘体（自旋液体或反铁磁序），具有电荷密度波、自旋密度波等竞争序，或呈现赝能隙特征等。超导电性可以通过化学掺杂、元素替代、施加物理或化学压力等手段抑制各种竞争序而产生。比如（BEDT-TTF）$_2$X 层状有机超导体的超导电性可通过施加压力抑制母体中存在的反铁磁序或自旋液体态而加以实现，$Cs_3C_{60}$ 高达 38 K 的超导电性也是通过施加压力抑制反铁磁序来实现的。这两类有机超导体都具有与铜氧化物高温超导体相似的性质，包括莫特绝缘体–超导体相变、类似的电子态相图等，因此理解有机超导体的超导电性和配对对称性对探索非常规高温超导的微观机理具有重要意义。

（3）有机超导体中可能存在若干新奇超导态。强磁场不但可以抑制超导态，而且还可能诱导出一些新奇的超导态，如可能存在富尔德–费雷尔–拉金–奥夫钦尼科夫（Fulde-Ferrell-Larkin-Ovchinnikov，FFLO）态。在 κ-(BEDT-TTF)$_2$Cu(NCS)$_2$ 体系中发现支持 FFLO 态存在的证据，包括通过高场比热发现反常的上临界磁场的温度依赖行为，以及发现上临界磁场在低温下的反常增加行为。另外，在 λ-(BETS)$_2$FeCl$_4$ 中发现有磁场诱导的超导电性等。对这些新奇超导态的研究将丰富我们对超导态的认识并提高对其调控能力。

事实上，有机超导体诞生 40 多年来，尽管国际上已开展了大量的工作和探索，但超导电性研究中仍有很多重要的基本问题尚待解决。以碱金属掺

杂 $C_{60}$ 超导体为例，对于超导参数如上下临界场、相干长度、穿透深度的确定通常取自不同样品的实验数据，至今还没有针对高质量的基准样品综合采用多种实验技术获得高精度数据，不同实验技术给出的超导参数存在较大差异。由于缺乏可信赖的实验判断，关于超导电性的理论模型如强电子–声子耦合、强电子关联、电子–声子耦合与电子关联的共同作用，或软声子模作用等的各自贡献尚未达成共识。以上问题产生的重要原因在于实验结果严重依赖于高质量样品，而这类超导样品通常比较脆弱、容易变性，需要开展大量深入细致的工作。

目前我国进行规划、综合布局和顶层设计，瞄准有机超导体研究的重要方向组织协同攻关，势必带来许多关键问题的解决，从而显著增强我国在有机超导体基础研究领域的国际竞争力。

## 三、关键科学、技术问题与发展方向

人们相信有机超导体可能实现更高超导转变温度乃至室温超导。未来的发展将主要集中在两方面，一是有机超导体材料的合成以及高质量样品的制备；二是对于有机超导体的微观超导机理等基础科学问题的深入研究。目前进一步的研究工作需要解决以下关键科学问题和技术问题。

（1）结合尖端的材料物理和材料化学方法，探索并合成高质量有机超导材料。常规的固相需要高的烧结温度，而有机材料通常熔点低，不易获得高超导体积含量的样品，需要探索溶剂辅助法、单晶生长、薄膜生长等多种技术，获得高质量的有机超导样品。由于合成有机材料的特殊性，特别鼓励具有化学和材料科学背景的研究人员参与样品生长和实验设计。

（2）超导相鉴定和晶体结构确定。由于合成出来的有机超导材料很难具有大的超导体积含量，需要将超导相与杂质相区分出来，采用各种实验手段鉴定其超导相就显得特别关键。同时，晶体结构的确定是研究有机超导材料物性的基础和出发点，需要利用 X 射线和中子衍射技术加以确定。

（3）发展可靠的判断超导转变的测量方法和技术。通过磁测量探测迈斯纳效应和电阻率测量探测零电阻是判断超导电性是否存在的两种常用方法。由于有机样品暴露在空气中极易与水分或氧气反应，电输运测量技术的现状限制了有机超导材料的相关物性研究。通过适当的技术改造，能够在常压条件下进行磁和电输运测量就相当关键。

（4）可靠超导参量的确定。需要依据被精确表征的同一块高质量有机超导材料样品去进行相关特征物理量的测量，采用各种先进的凝聚态物理表征技术手段得到测量数据，精确确定其超导参数。近年来，我国科学家发展出了基于固态离子导体场效应管技术。采用该技术，可实现对有机超导体中载流子的精确调控，从而驱动莫特绝缘体（反铁磁序或自旋液体态）–超导体的相变，并可进行相变过程的可逆操作，调控超导电性。期待对同一类有机超导体材料开展系统性研究，从而得到体系在压力 / 带宽调制或载流子调制下的完整相图。

（5）研究和揭示有机超导体的新奇物性及超导机制。研究各类有机超导体材料的同位素效应，揭示电子–声子相互作用在超导电性的产生中的贡献。结合有机超导材料中超导态和正常态的物性研究，在理论上确定该强关联电子体系的微观模型，发展新型的量子多体计算方法，解释该体系的莫特绝缘体–超导体相变及其临界特性，得到带宽、载流子调制下的完整基态相图，从而揭示出有机超导电性的物理机制。

有机超导体研究中最令人关切的问题是如何在常压下获得高温或室温超导电性，并将由此带来广泛的技术应用，促进经济社会的发展进步。因此，未来 5～15 年领域的关键科学问题将聚焦在这个方面。筛选高温乃至室温有机超导材料考虑如下方面。

（1）在基于碳氢的轻质材料中选取和合成有机超导材料。早期发现的有机电荷转移盐超导体，之后发现的碱金属掺杂富勒烯 $A_xC_{60}$ 超导体，近期发现的芳香烃超导体等，都属于此类材料。层状有机超导体和碱金属掺杂富勒烯都具有与铜氧化物高温超导体相似的电子态相图，对其超导电性微观机制的理论研究有利于探索出提高该体系超导转变温度的实施路径。

（2）一维链状材料或层状材料是可能的候选。这一考虑的出发点是这类材料较易出现电荷密度波，而电荷密度波与超导电性共存和竞争是过渡金属硫族超导体和若干非常规超导体中的共有现象，在这些材料中可能出现如赝能隙等反常物性。最近有研究提出赝能隙是由电荷密度波产生的，这表明存在电荷密度波或晶格畸变是产生超导电性可能的必要条件。因此，具有电荷密度波或类似晶格畸变的碳氢一维材料和低维材料是实现更高温度 $T_c$ 超导体的可能候选。

（3）发现高温和室温超导体的另一途径是在导电聚合物中获得超导电性。目前已被发现的导电聚合物大致被分为两类，一类是基于聚乙烯，另一类主要是基于碳键串联的苯基材料以及它们的变形。导电聚合物的发现是 2000 年诺贝尔化学奖的工作，导电聚合物的孤子理论也揭示了电荷分数化及拓扑特性。检验这些导电聚合物在不同掺杂和压力条件下的超导电性，筛选出可能的高温超导材料。

（4）借助于高压手段在有机体系中获得超导电性，并探索如何在常压条件下通过材料设计在亚稳态或压缩晶格或修正条件下俘获高压下的超导电性。同时，通过调节压力改变超导转变温度，通过与其他参数的比较，以及在高压条件下获得的结构信息、正常态和超导态性质，有助于通过该手段获得一系列实验数据，用以检验相关的超导理论，进一步发展和完善对有机超导电性的物理机制的理解。

（5）探索和检验在有机拓扑绝缘体或半金属中实现超导电性。近年来，拓扑材料的研究广受关注，以往的研究中发现对于若干无机拓扑材料，通过适当的元素替代或掺杂引入更多载流子后，体系可能进入超导态。这一思路在有机拓扑体系中可能仍然有效，建议在该体系中开展超导电性的探索。

# 第六节　非中心对称超导体

## 一、科学意义与战略价值

非中心对称超导体不同于已知的大部分超导材料，由于中心对称的破缺，非对称的晶体势场会产生一种反对称的自旋 – 轨道耦合（antisymmetric spin-orbit coupling，ASOC），可以看成电子在外加磁场为零的情况下，由晶体势场产生的一个等效磁场与电子自旋耦合而产生的塞曼能，导致自旋简并的能级劈裂成两条自旋取向相反的能带。这时电子可以摆脱泡利不相容原理和宇称交换反对称性的限制，超导配对波函数可以是偶宇称和奇宇称的叠加，从而导致非常独特的超导现象。最近的实验发现，在一些弱关联非中心对称超导体中，超导态破坏时间反演对称，同时表现出类 s 波超导的特性，其物理起源和超导配对态是当前研究的热点。因此，非中心对称超导是探索非常规超导态配对机理的一类不可或缺的材料。理论研究预言，在非中心对称超导材料中可能实现拓扑超导，在拓扑量子计算方面具有重大应用潜力。此外，中心对称破缺以及与其相关的量子相变还可能对正常态的电子行为产生深远的影响，导致一系列独特的量子态或者量子现象，比如在拓扑半金属材料中通过非中心对称实现了外尔半金属态，在很多材料中还发现了奇异霍尔效应、自旋电流和磁电效应等。所以，非中心对称材料为探索前沿物理问题提供了一个重要平台。

## 二、研究背景和现状

非常规超导是凝聚态物理中最具生命力的一个研究领域，其研究不仅可以促进对超导配对机制的理解，指导发现更高 $T_c$ 或具有奇异性质的超导材料，也使得研究人员开发了众多的理论和实验工具，可用于物理学其他前沿问题的研究。

非中心对称超导作为非常规超导研究的一个重要分支。在这种超导材料被发现之前，理论学家就在界面超导、无序超导等体系中讨论了非中心对称对超导的影响。2004 年，奥地利科学家首次在重费米子化合物 $CePt_3Si$ 中发现非中心对称超导电性（Bauer et al.，2004）。该化合物的超导能隙存在节点，其奈特位移在超导转变温度以下保持不变，表明该化合物存在自旋三重态超导。另外，$CePt_3Si$ 的 NMR 实验却表现出明显的相干峰，表明其超导配对态中应该存在 s 波的成分。这些独特的实验现象表明，该非中心对称超导中可能存在自旋单态和自旋三重态的混合，从而极大地促进了非中心对称超导及相关物理性质的研究（Yip，2014）。在这之后，新的非中心对称重费米子超导先后被发现，包括压力诱导的重费米子超导体 UIr 以及 $CeTX_3$（T = Rh、Ir、

Co; X = Si、Ge）等。在非中心对称重费米子超导体中，电子关联效应被认为是导致非常规超导性质的一个重要因素，因此很难单独研究中心对称破缺对超导态的影响。

为了研究 ASOC 对非中心对称超导性质的影响，研究人员发现并研究了一系列具有弱电子关联效应的非中心对称超导体，包括三元金属间化合物 $Li_2(Pd_{1-x}Pt_x)_3B$、$AMSi_3$（A = Ca、Sr、Ba; M = Pt、Ir）、$Mg_{10}Ir_{19}B_{16}$、$Mo_3A_{l2}C$ 等，以及二元金属间化合物 $T_2Ga_9$（T = Rh、Ir）和 BiPd 等。由于这些化合物不存在强电子关联效应或者自旋涨落，其非常规超导性质应该源自中心对称破缺。在 $Li_2(Pd_{1-x}Pt_x)_3B$ 中，随着 Pt 浓度的增加，ASOC 强度增大，其超导序参量的对称性从 $Li_2Pd_3B$ 的 s 波自旋单态过渡到 $Li_2Pt_3B$ 的自旋三重态超导配对。这表明，非中心对称超导体中自旋单态和自旋三重态的比重可以通过 ASOC 进行调控。然而，后续的大量研究表明，非中心对称超导的配对波函数远比期望的复杂。在很多弱关联非中心对称超导体中，即使材料具有较强的 ASOC，其超导态仍表现出常规 s 波超导性质。另外，$Y_2C_3$ 等化合物的 ASOC 较弱，却在低温出现能隙节点并且上临界磁场也很大。具有中等 ASOC 强度的 $LaNiC_2$ 表现出两能带超导的性质，但 μSR 实验中却观察到了时间反演对称破缺。这些奇特的物理现象很难基于现有的非中心对称超导理论来解释，ASOC 在超导态中的作用尚不明确，需要进一步的实验和理论工作来澄清。

在过去很长一段时间，具有时间反演对称破缺的超导体一直很少见，仅有的几个例子也出现在强关联电子体系中，其超导能隙存在节点，并且表现出 p 波超导的一些特性。近几年来，越来越多的弱关联超导体中出现时间反演对称性破缺，包括非中心对称超导体 $LaNiC_2$、$La_7(Ir, Rh)_3$、Re-(Zr, Hf, Ti, Nb) 和 (Ca, Sr, Ba)PtAs 等，以及中心对称超导体 $LaNiGa_2$、$PrPt_4Ge_{12}$、$X_5Rh_6Sn_{18}$（X = Sc、Y、Lu）。缪子自旋弛豫实验测量表明，这些材料在超导转变温度以下出现自发磁场，发生时间反演对称性破缺；另外，这些超导材料通常不存在能隙节点，表现出类 s 波超导的性质。最近的研究发现，CaPtAs（$T_c$ = 1.5 K）的正常态虽然表现出普通金属行为，但其超导态破坏时间反演对称性，低温热力学激发表现出能隙节点，其超流密度和比热可以由 s + p 波混合超导配对模型进行拟合。现有研究表明，这类具有时间反演对称破缺的弱关联超导体可能代表一类新型超导材料，其时间反演对称破缺的物理起源以及超导配对机制仍不清楚，有待进一步研究。

非中心对称材料中的拓扑超导电性是另一个前沿热点问题。理论认为，非中心对称超导材料是潜在的拓扑超导体，但目前仍缺乏系统的实验探究。理论预言，具有非中心对称的半霍伊斯勒（half-Heusler）合金 RTX（R = Sc、Y 和镧系元素；T = Ni、Pd、Pt；X = Sb、Bi）为潜在的拓扑绝缘体，可以通过应力调节而实现拓扑超导。随后，人们在 YPtBi 中发现了 $T_c$ = 0.77 K 超导电性，μSR 等测量表明其超导能隙存在节点，有理论认为其自旋配对超越了三重态，为七重态配对（septet pairing state）。然而，该超导配对态还有待实验进一步证实。随着温度降低，$1T'$-$MoTe_2$ 会发生中心对称到非中心对称的结构相变。由于低温相的晶体结构缺乏中心反演对称，其能带出现外尔节线，同时在 $T_c$ = 0.1 K 以下出现超导。在外加压力下，随着结构相变被抑制掉，超导由非中心对称转变为中心对称，$T_c$ 上升到 7.5 K。目前，该类材料的超导拓扑性质研究还很少，尚缺乏确凿的实验证据。探索非中心对称材料中的拓扑超导电性将是今后研究的一个重点方向。

由于非中心对称超导体的超导转变温度都比较低（一般在液氦温区或者更低），其超导序参量的研究强烈依赖于极低温条件下的物性测量，从而部分限制了其深入研究。目前可用于探测低温超导性质的实验手段并不多，常见的包括磁场穿透深度、电子比热、热导率、原子核自旋晶格弛豫时间和奈特位移等低温物性的测量，这些方法可以间接获得超导能隙结构和自旋配对信息。最近几年，STM 和 ARPES 实验方法取得了一些进展：结合 $^3$He 制冷机的 ARPES 测量可以实现最低接近 1 K 的样品温度；利用 $^3$He-$^4$He 稀释制冷机，目前国际上已经有课题组获得了电子温度在 200 mK 之下的扫描隧道谱。通过极低温的微观测量，我们可以更直接地获取超导序参量，为研究非中心对称超导提供了新的机遇。

由于非中心对称超导材料是潜在的拓扑超导体，并且这类材料表现出非常独特的超导性质，近年来受到学术界越来越广泛的关注。近年来，随着国内 NMR、STM、ARPES 等低温谱学测量的不断完善，以及新引进的青年人才加盟这一研究领域，有助于我们在非中心对称超导方面开展深入系统的研究，争取新的突破，引领这一领域的发展。

## 三、关键科学、技术问题与发展方向

非中心对称超导研究仍处于初期阶段，先前的研究主要集中在非中心对称超导材料的探索和一些宏观物性的测量。微观谱学测量仍然是短板，从而限制了相关现象的理论解释。非中心对称超导研究需要解决的关键科学问题包括如下。

（1）非中心对称超导的配对波函数及其与 ASOC 的关系。虽然人们已经对非中心对称超导进行了比较多的研究，但由于缺乏高质量的单晶样品，并且超导转变温度比较低，其超导配对态的研究仍然很少，特别是缺乏一些微观谱学的测量。这方面的主要科学问题包括：中心对称破缺对超导配对态有什么独特的影响？超导序参量与 ASOC 有什么联系？怎样来调控与探测混合波函数中的自旋单态和自旋三重态超导？ p 波超导是否可以广泛存在于非中心对称超导材料中，其产生需要什么样的先决条件？

（2）越来越多的弱关联非中心对称超导材料在进入超导态时发生时间反演对称性破缺，但又表现出类 s 波超导的性质，其超导配对机制和时间反演对称性破缺的物理起源是什么？

（3）超导材料的界面同样破坏中心反演对称性。那么，这类界面非中心对称超导与通常的体材料有什么不同？有哪些独特之处？

（4）理论预言，非中心对称超导体可以实现本征拓扑超导，但目前仍然缺乏实验证据。那么，非中心对称超导材料中是否存在拓扑超导？能否利用非中心对称超导体制作量子器件，实现拓扑量子计算？

围绕上述关键科学问题，在后续研究中，我们需要系统地探索新型非中心对称超导材料，制备高质量的单晶样品，开展微观谱学测量，研究 ASOC 和电子关联效应等因素对超导配对态的影响，探索本征拓扑超导，发展非中心对称超导理论。为了进一步研究超导序参量的对称性以及超导与其他竞争态的关系，我们需要进一步发展低温、高压、强磁场等极端条件下的多种物性测量方法，包括：①极低温或者应变压力下的 STM/STS、ARPES 等微观谱学测量，提高测量分辨率；②综合极端条件下的中子散射、μSR、NMR 和点接触谱等谱学测量；③多重极端条件下的热力学测量，如磁场穿透深度、比热、热导等。

# 第七节　高压下富氢高温超导体

## 一、科学意义与战略价值

超导体是20世纪以来人类最伟大的科学发现之一。自从荷兰科学家昂内斯（Onnes）于1911年发现了第一个超导体（汞，$T_c = 4$ K）以来，室温超导体就成为人类的一个长期梦想。经过一个多世纪的研究，科学家先后发现了铜基和铁基等高温超导体，特别是近年来在高压强极端条件下发现了$H_3S$高温超导体和以$LaH_{10}$为代表的一类氢笼合物结构的富氢高温超导体（$T_c$已达260 K），这些研究工作激发了人们寻找室温超导体的希望。截至目前，高压下富氢化合物可能是寻找室温超导体的最佳选择。

我国科学家长期坚持高温超导体的研究，在国际上形成了集体优势，在铜基高温超导体和铁基高温超导体等领域持续获得原创性成果，为高温超导体研究领域的发展做出了卓越的贡献。当前面临着在高压下富氢化合物中发现室温超导体的历史机遇，开展相关研究具有极为重要的战略意义。

## 二、研究背景和现状

氢是宇宙中含量最丰富、质量最轻的元素，其相关研究一直是学术界的热点。在常压条件下，氢以$H_2$气体分子的形态存在，在大约14 K的低温条件下固体化为分子相（$H_2$）的固体氢，是一种宽带隙绝缘体。1935年，威格纳（Wigner）和亨廷顿（Huntington）首次提出了“金属氢”这一概念。他们从理论上提出，在高压条件下，固体氢中的氢分子可能解离为氢原子，此时固体氢由分子相转变为原子相（H），并伴随着绝缘态至金属态的物性转变。1968年，阿什克罗夫特（Ashcroft）进一步提出了金属氢是高温超导体的学术观点，并指出极高的德拜温度和超强的电子–声子相互作用是金属氢高温超导电性的物理根源（Ashcroft，1968）。后续的数值计算模拟进一步表明金属氢的理论 $T_c$ 值可能达到 145 ～764 K。实验科学家一直在尝试制备金属氢。遗憾的是，经过八十多年的不懈努力，至今未能成功制备。这可能是因为合成金属氢所需的实验压强或许高达约 500 GPa，超过了当前静高压实验方法的技术极限。诺贝尔奖获得者金斯堡（Ginzburg）曾将金属氢难题列入 21 世纪 30 个重要的物理问题之一。金属氢也被学术界称为高压研究领域的一个“科学圣杯”。

由于通过高压下的固体氢来获取金属氢的目标未能实现，人们将目光转移到了高压下的富氢化合物，希望利用非氢元素对氢的化学预压作用，在实验可以企及的较低压强条件下，在富氢化合物中获取金属氢和高温超导体。早在 20 世纪 70 年代初，这一学术思想就在假想的 $LiH_2F$ 化合物中进行过计算上的尝试，但至今实验上无法利用这一途径制备出金属氢。在常压或较低压强条件下人们曾发现了一系列低氢含量的离子型金属氢化物超导体（如 $Th_4H_{15}$、PdH、$Pd_{0.55}Cu_{0.45}H_{0.7}$、$NbH_{0.69}$ 等）。由于这些金属氢化物的氢含量低，氢对超导没有实质性的贡献，因此这些金属氢化物的超导温度均低于 16 K。

直到 2004 年，阿什克罗夫特再次提出了通过非氢元素对氢的化学预压作用来实现金属氢的学术思想，并提出高压下第四主族富氢化合物（如 $CH_4$、$SiH_4$ 等）可能是高温超导体的候选体系，领域才重新激发起了对富氢超导体的研究兴趣。后续针对 $SiH_4$ 的高压实验观测到了 17 K 的超导电性，但超导电性是否源于初始加载样品存在着争议。人们普遍认为 $SiH_4$ 样品发生了化学分解，但具体实验产物至今没有弄清楚。

2014 年，高压下富氢超导体研究领域取得了一个标志性的进展。受吉林大学理论工作的启发，德国马克斯・普朗克研究所研究团开展了 $H_2S$ 的高压实验研究工作，不仅发现了 $T_c$ 为 80 K 的 $H_2S$ 超导体，而且偶然发现了另外一个全新的 $H_3S$ 高温超导体（Drozdov et al.，2015）。$H_3S$ 的发现是高压下富氢高温超导体研究领域的一个里程碑，其 $T_c$ = 200 K 超过了铜基超导体的最高超导温度（164 K），创造了超导温度的新纪录。此外，该研究团队在共价型 $PH_3$ 高压样品中也发现了 100 K 的高温超导电性，但后续发现 $PH_3$ 在高压下发生了分解，具体超导样品的化学组分和晶体结构还不清楚。

相对于共价型富氢化合物而言，由金属元素和氢形成的离子型富氢化合物的数量更多，发现新型高温超导体的概率更大，但该领域长期没有重要的进展。直到 2019 年，高压下离子型富氢化合物高温超导体的研究才迎来了一系列标志性的突破。受到吉林大学理论计算的启发，实验上发现了以 $LaH_{10}$、$YH_9$ 和 $YH_6$ 为代表的一类氢笼合物结构的富氢高温超导体，并声称分别在 260 K、243 K 和 224 K 观测到了高温超导电性。这类氢笼合物的特殊高温超导结构实际上是一种主客体结构：氢原子间彼此共价键合构成笼状主体结构单元，金属原子作为客体位于氢笼状主体结构单元的中心，主客体间是离子型相互作用。此类氢笼合物结构的富氢化合物也可以视为是一种金属掺杂诱导形成的金属氢。

综上所述，高压下富氢超导体的研究取得了多个关键性的突破。$LaH_{10}$ 的 260 K 超导温度已经接近室温（Drozdov et al.，2019），人们在高压下的富氢化合物中也看到了获得室温超导体的希望。令人欣喜的是，我国科学家在高压下富氢高温超导体的研究中发挥了主导作用，相关的 $H_2S$、$H_3S$ 和 $CaH_6$、$YH_6$、$YH_9$、$LaH_{10}$ 等原创理论计算工作指引了后续实验发现，凸显了我国相关理论工作在国际上的领先地位。但上述重要实验结果均是由国外课题组首先获取的。为了改变这一被动局面，我国高压实验课题组正全力追赶，并不断取得新成效。目前，吉林大学和中国科学院物理研究所等单位已经建设了较完善的实验设备并拥有了与国际“并跑”的核心实验技术，有能力在富氢高温超导体的研究中取得突破。

## 三、关键科学、技术问题与发展方向

目前的研究工作主要集中在二元富氢化合物。据不完全统计，元素周期表中的绝大部分元素与氢形成的二元富氢化合物均已经通过理论计算或者科学实验进行过高压超导研究。未来十到十五年，本领域的发展方向应该聚焦在三元、四元等多元富氢化合物体系的高压超导研究。据粗略估计，在高压下的二元氢化物中，可能有至少 300 个新型氢化物超导体，而随着氢化物元素数目增加到三元或四元，新型富氢化合物超导体可能分别增加至约 1700 个或 34 000 个。因此，未来针对三元、四元甚至五元等多元富氢化合物高温超导体的研究更加令人期待，有更大的搜索空间来发现高温超导体。需要指出的是，最近的高压实验在三元 C-S-H 体系中报道了高达 288 K 的高温超导电性。尽管研究结果亟须第三方实验来进一步证实，但却为人们在富氢多元体系中寻找到室温超导体带来了希望。

$H_3S$ 和 $LaH_{10}$ 等富氢超导体均需要接近 200 GPa 的超高压强条件才能够合成出来。若卸掉压强，这些富氢超导体将发生分解，无法保留至常压条件，限制了它们的实际应用。未来，本领域的另一个发展方向是在低压强条件下（< 50 GPa）制备出富氢高温超导体，后续才有望将富氢超导体保留至常压条件。之前的理论计算曾经提出，某些氢笼合物结构的稀土元素（如 Yb 等）富氢超导体可以在低于 50 GPa 压强条件下被合成出来。这是一个值得进一步探索的研究方向。

在高压下多元富氢化合物中实现室温超导体的突破，有待解决如下几个关键科学难题。

（1）高压下全氢原子化结构的富氢化合物。目前发现的两类高温超导体：共价型 $H_3S$ 和离子型 $LaH_{10}$，均具有全氢原子化的晶体结构特点，此时氢的电子对费米面的电子态密度起主导性的贡献，是产生高温超导的物理根源。但在真实富氢化合物中，两个氢原子容易配对成键，形成能量更低的氢分子，必须找到办法打破氢分子的内部成键，使其解离成为氢原子，实现拥有高温超导电性的全氢原子化的晶体结构。一个有效的策略是给氢分子提供足够多的电子，使其占据氢分子的反键轨道，最终迫使氢分子解离，形成全氢原子化的晶体结构。在晶格中引入电负性低的金属原子是给氢分子提供电子的一个好策略。先前的理论计算曾经将 Li 原子掺入到一个富含氢分子的 $MgH_{16}$ 母晶体：由于 Li 原子电负性低，电子转移到氢分子的反键轨道，迫使氢分子解离，据此调控形成了全氢原子化的氢笼合物 $Li_2MgH_{16}$ 超导体，其理论超导温度达到惊人的 400 K。未来研究中，如何在三元、四元等多元体系中筛选出合适的金属与氢的化学配比类型，进而实现富氢材料中氢分子的全原子化解离，是获得新型富氢高温超导材料的一个关键科学问题。

（2）高压下富氢化合物的纯相制备。在目标富氢化合物的高温高压实验制备过程中，激光加热区域存在较大的温度梯度，而且不同合成产物的稳定温压区间的交叠，导致出现多相混合的现象。这些杂相的存在会严重影响目标富氢化合物的性质与物相表征。在高温高压实验中，温度梯度是无法合成纯相的主要原因。只有实现前驱物的均匀加热，才有望实现富氢化合物的纯相制备。除此之外，筛选合适的前驱物、调控其摩尔比也会对纯相的制备提供帮助。未来研究中，如何筛选合适的前驱物，改进加热技术，在制备过程中消除温度梯度，进而实现高压下富氢化合物的纯相制备是一个关键科学问题。

（3）高压下富氢化合物的零电阻和迈斯纳效应的实验测量。零电阻和迈斯纳效应是超导体的两个重要特征，但高压条件下零电阻和迈斯纳效应的精确测量存在着挑战。在电输运测量过程中，采用范德堡法的四电极电路方法可以排除外接导线和接触电阻对小电阻样品测量的干扰。然而，由于高压样品尺寸过小、电极的厚度过薄，极易出现电极破损或短路现象，此时四电极电路可能会转变为三电极或二电极电路，进而引入接触电阻，无法测得零电阻。在迈斯纳效应的实验测量中，由于高压样品量过少，测量信号与背景噪声常无法清晰分辨。在已被证实的富氢高温超导体中，只有 $H_3S$、C-S-H 化合物和 $LaH_{10}$ 的迈斯纳效应有相关实验表征，但信噪比依然没有得到质的改善。未来研究中，如何改进电输运和迈斯纳效应的测量技术，获取更高质量的测量信号，提供更为可靠的超导证据是一个关键科学问题。

（4）避免高压实验装置中金刚石的氢脆。在高压条件下制备富氢化合物的过程中，由于金刚石直接与氢气接触，氢容易扩散进入金刚石表面的缺陷中，导致在金刚石表面形成细小的裂纹，甚至直接导致金刚石的破裂。一旦金刚石破裂，就无法产生所需要的高压强条件，导致实验失败。在前期实验工作中，人们曾通过抛光、离子刻蚀等手段来消除金刚石表面的缺陷；此外，人们还通过在金刚石表面嵌镀致密氧化物薄膜来避免金刚石与氢气直接接触，防止氢气进入金刚石表面。尽管如此，氢脆现象在富氢化合物的高压实验中仍然频繁出现。未来研究中，如何避免金刚石氢脆现象的发生是一个关键的科学问题。

未来 10～15 年，应该针对高压下富氢化合物高温超导体的关键基础科学问题，发展高可信度的零电阻和迈斯纳效应的实验测量技术，发展金刚石表面处理技术，规避高压实验装置中金刚石的氢脆，变革激光加热技术实现纯相制备，构建压强 – 组分 – 结构 – 超导转变温度之间的关联关系，厘清金属氢对超导电性的关键贡献，建立富氢材料中高密度氢原子化的原理和机制，为最终实现室温超导的目标做出基础性贡献。

在具体实施上，要有所侧重，优先和重点支持有可能实现突破的发展方向。理论方面，优先支持高压下富氢化合物的结构设计与物性预测相关研究，如理论设计富氢化合物的化学配比、晶体结构、电子结构和超导性质等。实验方面，优先支持高压下富氢化合物的实验制备与发展相关制备技术方面的研究工作，发展出纯相制备技术与高可信度的零电阻、迈斯纳效应物性测量技术等，最终争取成功制备出室温超导体。

# 第八节　非常规超导体中的反常物性

## 一、科学意义与战略价值

非常规超导体反常物性的研究是强关联电子体系基础研究的核心内容之一。这里所谓的反常物性是指那些无法在传统的朗道理论框架，即对称性自发破缺结合费米液体理论框架下理解的现象。铜氧化物高温超导体中的赝能隙现象和奇异金属行为是这类反常物性最典型的体现。这些反常物性的研究不仅关系到相关体系超导机理的理解，而且对于我们超越朗道理论框架，发展凝聚态物理新的理论基础起着核心推动作用。人们普遍预期，这一领域的发展将为认识一般强关联电子体系的物性提供全新的物理思想和描述语言，并在强关联电子材料的合成与制备、物性调控与测量、计算模拟以及技术应用等方面促成凝聚态物理的重大变革。

在非常规超导体反常物性的研究中，铜氧化物高温超导体反常物性的研究最具代表性，也最为广泛和深入。但是，由于缺乏一个普适的超越朗道理论框架的低能有效理论，研究者对于这一领域的许多重要问题还没能形成共识。在最近十余年时间里，通过大量系统深入的实验工作，人们对于铜氧化物高温超导体的反常物性获得了全新的认识。这些新的认识为构建一个关于铜氧化物高温超导体反常物性的普适的低能有效理论图景提供了极其重要的线索。由于铜氧化物高温超导体反常物性研究的代表性及其对于一般非常规超导体反常物性研究的引领作用，以下讨论将集中在这一领域。

## 二、研究背景和现状

在铜氧化物高温超导体发现之后的三十多年时间里，除了早期关于其d波配对对称性及其与反铁磁涨落的关系所取得的共识之外，铜氧化物高温超导机理研究在许多重大问题上一直没能形成共识。但是另一方面，由于铜氧化物高温超导机理研究的推动，凝聚态物理基础研究的面貌发生了重大变化。大量新的物理思想和理论方法被提出或引进，各种新的测量手段和数据的分析方法被发明或发展，量子多体系统的数值计算方法也得到了空前发展。此外，铜氧化物高温超导机理研究还衍生或刺激发展了非常规超导、量子磁性、量子临界现象、拓扑物态等一系列研究领域。

铜氧化物高温超导机理研究之所以如此困难，但同时却能够扮演如此重要的角色，关键原因在于铜氧化物高温超导体所表现出的大量超越朗道理论框架的反常物性（Keimer et al.，2015）。传统凝聚态物理认为，相互作用费米子系统的物性可以在基于对称性自发破缺 + 费米液体理论的朗道理论框架下获得理解。但是这个基于平均场理论 + 微扰理论的框架排除了一种重要的可能性，即微扰展开发散未必伴随对称性的自发破缺，而是有可能使体系进入一种高度纠缠的量子多体液态——非费米液体状态。尽管我们对费米液体的物性有清楚的了解，但是我们并不了解一般非费米液体的物性。铜氧化物高温超导机理问题久议不绝，一直无法出现一些人们渴望的决定性实验证据，关键的原因是我们对于非费米液体物性的理解还处在一鳞半爪的阶段。从这个意义上来说，铜氧化物高温超导机理研究是我们一窥非费米液体奇异世界的一扇窗口。

铜氧化物高温超导体反常物性最典型的体现是赝能隙现象和奇异金属行为。实验发现，在铜氧化物高温超导相图中的所谓奇异金属区（即赝能隙打开温度以上的温区），体系的电阻率和霍尔浓度都与温度成正比，这与通常费米液体金属所表现出的随 $T^2$ 变化的电阻率以及与温度无关的霍尔浓度非常不同。此外，实验发现这一区域电子对熵的贡献虽然也像费米液体金属那样随温度线性上升，但是该线性关系外推到绝对零度的截距却是负值。ARPES 测量发现，奇异金属区虽然具有完整的费米面，但是真正相干的准粒子峰只有当体系进入超导态之后才会涌现。那么，在铜氧化物高温超导体中，真正载流并对体系的霍尔效应和比热产生贡献的是怎样的载流子？体系在超导临界温度以下形成的电子对能否看成是这些古怪的载流子的束缚态?

在铜氧化物高温超导体的赝能隙区，即使字面意义上的费米面也不复存在。取而代之的是无法定义其所包围的确切面积的开放的弧段（被称为“费米弧”）。同时，人们在赝能隙区发现了大量涉及电子配对、电荷密度波、自旋密度波、电子向列性，以及自发环流有序或低能涨落的证据。这些潜在的序参量被统称为交织序，其所破缺的对称性遍及体系的 U（1）规范对称性、空间平移、旋转、反演对称性，自旋旋转对称性，以及时间反演对称性。这些现象让澄清赝能隙的起源变得更加困难。而另一方面，实验发现在赝能隙建立过程中电子谱权重转移所涉及的能量尺度远大于热能量以及超导配对能隙或其他交织序对应的能隙的尺度。这表明铜氧化物高温超导体中的赝能隙现象不能简单解释为费米液体框架下的一个单粒子能隙打开的过程。

在铜氧化物高温超导研究早期，赝能隙和奇异金属这一概念仅被用来笼统地概括不同实验手段观察到的一系列反常物性。人们并不清楚这些现象之间是否存在内在联系或存在何种联系。目前，关于赝能隙的起源主要有如下四类看法。一是将其看作与超导涨落效应相关的电子配对能隙。二是将其看作某种与超导竞争的序参量涨落导致的能带折叠能隙。三是将其看作以上两种能隙的混合，例如，最近讨论较多的配对密度波能隙。四是将其看作某种莫特绝缘行为在电子能谱上导致的类能隙特征，并不与某种特定的对称破缺序参量相关。然而，这四类看法在面对赝能隙区交织序错综复杂的表现形式时都显得捉襟见肘。关于奇异金属行为主要有如下两类看法。一是将其看作电子自由度自旋 – 电荷分离机制的后果，二是将其看作某种量子临界行为。前者预言奇异金属行为在最佳掺杂时最为显著，这类看法的主要问题在于实验上缺乏自旋 – 电荷分离的明确证据。后者的问题在于人们并不清楚这个量子临界点究竟在哪里，以及是什么自由度发生量子临界。

近十年来，通过大量系统深入的实验工作，尤其是通过在同一系列的样品上综合应用不同测量手段进行的物性测量，人们对于赝能隙现象不同表现形式间的相互关系，赝能隙随温度和掺杂浓度的演化行为，以及赝能隙现象与奇异金属行为的关系已经有了相当细致的了解。例如，实验发现与赝能隙伴随的费米弧现象出现的温度正是体系反铁磁涨落打开能隙的温度。而赝能隙现象消失的掺杂浓度则正是体系费米面拓扑结构发生从空穴型到电子型的利夫席茨（Lifshitz）转变的掺杂浓度（$x_c \approx 0.19$）。这一发现将人们研究奇异金属行为的焦点从所谓的最佳掺杂浓度转向费米面发生空穴型－电子型利夫席茨转变的掺杂浓度，这一变化将对整个高温超导机理研究的走向产生重大的影响。

## 三、关键科学、技术问题与发展方向

此前，人们在分析铜氧化物高温超导体的物性时要么仍然采用费米液体理论图像，要么将分析局限于个别实验的结果。我们还无法在一个普适的低能有效理论图像下描述铜氧化物高温超导体所表现出的错综复杂的反常物性。建立这样一个超越朗道框架的普适的低能有效理论图像不仅是高温超导机理研究自身的需要，也是高温超导机理研究体现其基础研究价值最重要的方式。这样一个普适的低能有效理论需要满足以下三个要求：①它必须具有广泛的解释和预言铜氧化物高温超导体反常物性的能力；②它必须与我们关于铜氧化物高温超导体微观相互作用的理解相自洽；③它必须对铜氧化物高温超导体中朗道理论框架失效的方式和原因做出清晰和具有普遍意义的说明。显然，建立和检验这样一个低能有效理论图像需要来自实验、理论、计算研究的长期密切合作，可以作为这一领域在未来一段时间里的核心发展目标。

最近十余年的实验进展为建立这样一个普适的低能有效理论提供了许多重要的线索。例如：①与重费米子体系或铁基超导体不同，高温超导体赝能隙终止点附近的量子临界行为并不伴随明确的量子相变。② RIXS 测量发现，即使在远离反铁磁有序的区域，铜氧化物高温超导体中仍然存在稳定的局域磁矩涨落。③赝能隙现象终止于费米面发生利夫席茨转变的掺杂浓度。④与赝能隙伴随的费米弧现象的消失和反铁磁自旋涨落能隙的关闭发生在同一温度。按照目前普遍接受的铜氧化物高温超导体的单带模型观点，上述第二条线索意味着铜氧化物高温超导体中的电子同时表现出巡游准粒子特性以及局域磁矩特性。而在重费米子体系或铁基超导体系中，体系的巡游准粒子行为和局域磁矩行为是由不同能带的电子承载的。这可能是造成第一条线索所描述的差别的原因。第三条和第四条线索则意味着局域磁矩的反铁磁涨落与巡游准粒子的耦合对于赝能隙现象和奇异金属行为的重要性。例如，只有在空穴型费米面上才会出现反铁磁涨落散射的热点。

描述电子的巡游－局域二元性对于量子多体理论一直是一个巨大的挑战。在费米液体理论中，电子的自旋集体自由度只有在体系处于或非常接近磁性有序时才会在体系的低能物理中扮演重要的角色。对于一个远离磁性有序的体系，如果我们按照传统的重正化群理论在动量空间中逐步积分掉大动量的自由度，我们唯一能得到的就是费米液体理论。没有大动量的费米子自由度，局域磁矩就失去了存在的空间。因此，铜氧化物高温超导体中电子的巡游－局域二元性很有可能是体系非费米液体行为的根本原因。这一电子局域－巡游二元图像可以用所谓的自旋－费米子模型唯象地描述。实际上，自旋－费米子很早便被引入高温超导的研究中，只是早期这一模型仅被用于分析一些低阶微扰效应，且并未考虑巡游准粒子和局域磁矩这两种自由度之间的相互转化和相互反馈效应。近年来，人们发现对这个模型的适当变形可以将其改造为适合进行量子蒙特卡罗模拟的形式。这为以这一模型为基础开展更加深入的机理研究提供了很好的机会。

然而，上述基于电子巡游－局域二元性的低能有效理论图像是否能够为理解铜氧化物高温超导体错综复杂的反常物性提供一个普适的框架呢？按照这一图像，究竟是什么自由度在赝能隙终止点发生量子临界？体系的零温霍尔浓度在此掺杂浓度发生的从 $x$ 到 $1+x$ 行为的跳变究竟意味着什么？这一图像是否能为理解体系奇异金属行为的各种表现，尤其是线性温度依赖的电阻率和霍尔浓度，以及所谓的“暗熵”行为提供一个普适的框架？从这一图像出发我们该如何理解赝能隙的本质，尤其是，这一图像能否为理解赝能隙区各种交织序的成因及相互关系提供一个普适的框架？这些问题的回答对我们提出了以下要求：①处理自旋－费米子模型的解析和数值能力需要得到实质性的提升；②对于铜氧化物高温超导体中巡游准粒子和局域磁矩自由度的低能谱权重在能量和动量空间中的分布测量的分辨率需要得到实质性提升；③在极端条件和连续可控条件下的物性测量技术需得到实质性的提升。

同时，作为一个低能有效理论图像，我们必须了解其是否能够从关于铜氧化物高温超导体的微观模型中涌现出来，以及在这一涌现过程将有哪些可观测的物理后果。要在低能有效理论和微观相互作用模型之间建立这一桥梁，我们需要对铜氧化物高温超导体中自旋、电荷以及单粒子自由度在中能及高能端（即在超出低能有效理论描述的能区）的动力学行为开展更加系统的研究。在此前的研究中，人们的关注点往往局限于某些低能涌现自由度上（如自旋共振模式），而忽视了这些自由度是在反常的高能动力学行为背景上涌现出来的这一事实，因而注定不可能得到真正自洽的理解。电子的巡游 – 局域二元性可能是理解各种电子能谱在中 – 高能端反常特征的关键，特别是单粒子能谱中的“瀑布”现象和强烈的粒子 – 空穴不对称性，光电导谱 / 电荷涨落谱 / 电子拉曼谱中的非德鲁德（non-Drude）行为，以及在自旋涨落谱高能端出现的大量弥散的谱权重。为了解决这些问题，我们需要进一步提升：①处理铜氧化物高温超导体微观模型的解析和数值能力，尤其是计算和预言模型动力学行为的能力；②对各种电子能谱高能谱权重分布的测量精度和唯象描述的能力。

# 第九节　二维转角体系的关联物理

## 一、科学意义与战略价值

基于范德瓦耳斯异质结的二维转角体系因平带效应诱导了强关联绝缘态、非常规超导电性、量子反常霍尔效应、轨道磁性等一系列物理现象，在凝聚态物理、材料科学，特别是新奇量子物态探索与调控等方向，掀起一股新的研究热潮。魔角石墨烯中（两单层石墨烯以约 1.1°堆垛在一起）外场可调强关联电子行为及其与高温超导体系高度相似的物态，使基于二维转角体系的超导研究迅速引起国内外同行的广泛关注。经过四年多的摸索，二维转角超导体系呈现非常丰富的相图，成为探寻新奇量子物态，剖析强关联物理微观机制及设计新型量子原型器件的重要参照。同时，得益于庞大的二维范德瓦耳斯材料库、二维材料中广泛存在的量子受限效应以及其外场的强烈耦合等特点，更多的二维转角体系内强关联效应及超导、拓扑等有序态的研究有望推动当今凝聚态物理的进一步发展。总之，二维转角体系的研究可为未来信息科学的发展提供新材料、新机制、新器件，是探寻量子物性、发展量子调控的重要方向。

另外，二维转角体系在二维材料物性研究与强关联物理、高温超导、拓扑物理等领域之间构建起一座桥梁。魔角石墨烯中强关联效应的出现，将物理学、材料学、化学等领域的科研人员迅速汇集，紧密围绕此重大科学问题，共同探索新材料、新技术以期发掘新物态、新器件。来自不同学科、不同领域的科学知识、理论方法交叉碰撞、相互耦合，从而形成多元异质的功能性沟通，多领域跨学科的协同合作，在厚实学科基础的同时，培育潜在新兴交叉学科生长点。

## 二、研究背景和现状

自 2018 年美国麻省理工学院的研究组成功制备魔角石墨烯（magic angle twisted bilayer graphene）以来，利用转角理念（twistronics）制备无色散平带体系（flat band）并进一步探寻其中的非常规超导电性等强关联属性成为当今凝聚态物理研究的前沿课题（Cao et al.，2018a，2018b）。二维转角体系的出现将二维材料与强关联物理、高温超导、拓扑物性等研究领域有机地结合在一起。一方面，使得有着几十年研究积淀的高温超导、拓扑物性有了崭新的内容与全新的理解；另一方面，后者多年的研究积累为二维材料的研究发展提供了强大的推力。凭借自身得天独厚的优势，加上近年来人工异质结堆叠技术的高度发展，二维材料异质结特别是二维转角体系超导的研究为探索量子材料可控制备、量子物态精准调控及新型量子器件设计等方面提供了创新性强、可行性高的新方案。二维转角体系不仅在基础研究上为全新量子物态及调控开辟了新的方向，同时二维转角电子器件在应用上有望取代传统硅基电子器件，成为支撑未来信息产业的基石。

利用转角的方法设计二维范德瓦耳斯材料及异质结的物性可以追溯到

2010年左右。理论研究表明，单层石墨烯在超高载流子浓度掺杂下（费米面移动至范霍夫奇点，约3 eV），载流子间相互作用显著增强，将在石墨烯内诱导产生手性超导物理行为，同时可以通过外加电场等方式对该超导行为实现精准调控，这几乎是利用外场探索二维材料新奇量子物态的最早的理论探索。然而，在单层石墨烯内为实现该手性超导所需要的高掺杂浓度（$> 10^{15}/cm^2$），是目前的掺杂技术（特别是利用外加电场实现掺杂）无法实现的。为了克服上述技术难题，理论物理学家提出利用两层石墨烯转角堆叠的方式，通过摩尔周期势将上述本征范霍夫奇点移动至狄拉克点附近，以期在相对较低的载流子浓度掺杂下，实现该手性超导转变。随后，美国罗格斯大学的实验组利用STM在化学气相沉积生长的转角石墨烯样品中，观测到摩尔周期势调制下范霍夫奇点的能量迁移过程。同时实验与理论均发现，利用转角的方式可以实现石墨烯内载流子费米速度的调制，为后续利用转角方式实现平带及强关联物理奠定了坚实的基础。

转角石墨烯成功获得的另外一个关键性因素是高质量人工异质结的高精准制备。2010年左右，美国哥伦比亚大学的研究团队利用物理转移技术，成功获得高质量、高迁移率石墨烯/氮化硼异质结（G/BN）。经过十余年的探索与优化，人工堆叠异质结转移技术得到长足的发展，将可获取的研究体系从单层G/BN异质结成功拓展至多层、多组分转角高度可控异质结，为成功观测到量子自旋霍尔、谷霍尔效应及霍夫斯塔特蝴蝶（Hofstadter butterfly）分型结构等奇异物理现象提供技术及材料支撑。

魔角石墨烯内关联绝缘态及非常规超导现象的发现，迅速引起国内外同行的广泛关注，大量的研究者投入其中。截至目前，已经初步形成了一套成熟的研究方案。二维转角体系的研究目前大致可分为三个趋势：①基于魔角石墨烯的新奇量子物态探索；②多样化转角材料体系平带及关联物理效应；③吸收转角体系内摩尔周期势理念，制备人工周期势，从而实现超越魔角石墨烯的平带物理。针对以上三个研究方向，我们将进行详细阐述。

### （一）基于魔角石墨烯的新奇量子物态探索

魔角石墨烯内强关联电子效应的出现，主要来源于费米能级附近的无色散能带，即平带。平带内，载流子之间的相互作用能远大于“消失”的载流子动能，电子关联效应增强，出现一系列由强关联引起的新奇量子物态，比如关联绝缘态、超导态、量子反常霍尔效应、奇异金属态、波梅兰丘克（Pomeranchuk）效应、分数陈绝缘体等。其中，关联绝缘态的物理本质仍然具有争议，超导机理的理解更是存在巨大分歧，对奇异金属态的理解也具有一定争议。其中一种看法认为，这些行为与高温超导体系（如铜基超导等）中的相应行为有着高度相似性，如类似于铜基超导中的铜氧层导电机制以及非常规超导性质等，这对揭示高温超导的物理机理具有潜在的科学价值。相对于高温超导体系，石墨烯版本的非常规超导具有元素组成单一，静电掺杂载流子浓度便捷，以及拥有全新的晶格对称性等优势，因此“平带”石墨烯及相关二维量子材料中多体关联效应的研究被寄予了更高的期望。

魔角石墨烯体系是否存在类似于高温超导材料的相图，是否可以利用高温超导领域的研究积累加速魔角石墨烯体系的研究，进一步加深对高温超导的理解等成为当前魔角石墨烯研究中亟须解决的科学问题。目前，魔角石墨烯内类莫特绝缘态、非常规超导转变、奇异金属态及电荷有序等现象相继被报道，与此同时，关联绝缘态附近的铁磁性、陈绝缘体以及外场可调的有序相竞争等物理研究正在紧锣密鼓地进行。魔角石墨烯展现出的相图已经远超出理论预期，这进一步激发了科研人员在魔角石墨烯体系发掘新物理、探索新现象的研究热情。

### （二）多样化转角材料体系平带及关联物理效应

魔角石墨烯是利用转角的概念设计平带物理的成功范例，理论上，转角的概念不只局限于单层石墨烯，也同样适用于其他二维材料体系。将转角概念拓展至其他二维材料，一方面可以极大丰富转角体系材料库储备，另一方面可以通过转角异质结组分材料的选择将不同二维材料的本征性质移植到转角体系，进一步丰富基于转角的平带物理。

转角体系已从转角石墨烯 – 石墨烯拓展至转角双层 – 双层石墨烯、转角单层 – 双层石墨烯、转角多层石墨烯等众多组合中。此类系统与魔角石墨烯类似，平带只发生在特定的转角角度。在上述多样化的转角体系中，科研人员已相继发现自旋极化关联绝缘态、陈绝缘体及量子反常霍尔效应、强耦合超导、磁场诱导超导相等。

另外，平带体系不仅局限于通过石墨烯之间的特定转角获得，另一个更加普适的方法是通过不同二维材料之间的晶格失配得到。这一方面的研究包括几乎与魔角石墨烯同时报道的 ABC 堆垛的三层石墨烯 / 氮化硼超晶格中存在电场可调的莫特绝缘态、超导以及拓扑陈绝缘体；紧随其后的是过渡金属硫族化物的异质结超晶格中报道的莫特绝缘态、威格纳晶体、莫尔激子、金属 – 绝缘体连续相变、量子反常霍尔效应等。

品类众多的二维范德瓦耳斯材料赋予了转角异质结多样化的优势，丰富的晶体结构及物性为基于异质结的二维转角强关联、超导、拓扑等量子物态的研究奠定了坚实的基础。我们有理由相信，基于二维材料本身的可调控性，结合二维材料制备方面的积累及优势，二维转角体系的研究将取得一系列令人瞩目的进展。

### （三）超越转角体系的平带物理及关联效应探索

固体材料中，晶体结构及对称性在决定材料能带结构及电学性质等方面扮演着重要角色。二维转角类异质结体系内，平带结构伴随的“晶体结构及对称性”来源于转角带来的摩尔周期势。虽然可以通过材料的适当选取，获得不同周期结构的摩尔超晶格，但是在材料晶体结构及本征物性的双重限制下，备选材料的自由度受到严重的限制。因此，利用人工周期结构（势场）模拟转角异质结中的周期势，在单层非转角体系中诱导平带及强关联物理现象成为该研究方向的重要分支。

利用人工势场模拟从而设计材料新奇的量子物态是凝聚态物理研究的前沿方向之一，如利用超冷原子气探索玻色 – 爱因斯坦凝聚等量子模拟研究、利用声子（光子）晶体实现能带拓扑结构探测及人工周期结构（超晶格）在半导体物理及器件中的应用等。利用人工周期势实现材料能带结构调制的一个成功应用案例是霍夫施塔特蝴蝶分型结构的人工构建。20 世纪 70 年代，苏联物理学家在理论上预言了该分型结构的存在，经过几十年的微纳加工技术的发展，分型结构相继在微波、二维电子气及石墨烯 / 氮化硼异质结研究中被发现，充分说明目前的微纳加工技术已逐步满足获得平带的周期势要求。

目前，虽然利用人工周期势实现平带及探索强关联物理的研究仍处于起步阶段，但是前期探索工作已充分展现出该研究方向的优越性。理论上，通过周期性电场、应力场等势场的引入，在单层石墨烯等材料内均可实现平带结构设计。同时，进一步的理论计算表明，通过此方案获得平带结构后，单层石墨烯等材料内有望实现非常规超导、拓扑超导及量子反常霍尔效应等物性。虽然该平带结构人工设计理念脱胎于二维转角体系，但却有着转角方案望尘莫及的优势。结构上，利用人工周期势构造平带体系不需要苛刻的转角（如魔角石墨烯的 1.1°），同时周期势场的设计（特别是对称性）不再严格依赖于组分材料晶体对称性，即新型周期势的周期及对称性均具有灵活的自由度。实验上，采用人工周期结构实现平带结构的设计已被相继报道。近期，基于 STM 技术，在周期性应力调制的单层石墨烯内观测到关联绝缘态，进一步证实该理念的现实性及可行性。

另外，受到转角平带体系的启示，通过转角来调控材料的物性这个新的方法，打开了人们的思路，具有不同物理的更多转角体系正在涌现（图 2-3）。例如，人们在实验上发现了转角氮化硼中存在铁电效应；通过转角层状铜基超导薄膜，人们可以对高温超导配对的对称性进行实验研究；转角二维磁性材料中观测到铁磁 / 反铁磁共存的基态。在理论上也有很多基于转角体系的预言。例如，转角高温超导材料通过将单层高温超导材料进行堆叠并精准调节相对旋转角度，理论上预言了高温拓扑超导（90 K）的产生，相关理论尚待实验验证；转角拓扑磁性材料被预言存在分数陈绝缘体和 p 波超导。

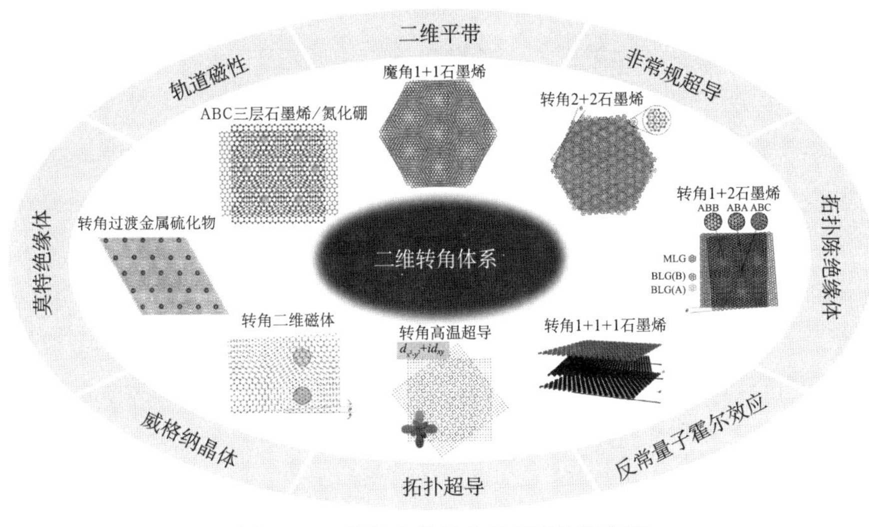


图 2-3　二维转角体系中的丰富物理内涵

## 三、关键科学、技术问题与发展方向

（1）合理高效地制备高质量大面积的二维转角材料。与传统强关联体系使用的体材料相比，二维转角体系的研究使用的样品仍局限于范德瓦耳斯异质结的人工堆垛。在现有技术条件下，制备的转角样品随机应力的存在、转角的不均匀性等问题不可避免，因此人工转移的转角异质结功能性区域往往局限于微米及亚微米尺度。样品的不均匀性及随机应力的存在导致在同一转角下不同的研究组观测到不同现象，为理论剖析二维转角体系超导等效应的微观机制提出难题。因此，有效制备均匀、高质量大面积的二维转角超导样品成为亟须解决的关键科学问题。

（2）拓宽二维转角体系强关联现象实验临界参数。目前，二维转角体系超导的临界转变温度和反常量子霍尔效应的温度仍然低于液氦温度（4.2 K），在实验技术上，严重限制了多技术表征手段的介入，成为进一步探寻关键性实验数据的壁垒。提高二维转角体系强关联量子临界现象的转变温度、临界磁场等参数，增强体系中电子相互作用能量尺度，成为探索其量子物态物理机制、原型器件应用等研究方向面临的重大科学与技术问题。

（3）多手段联合表征。二维转角体系的研究主要采用低温电输运测量及STM 实验。与以高温超导材料为代表的其他强关联体系相比，ARPES、中子散射、光谱、扫描探针等表征手段的缺失，造成了某些判据性实验的缺失。在现有人工异质结的基础上，如何快速发展与优化实验表征方式，以期实现对二维转角体系的结构、能带、自旋、电荷等多维度表征，深入剖析此类体系中的新奇量子现象的物理机理，为理论建模提供实验数据支撑，是当前技术表征努力的重要方向。

（4）促进相关理论发展。与传统强关联体系相比较，二维转角体系在晶体结构与元素组成上更加简单。基于全碳原子的魔角石墨烯更是将强关联体系拓展至单元素材料。然而，晶体结构及元素组成上的简化并没有对二维转角超导等强关联电子态的理论模型计算带来太大便利。二维转角体系每个超晶格单胞内包含约 $10^4$ 个原子，巨大的原子数量迫使理论物理学家不得不简化其模型确保其实际计算的可行性。根据不同理论模型的使用，针对同一个科学问题经常获得不同的结论，使二维转角体系的超导等强关联物理机制更加扑朔迷离。与此同时，理论模型只能用于解释部分实验现象，距离预测及指导实验的目标仍相距遥远。提升理论计算能力、探寻有效计算方法，将低维物理与强关联物理等有效融合，是二维转角体系理论研究的重要发展方向。

# 第十节　其他过渡金属基超导体

## 一、科学意义与战略价值

自从铜氧化物和铁基非常规高温超导材料体系被发现以来，其优异的超导性能可在医疗、交通、能源和大科学装置等方面具有潜在的巨大实用价值。尤其是铜氧化物超导体，其高于液氮温区的超导转变温度，为超导电性的强电和弱电应用提供了极佳的平台。在基础科研领域，高温超导材料的非常规配对机理等若干问题一直是凝聚态物理领域最活跃和最重要的研究课题。但是，随着研究的深入，人们很难从仅有的两大高温超导家族得到关于非常规高温超导的普遍规律和共识，寻找新的具有非常规配对机制的高温超导材料，追求更高的转变温度促进超导材料大规模应用，是目前超导物理研究领域最迫切的课题。要实现这个目标，利用电子自身的强关联效应配对是至关重要的。一个基本的思路是在具有 3d 轨道的过渡金属化合物中寻找高温超导，以实现这个目标。

过渡金属化合物（尤其是 3d 过渡金属化合物），因为 d 轨道的部分填充以及 3d 电子的强关联作用往往呈现出磁性绝缘态，曾经在很长一段时间被认为与超导无缘。铜氧化物高温超导体以及铁基高温超导体的发现打破了这个传统认知，而且可能正因为磁性离子的参与才引发非常规超导电性。目前大多数超导研究同行都认为，在过渡金属基化合物体系中寻找非常规超导体以及高温超导体是比较有希望的。事实上，已发现的过渡金属基超导体中仅有一小部分（主要为 3d 过渡金属化合物）表现出非常规超导电性（重费米子非常规超导体往往也包含过渡金属元素）。深入研究这类非常规超导体，对于正确认识非常规超导机理以及高温超导机理的解决都具有重要意义。另外，通过对过渡金属基体系的广泛、深入探索，可望继续发现新的非常规超导体、常压高温超导体，甚至常压室温超导体。“其他过渡金属基超导体”的研究与铜氧化物超导体、铁基超导体以及重费米子超导体的研究相得益彰，将共同促进强关联电子系统和非常规超导电性研究的进一步发展，实现重大突破。

## 二、研究背景和现状

1986 年，铜氧化物高温超导体的发现启发了人们应该在过渡金属化合物体系寻找可能的高温超导以及非常规超导电性。2008 年，铁基高温超导体的发现为这方面的探索提供了新的动力。经过三十余年的不断努力，人们发现了包含各种过渡金属且具有多种晶体结构的新超导体。以下分别对其作简要介绍。

$Sr_2RuO_4$ 超导体。作为一种非常规超导体，其 $T_c$ 对于杂质很敏感。1994 年，在其单晶样品中发现超导电性，其 $T_c$ 仅为 1 K 左右。$Sr_2RuO_4$ 具有与铜氧化物超导体相同的准二维晶体结构，但它的大部分性质都不同于铜氧化物超导体。特别是有关超导配对对称性的研究颇具戏剧性。起初，赖斯（Rice）和西格里斯特（Sigrist）提出自旋三重态 p 波配对对称性（类似于 $^3He$ 超流的 A 相）的理论预言。随后，各种实验结果表明该超导体确实不同于常规超导体，尤其是日本研究组的 NMR 奈特位移的测量结果直接指向自旋三态配对。此后的极化中子散射、μSR、克尔（Kerr）旋转以及相位敏感实验都普遍支持手征 p 波配对对称性。这意味着 $Sr_2RuO_4$ 是个手征拓扑超导体，预期存在可观测的表面手征超导电流，可是实验上一直未能观测到。直到最近，NMR 测量结果基本上排除了自旋三态 p 波配对的可能性。因此，$Sr_2RuO_4$ 很可能并不是人们所期待的拓扑超导体，其真正的配对对称性甄别以及相关机理研究还在进行之中（Mackenzie et al.，2017）。

钛基化合物超导体。1970 年发现的 Li-Ti-O 超导体以及 2012 年发现的 $BaTi_2Sb_2O$ 超导体中的钛原子具有 $d^1$ 组态，可能具有非常规超导电性。1990 年发现的电子掺杂的ⅢB 族层状氮卤化物 MNX（M = Ti、Zr、Hf；X = Cl、Br、I）超导体家族的最高 $T_c$ 达到 25.5 K。未掺杂的 MNX 母体中的 M 元素为 +4 价，

处于 $d^0$ 组态，因而是能带绝缘体。MNX（包括 α 型和 β 型）具有层状结构，在层间插入活泼金属可实现电子掺杂，从而引入超导电性。该系列超导体具有一些不同于常规超导体的特征，例如，其态密度很低而 $T_c$ 却相对较高；同位素效应指数仅为 0.07；NMR 测量未观察到相干峰；$T_c$ 随着掺杂的减小而增加；在有中性溶剂分子共嵌时，超导临界温度上升。有研究认为该超导体可能具有 d + id 配对对称性。

钴基超导体。2003 年发现的层状钴基超导体 $Na_xCoO_2 \cdot yH_2O$（$x < 0.35$, $y < 1.3$）是目前仅有的钴氧化物超导体。尽管 $T_c$ 仅为 4.7 K，但其特殊的晶体结构和电子组态引起超导界的强烈关注与研究兴趣。与铜氧化物超导体和 $Sr_2RuO_4$ 的结构不同，该材料中 Co 原子形成三角晶格。另外，$Co^{4+}$ 的低自旋态自旋为 1/2，因此有人认为该材料是实现共振价键态（RVB）的理想体系。该体系的基本实验事实是，超导电性仅发生在双层水合物中，而且 Co 价态需控制在一定范围内。由于 $Na^+$ 与 $H_3O^+$ 的离子交换作用，因而文献报道的电子相图互相矛盾，无法得到统一的结论。实际上，该超导体准确的化学式应为 $Na_x(H_3O)\text{-}zCoO_2 \cdot yH_2O$，Co 的化合价应该由 $x$ 和 $z$ 共同决定。另外，该超导体是通过“软化学”处理后得到的，很难得到单晶样品。即使是多晶样品，也存在大量裂纹和化学不均匀性。尤其是，样品在实验室环境中不稳定（易失去结晶水，导致样品的一部分失去超导电性），会引起很多物性测量结果呈现样品依赖特性，因而其本征属性也不清楚。从已有的少数测量（如比热、NMR 等）结果来看，该超导体的正常态具有明显的磁涨落，超导态可能是自旋单态配对且具有能隙节线，因而它很可能是个非常规超导体。

铬、锰基超导化合物。一般认为铬、锰原子的 3d 电子接近半满，有较强的洪德耦合作用，使 3d 电子表现为高自旋的局域行为，所以铬基和锰基化合物中的超导电性罕见。2014～2015 年，中国科学院物理研究所研究组通过对样品合成优化以及高压测量，相继在二元系材料 CrAs 与 MnP 中观察到超导电性，$T_c$ 分别为 2 K 和 1 K。常压下 CrAs 与 MnP 均表现为螺旋磁序，外加压力时长程磁序被抑制，从而引发超导电性。值得注意的是，两种材料体系均呈现量子临界行为，表现出非常规超导电性的普遍特征。2015 年，浙江大学课题组在准一维 Cr 基化合物 $A_2Cr_3As_3$（A = K、Rb、Cs）中发现常压超导电性。该超导体的核心结构单元是 CrAs 链，链内的 Cr 原子以八面体共面形成一维直链，而 As 原子则在其外围。因此，$A_2Cr_3As_3$ 与 CrAs 的三维晶体结构有明显的不同，该系列超导体的 $T_c$ 值随碱金属元素离子半径的减小而单调增大，暗示链间耦合有利于超导电性。中国科学院物理研究所研究组采用离子交换方法可得到链间距最小的 $Na_2Cr_3As_3$ 超导体，其 $T_c$ 达到 8.6 K。有意思的是，通过软化学方法可以移除一半碱金属离子，形成 $ACr_3As_3$ 系列化合物，它们主要表现为居里–外斯金属行为，不具有超导电性。最近的研究表明，如果在 Cr 链中插入氢，超导电性可以恢复。到目前为止，越来越多的实验给出非常规超导电性的证据。理论上，有研究指认其超导配对对称性为 $p_z$ 或 f 波。

镍氧超导体。由于镍原子在元素周期表中正好介于铜氧化物和铁基化合物两大高温超导材料家族之间，并且 $Ni^+$ 与铜氧化物母体中 $Cu^{2+}$ 具有相似的 $3d^9$ 核外电子排布，很早就有研究者从理论模拟的角度讨论了镍基材料，如 $LaNiO_2$ 与铜氧化物在能带结构上的异同点，并指出镍基材料有希望成为下一个高温超导家族材料体系，另外，也有理论研究提出 $LaNiO_3/LaMO_3$ 的超晶格结构能支撑可能的高温超导电性。但是在实验方面，相关的镍基超导电性探索实验却很难突破。在早期的实验探索中，人们更多地关注与铜氧化物具有相似结构单元的氧化物材料，如 $La_2NiO_4$ 和 $La_4Ni_3O_8$ 等，但是都没有发现超导迹象。

最近，美国斯坦福大学的研究组在两种沉积在钛酸锶基底上的 $Nd_{1-x}Sr_xNiO_2$ 和 $Pr_{1-x}Sr_xNiO_2$ 薄膜中发现了最高约 15 K 的超导电性（Li D et al.，2019）。该材料与铜氧化物超导家族之一的 $CaCuO_2$ 具有相似的无限层四方形镍氧面结构，其母体材料 $RNiO_2$（R 是稀土元素）具有与铜氧化物超导体类似的 $3d^9$ 最外层电子排布。薄膜中的超导电性很快就被国内南京大学和新加坡的研究组独立地重复出来了，同时磁场下的电输运研究表明 $Nd_{1-x}Sr_xNiO_2$ 薄膜具有几乎各向同性的上临界场和顺磁极限效应。通过隧道谱测试可知 $Nd_{1-x}Sr_xNiO_2$ 薄膜中具有两类超导能隙，一种是 V 形的隧道谱，对应于类似铜氧化物超导体的 d 波超导配对，另一种是 U 形隧道谱的全能隙形式，与铁基超导体类似。上述研究结果表明，新发现的镍基 $Nd_{1-x}Sr_xNiO_2$ 薄膜超导材料，与已知的两大高温超导家族既有相似也有不同。此外，来自国内南京大学和美国橡树国家实验室的研究组各自独立合成的多晶块材 $Nd_{1-x}Sr_xNiO_2$ 样品，都没有发现超导电性，这引起了关于薄膜中超导电性来源的进一步讨论。

尽管 $NdNiO_2$ 具有与铜氧化物高温超导母体 $CaCuO_2$ 相同的晶体结构和电子结构，但是前者是没有磁有序的顺磁金属，后者却是反铁磁莫特绝缘体。从理论上理解为什么 $NdNiO_2$ 是没有磁有序的顺磁金属，将对理解镍氧化物非常规超导机理十分重要。清华大学研究团队与合作者认真分析了母体化合物的电阻率和霍尔系数随温度的依赖关系，他们发现温度低于 75 K 时，电阻率的实验数据很好地符合对数温度依赖，并且霍尔系数与电阻率呈正比例关系。这个发现清楚地表明，母体化合物低温下存在非相干的近藤散射。结合电子态的密度泛函计算，他们提出 $NdNiO_2$ 是一个自掺杂的莫特绝缘体，被一个推广的 $K$ - $t$ - $J$ 模型刻画，其中 $t$ - $J$ 模型中的自旋与少量的 5d 巡游电子构成周期近藤晶格模型。当 $K >> J$ 时，$K$ - $t$ - $J$ 模型可以约化为具有两种载流子的 $t$ - $J$ 模型，即空穴和近藤单态共同作为载流子，从而破坏了 Ni 原子的反铁磁长程有序，使得系统从反铁磁莫特绝缘体转变为顺磁金属。此外，他们还研究了 Sr 掺杂导致的超导态的配对对称性。通过有效场的理论计算，发现随掺杂浓度增加，样品从时间反演对称破缺的 d+is 波超导态转变为 d 波超导态，并伴随费米面从空穴型到电子型的利夫席茨转变。目前关于镍基超导的研究方兴未艾，各种潜在的问题亟待解决，其超导电性来源以及配对对称性的研究对高温超导电性微观机理的理解有重要意义。

总之，在铜氧化物超导体和铁基超导体的发展背景下，其他过渡金属基材料自然地成为寻找高温超导电性以及非常规超导电性的主要探索对象。以上介绍的几种过渡金属基超导体为非常规超导家族提供了重要范例，为进一步认识非常规超导电性提供了有价值的研究平台。从本方向的发展历程来看，中国科学家的贡献越来越显著，目前在国际上享有重要地位并具备很强的竞争力。

## 三、关键科学、技术问题与发展方向

铜氧化物高温超导体和铁基高温超导体的发现已经分别有 35 年和 13 年之久。在此期间，其他各种类型的新超导体不断涌现，呈现百花齐放的局面。通过对这些超导体的持续研究，对关联电子体系以及非常规超导电性的认识也不断深入。可以期待，未来 5～15 年“其他过渡金属基超导体”的研究将仍然是超导领域的主要研究方向，其研究的核心科学问题是非常规超导的机理到底是什么，为了解决这个科学问题，需要进一步澄清已发现的各种非常规超导体的配对对称性。另一个相关科学问题是产生非常规超导电性的充要条件是什么？例如，非常规超导电性往往靠近磁性边缘，一般是通过压制磁有序而产生的。但是，磁有序被有效压制并不是产生非常规超导的充分条件，存在大量的磁性被压制而不出现超导电性的例子。未来发展需要通过探索更多的非常规超导体，从而全面展示非常规超导电性，帮助最终解决非常规超导机理问题。为此，未来优先发展方向应包括如下。

### （一）新型非常规超导体的探索与调控

过渡元素化合物将仍然是探索新型非常规超导体的主要材料体系。选择合适的体系，采用化学掺杂、替换或插层等方法调控体系的电荷填充、能带带宽以及磁性是目前寻找非常规超导电性的主要策略。但这种可调性受到化学互溶性的限制，也受到掺杂引入无序的影响。静电场调控则适用于界面或者二维体系。近年来发展出的电场调控离子演化的研究策略，有希望成为探索或调控非常规超导体系的有效手段。例如，对于过渡金属氧化物体系，可以通过离子液体技术的场效应调控来对氧离子和氢离子精确调控，实现对载流子浓度的连续调控。目前该研究测量已经被成功应用于$SrCoO_{2.5}$、$SmNiO_3$、$VO_2$、$WO_3$、$SrRuO_3$等一系列复杂氧化物材料中，实现了绝缘体能隙、金属－绝缘体相变以及铁磁－顺磁转变的有效调控，并在电子型铜基超导材料的调控中以及铱基超导材料的探索中显示出了很好的前景。

### （二）相关镍基超导体

镍基超导材料从发现到现在已经有两年多时间，很多科学问题已经有了一些结果，但是对于一个可能发展成为新高温超导家族的材料体系，依然处于非常初期的阶段，还有很多关键的问题需要进一步的讨论和探究。目前，虽然实验证据表明薄膜中观察到的超导电性很可能是非常规的，但是超导电性的来源和配对机制还需要进一步的甄别。另外，超导薄膜的可重复性、系统性和潜在的应用性能指标都需要进一步的研究提高。

未来 5～15 年关于镍基超导研究的几个关键问题如下。

（1）薄膜中的超导的普遍性和系统性。尽管研究者已经在两种氧化物薄膜中发现了超导电性，但是相比于铜氧化物和铁基在很广阔的元素和结构范围内都存在超导电性，更多的镍基超导结构和组分需要被探索。另外，目前超导的薄膜都是在钛酸锶基底上得到的，关于界面效应对薄膜的影响也需要进一步的研究。

（2）块体材料中超导电性的实现。由于目前块体材料中超导电性的缺失，因此很多根本的物理问题难以得到研究。如何在块体材料中实现超导，也是未来一段时间的研究重点。

（3）在镍基母体材料中是否存在磁有序。由于铜氧和铁基的母体都存在反铁磁序，通过化学掺杂或压力效应抑制反铁磁序后诱导出高温超导电性，这被认为是高温超导材料普适的基因。对镍基母体材料中是否存在磁有序的研究，关系到高温超导电性现有物理认知的正确与否。镍基超导微观配对机理与铜氧和铁基高温超导家族是否具有共通性？更丰富材料体系下更系统的超导电子配对机理研究关系到高温超导机理的统一认识。

（4）更高超导转变温度的镍基材料探索。作为高温超导材料的候选，更高温度（高于液氮温区甚至室温）的超导转变是永恒的追求。另外，除了高的转变温度，其他应用指标如临界电流、合成条件等也需要进一步的优化。

## （三）其他过渡金属基超导体

按照近年来的发展态势，过渡金属基超导体将继续不断涌现，但表现出非常规超导电性的超导体仍难得一见。特别是对于包含 3d 过渡元素的新超导体，考虑到其较强的关联作用以及较大的磁交换作用，如果有所突破，则可能得到新的高温超导体。未来 5 ～15 年的优先发展领域和重要方向如下。

（1）包含 3d 过渡金属的新超导材料的探索是非常重要的研究课题，如果取得突破，可望找到新的常压高温超导体。

（2）$Sr_2RuO_4$ 的配对对称性甄别及其超导机理问题研究。

（3）文献报道包含 5d 电子的电子掺杂 $Sr_2IrO_4$ 体系可能存在（高温）超导电性，进一步证实该结果意义重大。

（4）铬基和锰基材料的非常规超导电性。特别是准一维铬基超导体，是罕见的兼具准一维特征和电子关联特性的新型超导体，可能存在电荷 – 自旋分离的拉廷格（Luttinger）液体态，其超导态与正常态都值得进行深入研究。

# 第十一节　高温超导材料的应用——强电应用

## 一、科学意义与战略价值

超导技术是21世纪具有重大经济和战略意义的高新技术，在能源、电气工程、高端医疗及科学仪器装备、大科学工程、交通运输、国防军工等诸多领域具有巨大的应用潜力。相对于低温超导材料，高温超导材料具有高临界温度、高临界磁场及高载流能力等独特优势，在高温、高场应用中具有不可替代的作用。随着材料性能的不断提高，高温超导材料强电应用技术已成为国际上一种不可替代的具有经济战略意义和巨大发展潜力的高新技术，在超导电磁感应加热应用于铝锭的加工、电网限流器等方面发挥着重要作用。发展能耗低、环境友好的高温超导材料应用技术对我国国民经济和人与社会协调发展具有重要的战略意义，我国亟待加速发展高温超导材料应用技术的研究，推动超导产业的升级，加快超导技术在医疗、能源和国防领域的规模化应用，全面提升我国高温超导材料和应用的自主研发水平。

## 二、研究背景和现状

超导体不仅在临界温度下具有零电阻特性，而且在一定的条件下具有常规导体完全不具备的电磁特性，在无损耗高载流输电、轻便电机、高密度储能、高场强磁体、磁悬浮列车等强电和强磁应用领域具有广泛的应用前景，已被广泛地应用于我们的生活、科研和生产等许多方面，如医院核磁共振成像、大科学装置和实验室的各种超导磁体等。超导材料的广泛应用将会极大改善人类的生活品质，大力开展超导应用领域的研究是未来超导研究的一个重要方向。

高温超导材料强电应用主要包括两个方面：超导电力技术和超导磁体技

术。其中超导电力技术应用包括超导电力电缆、超导限流器、超导储能系统、超导变压器、超导电机、超导发电机等；而超导磁体技术则包括强磁场磁体、磁悬浮技术。近年来，超导材料强电应用获得迅猛发展，已在部分方面获得实际应用。我国超导电力技术应用研发总体上处于国际同行的前列水平，并具有自身的特色和优势。

高温超导输电技术被誉为下一代电力传输战略性技术，具有损耗低、效率高、占空间小的优势，在电力传输过程中，能够实现低电压等级的大容量输电。低温超导体需要在约 –270 ℃的超低温度下工作，而高温超导材料可以在约 –200 ℃的液氮环境下发挥超导材料的导电特性。高温超导材料制备的超导输电装置中电力传输介质接近于零电阻，电能传输接近于零损耗。如一根 10 kV 三相同轴高温交流超导电缆，相当于一根常规 110 kV 电缆的电量输送能力，且其输电损耗几乎为零。超导电缆应用于实际电网中，有望“一揽子”解决电网建设用地难、电网负荷需求持续增长、城市输配电走廊趋于饱和等诸多问题和挑战。图 2-4 展示了多种超导线材的工程临界电流密度对外磁场强度的依赖关系。

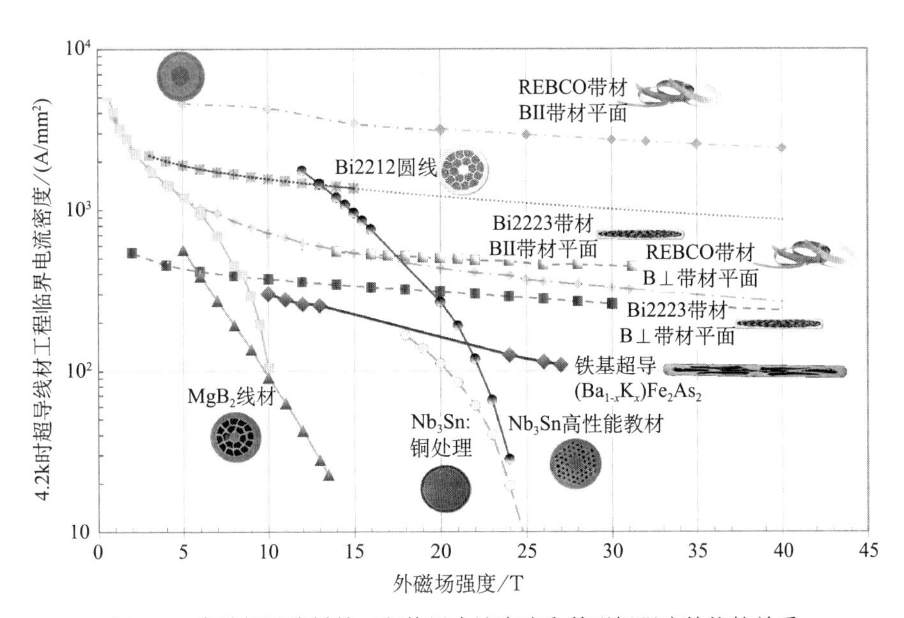


图 2-4　多种超导线材的工程临界电流密度和外磁场强度的依赖关系

由于超导线在电流超过其临界电流时，会失去超导性而呈现较大的电阻率，因而用超导线制成的限流设备（超导限流器）可以在电网发生短路故障时自动限制短路电流的上升，从而有效保护电网安全稳定运行。此外，利用超导线研制的超导储能系统是一种高效的储能系统（效率可达 95% 以上），且具有快速高功率响应和灵活可控的特点，对于解决电网的安全稳定性和瞬态功率平衡问题也具有潜在应用价值。

进入 21 世纪以来，国内外在超导电力技术研发方面取得了长足的进步，公里级的超导输电电缆、容量达到 1 MVA 以上的超导变压器、输电电压等级的超导限流器（110 kV 及以上）、MW 级的超导储能系统、36.5 MW 级的超导电动机、79 MW 的超导发电机、8～10 MVar 的超导同步调相机等均已经在实际电网中进行示范，取得了良好的示范效果。其中，美国超导公司的 MW 级超导储能系统和 8～10 MVar 级的超导同步调相机还出售过产品。

中国科学院电工研究所研制成的360 m、10 kA 高温超导输电电缆于2013 年在河南中孚铝业有限公司投入运行，为电解铝厂供电，这是全球首条投入实际系统运行的高温超导直流电缆，也是国际上传输电流最大的高温超导电缆。2021 年 1 月，深圳供电局研制了国内首条 10 kV 三相同轴交流高温超导电缆，将超导电缆运用到市中心高负荷密度供电区域，属全球首次城市核心区域实用化应用，是对超导电缆应用的一次大考。中国科学院电工研究所还完成了世界首座 10 kV 级超导变电站的研制和建设，该超导变电站包括高温超导电缆、高温超导限流器、高温超导变压器、超导储能系统等多种超导电力装置，并且于 2011 年 2 月初在甘肃省白银市投入工程示范运行，为下游多家企业提供高质量的电力供应。

强磁场条件有助于实现特有的功能和发现新的物理现象，因此在现代科学技术中有重要的应用价值。自从 20 世纪 60 年代以来，随着实用化低温超导材料的发现，超导磁体技术得到了很大发展，并在核磁共振、大科学工程、科学仪器和工业装备等领域得到广泛的应用，并已经成为一门相当成熟的技术。

超导磁共振成像（magnetic resonance imaging，MRI）是低温超导磁体系统最早实现规模化产业应用的领域，目前主流产品为 1.5 T、3.0 T 螺管型磁共振成像用超导磁体系统，国内外已经有数十家企业可以提供此类产品。我国的 1.5 T MRI 系统虽然大部分仍为进口产品，但国内厂商占据的市场份额正在迅速增加。近年来，我国自主研发的 0.5 T、0.7 T 开放式磁共振成像用超导磁体及整机系统，也正在积极开拓国际市场。NMR 是超导磁体的另一主要应用领域。目前普遍使用的 NMR 磁体具有标准孔径 54～89 mm，磁场从 4.7 T 到 23.5 T，对应频率为 200～1000 MHz、950～1000 MHz，该超导 NMR 也达到了商业应用水平。目前，世界范围内正在开发 1.25 GHz NMR 系统以发现新型的药物和解开遗传变异之谜。中国科学院电工研究所先后研制成功各种用于不同科学仪器、医疗和特种装备的超导强磁系统，磁场强度为 5 ～16 T 和温孔 $\phi$ 为 80～330 mm 以及 400～500 MHz 的 NMR 系统，目前正在开展 1.05 GHz 谱仪和 9.4 T / $\phi$800 mm 全身核磁共振成像超导磁体系统的研制。

高能加速器是超导磁体在大科学工程中应用的一个重要领域，如欧洲的 LHC，美国的 RHIC 以及德国的 DESY、GSI 等高磁场加速器磁体系统已相继建成和投入运行。我国中国科学院高能物理研究所、中国科学院近代物理研究所、中国科学院等离子体物理研究所、中国科学院上海应用物理研究所围绕 ADS 和高能探测器等也开展了系列研究与开发。在核聚变领域，托卡马克（tokamak）、仿星器（stellarator）以及磁镜（magnetic mirror machines）等装置也需要超导磁体作为支撑。世界上已经建成的超导托卡马克系统主要包括：法国的 Tore Supera，俄罗斯库尔恰托夫（Kurchatov）原子能研究所的 T15 和 T7，中国的东方超环（EAST）超导托卡马克，其中均采用 NbTi 超导线圈。1992 年，由多个国家参与建设的 ITER 工程设计正式开始；2005 年，ITER 托卡马克正式选址在法国的卡达拉舍（Cadarache）核中心，最大磁场达到 13 T。同时，一些不同用途的反应装置也将相继建设，如中国聚变工程实验堆等。

高温超导磁浮列车技术具有无源自稳定、结构简单、节能、无化学和噪声污染、安全舒适、运行成本低等优点，是理想的新型轨道交通工具，适用于多种速度域，尤其适合高速及超高速线路的运行；具有自悬浮、自导向、自稳定特征的高温超导磁浮列车技术，是面向未来发展、应用前景广阔的新制式轨道交通方式。西南交通大学从 20 世纪 80 年代开始进行磁浮列车的研制，2000 年 12 月研制成功世界首辆载人高温超导磁悬浮实验车“世纪号”，2013 年又研制了国内首条载人高温超导磁悬浮环形线，并搭建完成了国际首个真空管道超导磁悬浮车实验系统“Super-Maglev”。2020 年，西南交通大学联合中国中车集团有限公司、中国中铁股份有限公司等单位建成了高温超导高速磁浮交通工程化样车及试验线，推动了高温超导高速磁浮列车技术走向工程化。

## 三、关键科学、技术问题与发展方向

超导电力技术是利用超导体的无阻高密度载流和超导–正常态转变等特性发展起来的电力应用新技术，其发展面临的主要挑战在于：超导材料的性价比是否能够做到与传统的导电材料相近、低温制冷系统能否具有长期运行的可靠性和稳定性。如果探索出更高临界温度的超导体乃至室温超导体，且这类新的超导体具有良好的电磁性能，那么超导电力技术的大规模应用必将极大推动社会发展。近期战略发展重点包括：面向柔性直流输电系统应用的超导直流限流器、大容量交直流高温超导电缆、用于中高压直流电网的超导储能系统、大功率高温超导电机、多功能复合型超导电力设备等。

高场超导磁体是实用化高温超导材料的重要应用方向，然而存在诸多有待解决的技术难题。相对低场磁体，一方面，高场磁体使用高温超导材料，线材特性不同，需要探索全新的制作工艺；另一方面，高场磁体面对很强的洛伦兹力，在应力控制和失超保护上面临巨大挑战，需要更先进的磁体结构及失超保护方法。高场磁体是未来粒子加速器的主要装备，欧洲及中国的科学家近年来均提出未来高能量粒子加速器建设计划，以探索超出标准模型外的新物理。新一代的高能量粒子加速器，需要场强高达 12～24 T 的高场磁体，目前在运行的粒子加速器超导磁体最高场强仅为 8.3 T。中国科学院高能物理研究所于 2014 年组织成立高场加速器磁体技术预研组，立足于国内技术及工业基础，开展先进高场加速器超导磁体技术研究。医疗健康、生物物理等领域也亟须高场磁体：15 T 小型动物 MRI 和 10.5 T 全身 MRI 都已经装备在世界最先进的磁共振成像中心，以大幅提高成像分辨率。适时开展我国的超高场 MRI 磁体技术研究，可以迅速填补我国在此领域的空白，引领国际前沿。

超导磁体技术今后发展的主要挑战包括：研制大口径高场核磁共振成像系统用超导磁体（9.4 T 及以上、口径 800 mm）、磁场强度达 25 T 及以上的 NMR 用超导磁体以及超高场的通用超导磁体（30 T 及以上）。这些特种超导磁体的发展对于人类认识物质和生命的结构及活动规律具有重要的意义。

我国在高温超导材料及其应用领域总体上处于国际先进行列，基本掌握了各种实用化超导材料的制备技术，在多个应用方面也取得了良好的发展。随着我国基础科学的前沿发展、国家能源的战略布局、高端医疗装备制造的不断推进，对超导应用技术的发展提出了迫切的需求。如下一代高能量粒子加速器、超导可控核聚变装置以及高场磁共振成像系统等，这些对国计民生有着深远影响的大科学工程都必须依赖于先进的超导应用技术。超导应用的前沿科学与关键技术突破性研究，不仅将促使我国在基础科研和先进材料上占据世界领先地位，还将会给能源、医疗、交通、国家安全等方面带来巨大的甚至是革命性的影响。

在经历了两次高温超导研究的“热潮”之后，超导研究领域又面临着一轮“低谷”。超导技术属重大尖端技术，国家应有连续的投入，以保持稳定的基础研究队伍。近几年来我国超导材料研发取得了明显进展，极大地促进了相应的能源、国防、科学研究等领域的应用开发工作。基于这种情况，建议科技部考虑将超导技术的研发工作列为国家重大专项。该专项可作为一种跨领域（基础理论、材料、制造技术、设备）专项的尝试。在理论方面持续支持高温超导机制探索，在材料方面继续支持高温超导材料及其制备技术的研发，在设备开发方面可考虑超高场全超导磁体系统、超导发电机、超导电缆、超导限流器、超导磁场储能器和超导电动机、超导磁悬浮等。每个超导设备可由一个有条件的单位牵头，同时联合材料研发、先进制造、低温、设备开发等领域的优势单位，共同推进高温超导材料在强电领域的发展。

# 第十二节　超导材料的应用——弱电应用

## 一、科学意义与战略价值

自 20 世纪 60 年代以来，超导材料在弱电领域的应用牵引了超导电子学这门新兴学科的发展。超导电子学是超导物理与电子信息技术相结合的一门新兴交叉学科，以超导微观理论、超导材料机理和多种量子效应为基础，超导薄膜和约瑟夫森结组成器件单元和电路，可以形成传感器、探测器、数字电路、量子比特等多种超导电子有源器件和滤波器、电磁超材料等无源器件，在灵敏度、噪声、速度、功耗、带宽等方面具有传统半导体器件无可比拟的优势。超导材料的弱电应用及其周边技术主要包括以下方面。

传感器：超导量子干涉器件（superconducting quantum interference device，SQUID）是一种具备逼近量子极限性能的磁通敏感元件，主要用于磁通、微弱磁场以及任何能够转换为磁通的其他物理量（磁梯度、位移、加速度、角速度等）的高灵敏度探测，在基础物理、天文学、计量学、材料学、地球物理、生命医学和国防军事领域具有重要应用价值。

探测器：超导探测器主要有超导隧道结探测器、超导热电子探测器、超导转变边缘探测器、超导动态电感探测器和超导纳米线单光子探测器等，可实现量子极限灵敏度的电磁波、光以及高能射线探测，在天文观测、暗物质探测、大气科学、量子通信与信息、生物医学及国家安全等领域中发挥着不可替代的作用。

数字电路：超导数字电路主要有超导单磁通量子（superconducting single flux quantum，SFQ）电路和超导纳米线逻辑器件。相对于半导体数字电路，SFQ 电路具有极高的速度（约 1 ps）和极低的能耗（$< 10^{-19}$ J），超导纳米线逻辑器件具有集成度高、驱动能力强、信号兼容的特点，在高性能数字信号处理、高能率计算、量子绝热计算以及多比特超导量子计算系统操控等领域具有广泛的应用前景。

量子计算：量子计算利用量子态叠加原理以及由此产生的量子纠缠等特性，可形成并行的信息处理模式，成指数倍地提高信息处理的速度和容量，从而解决一些经典计算机无法解决的重要问题。为人工智能、密码分析、物流优化、气象预报、石油勘探、基因分析、药物设计等所需的大规模计算难题提供了无可替代的解决方案，并可有效揭示量子相变、量子化学、凝聚态多体物理、量子霍尔效应、黑洞量子场论、统计物理等的复杂物理机制。

计量标准：大规模集成超导约瑟夫森结器件可用于建立各类量子电压基准，SQUID 器件是量子霍尔电阻基准中低温电流比较仪的核心器件。20 世纪

90 年代至今，量子电压基准和量子霍尔电阻基准等一直是电学计量领域的根基和所有电学测量的源头，在保障国家科技、经济、民生和国防等重要领域的测量能力持续健康发展和提升国家整体竞争力方面发挥着重要作用。

无源器件：基于高温超导滤波器等无源器件的超导接收技术已有很大发展，显示了损耗小、抑制深、带边陡以及可实现极窄通带等独特优势，大幅提高信号接收设备的灵敏度、抗干扰能力和系统的信息获取能力。超导超材料具有优越的低损耗和外场调控特性，利用超导量子比特构建量子超材料等，开展非线性特性和类量子效应的研究，对下一代无线通信和量子精密测量都具有重要意义。

低温制冷技术：低温是实现超导的前提条件，因此超导材料的应用离不开低温制冷技术。从探索宇宙奥秘、揭示生命起源的深空探测，到引领未来发展的量子科技，从民用领域的生命健康和资源勘测，到军用领域的探测预警和信息安全，液氮液氦等低温液体在诸多应用场合不方便获得和使用，电驱动的机械制冷技术成为超导材料应用的关键因素。

## 二、研究背景和现状

宇宙背景辐射和暗物质等微弱信号检测、大深度矿产勘探、远距离或微弱磁目标精确定位、微弱生物磁信号检测 / 成像等重大需求，有力地推动了 SQUID 器件的发展和应用。目前，SQUID 器件与系统相关的核心技术主要掌握在德国、美国、芬兰等欧美国家，部分低端产品已经实现商品化，但面向特殊应用的高性能 SQUID 芯片已纳入《瓦森纳协定》，被严格封锁和禁售。近十年来，我国的 SQUID 技术发展迅速，中国科学院上海微系统与信息技术研究所已基本掌握了高端 SQUID 芯片设计、制备以及配套读出电路的系统研发技术，并在生物磁、地球物理以及磁目标探测等领域的应用和产业化推广方面取得了有效进展，在芯片制备、读出电路和系统集成等方面已接近国际先进水平。

最早的超导探测器主要是超导隧道结探测器，随后诞生了可工作在太赫兹波至中远红外的超导热电子探测器，以及面向宇宙微波背景及原初引力波探测的超导转变边缘探测器（superconducting transition edge sensor,

TES）和超导动态电感探测器（superconducting dynamic inductance detector，MKID）等，近年又发展了面向量子信息应用的超导纳米线单光子探测器（superconducting nanowire single photon detector，SNSPD）等。在这些超导探测器方面，目前我国处于国际先进水平，SNSPD 器件、系统和应用都已处于国际领先地位。中国科学院上海微系统与信息技术研究所、中国科学院紫金山天文台和南京大学等的研究团队在该领域做了杰出的工作，研究水平处于国际第一方阵，并具有自主知识产权和很强的国际竞争力。

超导集成电路在国际上已有五十多年的发展历史。20 世纪 60 年代末，美国国际商业机器公司（international business machines corporation，IBM）开始了为期十年的超导约瑟夫森计算机的研发项目，随后日本通商产业省启动了超导集成电路和处理器的国家级研究项目。20 世纪 80 年代中期，伴随 SFQ 电路的发明，美国纽约州立大学、麻省理工学院林肯实验室、日本电气股份有限公司、名古屋大学、横滨国立大学、产业技术综合研究所等先后开展了超低功耗 SFQ 器件、超导数模转换器和超导处理器等的研究。2014 年以来，美国情报高级研究计划局（IARPA）相继启动了 C3（2014～2018）、SuperTools（2017 ～2022）和 SuperCables（2018～ 2023）等超导高性能计算相关研究项目。我国在此领域虽起步较晚但发展迅速。2018 年，中国科学院率先启动了超导集成电路和超导计算机研发项目。目前，中国科学院上海微系统与信息技术研究所、中国科学院计算技术研究所建立了一支从设计、工艺到封装测试等完整的研发队伍，并在超导大规模集成工艺和超导处理器研发方面达到了国际先进水平。南京大学在纳米线逻辑器件研发方面也取得了原创性成果与进展。

超导量子计算在过去二十多年发展迅速，已经从最初的展示宏观电路量子特性的基础研究（图 2-5），发展成一个有可能孕育出变革性新技术的方向。加拿大 D-Wave 公司于 21 世纪初开始商用量子计算机的研制，并不断推出新一代的产品。2019 年，谷歌团队利用超导量子处理器，展示了对于一类具体计算任务，量子计算机比经典计算机更强大的计算能力。IBM 团队则致力于量子计算的实际应用，推进量子计算云服务和出售量子计算原型机的业务。中国在超导量子计算方面也有显著的进展，先后在中国科学院物理研究所、中国科学技术大学、浙江大学、南京大学、清华大学、南方科技大学、北京量子信息科学研究院等单位形成一批具有较强实力的研究队伍，一些研究成果在国际上都处于先进水平。此外，包括华为、腾讯、阿里巴巴等大型科技企业和一批专注量子技术的初创企业也都开始超导量子技术的研发和布局，形成了产学研齐头并进的发展势头。

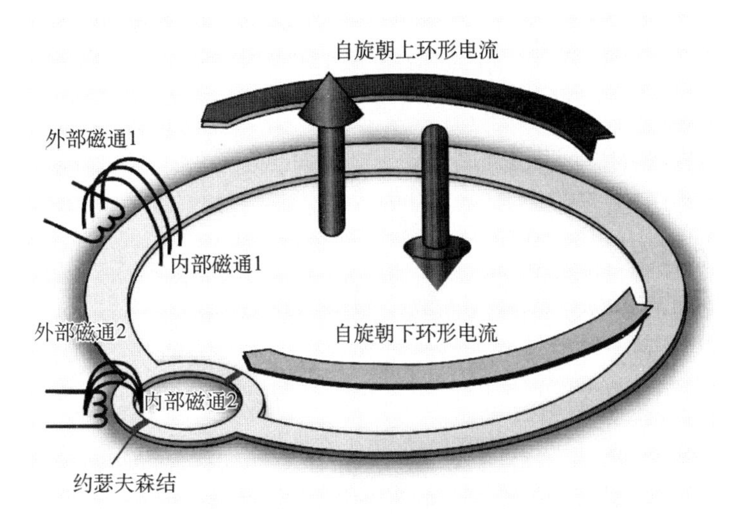


图 2-5　超导量子比特示意图

20 世纪 60 年代，超导约瑟夫森效应的发现促发了量子电压基准的研究和发展，伴随大规模超导约瑟夫森结制备技术和微波电子技术的发展，实现了−10 V 至 +10 V 范围的可编程直流电压标准，美国 NIST 还提出了一种脉冲驱动的交流量子电压标准技术。国内相关科研单位近年来致力于基于约瑟夫森结阵列器件的交直流电压基准研制，但在集成规模上与发达国家还有较大差距。在交流量子电压应用方面，美国、日本、中国基于交流量子电压合成技术发展电子热运动噪声测量技术，实现了玻尔兹曼常量的纯电学方法精确测定。

高温超导材料钇钡铜氧（YBCO）体系发现的第二年（1988 年），美国海军启动了高温超导空间试验（high temperature superconductivity space experiment，HTSSE）计划开展高温超导滤波器及其子系统的空间应用研究。我国从 2000 年前后开始了高温超导滤波器的大规模研究，中国科学院物理研究所、清华大学等先后在航天、移动通信、各类军民用雷达、射电天文深空探测等领域的应用取得了很大进展，超导无源器件的综合性能达到国际先进水平。超导超材料的研究方面，南京大学实现了太赫兹波段低插损、高调制速率、大开关比的超导太赫兹器件。

低温技术导致了超导现象的发现，而超导材料和器件的应用需求也促进了低温制冷技术的发展。在制冷新原理、新工质探索方面我国起步晚，虽与国外有差距，但发展较快；在实用化方面国外已实现一系列制冷技术的地面商用和在轨应用，我国地面应用主要依赖仿制和引进，在空间应用方面除脉冲管制冷技术达到世界先进水平外，其他制冷技术还处于起步阶段，与国外差距很大。

## 三、关键科学、技术问题与发展方向

面向低频极限探测应用需求并结合国际竞争态势，在 SQUID 领域应优先发展基于先进微纳加工工艺的 Nb 基和 NbN 基 SQUID 器件制备技术、低频噪声抑制技术、高自旋灵敏度和空间分辨率的 Nano-SQUID 器件以及不同构型 SQUID 传感器的低噪声读出技术，并提升 SQUID 系统在强磁、地磁等复杂环境的非线性调控与抗干扰能力。关键科学和技术问题包括：SQUID 器件的低频噪声来源及其机理、外场调控机理、SQUID 传感器的设计仿真、本征噪声的测量、外界干扰噪声的有效屏蔽与抑制等。

在未来 15 年，面向量子通信、引力波探测、天文观测以及量子信息等应用需求，优先发展极限性能和大规模阵列 SNSPD、TES、MKID 超导探测器以及 10 K 以上工作温区超导隧道结、超导热电子探测器和多波束接收机技术。重点开展：高频电磁波与超导探测器件的相互作用机理和噪声机理；超导探测器件的设计、制备和表征技术；高频振荡源、功能器件、低温设备等关联器件和系统；新材料、新器件和新应用等方面的基础研究，实现探测器性能指标的进一步提升，保持我国在 SNSPD 领域的国际领先地位和其他探测器研发的可持续发展。

随着 21 世纪信息技术进入“后摩尔时代”，超导集成电路领域在未来 5～15 年将迎来快速发展时期，并形成国际竞争态势。面向大规模应用，目前亟须解决集成度不足的瓶颈，加强大规模工艺、电子设计自动化（electronic design automation，EDA）工具的开发，深入研究超导高速电路的集成度与工艺容差的关联性和调控机制、磁通涡旋电流对电路逻辑运算的影响机制、高频时钟抖动的抑制机理、量子涨落及库珀对隧穿能量对约瑟夫森结高速触发的影响以及新型高能率超导计算架构等。

尽管超导量子计算发展前景远大，但与其他类型量子计算机一样，研究整体上应该还处于初级阶段。未来关键科学和技术问题包括：量子退相干机理和退相干时间的进一步提升；保真度 99.9% 以上几十到上百超导量子逻辑门的实现及其相应的快速高精度操控技术；具有自保护性的新型超导量子比特器件和电路；超导电路中的量子反馈、量子纠错和长寿命量子存储；针对超导嘈杂中型量子（noisy intermediate-scale quantum，NISQ）器件的量子纠错算法研究、实现及相关技术；未来大规模（百万）超导量子比特的集成芯片的设计、仿真和制备技术以及量子比特的测控系统、连接技术、低温电子学及大功率稀释制冷机技术等。

在量子计量应用方面，未来 5 ～15 年应针对我国与发达国家的技术差距，加强超导电子学量子计量应用基础研究，重点攻克大规模约瑟夫森结阵集成电路等量子器件制备技术和宽频量子电压信号合成技术，研制宽频量子电压标准和射频量子功率标准，发展基于高温超导材料的约瑟夫森结阵器件设计与制备技术，探索量子相位滑移等新物理机理及其计量应用。加快发展基于超导电子学器件的高集成度标准级精密测量科学仪器，实现在电网、航空航天等领域的应用。发展 SQUID 器件在计量中的应用新技术，包括深低温下的热力学温度测量技术，超高灵敏质谱中带电离子束流测量技术等。

未来 15 年，超导无源器件的发展应紧跟通信及雷达系统的发展趋势，向小型化、阵列化及毫米波应用方向拓展。其关键科学和技术问题主要包括：高温超导材料和滤波器的国产化批量制备技术；新型高温超导微波 / 毫米波器件的小型化设计及芯片低温封装技术；高温超导新材料探索与制备技术；以及超导约瑟夫森结阵列无源器件的芯片制备与集成技术。超导超材料的研究重点包括：多物理场的调控；信号和泵浦源的相位与约瑟夫森结的量子相位之间的匹配关系；设计可控、可集成超导量子芯片的新型微波电子技术等。

面向未来 15 年低温制冷技术需要解决的关键科学问题和技术问题：气体

工质低温下非理想性的影响机制；零重力下低温工质流动、传热及相变与相分离过程；新制冷原理与新型固体制冷材料；低温系统光、机、电、热、磁一体化设计及集成技术；高效率、小型化、长寿命、高可靠、低成本等实用化技术。重点发展液氦温区脉冲管制冷、节流制冷、稀释制冷、绝热去磁制冷、低温系统集成等方向。

20世纪，沿着摩尔定律快速发展的半导体电子技术牵引了全球科技、经济市场和社会生活的进步与发展，尽管超导电子器件在灵敏度、噪声、速度与功耗等方面具有与半导体器件无与伦比的性能优势，但是，目前仅在天文、引力波探测、量子通信以及国防等特殊领域发挥着不可替代的作用。伴随着摩尔定律的终结，超导集成电路、量子技术等新原理、新材料的电子技术正在成为“后摩尔时代”电子信息技术领域的前沿和国际竞争热点。面对国际上该领域的发展历程和当今竞争势头，需要从国家层面进行顶层设计，从超导材料基础研究到电子学前沿应用和产业化发展统筹规划，重点突破原始创新能力、关键技术、关键设备、知识产权以及相关知识、技术和人才储备等核心问题，保持我国在该领域的先进地位和可持续发展能力。建议从以下几个方面推动超导电子学领域的发展。

（1）加强SQUID、SNSPD、TES等超导传感器、探测器的研究力度与应用探索，巩固我国的国际领先地位；

（2）聚集国家和地方资源，重点资助超导集成电路、量子计算/计量等新兴超导电子信息技术的国产化、自主化和产业化，抢占领域制高点，化解未来“卡脖子”风险；

（3）产学研联合推动超导、低温互补金属氧化物半导体（complementary metal oxide semiconductor，CMOS）、低温封装互联、制冷与周边电子学等前沿技术交叉融合，形成低温电子学生态研究体系和产业链体系，促进低温电子信息技术发展。

在具体实施上，坚持优先支持有可能实现突破和国际领先的发展方向和科研团队，建议采取以下配套措施：大力支持超导大规模集成电路工艺线和超导探测芯片制备平台建设；稳定支持跨超导物理、材料、器件和应用以及与其他学科有交叉合作研究能力的研究团队；重点扶持超导新材料与新器件、设计EDA工具、量子算法等基础研究。

# 第十三节　量子自旋液体与自旋－轨道液体

## 一、科学意义与战略价值

量子磁性研究具有强烈量子涨落的自旋系统，即量子磁体，而量子自旋液体是最具代表性的一种量子磁体。量子磁体属于量子物质或者量子材料，特别是“关联电子系统”的研究范畴。在探索新的量子物质状态的战略层面，量子磁性特别是量子自旋液体是一个前瞻性的研究方向，承担着凝聚态物理学基本概念突破、新的解析和数值计算方法的检验、新型实验技术的试金石、新材料探索的知识储备、提升我国的科研创新能力等重要任务。量子磁性和量子自旋液体在当前凝聚态物理学的研究中具有核心地位，对高温超导机制、拓扑物态和拓扑量子计算、量子相变和量子临界现象等的研究有重要的作用。其中，当前备受关注的“拓扑序”的概念就是在研究量子自旋液体的时候被首次提出。量子磁性和量子自旋液体研究的影响甚至辐射到凝聚态物理以外的众多物理领域，例如，量子信息和多体量子纠缠、非微扰量子场论、全息和对偶等。由此可见，量子磁性和量子自旋液体是当前凝聚态物理学中意义最为深远的方向之一。该方向的研究不仅在基础研究上具有重要性，预期其中的突破将为凝聚态物理学翻开新的篇章、打开新的局面；在新一代技术的发展上也将起到不可替代的作用，为新一代电子器件、信息通信和计算技术等领域打下坚实的理论基础和材料基础。

## 二、研究背景和现状

人类对磁性的认识具有悠久的历史，中华文明是最早认识并应用磁性的古文明之一。铁磁体是人类在自然界中发现并得以利用的第一种磁性物质状态。随着历史进程的发展，特别是近现代科学的出现之后，人们对磁性的认识逐渐加深。19世纪电磁学的大发展理清楚了磁与电的关系。20世纪量子力学革命之后，物理学得到空前的发展，人们对物质磁性的理解也进一步深化，进而出现了量子磁学这个崭新领域。一般认为，磁性来源于物质体系中微观电流或者微观磁矩，而这些微观电流和磁矩来自电子的自旋和轨道运动。微观磁矩的有序排列导致了“经典磁性”。“经典”一词表明这类磁性可以用经典矢量模型来描述，其中的量子涨落可以忽略。最简单的经典磁性状态就是我们熟知的铁磁体。20世纪50年代以来，很多新型的探测技术，如中子散射、NMR、μSR等给物质磁性的研究带来了新气象。通过中子散射技术，人类发现了不同于铁磁态的第二种磁性物态，即反铁磁体。在反铁磁体中，微观磁矩呈现交错反平行有序排列，而使整体的宏观磁性为零。因此，即使自然界中存在的反铁磁体要远比铁磁体普遍，人类也是等到拥有先进的实验技术的20世纪才发现了反铁磁体。

同时，基于量子力学研究物质磁性，特别是其中关于量子涨落的量子磁性理论也得到了长足的发展。早期的朗道抗磁和泡利顺磁描述的是巡游电子的磁性。而后理论物理学家提出了描述局域磁矩相互作用的直接交换作用、超交换相互作用以及通过巡游电子诱导的鲁德曼－基特尔－糟谷－芳田（Ruderman-Kittel-Kasuya-Yosida，RKKY）相互作用和双交换作用等。这些基本的磁性相互作用模型以及在此基础上的衍生模型构成了理解磁性的理论基础。

磁性的研究也深刻地影响了其他物理学科分支和技术应用的发展历史。例如，伊辛模型等是现代统计物理和相变理论的基石；铁磁体基态对称性自发破缺的思想直接影响了基本粒子研究中质量起源问题的解决；金属合金中出现的局域磁矩和磁性直接启发了近藤问题的提出以及极具开创性的重正化群的发展；局域磁矩的近藤效应与重费米子以及重费米子超导等方向的开辟直接相关；莫特物理导致的量子磁性又与高温超导密切相关；量子磁性系统中的各种拓扑结构（如斯格明子）以及拓扑激发（如外尔磁子）等都是当前拓扑凝聚态的研究前沿；与巨磁阻行为相关的磁存储技术是当代信息技术发展的一个里程碑。

虽然物质磁性本质上均源于量子效应，即电子的自旋或者量子化的轨道磁矩，但是许多的磁性材料的量子效应并不明显，从经典自旋的角度就可以得到充分理解。这一般是由于自旋量子数足够大的时候，量子涨落效应受到抑制，此时系统的磁有序可以通过经典模型刻画。当自旋量子数比较小时，在阻挫体系如三角等晶格中量子涨落会显著增强，量子效应将起到主导作用，从而出现许多新奇的物理现象（Zhou et al.，2017；Broholm et al.，2020）。

近十多年来量子磁性的研究和应用一直是量子物质以及凝聚态物理研究的前沿，吸引了世界范围的科学工作人员。当温度趋于零时，量子磁体往往表现出强的量子效应，尤其是自旋量子数越小，量子涨落越强。如果系统的阻挫很强，量子涨落占优势，长程磁有序被抑制，就形成无穷多个自旋位形相干叠加的高度纠缠的无序态，即量子自旋液体。

高温超导发现后，安德森认为高温超导的母体不是传统的费米液体，而是量子自旋液体。他给出了量子自旋液体的共振价键态图像，其中自旋配对形成单态，系统整体波函数是所有可能配对位形的共振叠加态。量子自旋液体不同于平庸顺磁态，其中蕴藏着内在的结构，或者某种序。由于自旋液体中没有磁长程序，朗道的自发对称破缺理论不能描述这种新序，而代替的是演生规范理论和拓扑序。

基塔耶夫（A. Kitaev）通过严格可解模型展示了有能隙和无能隙的量子自旋液体在理论上都是存在的；并在理论上演示了 $Z_2$ 量子自旋液体的元激发构造，包括自旋子 e 和规范磁通 m，以及由这些元激发 e 和 m 合成的具有费米统计的粒子。由此可见，量子自旋液体系统的物理性质可以由规范场理论来描述，这和描述磁有序态的金兹堡－朗道（Ginzburg-Landau）理论是全然不同的。前者的低能激发是分数化的规范电荷和磁荷，而后者的元激发是带整数量子数的自旋波。

从材料角度，量子自旋液体材料通常在具有阻挫结构的体系之上，主要有三角晶格体系、笼目（kagome）晶格体系，蜂窝晶格基塔耶夫相互作用体系和烧绿石晶格体系。三角晶格体系是安德森最早预言共振价键态的结构，也是候选材料最为丰富的体系，包括二维有机物 $\kappa$-$(BEDT\text{-}TTF)_2Cu_2(CN)_3$ 和 $EtMe_3Sb[Pd(dmit)_2]_2$，稀土离子无机物 $YbMgGaO_4$、$NaYbSe_2$ 等。笼目晶格被认为是阻挫程度最高的结构，$ZnCu_3(OH)_6Cl_2$ 是其中研究最充分的材料。与几何阻挫不同，基塔耶夫材料所基于的基塔耶夫模型的阻挫是相互作用阻挫，材料包括 $\alpha$-$RuCl_3$ 和 $H_3LiIr_2O_6$ 等。烧绿石晶格原本是自旋冰体系所能承载的结构，当引入横向涨落后，自旋冰体系可能熔化为量子自旋液体体系，如$Yb_2Ti_2O_7$、$Tb_2Ti_2O_7$、$Pr_2Zr_2O_7$等。

量子自旋液体的实验测量主要包括对两种不同类型的物理量测量。一种是判断材料是否存在磁序，可通过磁化率、比热、NMR、μSR和弹性中子散射等测量；另一种是测量其低能激发，可通过非弹性中子散射、纵向和横向热导率、比热、NMR等手段来实现。其中，探测材料中可能的分数化自旋子激发是判断量子自旋液体材料的极为关键的证据。人们观测到了$ZnCu_3(OH)_6Cl_3$和$YbMgGaO_4$的非弹性中子散射弥散谱，这曾被认为是自旋子存在的重要证据，但最近有人指出结构的无序也能产生类似的效果；利用热导率判断巡游自旋子激发也是一个可能的决定性证据。在$EtMe_3Sb[Pd(dmit)_2]_2$中，热导率实验观测到了剩余线性项，被认为是自旋子费米面的贡献，但最近的实验无法重复这一重要结果。在$\alpha$-$RuCl_3$中甚至观测到了半整数的量子化热霍尔平台，被认为是基塔耶夫模型中马约拉纳费米子存在的证据，但尚无人报道过重复性。因此至今没有任何一种自旋液体候选材料让绝大多数的实验手段都给出具有自旋液体基态的结论，真正的量子自旋液体材料还需要进一步探索和研究。

我国科学家在量子磁性材料探索（笼目和三角晶格的量子自旋液体的候选材料）和实验测量（热输运、中子散射、μSR等）方面处于国际上“并跑”阶段；在数值计算、唯象分析、微观模型等理论研究方面处于国际上第一梯队；但总地来说，真正原创性的研究工作还比较缺乏。

## 三、关键科学、技术问题与发展方向

如上所述，量子自旋液体在理论上的存在性已经由基塔耶夫的严格可解模型来确立，但其在实际材料中的存在仍亟待实验确证，这也是未来5～15年该领域的核心问题之一。另一个关键科学问题是探索量子磁性材料中的新奇量子现象。为了解决这些关键科学问题，我们需要实现基本概念和理论框架的突破，发展和借助新的数值计算方法找到更加易于材料实现的理论模型，大力加强材料探索，并在测量方法和技术上有大的突破。

在理论方面，由于量子磁性系统往往涉及多自由度的耦合，有效相互作用模型的构建需要对系统的微观细节和微观自由度的构成有比较清晰的了解，这往往有现实的难度。理论对实验的描述往往是在定性层面上理解系统的基本属性，而难以完全定量地解释全方面的实验数据。在数值计算方面，目前各种不同的方法都有各自的局限，不同方法之间很难达成一致，尤其有限尺寸效应是难以克服的屏障，热力学极限下的行为具有很大的不确定性。

在未来 5～15 年，预期通过发展新的量子多体理论的框架，特别是超越低能极限，发展不同能标的有效理论，充分考虑实验中的诸多因素，以期能够更好、更全面地解释实验数据，做出具有普遍性的理论预言，指导实验进一步的测量。在数值计算方面，需要发展新的数值计算方法，或者结合现有不同算法的优越性，突破各自的局限，研究在材料上较容易实现的理论模型的基态和激发态。

探索合成新的量子磁性材料，特别是量子自旋液体候选材料。至今所发现的量子自旋液体候选材料都没有被公认为是真正的量子自旋液体，在实验上它们或多或少都与真正的量子自旋液体基态存在差距。需要加注更多的注意力和精力来探索合成新体系和新材料，并且发展新的材料合成技术，在生长出高质量的单晶样品的同时，控制材料内部无序的生成。此外，真实材料中的无序和随机交换作用会对量子自旋液体的基态产生非常大的影响。研究无序对量子自旋液体基态的影响，以及如何利用实验手段从真实材料中区分无序贡献的磁性和材料的本征性质，将是探索量子自旋液体本质的关键。

实验对量子自旋液体的确认需要结合不同的探测手段，排除基态有序的可能性。比热和磁化率随温度的变化是反映材料物理性质的第一手数据，可以辅助判断在低温下是否发生相变进入磁性长程有序相。材料体系的低能激发可以通过各种谱学手段来测量。低温 NMR 对磁信号非常敏锐，共振频率的宽度随温度的变化可以用来辅助判断低温下是否出现磁有序，奈特（Knight）位移能反映系统本征的磁化率，尤其自旋–晶格弛豫率强烈依赖于系统的低能磁激发态密度。类似的共振探测方法还包括电子自旋共振和 μSR 等。非弹性中子散射具有能量和动量分辨能力，是探测磁性激发的有力工具：有序态中可以探测到清晰的自旋波色散曲线，无序态中元激发往往成对出现，没有明显的色散特征，中子谱中观测到连续谱。输运实验能探测低能激发的可迁移性。磁激发携带的能量和熵可以导热，纵向热导率的测量反映了可迁移的磁激发态密度，而横向霍尔热导率主要反映了激发谱能带的贝里曲率性质。此外，在光学实验比如拉曼散射中，非零频电信号也可用来辅助探测系统的低能磁激发。量子自旋液体领域的实验发展也遇到了一些困难。实验材料中不能排除杂质、缺陷对系统本征磁学性质的影响，亟须非常高质量的单晶样品，以避免某些实验不可重复性的问题。此外，针对分数化元激发的定量探测手段非常有限，尤其缺乏对衍生规范场和多体纠缠的直接测量方案。

发展新的实验探测手段。由于量子自旋液体没有磁有序的特征，因此证明一个材料是量子自旋液体是一项困难的工作，现在的主要实验途径是通过对于其低能激发和长程纠缠的探测来间接判断。因此发展出新的实验探测手段来直接判断量子自旋液体虽然困难，但是极有意义。另外，在现有实验探测手段上还要加强提升分辨率的努力。例如，理论预言烧绿石晶格的量子自旋液体材料中可以产生无能隙的光子激发，在中子散射实验中可以有独特的信号，但其能量尺度尚在实验分辨率之外。同时，量子自旋液体领域内部至今有一些相互矛盾的实验结果，例如，在 $EtMe_3Sb[Pd(dmit)_2]_2$ 热导率实验报道存在自旋子贡献的剩余线性项十年后，又有实验小组无法探测到该剩余线性项；又如不同 NMR 实验测量 $ZnCu_3(OH)_6Cl_2$ 磁激发能谱，同时存在无能隙和有能隙的结论报道。这些矛盾的结果提示我们在量子自旋液体的实验研究中要进行全面的检验和可重复性的研究。

开发新的量子磁性材料实验调控手段。得到一个真正的量子自旋液体材料之后，下一步的研究将是对该材料进行各种实验调控来研究其不同情况下的物性，特别是以期获得金属性甚至高温超导电性。自量子自旋液体概念提出以来，它就因与高温超导电性的紧密联系而得到人们广泛关注，通过调控量子自旋液体获得高温超导电性是该领域的终极目标。人们已经试图在 $ZnCu_3(OH)_6Cl_2$ 中掺杂电子来尝试实现理论预言的量子自旋液体金属化，但没有成功。最近通过对 $NaYbSe_2$ 进行加压手段实现了超导，这将启发人们对更多的量子自旋液体候选材料进行相关研究。另外，将量子自旋液体材料制备成二维器件，通过离子液体调控的方法实现金属化也是未来值得发展的方向。

总之，在实验上实现和鉴别量子自旋液体、发现和应用具有新奇量子现象的量子磁性材料是未来十五年内值得期待的重要科学发展。在未来要达到这一目标，需要材料合成、实验探测、理论分析和计算“三驾马车”协同并进，共同推进量子磁性领域的发展。

# 第十四节　具有电子关联的强自旋－轨道耦合的体系

## 一、科学意义与战略价值

具有电子关联的强自旋轨道耦合体系主要包括大原子序数过渡金属化合物，其中价电子的自旋轨道耦合和电子间的相互作用都比较大，而且能量尺度相近。这类体系既有可能因为强自旋轨道耦合形成拓扑非平庸的电子能带结构，从而构成具有关联效应的拓扑半金属、拓扑绝缘体等拓扑量子物态；也有可能因为强电子关联而形成莫特绝缘体并在掺杂后形成非常规高温超导等强关联物态；更重要的是通过两种效应联合作用有可能在拓扑能带上产生分数化的元激发、非费米液体等关联效应，或者在莫特绝缘相中产生强烈空间各向异性的磁性相互作用，从而形成基塔耶夫自旋液体等新型量子自旋态。这些具有强自旋－轨道耦合效应的关联物态有可能具有如马约拉纳费米子型的分数化激发、非阿贝尔任意子型的拓扑激发和拓扑磁振子等新型元激发，具有重要的科学价值，在拓扑量子计算和自旋电子学中也具有潜在的应用前景。

早期对于具有电子关联的强自旋－轨道耦合体系的研究集中于第五周期过渡金属化合物特别是铱氧化物，近年来在某些第四周期和第三周期过渡金属化合物中也发现了强自旋轨道耦合效应，在二维材料特别是二维范德瓦耳斯材料中通过调节电子结构也可以相对地增强自旋轨道耦合效应和电子关联效应，这都为实现具有电子关联的强自旋－轨道耦合体系提供了新的发展方向。

## 二、研究背景和现状

具有电子关联的强自旋轨道耦合体系在近十多年得到了较多的关注和长

足的发展：在理论方面，已经预言了丰富多样的新颖物态；在实验方面，对于理论预言的实验实现以及超越理论预期的新奇实验发现目前还比较少，而且样品质量普遍有待提高；在数值计算方面，对于这类材料体系的电子结构和相关模型的精确数值计算仍有一些困难。总体来说，这个领域是一个新兴前沿研究领域。

### （一）具有强自旋－轨道耦合的非常规超导候选材料体系

20世纪90年代末，铜氧化物高温超导被发现之后不久，实验上就开始探索其他过渡金属形成的类似铜氧化物晶体结构的化合物，希望发现新的高温或非常规超导。这方面典型的候选材料包括 $Sr_2IrO_4$ 和 $Sr_2RuO_4$，这两个材料都具有比较强的自旋－轨道耦合效应。

未掺杂的 $Sr_2IrO_4$ 很早就被发现是具有反铁磁序的绝缘体，但是对这个材料进行化学掺杂从而产生超导的尝试一直并不成功，同时不理解电子关联明显比第三周期过渡金属如（铜弱）很多的铱为什么能形成莫特绝缘体。进入21世纪之后，共振X射线散射技术的发展促进了对铱氧化物电子态的理解，证实了铱的强自旋轨道耦合（约0.4 eV）在立方晶体场下形成自旋－轨道纠缠的赝自旋1/2（通常记为 $J_{eff}=1/2$）电子态。强自旋－轨道耦合劈裂后的能带具有较小的带宽，从而相对增强电子关联效应导致体系出现莫特绝缘态（Kim et al.，2008）。基于这个 $J_{eff}=1/2$ 电子态的图像，有理论提出对 $Sr_2IrO_4$ 进行电子掺杂将类似于在铜氧化物高温超导的单带哈伯德模型进行空穴掺杂，从而产生d波高温超导。目前，利用RIXS已经在未掺杂的 $Sr_2IrO_4$ 中观测到类似于铜氧化物高温超导母体的、可以基本用海森伯模型解释的自旋波激发谱；基于原位表面掺杂技术，已经可以在薄膜样品中达到接近铜氧化物高温超导体的掺杂浓度，发现了费米弧、d波型赝能隙等和铜氧化物高温超导类似的现象，但是还没有直接观测到超导电性。

$Sr_2RuO_4$ 是一个超导转变温度较低的超导体，其中的自旋－轨道耦合对于决定这个材料的能带结构起到了重要作用，早期的实验结果认为这个材料是自旋三重态配对的非常规超导体，但是最近的实验表明 $Sr_2RuO_4$ 并不具有三重态的超导配对（Mackenzie et al.，2017）。

## （二）关联拓扑物态

21 世纪以来，对于拓扑绝缘体和拓扑半金属等弱电子关联的拓扑量子物态的理论预测和实验发现迅速发展成为凝聚态物理的一个重要研究领域，在这类体系中强自旋–轨道耦合效应对于形成拓扑非平庸的能带结构至关重要。理论上很早就认识到，拓扑能带结构加上电子关联有可能产生非常多样的新型关联拓扑物态，如具有自旋电荷分离的分数化激发的分数拓扑绝缘体和拓扑莫特绝缘体、磁序造成的外尔（Weyl）半金属和轴子绝缘体等。在这个方向，基于第五周期过渡金属如铱和锇的化合物特别是烧绿石结构化合物，因为其强自旋轨道耦合造成的拓扑能带结构和中等强度的电子关联成为早期的候选材料家族。但是目前这些理论预言的关联拓扑物态还没有在第五周期过渡金属化合物中实现。

## （三）基塔耶夫材料

21 世纪初强关联理论的一个重要进展是基塔耶夫提出的严格可解的蜂窝晶格自旋 1/2 模型，这是一个具有量子自旋液体基态和马约拉纳费米子分数化激发的自旋模型，而且在磁场下有可能具有非阿贝尔任意子型拓扑激发，有可能用于拓扑量子计算。但是这个模型中强烈各向异性的自旋相互作用在常见的基于第三周期过渡金属的量子磁性材料中很难实现。有理论提出，铱的自旋轨道纠缠的 $J_{eff}=1/2$ 电子态能够产生这类各向异性的自旋相互作用，在含铱的蜂窝晶格莫特绝缘体材料如 $A_2IrO_3$（A 为 Na、Li 等碱金属）材料中很有可能实现基塔耶夫模型。目前对于这类可能实现自旋液体的材料和相关模型的研究已经发展成为强关联电子体系领域中一个称为“基塔耶夫材料”的重要前沿方向。

对于最早预测为基塔耶夫自旋液体候选材料的“213 结构”铱氧化物，实验研究很快发现它们都具有磁长程序，而且这些材料中的磁性相互作用并不仅仅是基塔耶夫型相互作用，还有其他相互作用（如海森伯相互作用）。近期从“213 结构”铱氧化物中又衍生出了 $H_3LiIr_2O_6$、$Ag_3LiIr_2O_6$ 等自旋液体候选材料。

近年来，$\alpha$-$RuCl_3$ 成为基塔耶夫材料研究的一个热点，理论预测其中的钌离子也可形成类似铱的 $J_{eff}=1/2$ 电子态并产生基塔耶夫型相互作用，而且这个材料相对于铱氧化物更容易合成并进行中子散射等测量。$\alpha$-$RuCl_3$ 本身同样具有磁长程序，有热霍尔效应等实验证据表明中等强度的磁场就可以破坏其磁序并有可能实现具有非阿贝尔任意子激发的量子自旋液体态，但是目前这些实验证据还有争议。

最近，$Na_2Co_2TeO_6$ 等基于钴离子的化合物也被理论提出可以形成 $J_{eff}=1/2$ 电子态和基塔耶夫型磁性相互作用。目前关于这类材料的实验研究刚刚开始，但是已经发现这类材料有类似于其他基塔耶夫材料的磁长程序。

### （四）转角过渡金属硫族化物材料

近三年来，在石墨烯的能带结构中引入平带导致高态密度，从而实现强关联电子体系是一个新方向。其实验方法是，以各种单原子层的二维材料为基本结构单元，将不同的单层原子以人工堆叠的方式组装成垂直于二维平面方向上的两层或多层结构，在堆砌过程中，层与层之间的相对旋转角度构成一个新的可调节能带结构的参数。不同层间晶格常数的差异以及晶格相对旋转角度能够在平面内形成新的摩尔超晶格，这个新的空间周期势场对原本的电子运动产生影响，从而改变电子的能带结构。目前较多的研究是在转角石墨烯体系中。

从 2019 年起，理论研究将目光转向转角过渡金属硫族化物（transition metal dichalcogenides，TMD）二维半导体材料，包括 $MoS_2$、$WS_2$、$MoSe_2$ 和 $WSe_2$ 等。与转角双层石墨烯类似，在 TMD 异 / 同质结体系中，也存在类似的关联电子行为。当转角足够小时（0°～5°），转角 TMD 摩尔超晶格中也出现平带，将产生关联电子态。与石墨烯相比，TMD 具有石墨烯中不存在的强自旋 – 轨道耦合等特性，导致体系的简并度降低到二重简并体系。所以转角双层 TMD 有望在摩尔超晶格半填充时，在三角晶格上实现理想的单带哈伯德模型，这是四重简并的转角石墨烯体系不具备的。同时，该体系转角范围远大于转角石墨烯体系，如果能实现超导，其超导转变温度很可能会高于转角石墨烯体系，所以转角 TMD 体系将成为该领域未来研究的重要方向。

国内在电子关联强自旋 – 轨道耦合体系的研究方面有良好基础，在实验研究方面已经逐渐站上了国际前沿，产生了一些国际领先的重要成果，但在理论研究方面还有待进一步加强。下面简单介绍一些具体方向的国内发展情况：对于铱氧化物，国内的实验研究开展得比较少，部分原因是高质量铱氧化物样品的化学合成比较困难，目前主要的样品来源是少数几个国外研究组，但是也有国内研究组做出了比较重要的实验发现，如利用 STS 发现表面

掺杂的 $Sr_2IrO_4$ 具有类似铜氧化物高温超导的 d 波赝能隙；对于 $\alpha$-$RuCl_3$ 以及相关模型的研究，国内有比较完整的实验和理论群体，有一批比较重要的工作，比如对 $\alpha$-$RuCl_3$ 自旋波激发谱的中子散射测量和理论分析，对磁场下 $\alpha$-$RuCl_3$ 的 NMR 研究等；对于近期出现的 $Na_2Co_2TeO_6$ 等新型基塔耶夫材料，国内已经有一些研究组合成了高质量的样品，并有几个中子散射研究组进行了国际领先的早期研究。

## 三、关键科学、技术问题与发展方向

具有电子关联的强自旋轨道耦合体系这一研究领域，在目前以及将来一段时间的主要发展目标预计仍然是实现高温或非常规超导、基塔耶夫自旋液体、关联拓扑物态等新颖电子态，其中的一些关键问题如下。

（1）铱氧化物以及相关材料中自旋－轨道纠缠的 $J_{\rm eff}=1/2$ 图像的有效性。一方面，铱氧八面体等结构单元的畸变产生的晶体场将削弱自旋－轨道耦合效应，使铱的电子态偏离理想的 $J_{\rm eff}=1/2$ 态，对 $Sr_2IrO_4$ 和 $Na_2IrO_3$ 等材料的 $g$ 因子各向异性测量表明这个效应确实不可忽略，而基于钌和钴等元素的材料因为自旋轨道耦合强度相对较弱，畸变晶体场的影响应该更加严重；另一方面，有理论认为铱氧化物的电子关联并不够强，单个原子上的 $J_{\rm eff}=1/2$ 磁矩并不是合适的物理图像，在 $Na_2IrO_3$ 等材料中可能需要考虑更扩展的“分子轨道”式的电子态。要解决这个问题需要实验和理论的合作，并进一步提高探测和计算的精度，也需要发展新的探测自旋－轨道纠缠电子态的实验技术。

（2）如何调控材料的结构和电子态，准确地实现 $J_{\rm eff}=1/2$ 电子态、基塔耶夫型相互作用、关联拓扑物态等重要科学目标。这方面的实验尝试一直在进行，比如从 $Na_2IrO_3$ 到 $Li_2IrO_3$ 到 $H_3LiIr_2O_6$ 和 $Ag_3LiIr_2O_6$ 等。这一系列材料探索的一个重要动机就是要减弱 $Na_2IrO_3$ 结构中的三方畸变（trigonal distortion），但是从结果来看也许需要发展新的调控电子关联强度和自旋轨道耦合强度的方法，目前常用的元素替换方法如将铱替换为钌等方法通常会引入电荷掺杂、缺陷和无序，加压和机械剥离等方法可能造成晶体结构较大的变化。目前理论研究还不能对这个方向提供可靠的指导，比如密度泛函理论和量子化学方法对相同的基塔耶夫材料计算得到的相互作用模型并不完全符合，有可能需要发展新的量子多体计算方法。

（3）目前样品中广泛存在的缺陷和无序，比如 $Sr_2IrO_4$ 的氧缺位、α-$RuCl_3$ 的堆垛层错（stacking fault）、$H_3LiIr_2O_6$ 和 $Ag_3LiIr_2O_6$ 等材料中的反位无序（anti-site disorder）等，会对材料性质造成重要的影响，比如在 $H_3LiIr_2O_6$ 中产生了奇异的低温比热发散行为，明显和基塔耶夫自旋液体的预期不符。对于这个问题，一方面在实验技术上需要进一步提高样品质量，减少缺陷和无序，比如近期有研究组声称可以完全消除 α-$RuCl_3$ 中的堆垛层错；另一方面，需要在理论上更准确地理解无序对相关材料和模型的物相和性质的影响，比如最近对于基塔耶夫相关模型中的无序效应有一批数值研究工作，但是仍有许多需要澄清的问题。

下面列举一些具体的重要科学、技术问题和有潜力的发展方向。

（1）对 $Sr_2IrO_4$ 的掺杂等调控研究。在 $Sr_2IrO_4$ 中理论预测的高温超导需要达到接近铜氧化物高温超导的掺杂浓度，但是由于某些固体化学的原因，对 $Sr_2IrO_4$ 的体化学掺杂很难达到较高的掺杂浓度并保证样品质量，而原位表面掺杂对于超导电性等的测量和将来可能的应用存在严重的困难。需要探索发展其他掺杂和调控手段，比如离子注入、离子液体门控（ionic liquid gating），包括借鉴半导体物理中的调制掺杂等技术。

（2）$Sr_2RuO_4$ 的配对对称性和配对机制。实验方面需要解决早期相位敏感实验和近期 NMR 实验在是否为自旋三重态配对这个问题上的矛盾；理论上对于这个多带关联电子体系仍需要进行更准确可靠的、更接近“第一性原理”的量子多体计算，对于配对对称性和配对机制提出可供实验检验的理论预言。

（3）$Sr_2IrO_4$ 之外的钙钛矿结构的铱氧化物如 $SrIrO_3$ 和 $Sr_3Ir_2O_7$，以及衍生的双钙钛矿结构如 $La_2ZnIrO_6$ 等。目前已经发现它们的磁性行为与具有相似结构的铜氧化物非常不同，显示了在这类材料中强自旋轨道耦合的重要性。这方面的实验和理论研究还比较少，值得进一步研究。

（4）对基塔耶夫材料的掺杂、机械剥离、加压等调控研究。有理论预测对基塔耶夫自旋液体掺杂可以产生 p 波拓扑超导。最近有报道用机械剥离的方法可以产生单层 α-$RuCl_3$ 薄膜，并且实现了对其门控掺杂和金属化，但是还没有发现超导。有实验发现对 $RuCl_3$ 加压可以使磁长程序消失，但是得到的无磁序态有可能是价键固体而不是自旋液体。可以预见对这类材料的调控将仍然是实验探索的一个重要方向。

（5）以 $Na_2Co_2TeO_6$ 为代表的新型 Kitaev 基塔耶夫材料。有证据表明这些材料的结构缺陷明显少于铱氧化物和 $\alpha$-$RuCl_3$，将是研究自旋液体和相关物理现象很有潜力的平台。

（6）具有大有效自旋的磁各向异性作用材料。近期在 $CrI_3$ 和 $CrBr_3$ 等层状磁性材料中也发现了强自旋 – 轨道耦合造成的强烈各向异性自旋相互作用或贾拉辛斯基 – 守古（Dzyaloshinskii-Moriya，DM）相互作用，从而使材料具有拓扑磁振子激发。这里铬离子具有自旋 3/2，而自旋 – 轨道耦合主要来源于原子序数大的阴离子。这类具有大有效自旋的磁各向异性作用材料有可能成为新的实验和理论研究前沿，并产生新的物态和现象。

（7）强自旋 – 轨道耦合的转角 TMD 体系的研究尚在起步阶段，在半填充和其他分数填充处可能出现的强关联绝缘态、铁磁态、超导态以及非平庸拓扑态，包括其中是否有量子自旋液体的可能性，以及不同强关联物态之间的相变，随外场的调控机制都值得进一步的理论与实验研究。

（8）共振 X 射线散射技术的发展。在具有电子关联的强自旋 – 轨道耦合体系的实验研究中，非弹性和弹性共振 X 射线散射（RIXS 和 REXS）起到了重要的作用，一方面是因为铱对中子的强吸收使铱化合物的中子散射实验很困难，另一方面是因为共振 X 射线散射不仅可以探测磁序和磁激发，还可以探测轨道激发包括从 $J_{\text{eff}}=1/2$ 到 $J_{\text{eff}}=3/2$ 电子态的“自旋轨道子”(spin-orbiton）激发。但是目前 RIXS 的能量分辨率在 10meV 量级，还不足以精确地测定自旋激发谱的能隙等重要性质，需要继续发展下一代技术。

# 第十五节　强关联理论与计算方法

## 一、科学意义与战略价值

强关联理论与计算方法研究以固体材料为主的凝聚态物质，包括但不限于铜基和铁基高温超导体、量子自旋系统、量子相变与临界现象、重费米子系统和分数量子霍尔系统，以及人工超结构调制而成的窄能带电子体系（如转角石墨烯）等。当电子之间的相互作用比较弱时，基于准粒子图像建立起来的朗道费米液体理论在解释通常的金属、半导体和绝缘体等性质时取得巨大成功。当电子间相互作用与材料中的电子能带宽度可以比拟时，基于准粒子的单粒子近似不再成立，系统性质将主要由电子间的强关联效应决定。这时，基于微扰理论的多体理论与计算方法在理解与预言强关联体系的量子态、量子效应和量子相变时遇到了困难。如上所述的材料体系，都属于这样的强关联材料范围。这些系统的物理行为在理论上超出传统的朗道费米液体理论的框架，例如，高温超导体中的正常态赝能隙现象及多种有序态在相近能量尺度的竞争，量子自旋液体和分数量子自旋霍尔系统中的分数化准粒子激发等。但是，我们应该看到强关联体系具有重大的应用前景，比如高温超导在强电和弱电方面的应用，拓扑超导体、量子自旋液体与分数量子霍尔系统中的非阿贝尔拓扑激发在下一代量子计算（拓扑量子计算）方面的应用。为最大程度认识和开发强关联系统的物理性能，需要发展强关联理论，提出低能有效理论，揭示强关联现象的物理机制和物理图像；需要发展相关计算方法，开展多体模拟得到强关联系统准确的基态、激发态和相变等关键信息，帮助我们建立清晰直观的物理图像，定量揭示隐藏在各种物理模型背后的物理效应或规律，解决理论研究中遇到的关键问题。强关联理论与计算方法的研究，可以协助和指导实验研究，对于原子分子物理、凝聚态物理、高能物理、材料科学、量子化学等领域都有重要的推动作用，能够解决诸如建造量子计算机、克服能源危机、提供更加优异性能的量子材料等关乎经济社会发展的关键科学和技术问题。

## 二、研究背景和现状

### （一）强关联理论部分的背景和现状

一些过渡金属氧化物，其费米能附近的原子轨道波函数比较局域，导致较强的未屏蔽的局域电子库仑作用。实验上在这些材料中发现的金属－绝缘体转变不能用传统的能带理论解释。理论上将其抽象为哈伯德模型，探索强关联作用导致莫特绝缘的机制。在莫特绝缘相，电荷型激发需要克服莫特能隙而被冻结，而自旋自由度由一个有效的量子自旋模型（如反铁磁海森伯模型）所描写。在低维和低自旋系统，考虑到强烈的量子涨落，安德森提出量子自旋液体及其共振价键图像的猜想，即系统具有反铁磁自旋关联但没有长程序，基态为各种自旋单态构型的某种线性组合。这一新颖和深刻的物理图像仍然激发理论和实验方面的研究热情。

另外，在一些材料中，既包含因莫特绝缘机制形成的局域磁矩，同时又包含巡游性的能带电子，形成所谓的重费米子体系。体系中的局域自旋之间的反铁磁交换，巡游电子与局域电子之间的局域近藤耦合，和巡游电子诱导的自旋之间的 RKKY 相互作用，使系统的行为非常丰富，产生包括反铁磁序、近藤绝缘体、重费米子行为、非常规超导等。理论上尽管对单个杂质情况的近藤效应的理解已经非常完善，但对周期安德森或周期近藤模型的认识尚不完善。

20 世纪 80 年代后期，铜氧化物高温超导体的发现使强关联系统的研究达到高潮。这类高温超导体的母体是莫特绝缘体，尽管有些材料伴随着反铁磁长程序。对莫特绝缘体进行载流子掺杂导致高温超导的出现，在理论上是一个令人震惊的现象。安德森提出高温超导的共振价键理论。其基本图像是，母体处在量子自旋液体态，其中的自旋单态配对是超导的前驱，在空穴掺杂后，可以自由迁移的单态自旋对即形成带电的库珀对而超导。这个新颖的思想促进了关于莫特绝缘体及掺杂莫特绝缘体的隶玻色子 / 费米子等类型的部分子理论的发展，其思想是将电子视为一个玻色子和一个费米子的复合粒子，以方便表达电子无双占据这一强关联约束。在平均场框架下，这类理论能够定性解释高温超导体的相图。进一步考虑平均场之上的内禀规范场涨落有望刻画系统的准粒子激发特性，如实验发现的正常态赝能隙等非费米液体行为。但是，由于理论上没有直接的小参数可供微扰处理，这类理论本身尚待发展，尤其是此处运用先进的数值计算方法，直接模拟如此规范场与物质场耦合的模型，是强关联理论与数值计算结合的一个新方向，目前正在蓬勃发展。

共振价键思想激发人们寻找基态为自旋液体的材料，期望对其进行掺杂后可以得到新的高温超导体。理论上几何阻挫和自旋交换阻挫可以有效抑制反铁磁序的形成，随着阻挫参数的变化，预期会出现从自旋有序态到自旋液体态的量子转变。美国麻省理工学院研究组从理论上对量子自旋液体进行了分类，不同类型的自旋液体具有不同的衍生低能规范场涨落，并决定了自旋液体本身的稳定性和低能激发特性。尽管在数值计算上量子自旋液体的存在性已经比较确定，但针对各 SU（2）对称的二维海森伯模型尚不能得到其自旋液体基态及其激发态的严格解。近年来，人们开始关注自旋交换各向异性的量子自旋模型，如基塔耶夫模型，其内禀自旋交换阻挫抑制自旋长程序的发生。基塔耶夫得到自旋液体基态及其激发态的严格解，回答了自旋液体在理论上是否存在这一长期疑问。基态之上的激发包括费米型的分数化自旋子激发和具有拓扑特性的任意子激发。前者导致实验上可分辨的自旋激发连续谱，后者在拓扑量子计算方面的应用前景引发了广泛的材料探索兴趣。考虑到实际材料的复杂性，需要考虑对基塔耶夫一类模型进行扩充和调制，但此时的模型已经不能严格求解而必须进一步研究。另外，一些理论设计的严格可解的 $Z_2$ 自旋液体模型，尽管哈密顿量的形式比较复杂，但值得关注，尤其是在理论模型与数值计算可以结合推动领域进展的地方。

铁基超导体的发现使人们必须考虑多轨道强关联系统。在这类系统中，多轨道特性增加了强关联问题的复杂性。同时，实验上没有发现明确的莫特绝缘母体的证据，因此掺杂莫特绝缘体并不是实现高温超导的唯一途径，并派生一个重要的理论问题，即非掺杂莫特绝缘体与掺杂莫特绝缘体的物理是否可以绝热联系起来。另外，鉴于拓扑超导体在拓扑量子计算方面的重要性，探索强关联和自旋－轨道耦合系统是通向拓扑超导的关键途径。

20 世纪 80 年代发现的分数量子霍尔系统是一类典型的拓扑平带系统。费米型或玻色型的陈－西蒙斯（Chern-Simons）规范场论和复合费米子理论为分数量子霍尔系统提供了完备的有效描述，尽管其部分结论尚待实验验证。5/2 量子霍尔态中的非阿贝尔任意子激发因可能应用于拓扑量子计算近年来重新受到关注。近年来，人们开始探索可以实现分数量子霍尔效应的新平台，如石墨烯和双层石墨烯。其优点是严格二维性和高迁移率，其复杂性是能谷简并。近年来的实验表明能谷简并可以被自发破缺，但理论上尚待研究。另外，魔角双层石墨烯或其他人工调制方法可产生平带或窄带，可以提供研究强关联效应的新型平台，是当前的研究热点方向之一。这样的多自由度的强关联二维系统，如何从理论上设计抓住问题实质内容的有效低能模型，然后从数值与解析结合的角度得到其精确解，也是领域将会取得突破的方向。

## （二）强关联计算

从上述关联量子物质与材料实验中抽象出的强关联理论问题，需要人们精确求解相互作用量子多体模型。然而，这些统计或量子多体模型通常难以进行解析求解，数值计算上也会遇到多体希尔伯特空间指数增长的困难，需要设计精确高效的多体计算方法。为了应对这些困难，人们提出了量子蒙特卡罗、张量重正化群、动力学平均场方法等，这些技术各自有其优势和局限，下面主要介绍其中四种方法，即精确对角化、量子蒙特卡罗模拟、张量重正化群和动力学平均场方法。

（1）对于格点量子模型，其哈密顿量一般可以表达为矩阵形式，对其开展精确对角化是最直接也最为精确的多体计算方法。然而，精确对角化方法的局限性也是显而易见的，即计算代价随计算规模指数增长。精确对角化可以比较方便地计算小尺寸系统的含时演化问题、动力学以及有限温度性质等，在量子临界问题和共形场论的研究中也发挥了一定的作用。此外，精确对角化与其他多体计算方法如蒙特卡罗的结合也有不少有益的尝试。

（2）蒙特卡罗是计算大尺寸量子多体问题的重要方法。早期的蒙特卡罗方法（20 世纪 60 年代）主要是运用铃木－特罗特（Suzuki-Trotter）分解，计算量子多体模型的配分函数，结合高效的相空间世界线和集团更新等有效抽样技术，研究多体系统性质等。对于相互作用费米子系统，行列式量子蒙特卡罗算法通过路径积分将关联电子体系的配分函数转换为对分立或连续辅助场的行列式乘积的求和或积分形式，然后通过蒙特卡罗采样计算出配分函数，被应用于计算二维正方晶格上哈伯德模型的相图等问题。近年来，行列式蒙特卡罗也被用于研究费米面或者狄拉克费米子与临界玻色场耦合的问题，取得了通过量子蒙特卡罗研究关联费米子量子临界系统（如非费米液体的定量结果）的一系列成果。

对于相互作用玻色子和自旋系统，早在 20 世纪 60 年代，汉德斯科姆（Handscomb）提出了随机序列展开量子蒙特卡罗方法，1991 年，山特维克（A. W. Sandvik）等将其推广到一般的自旋哈密顿系统，并提出了动态调整最大级数展开的方法，消去了截断误差，广泛应用于各类量子磁性系统的研究。

同时，普罗科菲耶夫（Prokof'ev）和斯维斯托诺夫（Svistunov）等提出了一种蒙特卡罗蠕虫算法，也可以用来高效地求解量子多体玻色子和自旋模型。北京师范大学和美国波士顿大学合作利用投影算子量子蒙特卡罗方法，研究了二维 JQ 模型的去禁闭量子相变，得到了模型准确的相变点和去禁闭临界指数。此外，量子蒙特卡罗方法在阻挫磁体和量子自旋液体的研究方面也发挥了重要作用，帮助人们理解二维笼目晶格上的 $Z_2$ 量子自旋液体、三维烧绿石晶格上的 U（1）量子自旋液体的基态相图和低能分数化激发等。

蒙特卡罗模拟通常在虚时空间进行，为了计算实频空间的动力学关联函数，通常还需要通过数值模拟的方法做解析延拓。常用的解析延拓的方法包括：最大熵解析延拓和随机解析延拓方法。运用这些解析延拓的方法，得到的哈伯德或其他强关联量子模型的电子或自旋谱函数，与相关材料的 ARPES 或中子散射的实验结果定性一致。

投影量子蒙特卡罗方法直接研究基态的物理性质。这种方法利用铃木－特罗特近似和哈伯德－斯特拉托诺维奇（Hubbard-Stratonovich）变换，把投影算符变成定域算符的乘积形式，然后用蒙特卡罗方法对其求解。山特维克（A. W. Sandvik）和比奇（K. S. D. Beach）等在研究量子自旋共振价键态时，提出了通过自旋单态和自旋三态算子不断作用在初态上最后得到收敛基态的投影算子量子蒙特卡罗方法。

其他量子蒙特卡罗方法还包括投影量子蒙特卡罗和变分蒙特卡罗等。前者利用铃木－特罗特近似和哈伯德－斯特拉托诺维奇变换，把投影算符变成定域算符的乘积形式，然后用蒙特卡罗方法对其求解；后者是变分原理和蒙特卡罗技术的结合，通过理论分析猜出一个含有变分参数的试探波函数，然后通过蒙特卡罗计算该波函数对应的能量期望值。变分蒙特卡罗没有“负符号”问题，但由于波函数是猜出来的，有人为因素带来的系统偏差。

（3）重正化群数值方法的思想起源于量子场论的研究，运用于多体计算中不存在蒙特卡罗中的“负符号”问题，构成另一类重要的多体计算方法。20 世纪 70 年代，威尔逊（K. G. Wilson）提出了数值重正化群方法，成功地解决了单杂质的近藤问题。随后怀特（S. R. White）于 1992 年提出了著名的密度矩阵重正化群方法，精确求解了一维量子格点模型的基态性质。随后，人们推广密度矩阵重正化群用于研究有限温度和动力学等性质，如 1996 年，中国科学家提出了量子转移矩阵重正化群方法实现了量子多体系统热力学性质的精确计算。其他重要推广还包括，动力学密度矩阵重正化群方法、含时密度矩阵重正化群方法、动量空间密度矩阵重正化群方法及其在量子化学计算中的应用等。

密度矩阵重正化群方法及其推广现已成为研究一维短程相互作用量子系统最为精确和系统的方法，已成功用于解决大量一维量子模型的基态、热力学性质、谱函数及含时动力学演化问题，成为研究一维量子材料、澄清其中量子效应微观机制的有力工具。此外，密度矩阵重正化群也在二维量子模型的研究中发挥了重要作用，为解决高温超导、磁阻挫、量子自旋液体等基本物理问题提供了大量有用的数据。密度矩阵重正化群成功的原因在于矩阵乘积态的波函数拟设，而超出一维格点系统时，一个重要的进展是结合张量乘积态拟设来发展张量重正化群方法。2004 年，韦斯特拉特（Verstraete）与西拉克（Cirac）指出张量网络态满足纠缠熵的面积定律，结合向涛等提出的纠缠平均场优化方法，以及莱文（M. Levin）和内夫（C. P. Nave）的重正化群张量网络缩并或二次重正化方法，可以非常高效地求解部分高维量子系统的基态性质。

另外，多体系统的有限温度性质因其与实验的紧密联系而备受人们关注。通过发展有限温度张量重正化群方法，可以研究阻挫磁性和掺杂费米子系统等，并对这些量子材料建立综合多种计算手段的多体物理研究新范式。北京航空航天大学和中国科学院物理研究所、香港大学和复旦大学的研究人员用这种方法，并结合解析分析和量子蒙特卡罗模拟，对与实际材料相关的阻挫自旋模型进行了研究，通过多体计算协助实验首次找到了量子磁体中存在科斯特利茨 - 索利斯（Kosterlitz-Thouless）相变的证据。

（4）动力学平均场方法是一种针对高维强关联体系的数值方法，它是在对维度趋于无穷大的强关联体系的研究中发展起来的。梅茨纳（W. Metzner）和福尔哈特（D. Vollhardt）于 1989 年提出，在空间维度趋于无穷大时，哈伯德模型有一个数学上可严格定义的高维极限，并提出将来可以用高维极限下获得的自能修正来近似地描述实际材料中的三维或者二维强关联系统。随后科特利亚尔（G. Kotliar），乔治斯（A. Georges）和贾雷尔（M. Jarrel）等证明数值上求解高维极限哈伯德模型的问题，可以转化为先解一个单杂质安德森模型，揭示了高维极限近似等价于在考虑动力学关联时，忽略了格点之间的空间关联而完整地保留同一格点内部的局域关联。由于这一本质非常类似于考虑静态关联问题时的外斯平均场近似，只是从静态关联问题发展到了动态关联，因此被称为“动力学平均场方法”。目前，利用动力学平均场方法对哈伯德模型的各方面性质开展了研究，并取得了系列成果。这套方法被迅速地推广到了多轨道哈伯德模型、周期安德森模型、$t$ - $J$ 模型、电声子耦合体系、玻色哈伯德模型等几乎所有的格点强关联模型上，作为一种对三维强关联体系的近似方法，取得了很大的成功。

除了上述主要方法，近年来机器学习也开始在量子多体计算研究中发挥作用。采纳机器学习的思想、技术和方法，量子多体计算可以提高计算效率、拓展应用范围。例如，自学习蒙特卡罗方法在样本上训练代理模型并提供更新建议，可以提高蒙特卡罗抽样的效率；自动微分技术也可在张量重正化群研究中，简化张量网络态优化的梯度计算问题。同时，量子多体方法和思想也对理解机器学习，特别是深度学习方法的原理提供新的思路。

在国际范围内横向比较，我国在量子多体计算方面形成了若干有特色的方向和一定的比较优势。例如，在张量重正化群方面，物理研究所等单位提出了一系列原创性的国际领先方法；在量子蒙特卡罗方面，中国科学院物理研究所、北京师范大学等单位均有很好的研究积累，清华大学高等研究院和中国科学院物理研究所在抽样符号问题上也做出了有特色的研究成果；其他多体计算方法如精确对角化、动力学平均场等方面也均有布局一定的研究力量。总体上，我国在量子多体计算新方法和相关量子材料的研究方面，从人才梯队建设、青年人才储备，到方法手段的先进性和全面性，均具备一定的国际竞争力。

## 三、关键科学、技术问题与发展方向

强关联理论与计算在凝聚态物理学和量子物质科学研究中发挥着重要的作用，是从理论上研究包括高温超导在内的大量强关联量子问题必不可少的手段，决定了我们认识强关联量子现象微观机理的深度。由于强关联问题的复杂性，绝大多数强关联模型不能解析求解，所以需要花大力气发展强关联的大规模计算方法。为了深刻认识强关联系统的物理，从而更好地开发强关联系统的应用前景，有必要从两个方向上开展研究。其一是有效低能模型的构建和新概念体系的构建；其二是准确的大规模数值计算。两者有所区别又紧密联系。有效模型的有效性需要数值计算的检验，而准确的数值计算结果又能促进有效理论的构建和新概念的产生。

从国家需求的角度，强关联量子物质的研究是建造量子计算机、提供更加优异性能的量子材料等关乎经济社会发展的关键科学和技术问题的理论基础。发展多量子多体理论与计算方法是当前及未来相当长的时间凝聚态物理研究的重点，按照有效模型构建和多体计算方法两个方面，关键科学与技术问题包括以下内容。

## （一）重要关联量子物质理论问题、有效低能模型和新概念的构建

（1）发展新型低能有效场论。一方面，分析已有基于部分子理论的掺杂莫特绝缘体的规范场论，提出新的部分子理论，通过理论研究，以及与实验和数值计算结果的对比，构造新型 $1/N$ 展开方法，发现和发展新型有效低能场论，揭示掺杂莫特绝缘体的正常态和各种有序态物理性质及其物理机理。另一方面，从弱关联角度出发，作为对比，考察随关联效应的增强，朗道费米液体行为失稳形式的转变，以及包括准粒子激发性质和多种序参量的竞争方式，从而解释铁基超导体这一类非莫特极限下的强关联系统的物理，并理解其与掺杂莫特绝缘体物理之间的联系。适合的理论工具包括 FLEX、Parquett 和泛函重正化群等方法。

（2）高温超导体中赝能隙现象与奇异金属等现象产生的微观机理。赝能隙是高温超导研究中发现的一种令人极其费解的物理现象，系统的低能态或熵在低温下出现了丢失。解决这个问题是解决高温超导机理的关键点。实验提供了大量的实验数据，但理论上的研究进展相对缓慢。一个重要的原因是过去没有很好的求解描述高温超导基本模型的方法。近年来，张量重正化群以及量子蒙特卡罗方法的发展及完善为解决这个问题带来了希望，是未来十年大规模量子多体物理研究的重要课题。

除了赝能隙，高温超导系统还出现一般金属材料所没有的奇异金属行

为，包括线性电阻、电荷－自旋分离、费米弧等。这些现象出现在准二维系统，目前还没有很好的微观理论来解释。解决这些问题可以帮助我们更深入地理解赝能隙出现的微观机理，对竞争序及其量子涨落的规律有更好的认识。要理解关联量子系统的奇异金属行为，需要计算电子的动力学关联函数，这是一个技术上很有挑战性的问题，也是量子多体物理需要长远发展的方向。

除以上两点之外，研究自旋－轨道耦合的强关联系统产生拓扑超导的关键途径也是一个重要的理论问题。

（1）量子自旋液体态理论及其实现。构造新型可解的量子自旋体系，构造特定系统的有效平均场理论及其规范场论，揭示新型量子自旋液体基态及其低能激发特性，促进量子自旋液体材料的实验探索。

典型的量子自旋系统，当系统温度降到足够低时，一般都会出现某种对称性破缺，凝聚到一种有序的状态上。而量子自旋液体则是一种在零温下也不会出现任何对称性破缺的态。量子自旋液体是一类很特殊的量子态，其元激发通常是分数化的，具有很强的拓扑特征，在拓扑量子计算中有可能得到应用。自旋液体经过电荷掺杂，也可能变为高温超导态。但哪些材料中存在量子自旋液体，目前并不是很清楚。为了减少实验合成及探测这类材料的盲目性，首先需要对可能存在这种量子态的理论模型，特别是有强自旋阻挫的量子磁性模型，进行大规模的计算模拟，发现量子自旋液体存在的参数空间及其在实际材料中的对应，同时对量子自旋液体态的性质，特别是其低能激发态的性质做系统的理论分析。

（2）非厄米量子系统的纠缠及动力学。物理系统的哈密顿量是厄米的，这是量子力学基本假设。但当我们研究一个准粒子激发，或粒子与环境相互作用时，近似的有效哈密顿量通常是非厄米的。此外，在用转移矩阵表述一个热力学配分函数时，转移矩阵一般也是非厄米的。研究非厄米量子系统的纠缠及动力学行为，对理解和解决关联量子问题（如费米弧问题），具有重要的参考意义，是凝聚态物理发展的新的研究方向。非厄米量子多体系统的解析研究非常困难，计算模拟是必不可少的手段。相比于厄米系统，非厄米系统的本征谱不受厄米性保护，不一定是实的，这经常会造成计算的不稳定性。解决这种不稳定性是量子多体计算方法研究面临的一个挑战。

（3）莫特物理与莫特相变机理。对于一个半填充的电子系统，随着电子间相互作用的增强，会发生金属到莫特绝缘体的相变。在此过程中其电荷自由度因激发谱打开莫特能隙而冻结，所以低能激发由自旋自由度描述。莫特相变并不伴随通常的对称破缺，而且因为其常伴随共存的反铁磁序而使有关物理更复杂，所以如何准确定义莫特绝缘体及理解莫特相变是一个尚未解决的科学难题。此外，对莫特绝缘体进行掺杂同样可发生到金属或超导的相变，这种掺杂诱导的莫特相变与带宽变化（即相互作用变化）诱导的莫特相变机理的异同是当前研究的前沿课题。这些问题的解决对理解高温超导和量子自旋液体等具有极其重要的科学意义。

（4）窄带体系。研究石墨烯等一类人工窄带和拓扑平带系统中的强关联效应，包括超导和分数量子霍尔效应。这类材料的优点是二维性强并且在很大程度上避免了杂质的效应，理论与实验易于比较。

## （二）大规模数值计算方法发展

（1）在量子蒙特卡罗模拟方面。作为重要的非微扰数值计算方法，该方法在高温超导体、量子自旋系统、冷原子体系以及拓扑物质等领域取得了重要的研究成果，推动了凝聚态物理学的发展。近年来，行列式量子蒙特卡罗算法及模拟的发展十分引人注目。目前的研究跨过了以哈伯德模型为代表的具有显式四费米相互作用的问题，直接研究费米面或者狄拉克费米子与临界玻色场耦合的问题，在这样的框架之下，模型设计上获得了很大的自由度，原本限制行列式量子蒙特卡罗的符号问题可以规避，如掺杂的正方晶格反铁磁量子临界点就可以通过新的行列式量子蒙特卡罗模拟进行研究。另外，研究人员通过将无相互作用的费米面与各种玻色子临界涨落耦合起来，成功设计出伊辛向列相、电荷密度波、铁磁和反铁磁自旋密度波以及 $Z_2$ 或者 U（1）规范场等临界涨落与费米子耦合的模型，为定量理解众多关联电子量子临界系统打开了数值研究的可能性，并且可以与高阶圈图和新的重正化群方案等解析结果进行对比。

“负符号”问题一直是制约量子蒙特卡罗应用的难题。最近，中国科学院物理研究所的研究人员与合作者基于马约拉纳反射正定性和克雷默正定性分析了量子蒙特卡罗中的符号问题，给出了不存在“负符号”问题的两个充分条件。该研究对以往不存在“负符号”问题的辅助场量子蒙特卡罗给出了统一的描述，得到了不存在“负符号”问题的一些新的相互作用费米子模型。清华大学高等研究院建立了基于马约拉纳表示的量子蒙特卡罗方法。同时需要看到的是，最近研究人员从量子场论研究中汲取思路，开始设计费米子与临界玻色子耦合的模型，并且提出了诸如自学习蒙特卡罗方法等更加有效和普适的更新方法，已经可以绕过所谓的“负符号”问题，直接研究强关联电子系统中的诸多核心问题。并且体现出凝聚态物理和高能物理结合，量子共形场论解析与蒙特卡罗数值结合等新的趋势。

同时，物理认识上的进步也在推动蒙特卡罗计算技术上的发展。例如，自学习蒙特卡罗和鸸鹋蒙特卡罗就是机器学习在凝聚态物理系统中的应用，能够降低传统的行列式量子蒙特卡罗的计算复杂度，使得更大尺寸和更低温度系统的模拟成为可能。结合系统的理论分析，数值模拟为量子临界金属理论框架的建立提供了有力的支撑。但是，目前很多的人工智能计算是以不计成本地投入计算资源来实现的，对于资源的耗费即将面临瓶颈（有预测表明，以目前的人工智能的计算消耗增长趋势，到2040年整个地球的资源将难以支持到时的人工智能计算消耗），所以计算物理学在此方面的进一步发展，也需要伴随着计算软件和计算硬件的发展。目前基于传统CMOS的冯·诺依曼机正在向未来以忆阻器阵列为载体的存算一体的类脑机转化，进而体现了这方面的内在需求。

（2）在张量重正化群方面。威尔逊数值重正化群和密度矩阵重正化群分别是研究磁性杂质和（准）一维量子多体问题非常有效的计算方法，并有较成熟的软件包可供下载使用。进一步的发展，主要将威尔逊数值重正化群全密度矩阵算法推广用于研究动力学及非平衡态问题，同时将以数值重正化群和密度矩阵重正化群为代表的多体计算方法标准化，降低其使用门槛，使得这种方法的软件包能跟密度泛函理论软件包或量子化学软件包一样，得到同行的普遍关注和使用。

密度矩阵重正化群是研究一维量子系统的首选方法，可以用来研究包括基态、低能激发态、热力学量、动力学关联函数、含时演化、非平衡态等物理性质，并将在一维和准一维量子问题的研究中继续发挥主导作用。在二维量子模型的研究中，受纠缠熵的限制，系统的宽度不能太宽。但因为不存在蒙特卡罗“负符号”问题，该方法是研究相互作用费米子系统和强阻挫自旋系统不可或缺的一种方法。密度矩阵重正化群，结合其他计算方法和场论分析等，能对一些很难研究的问题，例如，电荷掺杂的 $t$ - $J$ 模型或哈伯德模型的基态是否具有超导非对角长程序，给出有价值的参考数据，也能够解决高温超导机理及其他二维强关联量子研究中遇到的理论问题，帮助我们在一些理想模型中找到量子自旋液体等新的量子态或量子效应。此外，密度矩阵重正化群在原子、分子的电子态以及原子核结构的计算方面也得到很大发展，计算效率及并行化程度大幅提高，使得我们能够解决更多原子分子物理、原子核物理及量子化学中遇到的问题。

张量重正化群研究张量网络态在重正化群变换下的物理性质，是解决热力学极限下二维量子模型或三维经典模型发展的一种数值重正化群方法。最近十多年来，这种方法的发展取得了可喜的进展，解决了一些其他方法很难解决的问题，如笼目反铁磁海森伯模型的基态问题，显示出巨大的发展潜力。但这种方法还有很大的发展和改善空间，无论是计算精度还是效率都应当提高，这是未来 5 ～ 10 年应该解决的问题。结合大规模的软件开发，这种方法的应用面会扩大，同时软件使用门槛会降低，会有更多的研究组采用这种方法开展研究工作，有望成为解决莫特绝缘体、量子自旋液体甚至高温超导等强关联量子问题的强有力的手段。

在关联量子材料和量子模拟多体问题的实验研究中，有限温度性质的张量重正化群方法不可或缺，特别是阻挫量子磁体和掺杂费米哈伯德系统的研究等。有限温度方法可以通过拟合热力学性质反推微观哈密顿量，将多体模型研究与具体的量子材料实验测量紧密联系起来。与基态计算中的密度矩阵重正化群（有限尺寸）和张量重正化群（热力学极限）两类方法相对应，有限温度方法也分为有限尺寸和无穷大尺寸两条发展路线。有限尺寸计算具有高度的可控性和计算精度，可以处理一些非常有挑战性的困难问题，但是与密度矩阵重正化群一样，在宽度方面受到限制；而热力学极限算法可以去除有限尺寸效应，但是在低温下由于所需计算资源较大，同样会遇到有效精度不够的问题。因此未来 5 ～ 10 年，完善和优化有限尺寸方法，拓展新的思路来发展热力学极限热态张量计算，是量子材料研究所亟须的发展方向。

（3）在动力学平均场研究方面。在格点强关联模型中取得成功以后，21世纪初，动力学平均场方法的发展分化为两个重要的子方向。其中第一个子方向是将动力学平均场理论（dynamical mean field theory，DMFT）与密度泛函理论相结合，发展出 LDA + DMFT 方法。这一方法在局域密度近似（local density approximation，LDA）的基础上，利用动力学平均场，再进一步考虑局域电子关联导致的动力学效应，体现在具有强烈频率依赖的电子自能修正上。LDA + DMFT 方法在 21 世纪初提出以后，在电子结构计算领域内迅速得到了广泛的应用，用来计算具有开放局域轨道（如 3d/4d/4f/5f 等）的材料体系。另一个重要的发展方向，是把动力学平均场的思想进一步向前推进，考虑原先忽略的空间非局域的动力学关联效应。这方面的发展又分成两条不同的思路，第一种考虑空间关联的方法，是把动力学平均场中考虑的“格点”扩大为有限的团簇，从而发展出各种团簇动力学平均场方法，如贾雷尔（M. Jarrel）研究组发展的动量空间团簇动力学平均场和科特利亚尔（G. Kotliar）研究组提出的团簇 DMFT 方法等。另一种考虑空间关联的方法，是在动力学平均场的基础上进一步考虑涉及多个格点的圈图展开，与团簇方法不同的是，这类方法中不存在如何构造团簇的问题，目前在这类方法中最有影响力的是对偶费米子方法。

除了动力学平均场之外，基于基态变分原理的古茨维勒（Gutzwiller）近似是另一种在高维极限下求解哈伯德模型的方法，与动力学平均场不同的是，古茨维勒近似只能获得强关联体系在零温下的静态性质。中国科学院物理研究所在 2008 年将古茨维勒近似推广到了实际材料计算，提出了 LDA + Gutzwiller 方法，目前已经应用到多种关联材料的电子结构计算中。

（4）探索和发展量子多体系统中的机器学习算法。随着人工智能和大数据处理的发展，机器学习用于量子多体系统计算的算法发展，已成为强关联量子问题研究关注的重要方向，并在量子多体问题的研究中发挥了重要作用。机器学习算法主要应用在以下几方面：①量子多体波函数的神经网络表示，这提供了一种思路和架构来研究量子多体问题，但其普适性及有效性还有待进一步检验；②自动微分技术应用于优化张量网络态，这是解决张量网络态变分优化时出现的非线性问题的有效方法；③用机器学习算法提高蒙特卡罗更新的策略，此外，基于深度生成型模型表示的学习，在量子多体计算数据的分析中可化繁为简，揭示隐含的规律；④通过机器学习等先进的优化方法与多体方法相结合，有效减少代价相对昂贵的多体计算调用次数，来快速建立包括多体模型的相图，自动拟合实验宏观测量结果寻找关联量子材料微观模型参数等；此外，多体计算可以提供丰富的数据集用于训练神经网络，后者可以在量子模拟数据分析（如量子气显微镜的大量“拍快照”数据）等关联量子物质的研究中起到重要作用。

（5）建立量子多体计算的软件库。发展计算方法与算法、开发软件是一项长期且庞大的工程，需要足够的人力和物力的投入。特别是随着高性能计算机的发展，开发与拥有自主知识产权的软件对于科学技术与物质模拟变得越来越重要，其意义不亚于自主开发我国的个人电脑操作系统，否则重大创新成果的产生或新材料的开发都会受制于国外的开发商。我国在量子多体问题的计算方法研究方面起步不比国外晚，许多新的计算方法就是由我国科学家提出的，在核心软件的开发方面也有了一定的积累，但在软件集成和商业化方面还缺乏长期和整体部署。这限制了从事量子多体计算队伍的规模，但从另一个角度来看，也说明这方面的研究还有更大的发展空间。我国在严格对角化、密度矩阵及张量重正化群、量子蒙特卡罗和动力学平均场等方面有近三十年的研究积累，开发了一批软件，为进一步的发展打下了很好的基础。但还缺乏集成化程度高、使用便利的量子多体计算软件平台。建立这个平台，会大幅降低量子多体计算研究的门槛，使得更多研究者能够参与这方面的研究，提高该领域的发展速度。

## 第十六节　量子临界现象和相变

### 一、科学意义与战略价值

量变引起质变是自然界的基本规律。凝聚态物质的热力学状态伴随某些外部或内在参量的变化而发生的质的改变被称为相变，理解二级相变及其引发的临界现象是近代物理学的重要成就之一。翁萨格（Onsager）在1944年给出了二维伊辛模型的严格解，第一次清楚地展示了热力学极限下奇异性即相变的出现；之后朗道在对称破缺基础上建立的二级相变理论，不仅塑造了20世纪的凝聚态物理学，也深刻影响了粒子物理和宇宙学的发展；对临界现象的研究直接导致了重正化群理论的建立，颠覆了物理理论的传统认知，开启了统计物理和场论的新局面。

零温极限下，在非温度参数调控下发生的相变被称为量子相变。在二级相变的量子临界点附近，量子涨落和有限温度下热力学涨落的共存，各种序的相互竞争，以及熵的累积，会引起许多有趣的量子临界现象，涌现出新的有效相互作用和物质态。这些现象和新的物质态敏感地依赖于微小的外界影响，可以很容易地被调控，具有重要的科学意义和潜在的应用价值。例如，磁性量子相变往往伴随着熵增效应，通过外磁场可以快速抑制熵的增加，从而应用于极低温区的磁致冷。

量子相变和量子临界现象广泛地存在于凝聚态体系中，特别是强关联电子体系如铜氧化物和铁基高温超导体、重费米子体系、量子磁体等，是当前凝聚态物理研究的重要前沿领域。非常规超导、奇异金属等重要科学问题都与量子相变及其导致的有限温度下的量子临界现象紧密相关。实验发现，非常规超导往往出现在磁性量子临界点附近。而在量子临界区，各种物理量会随温度或其他调控参数呈现反常的幂数或对数依赖，表现出奇异的非费米液体或奇异金属行为。

## 二、研究背景和现状

20世纪初期，量子力学的建立为理解材料物性提供了新的理论工具，首先导致了近自由电子的能带论的提出。对于弱相互作用体系，朗道等将基于准粒子图像发展的费米液体理论视为凝聚态物理的基本范式。但是到了20世纪下半叶，人们发现许多材料的性质偏离能带论和朗道理论的预言。这些材料通常包含未满壳层的d电子和f电子，具有较强的电子关联，电子的自旋、轨道、电荷和原子晶格等多种自由度之间存在复杂的相互作用，在外磁场、外电场、压强、掺杂等调控下会诱发很多宏观性质的变化，导致超导、磁性序、电荷序、铁电、结构等各种类型的量子相变及其伴随的丰富多样的量子临界现象，无法用传统理论理解，需要建立一个超越朗道范式的强关联电子理论。此处我们简要介绍三个方面的进展情况。

## （一）高温超导体中的量子临界现象

高温超导现象与量子临界密切相关。目前发现的高温超导体如铜氧化物和铁基材料，其典型特征都是超导与反铁磁毗邻。伴随反铁磁长程序被破坏，超导逐渐出现，超导临界温度 $T_c$ 随空穴掺杂浓度 $p$ 在相图上呈现抛物线形状。对几种典型的铜氧化物超导体，通过强磁场把超导压制掉以后，极低温下的比热测量发现有效质量在特定掺杂点有发散行为，这符合量子临界图像中在量子临界点附近有效质量满足 $m^* \propto \ln(1/|p-pc|)$ 和 $m^* \propto \ln(1/T)$ 的预期。进一步研究发现这可能对应于赝能隙和类似费米液体基态的量子相变，也有人认为是费米面的结构变化所造成的相变，即量子相变左边赝能隙区域的载流子浓度正比于空穴掺杂浓度（$n \propto p$），而右边对应于（$n \propto 1+p$）。

在铜氧化物超导体中，超导转变温度最高的掺杂点或稍微过掺杂的地方表现出电阻与温度的线性行为，这与电声子散射图像是不符合的。这种反常金属行为跨越了几个数量级的温度范围，有理论认为此点的散射率满足所谓普朗克（Planckian）散射关系，即 $\hbar/\tau=k_BT$，体系在各个能量尺度上都不存在良好定义的准粒子。这个规律是否具有普适性仍需要更多的实验验证。近几年发展的所谓 AdS/CFT 对偶理论给出了一个可能解释。

铁基超导体中也有类似现象，尤其以 $BaFe_2As_{2-x}P_x$ 最为明显。低温下的磁场穿透深度在最佳掺杂点有发散行为，预示有效质量的发散，而且此点的电阻也表现出随温度的线性行为。对不同铁基超导体系的比热测量发现，其有效质量均在最佳掺杂点附近有峰值或发散，说明量子临界现象的存在（Shibauchi et al.，2014）。在某些铁基超导体中还有电子向列相的出现，其量子临界涨落同时包含向列型涨落和磁性涨落，两者相互影响，与超导和最优化 $T_c$ 的关系尚有待澄清。

## （二）重费米子量子临界现象

重费米子体系由于特征能量尺度低（meV），其基态可以更容易地通过压力、磁场、掺杂等多种非温度参量进行连续调控，是研究量子相变与量子临界现象的理想材料体系，近些年取得了许多重要的实验和理论进展。

典型的反铁磁量子临界体系包括 $CeCu_2Si_2$、$YbRh_2Si_2$、$CeRhIn_5$ 等。在 $CeCu_2Si_2$ 中，电阻和比热等物理量的行为可以用赫兹（Hertz）、米利斯（Millis）、守谷（Moriya）等发展的量子临界理论描述，该理论假设 f 电子在相变时已经完全巡游，只需考虑磁性序参量即自旋密度波的量子临界涨落。而在 $YbRh_2Si_2$ 和 $CeRhIn_5$ 中，有实验表明，伴随着反铁磁量子临界点的出现，f 电子发生了从局域到巡游的转变，导致费米面或者载流子浓度在量子临界点发生跳变，表现出与 Hertz-Millis-Moriya 理论预言不一致的量子临界标度行为。此外，在同一材料中（如 $CeRhIn_5$），压力和磁场等不同调控参量还可以诱导多种类型的量子相变。近年来，这些新的实验发现促进了量子临界理论的进一步发展。为了解释这些非常规量子临界行为，科学家提出了多种理论模型，包括局域量子临界理论、巡游准粒子理论、二流体理论等。其中局域量子临界理论认为在反铁磁序被压制的同时，f 电子自旋开始受到导带电子的近藤屏蔽并参与费米面，导致电子费米面发生由小到大的突然变化。但近几年来的 ARPES 测量表明，部分磁性重费米子材料在高温顺磁态存在明显的近藤杂化行为，f 电子参与费米面，与局域量子临界理论的预期存在出入。因此，f 电子在低温磁有序态是否同样存在相干近藤杂化行为是亟待解决的一个重要科学问题。最近，中国科学院物理研究所的研究团队提出了一个新的重费米子量子临界理论，他们基于自旋的施温格（Schwinger）玻色子表示，引入自旋子（spinon）及其与电子复合产生的巡游空穴子（holon），预言在高温顺磁态会存在杂化，而在低温磁有序态则会发生自旋子凝聚而具有小费米面，与 ARPES 和德哈斯–范阿尔芬（de Haas-van Alphen，dHvA）实验的观测一致。该理论在空穴子自能的局域近似下回到局域量子临界图像，相关争议有待更多后续的实验和理论对比检验。

引入磁阻挫会从根本上改变上述反铁磁量子临界行为。2019 年，中国科学院物理研究所的研究团队在阻挫重费米子材料 CePdAl 的压力和磁场调控实验中发现，当反铁磁序被抑制后，体系基态并没有立即转变为具有大费米面的费米液体，而是出现一个顺磁的非费米液体量子临界中间相。在局域量子临界理论中，该中间相具有小费米面；而前述基于施温格玻色子表示的量子临界理论预言该中间相存在退禁闭的自旋子和空穴子激发，具有部分增大的电子费米面。其物理本质尚有待进一步的实验和理论研究。

不同于反铁磁量子临界点，先前理论与实验研究表明，纯净的巡游铁磁材料体系中不存在铁磁量子临界点，铁磁序通常以一级相变的形式消失或转变为反铁磁序。2020 年，浙江大学的研究人员首次在纯净的重费米子铁磁材料 $CeRh_6Ge_4$ 中发现了压力诱导的铁磁量子临界点，并且观察到与铜氧化物高温超导体相似的奇异金属行为。该发现打破了先前认为铁磁量子临界点不存在的普遍共识，也带来了一系列新的问题，如铁磁量子临界点产生的条件是什么，会产生哪些新的量子现象，与反铁磁量子临界点有何异同，奇异金属行为是否有统一的描述等。

除上述与自旋相关的磁性量子相变之外，电子的其他自由度，如电荷（或价态）和轨道等在外界调控下也可能经历量子相变。但该方面的实验证据还很少，尚需进一步确认。近几年来，人们发现重费米子材料中也可能存在拓扑量子态，如拓扑绝缘体 $SmB_6$ 和重外尔费米子材料 YbPtBi 等。由电子关联和自旋－轨道耦合等效应引起的拓扑量子相变将是今后发展的另一个重要方向。

重费米子材料中的非常规超导态往往出现在各种竞争序附近。强关联 f 电子往往同时参与超导和各种竞争序的形成，表现出局域与巡游共存的二流体行为，其超导配对一般认为由量子临界区的反铁磁涨落、铁磁涨落、价态涨落、轨道涨落、电四极矩涨落等诱导产生。最近几年的实验发现，重费米子超导不能用简单的单带模型解释，必须考虑多带电子结构和各类复杂的带内、带间量子临界散射，需要建立一个具有高度适应性的理论框架，涵盖众多不同的配对胶水和竞争序的可能性。因此，对重费米子体系中非常规超导机理的认识强烈依赖于对其丰富多样的量子相变和量子临界现象的深入理解。

### （三）量子临界理论的新发展

上述各种量子临界现象迄今仍缺乏统一理论。经典热力学相变发生在有限温度，由热涨落驱动，其临界行为可由朗道－金斯堡－威尔逊对称性破缺理论普适描述。原则上，量子临界系统可以对应到高维度经典临界体系，然而近十多年的研究表明，由于费米面和贝里（Berry）相位的存在，许多量子临界系统中会出现没有经典对应的新物理，超越了对称性破缺理论的框架。前述铜氧化物、铁基、重费米子等材料中量子临界物理研究的困难和复杂性即根源于此。

金属中费米面的存在会导致大量的无能隙模式，包括各种电荷密度波或自旋密度波等，贡献了长程的物理并对费米系统的不稳定性负责。传统的办法是依靠赫兹－米利斯理论处理序参量和费米面相应模式的耦合，考虑对应零动量序参量如铁磁的补丁理论（patch theory）和对应有限动量序参量的热区域理论（hotspot theory），采用随机相位近似的大 $N$ 展开办法来描述。但事实上，在零动量序参量的情况中，费米面上所有的模式都和序参量的涨落强烈耦合；而对于有限动量序参量的情况，虽然只有序参量连接的费米面区域才会显得重要，但由于费米动量不能被重正化，高能紫外和低能红外的耦合难以忽略，难以用大 $N$ 展开有效处理，因此近几年又发展了多种处理费米面附近量子涨落的办法如双展开、维度重整，等等。此外，特殊模型的数值计算方面也取得了一些重要进展。

费米面为点或线的情形相对更容易处理，这里包括狄拉克半金属、拉廷格半金属、外尔半金属等各种拓扑和非拓扑的半金属，由于能带的点接触或线接触，一般的重正化群方法可以直接适用，得到相对可控的结果。这类情况也可以包含一维中出现的拉廷格液体，如量子霍尔效应的边缘态等物理体系以及一些一维或准一维的自旋体系和量子线等，可以与玻色化办法得到的系统结果进行比较。这类没有调节参数的“费米子临界”（Fermion criticality）现象也可以出现在绝缘的自旋体系中，这就是临界量子费米液体，其中包括费米面自旋液体、狄拉克自旋液体等。如果引入连续的规范涨落，其物理类似于费米面耦合一个动量为零的序参量的涨落。

贝里相位会导致所谓的退禁闭量子相变，在量子磁性体系中有很多研究，但在实际材料中尚缺乏确定性的证据。在存在阻挫时，体系基态可以不具有长程序，理论上可以表现出自旋液体行为，具有 $S$=1/2 的自旋子激发，通常磁性体系中 $S$=1 的自旋波可视作两个自旋子形成的束缚态。在量子临界点附近，自旋子退禁闭，同时出现演生的规范场，其低能物理不能再用序参量涨落描述。前述基于施温格玻色子表示发展的新的重费米子量子临界理论就属于这一类，但还要进一步考虑到电子费米面及其与自旋的近藤耦合物理，更为复杂。

## 三、关键科学、技术问题与发展方向

量子相变反映了临界点两侧两种不同量子力学基态的竞争。在量子临界点处，体系的性质不能在两种基态上通过对相互作用的微扰进行描述，是一种真正的中间相互作用状态，因此量子临界研究是探索新型关联电子物态的重要舞台，也是建立一般性的关联电子理论的内在要求，还有助于理解非常规超导的形成机制。目前，对量子临界现象及非常规超导的研究都已经积累了丰富的经验和大量的结果，取得了一些重要进展。但对量子相变的普适性、自旋阻挫和自旋－轨道耦合等其他效应对量子相变的影响、超导和量子相变之间的关系以及量子临界点附近的奇异金属行为等重要科学问题都没有很好的认识，有待更深入的实验研究及理论和计算方法的持续完善。

量子相变和量子临界现象广泛存在于不同的关联电子材料中，其研究强烈依赖于高纯度样品的制备，压力、强磁场、低温等多种极端条件下的宏微观物性测量，以及实验与理论的紧密结合，是一个既富有创新性又具有挑战性的研究领域，未来十五年仍将是凝聚态物理的重要前沿领域。我国在铜氧化物和铁基高温超导研究方面有着多年的积累，做出了令人瞩目的学术贡献。随着研究条件的改善和研究人员的不断引进，近几年在重费米子和量子临界方面的研究力量也在快速增长，国际影响力正显著提升，也出现了一些具有重要原创性的研究成果，如前述铁磁量子临界点和阻挫量子临界相的实验发现、新的重费米子量子临界理论的提出等，为进一步拓展量子相变和量子临界现象的研究打下了很好的基础。

未来几年，我们建议以下几个优先考虑的方向。

（1）新材料体系和电子相图。一个新的材料体系往往可以带动一个领域的快速发展。目前，人们只对 $CeCu_2Si_2$、$CeCu_{6-x}Au_x$、$YbRh_2Si_2$ 和 $CeRhIn_5$ 等少数重费米子材料体系中的量子相变进行了比较深入的研究，对其量子临界性的理论认识还存在不少争议。为了研究量子相变的普适性和多样性，我们尚需大力拓展新的材料体系，构造更多材料体系的多参量电子相图，探索量子临界点附近的奇异行为。

（2）量子临界态的表征。量子相变理论的建立要求对量子临界点附近的微观电子态有一个比较清晰的认识，以便从实验的角度完善量子临界标度律，探索量子相变的机理和分类，建立奇异金属态的描述等。这些都强烈依赖于低温、高压、强磁场等极端条件下的各种宏微观测量手段的不断完善和发展，以及测量精度的提高，需要一个长期的积累与发展过程。

（3）量子临界理论的发展。新的实验发现正推动着新的量子相变和量子临界理论的建立，也迫切要求发展更好的理论和数值计算方法，为新图像提供坚实支撑；在此基础上发展量子临界区电子散射行为的理论模型，探索超越费米液体的新的强关联电子图像，确立非常规超导与量子相变的关系。

# 第十七节　关联多体系统中的量子纠缠、量子混沌及其非平衡动力学

## 一、科学意义与战略价值

量子纠缠是量子计算与量子通信领域的物理基础，它已经逐渐渗透到凝聚态强关联系统研究的各方面，成为理解、分析量子多体问题的重要手段之一。在传统多体理论中，通常采用序参量、关联函数等来描述各种不同的物相，其本质上反映的是多体基态波函数的对称性以及对外场的响应。而引入量子纠缠则从完全不同的角度来揭示多体系统的基态乃至激发态性质。尤其对于具有非平庸拓扑性质的体系和多体局域化等非平衡的体系，量子纠缠已经成为一个关键理论指标。因此，定量分析和理解量子纠缠，对于深入理解关联的多体系统起着至关重要的作用。

量子混沌是经典混沌概念的延拓，表征了体系具有遍历（ergodic）特性，这也是系统热化和平衡态热力学的基础。量子混沌既可以通过半经典近似从经典混沌来理解，也可以利用体系能谱分布从随机矩阵理论来研究。该领域最新的发展主要是来自于全息对偶理解的引入，一些强关联的多体量子系统被发现可以对偶到 AdS 空间的引力理论。在这种框架下，多体系统的混沌特征可以通过所谓的交错时序关联函数（out-of-time-ordered correlation，OTOC）

来定量刻画，这对应了引力对偶描述中黑洞视界的冲击波（shock wave）碰撞。这一全新的对偶理解和交错时序关联函数的引入，为进一步理解量子混沌背后的物理内涵，以及大规模定量考察不同系统的量子混沌情况带来了可能。

另外，近年来非平衡动力学方向不断取得新的发展。传统的非平衡问题的一个主要研究动机是为了理解从给定初态演化到热力学统计平衡态的动力学过程。尽管该问题目前仍然面临着理论挑战，由于近期实验手段和理论水平的进步，一些新的问题已经成为当前国际上研究的焦点，例如，非平衡系统的热化和预热化、本征态热化假说、多体局域化、周期性驱动下的非平衡系统、时间晶体、淬火动力学、绝热演化和基布尔－楚雷克（Kibble-Zurek）标度，以及动力学量子相变等。这一系列非平衡问题与量子混沌、量子纠缠等多体物理中的新型概念存在密切的联系，对其开展系统的研究能够进一步发展统计力学、量子多体系统的理论框架，为深入理解非平衡现象奠定基础，同时相应的非平衡系统也可以是非常好的物理模拟和量子计算实验平台。

## 二、研究背景和现状

目前国内外对多体系统中的量子纠缠的研究总体分为如下几个方面。①研究对多体系统中量子纠缠的度量，从多体波函数或者其他更简洁的物理体系信息中提取刻画和估计量子纠缠性质。②采用量子纠缠的观点来帮助理解量子相变、拓扑序、拓扑相变以及量子临界行为等多体物理的重点问题。③相关推广性研究，包括有限温度问题、多分（multipartite）纠缠以及纠缠的动力学等。

在量子纠缠的度量方面，目前已经针对自旋、费米子、玻色子以及玻色－自旋等系统提出了多种不同的度量方法和物理指标，比如基于约化密度矩阵的冯·诺依曼纠缠熵和雷尼（Rényi）纠缠熵，在混合态下的纠缠消耗（entanglement cost），适合混态和经典系统纠缠刻画的相互信息（mutual information），更适合刻画相变量子效应程度的纠缠负值（entanglement negativity）等。对于不同的量子态和不同的研究目的情景，通常需要使用不同的物理指标刻画其纠缠性质。最简单的情形里，纠缠的量化首先需要明确多体系统的基态波函数，由于多体问题的复杂性，这一般需要和高精度的多体数值计算方法相结合。值得指出的是，量子纠缠的思想已经被广泛应用于多体计算方法，如密度矩阵重正化群方法等。利用纠缠性质，可以逐步对希尔伯特空间进行有效截断，从而近似得到基态波函数和基态能量。通过数值方法与纠缠度量相结合，目前国内外已经对各种复杂的多体问题进行了系统研究，包括低维阻挫自旋模型、强关联费米子模型等。针对更一般的情形，也有更多通过非直接读取波函数来估计纠缠的方案。其中一些需要通过量子态层析（quantum state tomography）的方案估计，还有一些通过比纠缠熵更容易测量和计算的代理指标来估计，比如施密特数等。实验上，我们可以通过多个全同系统交换算符的测量或者随机测量方案来估计相应体系的雷尼纠缠熵。这里的很多方案也可以进一步和机器学习方法结合起来，实现对纠缠熵的高效低成本估计。

量子纠缠的另一重要应用是研究零温下的量子相变以及量子临界现象。通过研究相变点附近的量子纠缠行为，一方面可以用于判定系统是否出现量子相变，另一方面可以更加深入、准确地刻画临界点和相变类型。在这个方向，仍需要进一步研究的重要问题包括：①相变点附近的量子纠缠特征与相变的阶数之间的关联；②发展并优化更有效的用于检测量子相变的纠缠度量方法，比如纠缠负值；③在有限温度下，利用纠缠进一步研究量子临界区的丰富性质。

此外，量子纠缠和内禀拓扑序之间具有天然的联系。对于有能隙的系统，内禀拓扑平庸与非平庸基态展现出截然不同的纠缠特征，前者通常是短程纠缠态，而后者具有长程量子纠缠。拓扑纠缠熵以及纠缠谱是鉴别拓扑序的有效手段。拓扑序的量子纠缠性质是近十五年来国内外研究的前沿热点，也将是未来需要重点研究的方向之一。拓扑平庸相与拓扑序之间，以及不同拓扑序之间的相变通常伴随着量子纠缠的定性改变，其中仍然需要深入研究的基本问题包括：如何在数值上观测相变点附近的纠缠演化，临界点或无能隙体系中的纠缠特征，用量子纠缠进一步研究解禁闭量子临界点等。

量子纠缠的推广研究方面，有以下几个值得深入挖掘的重要基本问题：①多体系统在有限温下的纠缠性质。近十多年来，该问题已经在相关的自旋、费米子模型中被广泛研究。尽管纠缠是量子力学效应，在零温下尤其显著，但多体系统的纠缠性质却可以在有限温度下保持。有限温的研究对实际的物理体系有重要的指导意义，如高温超导体（尤其是赝能隙区）以及自旋液体等。研究有限温下的纠缠性质，能够为理解这些强关联系统基本问题及其物理机制提供新的视角，并能与实验进行对比。②多分（multipartite）量子纠缠及应用。相较于两分（bipartite）纠缠，多分纠缠包含更加丰富的与多体波函数有关的信息。当系统处于量子临界点附近时，多分纠缠可以被全局纠缠所刻画，进而能够更加有效率地检测量子相变、拓扑序的产生等新颖现象。③多体系统中纠缠的动力学问题。给定初态波函数，通过研究量子态的演化，可以进一步揭示其量子纠缠的动力学性质以及传播行为。对于不同的体系，量子纠缠的含时动力学有着明显的区别。因此纠缠的含时演化规律是多体局域化、时间晶体、测量驱动的混合量子线路等体系的最重要特征之一。另外，利用量子模型的淬火过程，可以研究如何通过外界参数进行调控，以及产生特定的量子多体纠缠态。

综上所述，量子纠缠在多体系统中具有重要的理论价值和应用前景。目前我国在系统纠缠的度量、量子相变及临界行为的检测方面已经做出若干重要成果。预期未来可以在该方向的研究中保持良好势头，不断涌现出重要进展。

量子混沌领域的最新进展主要有两个来源。① SYK 模型的提出。作为一个随机全连接的零维模型，该模型在粒子数大的极限严格可解，并且可以证明其李雅普诺夫（Lyapunov）系数为理论限制的最大值。由此这一系统因其典型的量子混沌行为和可能的引力全息对偶引起了理论上的广泛兴趣，相应的多粒子种类和高维的 SYK 扩展模型、量子混沌和非平衡行为，以及可能的相变都是研究的重点方向。该模型的研究优势在于，由于一定的可解性，我们对于量子混沌能有更多的解析理解和场论分析。②另一个量子混沌研究进展是交错时序格林函数在刻画量子混沌中的广泛应用，其相应的时间标度可以给出标记混沌程度的李雅普诺夫系数和信息传播速度的蝴蝶效应速度。这一新型的关联指标作为重要的探测工具广泛应用到了多样的非平衡系统和强关联多体系统的量子混沌行为的考察上，包括但不限于多体局域化系统和金属性质的量子临界系统等。更重要的是，这一关联函数有很多易实现的实验方案，相应的 OTOC 测量和量子混沌模拟已经有了丰富的基于量子计算平台的实验模拟结果。

另一个与量子纠缠和混沌具有紧密关联的重要前沿方向是非平衡动力学问题。近年来超冷原子、光晶格方面和量子计算硬件方面的实验进展给非平衡系统的动力学问题提供了良好的量子模拟平台。目前前沿进展以及热点问题包括以下几个方面：①在系统参数改变的整体淬火过程中系统的演化问题及其中可能出现的动力学相变。特别是这一动力学相变和平衡态的拓扑相变之间可能存在的联系和区别。②非平衡系统热化的机制，本征态热化假设以及可积系统中的热化失效等问题。特别是一些物理系统呈现的所谓预热化的阶段和其动力学的标度规律等是近年的研究热点。这些研究由随机矩阵理论所支撑，其给出了热化平衡系统和不同非平衡系统的能谱分布规律等。③在相互作用多体系统中的多体局域化问题。近年来，在里德伯冷原子平台、光晶格平台以及超导和离子阱量子线路平台实验中的进展以及严格对角化、张量网络方法和实空间重正化群数值模拟算法和算力的提高使得该方向得到迅速发展。多体局域化的可能成因包括系统无序、准周期势能和线性势能等。这些不同成因的多体局域化对应的物相和它们到热化相的相变是否相同，相变的普适类性质，也是重要的热点研究方向。另外，通过与时间晶体、周期性含时驱动问题相互结合，多体局域化理论不仅能够揭示多体系统在非平衡态下的量子纠缠性质，还可以提供一种实现非平衡拓扑物态的方案。④纠缠动力学的理论研究。在非平衡过程中，局域哈密顿量所描述的系统满足利布－罗宾逊（Lieb-Robinson）条件，因而会对系统的量子纠缠或信息的传播速度提出限制。这种信息的传播可以在光晶格实验和量子线路实验中进行模拟。这一量子扩散（quantum scrambling）过程在非平衡多体系统和量子线路平台的理论研究中非常活跃。对该类问题的研究也可以在基本原理上促进多体数值方法的发展。目前已有的数值方法，如张量网络重正化群等，需要依赖于纠缠的面积定律，因此只能够有效地模拟具有局域相互作用模型和较短时间的动力学。目前仍然需要发展高效的数值方法去模拟具有长程相互作用的问题和长时间的演化动力学，纠缠动力学方向的深入研究可能对该问题具有启示作用。比如直接将纠缠的结构视为某种波函数，直接研究纠缠的动力学而绕过波函数演化的细节，相应的结构也许可以保持面积定律，从而实现纠缠动力学在大体系和长时间的高效模拟。⑤非平衡系统的输运问题。除了已经较为成熟的非平衡格林函数等方法，近年来，通过含时多体数值方法的发展，如含时密度矩阵重正化群等，已经可以在一维系统中模拟非平衡态的输运问题。目前，关于含时问题的计算方法仍不成熟，如何更精准计算较大的系统，模拟二维甚至三维系统，是未来值得进一步投入的研究课题。⑥非平衡系统中的拓扑性质。近年来，这一课题获得了越来越多的关注，相关问题包括：拓扑物态与环境耦合下的稳定性，开放系统中的拓扑，多体局域化体系激发态的拓扑序保护、非厄米拓扑系统，周期驱动的拓扑态，以及非平衡物态的拓扑分类等。⑦量子希尔伯特空间分块（fragmentation）和量子多体疤痕（sear）。与多体局域化体系不同，这些系统只有极少数的激发态是局域的，但其可能极大地影响某些初态下的动力学。这些系统在里德伯原子实验平台有着丰富的探索和实现。这些系统的研究和理解也和最近研究活跃的所谓分形子（fracton）及可能的量子存储实现有着密切联系。⑧量子芝诺（Zeno）效应。这一新型的非平衡相变最早在量子线路的模型上引入，现在也涵盖了多体物理系统，包括费米子和自旋等。其通过注入一定概率和强度的测量或非幺正演化，可以调节系统演化末态的纠缠强度，从而对应一种新型的和多体局域化不同的纠缠相变。这种相变点被认为可以由某种共形场论来描述，从而具有重要的理论价值。同时，通过时空对偶等技术和完全混态纯化的理解角度，量子芝诺效应不需要测量后选择的实验实现，也逐渐发展了出来。

## 三、关键科学、技术问题与发展方向

尽管量子混沌、量子纠缠和非平衡量子物理已经在多体系统中被广泛研究，但是目前仍然有很多需要解决的重要科学问题，其中一方面来自于量子多体系统本身的复杂性，另一方面是由于很多物理概念比如量子纠缠和一些非平衡的系统等都是新兴的，目前的研究尚不充分。总体上，关键的基础科学问题有以下几个方面。

（1）从量子纠缠的角度理解复杂的强关联多体基态及其形成机制，包括铜氧化物高温超导、重费米子系统、非费米液体等。对此，可以考虑自旋或者自旋－费米子模型等，研究不同相的量子纠缠性质，进而探讨其物理机制。

（2）利用量子纠缠来研究量子解禁闭相及相变。例如，从反铁磁奈尔态到价键共振态之间解禁闭量子临界点、反铁磁奈尔态到自旋液体的相变等问题。

（3）研究拓扑序和量子纠缠之间的深入关联，包括对称性保护的拓扑序、对称性富化拓扑序以及具有长程量子纠缠的拓扑序等；研究量子纠缠和任意子、拓扑激发之间的内禀关联；研究无能隙系统的量子纠缠并发展相关理论方法。

（4）研究量子纠缠与量子相变之间的关联，包括相变点附近的量子纠缠特性和相变阶数之间的关系，发展并优化更有效的检测量子相变的方法所对应的量子纠缠指标；研究有限温度的量子临界区。

（5）研究典型的多体模型在量子淬火下的纠缠动力学；研究在相互作用和无序共同影响下的纠缠演化问题。该问题与非平衡动力学密切相关，能够对量子信息领域给予重要反馈。与此相关的问题还包括如何通过对模型的参数调控，在多体系统中产生、制备特定的量子纠缠态等。

（6）进一步深入发展与量子纠缠相关的多体数值技术，例如，发展新型无符号问题的量子蒙特卡罗方法，在张量网络重正化群方法中发展更加有效的张量网络拟设，并优化求解基态以及期望值的算法；开发更高效的处理含时问题的数值方法。

（7）利用现有的解析场论工具和数值工具进一步理解支持量子混沌以及包含丰富物理的 SYK 模型及其扩展模型，特别是这类模型中包含的相变行为和普适类。

（8）对于量子多体系统的各种新奇物态和相变点上的量子混沌行为，以交错时序格林函数为基本工具，进行深入的解析和数值研究。

（9）通过光晶格或里德伯原子等相关的实验手段，来模拟新颖的非平衡态系统，比如周期性驱动下的拓扑非平庸态等。这将为理解非平衡下的凝聚态拓扑物态提供重要实验支撑。

（10）通过量子计算平台，在实验上实现非平衡相关的物态并数字模拟其动力学。特别是具有部分量子比特中间测量能力的离子阱平台，特别适合非平衡体系的实验研究和设计。

（11）研究非平衡态中的量子信息传播和扩散、纠缠动力学；研究非平衡态的相变问题以及新颖的普适类，包括但不限于多体局域化和热平衡之间的相变，量子芝诺效应导致的纠缠相变等。

（12）进一步研究并完善多体局域化理论；找到更多导致多体局域化的贡献因子。研究多体局域化体系的稳定性问题和雪崩（avalanche）效应，特别是高维多体局域化系统的存在性。

（13）研究开放系统中的拓扑物态，包括其稳定性、拓扑分类以及超越平衡态的新型拓扑物态；研究开放系统中的噪声、耗散等，尤其是它们对拓扑性质的影响。

（14）发展针对一维、二维的非平衡多体系统的新型高效的数值计算方法。包括但不限于严格对角化、张量网络方法和实空间重正化群等方案的改进和创新。并计算相关模型的电荷、自旋等输运性质和关联函数与纠缠的动力学演化情况。

未来十五年内，应针对量子纠缠的数值和实验上的定义、测量和估计方法进行系统的研究。对量子纠缠在拓扑序、拓扑相变、量子相变以及量子计算中的基础科学问题，开展系统的理论、数值以及实验探索。在理论上完善关于拓扑相变的一般性理论，探索量子纠缠与多种非传统相变之间的关联；建立用量子纠缠来判断量子相变并揭示其性质的系统性方法。此外，应当采用纠缠的观点去研究强关联系统的难点问题，例如，研究高温超导材料赝能隙区的纠缠特征及其物理机制。对于不同多体系统量子混沌情况的研究，也应该进一步推动。这既包括适合理论分析的 SYK 模型及其扩展模型的理解，也包括了更多丰富的强关联体系和非平衡系统的混沌行为研究。非平衡动力学方面，应当着眼于近十年来的前沿发展，促进数值计算和实验模拟两个方面的相互结合，一方面支持含时多体计算方法的发展，另一方面发展超冷原子光晶格和里德伯原子实验技术以及基于超导量子比特、离子阱、光量子、半导体量子点等平台的量子计算硬件等。由于非平衡物理研究的快速发展和迭代的特点，研究范围应当紧跟和追踪研究的热点领域方向，比如多体局域化、时间晶体、纠缠相变和动力学等。这些方向对理论上理解非平衡量子物理非常重要，又可以启发更多高效数值方法和技术的发展；更重要的是，这些非平衡系统的模拟 / 实现与实验体系紧密相关。因此非平衡物理作为一个重要的交叉领域，其发展将成为推动包括量子计算在内更多重要领域发展的关键杠杆。

# 第三章

# 拓扑量子物态体系

物理学的研究范式与架构是人类认识与改造自然的核心方法论。凝聚态物理作为物理学的最大分支学科，主要关注物质的相与相变。20 世纪 80 年代以来，量子霍尔效应的发现颠覆了人们对传统物质相和相变理论的认知，将数学中的拓扑概念引入物理学研究，揭示了一类特殊的凝聚态体系中蕴含着一种新的全局守恒量，即拓扑不变量。近十几年来以拓扑绝缘体和拓扑半金属的理论预测与实验发现为代表，各种相关的新奇物态相继被预测和发现，如拓扑超导体、玻色拓扑物态、高阶拓扑物态、磁性拓扑物态以及非厄米拓扑物态等，这些新奇物质态的发现为我们提供了探索新颖物理现象的绝佳平台，并极大地拓宽了人类对物质科学的认知与理解。除了具有重大基础科学研究价值，其相关的应用价值也备受瞩目，可能的应用场景包括但不限于新一代超低功耗电子元件、量子信息的储存媒介、高容错量子计算、高效信息传输以及新型表面催化等。

随着拓扑量子体系研究的兴起，大量新的物理概念和理论方法不断涌现（如拓扑荷、拓扑超导、非厄米拓扑物态等）。此外，在拓扑量子体系中观察到许多新奇的演生现象（如各种量子霍尔效应、拓扑磁电效应、巨磁光克尔效应、非厄米趋肤效应等）和演生粒子（如外尔费米子、多重简并费米子、马约拉纳费米子、自旋轨道极化子等）。同时，推动了包括角分辨光电子能谱、扫描探针显微镜、超快及非线性光谱技术在内的多种测量手段和数据分析方法的发明或发展；拓扑量子体系的数值计算方法也得到了空前发展。而且随着研究的深入，拓扑量子体系领域的发展在深度和广度上表现出强劲的态势。

我国在拓扑量子体系也早有布局并且进行了长期的支持。近年来，我国科学家在这一领域不断取得重大的原创性成果，包括量子反常霍尔效应、三重简并费米子、拓扑外尔半金属、本征磁性拓扑绝缘体、三维量子霍尔效应、铁基拓扑超导体、非厄米趋肤效应等。根据国家需求和领域发展前景，确立了拓扑量子体系领域九个重要研究方向：新型拓扑材料、拓扑玻色体系、量子霍尔效应、拓扑半金属、关联拓扑物态、拓扑超导体与马约拉纳费米子、拓扑序及拓扑量子相变、拓扑量子计算和器件、非厄米量子体系。在拓扑量子体系探索方面，基于高通量计算、拓扑电子材料数据库，结合大数据分析、机器学习等方法，搜寻理想的拓扑材料体系；理论和计算研究方面，发展精确描述拓扑量子体系物性的理论方法，从拓扑量子体系复杂的物性中抽象出具有普适性的低能有效理论图像，并发展准确的大规模数值计算；实验测量方面，发展一系列关键测量技术，实现连续可控条件、极端条件下或不同测量手段综合应用场景下拓扑物性测量的能力的实质性提升，鼓励对高精密科研设备的自主研发；器件与应用方面，发展以拓扑材料为基础的器件及其精准制备工艺，加强相关元器件的探索性研究，建立描述新型功能器件的物理模型，发展和半导体工艺兼容的相关技术和工艺，加大投入开展产业应用的前瞻研究。

# 第一节　新型拓扑材料

## 一、科学意义与战略价值

物理学的发展中，守恒量（如能量、动量、角动量等）的提出和发现起到了关键作用。拓扑量子物态的研究，始于理论物理学家如索利斯（D. J.

Thouless)、霍尔丹(F. D. M. Haldane)等意识到一类特殊的凝聚态体系中，蕴含着一类新的全局守恒量，即拓扑不变量。围绕拓扑不变量发展起来的拓扑物理学，被认为具有重大的基础科学意义。从应用前景上看，由于拓扑稳定性，拓扑量子材料可以作为量子信息的储存媒介；拓扑量子材料的表面态也为实现超低功耗电子元件和新型催化剂材料等潜在应用提供了物理基础。

目前，人们已经发现了相当数目的拓扑量子材料，其中大部分属于拓扑绝缘体和拓扑半金属。相关基础研究的前沿是预测、发现、调控新型拓扑材料和拓扑量子物态。“新”体现在如下几个方面：①与已发现的材料相比，物理性质更为理想的拓扑绝缘体(能隙更大、化学更稳定)和拓扑半金属(费米面更小、迁移率更高)材料；②与磁性、超导电性等效应共存的拓扑物态和其对应的材料，如磁性拓扑绝缘体、磁性拓扑半金属和拓扑超导体；③打破了传统的“体边对应原理”的新型拓扑量子物态，如高阶拓扑绝缘体、高阶拓扑超导体、脆拓扑绝缘体、非厄米拓扑体系等。针对新型拓扑材料的研究，拓展了拓扑量子物态的概念，并将其与凝聚态物理的其他分支交叉、结合起来。

## 二、研究背景和现状

拓扑物理学的研究，源于物理学家对于守恒量和宏观量子数的长期的、内在的兴趣，其快速发展则得益于人们对于拓扑边界态在量子比特和新型电子元件设计中的应用前景的预期。从2005年美国科学家提出“拓扑绝缘体”这一概念以来，人们对拓扑量子材料的研究在近十五年取得了诸多重要进展(Hasan and Kane，2010；Qi and Zhang，2011)。近年来，拓扑物理学的前沿研究，逐渐由传统的拓扑绝缘体和拓扑半金属材料向新型拓扑材料过渡。在这一过程中产生了很多新的前沿方向和问题，下面试举几例。

拓扑态的一个普遍性质是具有所谓的“体边对应”，即当体能带或者系统基态波函数具有非平凡的拓扑性质时，在系统的边界上将存在无能隙激发。在对量子霍尔态、拓扑绝缘体、拓扑超导体等拓扑态的研究中，此“体边对应”反映的普遍特征是边界态的维度比体态的维度低一维，例如，三维拓扑绝缘体的螺旋边界态出现在其二维表面上(图3-1)。在2017年，美国科学家伯尔尼维格（B. A. Bernevig）和休斯（T. L. Hughes）等提出了量子化高电极矩绝缘体的概念（Benalcazar et al.，2017）。在这类绝缘体中，具有分数化的电荷束缚态局域在二维或者三维系统的零维角上。由于边界态出现的维度比体态的维度低了至少两维，这意味着这类绝缘体具有新的“体边对应”关系。在2017年8月，中国科学院物理研究所、瑞士苏黎世大学、德国柏林自由大学和美国相关研究组先后发文，进一步正式提出了高阶拓扑绝缘体和高阶拓扑超导体的概念。在理论方面，近年来对这两类新型拓扑态的研究主要集中在对新的“体边对应”关系的认识、新的候选材料的预言和新的实现机制的探索。在实验方面，二维和三维的高阶拓扑绝缘体已在多种经典玻色系统中实现和广泛研究，然而实现高阶拓扑绝缘态的量子材料还非常匮乏，目前尚只有铋和二碲化钨等少数几种非磁性材料有实验证据支持它们为高阶拓扑绝缘体。高阶拓扑超导体由于为马约拉纳零能模的实现和操纵提供了新平台和新思路，也引发了大量的研究。由于内禀的量子属性，高阶拓扑超导态无法像高阶拓扑绝缘态那样在经典玻色系统中实现，这使得高阶拓扑超导态的实现更具挑战性。根据已有的理论研究，兼具能带反转和非常规超导的异质结或者本征超导材料最有希望实现高阶拓扑超导体。在对高阶拓扑绝缘体和高阶拓扑超导体的研究上，我国科学家也处于国际一流行列。

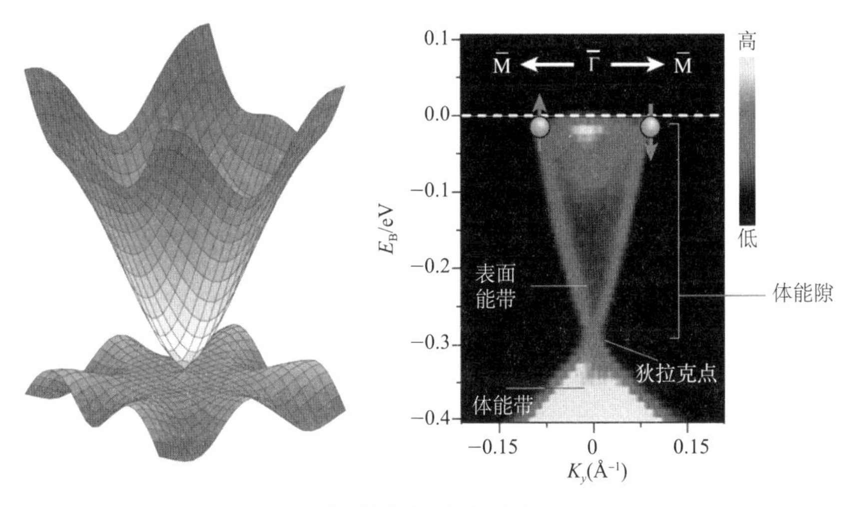


图 3-1　理论计算得到的三维拓扑绝缘体 $Bi_2Se_3$ 的
狄拉克锥型表面态及角分辨光电子能谱测量的 $Bi_2Se_3$ 的电子结构

磁性拓扑材料包括磁性外尔/狄拉克半金属、磁性拓扑绝缘体材料等。它们是磁性与拓扑物理结合的产物，它们的提出和发现是近年来凝聚态物理领域的一个重要进展，也成为拓扑物理走向应用的一个重要出口。在磁性拓扑材料的发现历程中，中国科学家发挥了第一梯队的作用，一直处于国际引领的地位。2018年，人们在具有较高居里温度的铁磁性半金属 $Co_3Sn_2S_2$ 中提出了时间反演对称破缺的外尔费米子，并观察到了拓扑增强的巨反常霍尔效应（Liu E et al.，2018）。2019年，谱学研究证实了该体系中存在外尔费米子，完成了外尔费米子家族的物理分类。目前，以首个磁性外尔半金属 $Co_3Sn_2S_2$ 为代表的研究，已经广泛拓展到了拓扑物理、自旋电子学、高压物理、光学、强关联、能源转换、化学催化等领域，并进一步发现了自旋轨道极化子、巨磁光克尔效应等一系列新效应。同时，人们在理论上也提出了在磁性外尔半金属的二维极限下存在高温量子反常霍尔效应的可能性。几乎同时，人们发现了具有反铁磁内禀磁有序的Mn-Bi-Te系列拓扑绝缘体，这是磁性和拓扑结合的另一个方案。通过机械剥离可以获得不同厚度的样品，人们预言了在奇数层体系中可实现高温量子反常霍尔效应，而在偶数层体系中可以实现轴子绝缘体态（Li J et al.，2019）。随后，人们在奇数层解理单晶薄片中实现了低温零场下以及5～7 T磁场中较高温度的量子化反常霍尔电导，并在偶数层薄片中观测到轴子绝缘体的输运特征。因此，这类Mn-Bi-Te磁性拓扑绝缘体有望在较高温度下实现零场下的量子反常霍尔效应和轴子绝缘体及拓扑磁电效应。磁性拓扑材料有望成为拓扑自旋电子学、拓扑电路互连、高温量子反常霍尔效应等物理效应的理想载体，有望对新一代拓扑电子器件产生变革性升级，在信息传感、信息传输、逻辑运算、高密度存储、量子计算等方面具有巨大的应用潜力。

"脆拓扑"的概念由美国物理学家维什瓦纳特（A. Vishwanath）等和伯尔尼维格等提出，成为拓扑绝缘体这一概念的重要扩充（Po et al.，2018；Song et al.，2020）。从定义上看，脆拓扑态介于强拓扑态和平庸态之间：其可以展开成原子绝缘体的线性叠加，因此不属于强拓扑态，但同时由于叠加系数中有负整数出现也不属于平庸态。脆拓扑态本身对于希尔伯特空间的直和构成仿射幺半群，这使得它们的分类理论比强拓扑态更加复杂；同时，脆拓扑态没有强拓扑态的拓扑边缘态，人们需要为这类新的拓扑态重新定义体–边对应关系。

许多凝聚态体系和人工材料体系中的单粒子（准粒子）的运动，都可以用非厄米哈密顿量来近似描述。2017 年美国麻省理工学院的研究组首先提出，在厄米体系中建立起来的拓扑不变量，有一部分在非厄米体系中依然存在。清华大学研究组首次指出，在某些非厄米体系中，存在“趋肤效应”——即布洛赫定理的失效（Yao and Wang，2018）。这使得由布里渊区计算出的拓扑不变量在开边界时不再具有体边对应，需使用如“广义布里渊区”等方法加以修正。本研究方向上我国处于“领跑”地位，趋肤效应的理论提出和实验验证均出自我国科学家团队。

## 三、关键科学、技术问题与发展方向

理想拓扑材料的搜索：2019 年，我国科学家团队和美国科学家团队独立采用高通量计算方法预测了数千种拓扑绝缘体、拓扑半金属材料（Zhang et al.，2019；Vergniory et al.，2019；Tang et al.，2019）。虽然如此，人们目前还没有在所预测的材料中发现性质明显优于如硒化铋、砷化钽等已知拓扑材料的候选。直至目前，寻找到具有更大能隙且在空气中长期稳定的拓扑绝缘体和拓扑晶体绝缘体，以及寻找到理想外尔半金属（费米面只包含几个外尔点），在可以预计的未来 5 ～10 年，依然将是拓扑量子材料研究的难点和重点，应给予重点支持。

高阶拓扑绝缘体：一方面，要在理论层面上更深刻地认识“体边对应原理”，这对高阶拓扑态（甚至所有拓扑态）的认识非常重要。此外，还需要在理论上更系统地研究高阶拓扑绝缘体的独特输运行为，为其实验表征奠定理论基础。另一方面，要寻找更理想的高阶拓扑绝缘体材料，特别是首先要在实验上填补磁性高阶拓扑绝缘体的空白。三维磁性高阶拓扑绝缘体具有手性的棱态和拓扑磁电效应，因此具有重要的研究价值。随着近年来对磁性拓扑材料的研究不断深化，在可以预计的未来 5 ～10 年，寻找和研究具有高居里温度或者高奈尔温度的磁性高阶拓扑绝缘体将是高阶拓扑绝缘体研究方向的一个重点和热点。

高阶拓扑超导体：首先，由于马约拉纳零能模的实现、观测和操纵是拓扑超导研究的核心，因此接下来的首要目标是生长出能够实现高阶拓扑超导的异质结或者找到本征的高阶拓扑超导体。对异质结，在具有非常规超导的高温超导体上生长二维拓扑绝缘体是值得重点尝试的方案；对本征超导体，特别值得探索的是兼具能带反转结构和扩展 s 波超导配对的铁基超导体。其次，由于局域的零偏压微分电导峰不能作为马约拉纳零能模的确定证据，因此需要在理论上探索出能够反映马约拉纳零能模的非局域输运信号，为实验上高阶拓扑超导体的表征奠定基础。在高阶拓扑超导体实现的基础上，下一个重点目标是利用外场，如转动磁场，操纵马约拉纳零能模的位置并跟踪探测。高阶拓扑超导体为马约拉纳零能模的操纵提供了新的可能方案，鉴于这在拓扑量子计算方向的重要意义，此方向应在未来 5 ～15 年予以重点支持。

新型磁性拓扑材料体系的发现和调控：磁性拓扑材料是磁序与拓扑物理的结合，演生出了丰富的拓扑物理与物性，并与自旋电子学、热电、强关联、高压、催化等领域有深度交叉，对其相应内容的研究和新物理新性能的拓展是未来值得推进的内容。磁性拓扑材料的新体系寻找和设计、交叉研究中的丰富物态及拓扑增强的物性将成为未来研究的一个重要内容。同时，理论和实验的协同研究，有望设计并提升拓扑增强的物性。多场下的调控也有望带来更为丰富的物性和手段。

磁性拓扑材料中的高温量子反常霍尔效应态：基于长程本征铁磁序，磁性外尔半金属和磁性拓扑绝缘体在二维极限下有可能实现高温的量子反常霍尔效应，这将成为低能耗先进材料器件及凝聚态物理的重要研究进展。磁性拓扑材料避开了在拓扑绝缘体中进行磁掺杂的稀磁半导体的方案，可以产生本征、长程磁序，具有低的杂质散射效应，其量子态对热扰动具有更强的抗干扰能力，为磁性和拓扑的结合及高温量子反常霍尔效应提供了全新的途径，未来有望得到长足发展，为新一代量子功能器件提供重要的物理和物质基础。

磁性拓扑绝缘体薄膜的制备、表征和调控：高质量的二维超薄膜样品是实现量子反常霍尔效应的前提，需要开发并优化相关薄膜制备技术。对于可直接机械剥离的体系，需要深入研究单层及多层样品控制的工艺条件；对于无法机械剥离的体系，需要探寻自上而下直接生长单晶薄膜的工艺条件。获得高质量的超薄膜对于新奇物态的获得和调控以及高温量子反常霍尔效应至关重要，将直接决定了新一代量子功能器件的实现和功能。

以脆拓扑为代表的新拓扑态的研究：随着研究的加深，能带的拓扑性质的刻画越来越细致，拓扑材料的范围也在逐渐扩大。如“脆拓扑”和“拓扑电子盐”等新概念的提出，将本属于平庸态的许多材料归为了新型拓扑材料。因此一个亟待解决的问题是厘清这些拓扑量子物态中的新成员以及是否具有人们所期待的特异的、可观测的物理性质。在理论上对这些新拓扑态按照拓扑不变量进行分类，指出其中每一类材料所具有的独有的物理响应，并预测数种蕴含着这些新拓扑态的材料体系，将是未来这一方向发展的重要任务。

非厄米拓扑体系：体边对应原理，是拓扑物理学中最核心的法则。因此在非厄米体系中如何在布洛赫定理失效的情况下“重建”这一关系，是未来研究的重要问题。解决这一问题的核心，在于为开边界下体态能谱和波函数的性质找到一个定量的描述。在一维情况，这一描述被“广义布里渊区”理论严格给出；而对于高维的、一般几何形状的体系，还没有找到适合的理论。另外，非厄米体系的拓扑分类理论尚不完整，即对于给定的对称性（内禀的、空间的），人们不清楚究竟可能存在哪些拓扑态。非厄米体系的物理内涵丰富，在未来5～15年应是重点发展方向。

拓扑材料的高通量计算和非磁性拓扑电子材料数据库的建立，改变了领域内的研究生态，本来作为核心研究内容的拓扑绝缘体的分类和预测被认为已经基本解决。在此之后前沿研究进入了一个发散的状态，领域内的科学家作为整体，也进入了一个没有明显共同目标的、自由探索的阶段。在这一阶段，我们难以先验地得知某个新方向可以产出更高质量的研究成果，因此总体建议是多培育、支持自由探索项目。

考虑到国家的战略需求、科学问题的内涵和我国已有研究团队的优势，我们建议重点支持以下关键科学问题的研究：物理性质更为理想的拓扑绝缘体和拓扑半金属材料的探索，以将拓扑材料为基础的器件研究向前推进；高阶拓扑超导体材料的研究，为拓扑量子计算提供新的物理基础；磁性拓扑材料中的高温量子反常霍尔效应态的研究，以扩大我国在量子反常霍尔效应研究的优势；非厄米体系中拓扑态的研究，以在新兴领域占据科研高地。

# 第二节　拓扑玻色系统

## 一、科学意义与战略价值

玻色子（如光子、声子、冷原子）是作用力传递的重要载体，与费米子（如电子、质子、中子）一起共同构建了现实世界。拓扑玻色系统内涵广泛，从经典波到量子态都有涉及，常见的对象包括电磁波（光子）、声（声子）、冷原子、自旋波（磁子）以及等离激元、极化子等复合准粒子。作为信息产生和传输、接收和探测、存储和发射的媒介，玻色体系在日常生活、通信探测、成像显示、国防科技等多个领域都具有广泛和重要的应用，其研究和应用水平是衡量一个国家前沿科学发展实力的重要标志。譬如当今世界角力的5G/6G通信和极紫外光刻技术，通过对光子振幅、频率、波矢、偏振、相位等物理量或者说自由度的操控，让人们实现了对目标对象的感知、测量和加工。

拓扑是一个源于数学的概念，刻画的是“空间”在连续变化后仍能保持不变的整体性质，可视为一种包含全局特征的自由度。与传统自由度不同，拓扑具有全局化、台阶化、量子化和受对称性保护等特性。和拓扑费米系统相比，拓扑玻色系统无费米面限制，能够在任意能量或频率发挥作用；而且如光学、声学等系统，可以在宏观尺寸上研究其中的拓扑物理。宏观拓扑玻色系统具有可设计性，为验证拓扑物理的基本原理提供了一个绝佳平台；拓扑玻色系统研究的对象和实际应用结合紧密，拓扑物态的鲁棒性提供了稳定调控光、声、磁等传输的新思路，在新应用和新器件方面有良好的前景。拓扑物理从而有望率先在玻色系统取得应用上的突破。近十年来，玻色系统拓扑物理已逐步形成一个引人注目的新兴热点领域，用于研究、证实、发展不断呈现的拓扑概念、现象和效应。对玻色系统拓扑材料的开发也随之展开，实现了一系列诸如无背向散射、单向传输、缺陷免疫、人工自旋1/2、拓扑慢波、拓扑激光、拓扑光纤等光 / 声器件原型。可以预期，未来有望开拓出一些传统技术手段难以实现，甚至原理上无法实现的全新应用，抢占科学技术高地。

## 二、研究背景和现状

随着电子系统拓扑绝缘体研究的兴起，研究人员也开始对玻色系统中的拓扑物态产生兴趣。普林斯顿大学霍尔丹和拉古（S. Raghu）开创性地提出：拓扑带的出现是波在周期性结构中传播的普遍显现，与系统是量子的还是经典的无关，与体系属费米子还是玻色子也无关。他们提出可利用外加磁场破缺时间反演对称性，打开磁光光子晶体中的狄拉克简并点，实现光类比的整数量子霍尔效应，在其拓扑带隙频率中支持稳定的、缺陷免疫的光单向手性传输边界模式。2009 年，麻省理工学院的约阿诺普洛斯（J. Joannopoulos）和索尔亚契奇（M. Soljačić）研究团队在微波段实验中实现了该光量子霍尔效应（Wang et al.，2009）。自此，一系列突破性工作相继出现，经过十余年的发展，逐步形成一些新兴的研究分支，如拓扑光子学、拓扑声子学、拓扑机械力学、拓扑冷原子等。

拓扑玻色体系的高速发展源于其系统自身的特点和优势。由于泡利不相容原理的限制，对费米系统的研究仅限于讨论费米面附近的低能激发。而拓扑玻色系统不受此影响，可在全能量（频率）和动量（波矢）空间研究其拓扑性质，从而提供了探索能带上任意态乃至全局特性的可能。如光学、声学等玻色系统的波动方程不存在绝对的特征尺度，可以在宏观尺度上研究其特性。和费米系统的研究对象只限定在晶体数据库中的稳定结构不同，宏观体系的结构几乎可以按研究者需求来任意设计，为人们提供了一种干净的、易于制备的、方便调控的绝佳实验体系以研究材料的拓扑量子化行为。另外，光和声是除电子之外的两个信息载体和媒介，在信息的产生、传播、处理和显示中具有不可取代的作用；而拓扑性质具有的鲁棒性，该方向的发展有望催生适于光波、声波调控的新应用和新器件。此外，在基础物理方面，玻色子体系的统计性质以及与物质相互作用的规律与电子有根本的不同，有望产生全新的拓扑量子理论和独特应用。

拓扑玻色系统因其独特的优势受到研究者的广泛关注。在过去十余年的发展中，玻色体系拓扑态的研究取得了一系列重大突破，研究主要集中在拓扑量子态不同体系、频段、维度的拓展，新型拓扑现象的验证、研究、探索，能带拓扑性质的表征以及拓扑不变量的测量等方面（Ozawa et al.，2019）。譬如：在外加磁场或有效磁场下提出并实现的光、声整数量子霍尔效应；无须外加磁场的二维和三维光、声拓扑绝缘体；拓扑泵浦以及人工维度的拓扑构建；含时或类含时演化下光、声弗洛凯（Floquet）拓扑绝缘体；光、声能谷态；光、声拓扑"半金属"，包括狄拉克型、外尔型、节线型、节面型，阿贝尔或非阿贝尔型；材料中声子能带的拓扑特性；高阶光、声拓扑绝缘体；非厄米光、声拓扑演化；光、声拓扑缺陷以及实空间拓扑；等等。一些成果与电子系统中同类效应同时期、甚至更早地被实现和验证，极大地缩短了从新拓扑理论提出到实验证实的环节，进一步促进相关方向的发展。针对每一种特定的拓扑物态，拓扑玻色系统往往能有多种不同的实现机制，而更为重要的是这些机制大部分都能够较为容易地通过调控外部输入来实现。以拓扑光学和声学为例，研究者可以非常容易地设计光、声谐振腔，挑选模态和晶格对称性，调控谐振腔或格点之间的耦合强度和相位。

除基础物理的验证与探索外，拓扑玻色体系在现实应用方面的潜力也越来越被学术界关注，一些拓扑原型器件也逐步被开发出来。典型的例子：光频段单向手性传输的拓扑边界波导；高效率、背散射抑制的拓扑慢光、慢声；非互易、任意几何形状的拓扑激光；可调谐拓扑量光激发；量子计算与量子模拟；自旋–轨道锁定的拓扑激光；拓扑光纤；拓扑声波负折射、成像；光、声人工自旋的制备与操控；超高品质的声表面波拓扑波导–谐振腔耦合系统等。这些研究都展示出玻色系统的拓扑设计与拓扑效应在某些重要应用方面具有特别之处，或可用于解决一些常规方法和原理难以解决的实际问题。

目前，国际上在拓扑玻色体系研究方面有数十个团队正开展研究，如麻省理工学院、剑桥大学、以色列理工学院、纽约城市大学、苏黎世联邦理工学院、马里兰大学、宾夕法尼亚州立大学、布鲁塞尔自由大学、南洋理工大学等。与此同时，我国在该领域同样有一批活跃的研究团队，如中国科学院物理研究所、香港科技大学、清华大学、南京大学、武汉大学、华中科技大学、中山大学、浙江大学、同济大学、南开大学、华南理工大学等。总体而言，国内团队的研究富有特色，取得了一系列重要成果，整体水平与国外研究水平处于“并跑”阶段，特别是在光、声学拓扑态的一些实验研究方面，处于世界领先地位。

基于拓扑能带理论发展新的量子调控原理，借助玻色体系这样干净的、易于调控且室温下工作的平台，研究拓扑量子现象，设计新型功能器件。这一领域是十分活跃的学科前沿，有望再做出一系列原创性工作。有必要继续在这一领域中开展高水平的研究，保持良好的发展势头。

## 三、关键科学、技术问题与发展方向

经过十年来的发展，拓扑玻色系统已经涵盖各类拓扑绝缘体、拓扑半金属和高阶拓扑等，但仍有大量问题亟待解决。例如，现阶段的研究集中在线性系统，对非线性、多体、非厄米体系还鲜有涉及；实验体系主要集中在微波段电磁波、流体声波、简单力学结构等方面，对高频光、弹性声，甚至拓扑声子的研究还很少有报道；研究思路主要是类比电子系统中已经预言或存在的效应，体现玻色子拓扑态特点的研究还很少；在重要的应用方面，利用拓扑独有的特性解决一些常规方法和原理难以解决的实际问题的研究还不够。

现阶段，尽管我国在拓扑玻色体系方面的研究整体处于世界前列，这固然与我们能较早地介入这一新兴学科有关，更为重要的是建立在国家综合国力和科技实力高速发展的基础上。但是，相关基础科学问题的深入挖掘，关键技术问题的掌握，样品制备、实验测量手段的开发等方面仍显不足。特别是在具有竞争力的核心技术方面，“准入门槛”不高，不足以长期维持我国现有位次。

从发展态势和国家需求的角度来看，未来十五年，拓扑玻色体系这一新兴领域的竞争大有越演越烈的趋势，同时也是机遇。该领域关注的关键科学问题包括以下几个方面。

（1）基础拓扑理论突破与整合。结合拓扑物理，关注玻色子自身特点，整合玻色体系中多类型、不同系统中的各种拓扑现象与效应，形成全局拓扑分类和成体系的理论框架。

（2）宏观玻色系统具有很强的可设计性和可控性，如何充分利用这些自由度，基于晶格和模式对称、模式耦合或波散射等不同机制，建构各种拓扑物态，进一步探索非线性、非厄米、多体、非平衡、动态、开放等复杂系统中的新型量子物态，测量实空间本征态和激发场分布、倒空间能带色散，研究体–边、体–棱、体–角对应关系，以及拓扑边界态和棱态的输运特性。

（3）如何利用拓扑物态获得对玻色系统全新的调控方式。二维拓扑绝缘体的单向表面态、三维拓扑半金属的“费米弧”实现了单向抗杂质和缺陷散射的传播方式。高阶拓扑对应的角态可以极大地增强局域态密度，进而增强场和物质相互作用。

（4）如何建立不同拓扑相之间的关联。例如，如何将一阶拓扑与高阶拓扑关联，实现层级拓扑；位错和旋错所代表的实空间拓扑和倒空间的能带拓扑如何相互作用；同一系统不同对称性、自由度对应的拓扑分类之间的相互关系。

（5）如何利用宏观玻色系统灵活的可设计性，构建合成维度，探讨高维问题。系统维度是影响系统物理表现的一个重要参量。在原有的系统几何维度的基础上，可以通过引入合成维度研究高维物理。如何选择合适的合成维度，在简化结构的同时，引入所需相互作用，构建哈密顿量，是问题的关键。

（6）如何利用体系的宏观特性，观测和展示各种拓扑态及相关拓扑效应。宏观系统本征场的实空间分布和倒空间色散，激发场及输运过程的实时演化都等可以通过实验测量。如何通过这些宏观观测量确定系统的拓扑性质。

（7）如何理解拓扑玻色系统和拓扑费米系统之间的区别和联系。通常认为玻色系统的拓扑性质跟不考虑自旋自由度的费米系统拓扑性质类似。另外，玻色系统也具有区别于费米系统的特征，比如经典玻色系统能带零频率点处的奇异性，还有电磁波和弹性波等矢量波其本构关系中可能具有的内禀对称性等。

（8）耦合系统中的拓扑效应与调控。例如，拓扑光–声–电之间的耦合与调控，拓扑光、声子与超导量子比特、冷原子系统的耦合。这里和其他物理的融合包括但不限于：不同拓扑玻色系统之间的融合，如光子–声子相互作用赋予光机系统非平庸拓扑的可能；拓扑玻色系统和拓扑费米系统的融合，如激子和腔模光子耦合形成拓扑极化子；拓扑玻色系统和传统其他研究领域的融合，如和超构材料结合提出拓扑聚焦概念，和激光结合产生拓扑激光。

（9）如何与应用接口。宏观拓扑玻色系统的研究主要关注对波传播的各种新奇调控，对这些新颖调控方式的研究将导向新的应用可能。如何将新奇的物理现象和实际应用结合是该领域关注的一个关键问题。

（10）光声拓扑功能材料研究。突破现阶段基础研究中结构复杂、尺寸较大、不计成本等问题，开发小型化、集成化、器件化、具有某些拓扑功能的光声拓扑功能材料与器件。

（11）结合拓扑全局自由度的优势，利用拓扑特性实现超高、超快、超强、超稳等性质，解决一些实际应用的问题，特别是5G/6G通信中器件的稳定性、串扰等难题。

（12）与量子物理结合，研究拓扑玻色体系的量子或类量子效应，探索应用于量子信息和量子计算的可能。

发展思路和目标应当包括：面向下一代通信、信息技术的重大需求，开展玻色体系拓扑态以及新型功能材料和器件的研究，发展量子调控的新原理、新方法和新技术。重点研究拓扑空间结构与多物理场相互作用所导致的新效应，揭示新颖的传输动力学，人工自旋–轨道耦合和拓扑量子效应等物理规律，研制相关的原理器件。

优先发展领域和重要方向包括以下几个方面。

（1）合成维度空间中的拓扑物态。合成维度的引入拓宽了系统的物理维度，从而让研究高维拓扑物态成为可能。现阶段构成合成维度的方法可以粗略分为：在结构中引入参数依赖，或通过引入频率维度、空间和时间上的分立波包、模式维度等方式构造晶格。如何选择合适的方式构建合成维度，引入合成晶格之间的耦合或者合适的参数依赖，在简化结构的同时能研究所关注的物理，是其中的关键。分析合成维度中拓扑玻色系统的独特拓扑物态，通过合成维度获得光、声系统新的调控方式。

（2）非厄米拓扑物态。过去拓扑玻色系统主要关注在厄米系统，研究其体态拓扑性质以及边界态（包括表面态、界面态、棱态及角态等）的场分布和输运特性。而宏观玻色系统的非厄米性普遍存在，实际系统大部分为非封闭系统，与外界有能量交换，如模式的辐射、传播过程中的散射、材料吸收或者外界泵浦增益以及非互易相互作用都会带来非厄米效应。如何表征非厄米玻色系统的拓扑结构，理解非厄米趋肤效应，非厄米系统的体–边、体–

棱、体–角等基本对应关系，探究非厄米玻色系统和非厄米费米系统的异同，是核心研究内容。另外，非厄米项可以用来调控系统的体能带拓扑和边界态响应。如何充分利用非厄米项对系统进行调控，如实现光控光、声控声以及声光互控等值得进一步研究。

（3）非线性拓扑物态。非线性玻色系统是一个传统的研究领域，发展已经比较完备。拓扑概念的引入，为这一传统领域的研究带来新的机遇。如何表征和理解非线性效应对系统拓扑的影响；如何利用非线性效应调控能带拓扑；如何利用非线性玻色系统模拟强相互作用系统拓扑物态；倍频、差频及四波混频过程对能带拓扑的影响及其拓扑标定；传统非线性概念如自聚焦、孤子等在拓扑非平庸系统中会表现出哪些新的特征；拓扑态的高度局域性引入的场增强所诱导的非线性效应增强等，都是值得探讨的问题。

（4）拓扑物理与应用接口。宏观玻色系统的研究和实际应用结合紧密。拓扑性质的研究不仅仅加深了对基础物理的理解，还引入了调控光、声、磁传播的新方式。如何将这些新的调控方式和实际应用相结合值得探究。例如，将拓扑单向态和激光概念结合可以产生单模拓扑激光。另外，早期的拓扑玻色系统主要关注能带拓扑以及边界态、角态特征，而拓扑性质对杂质和制造缺陷的不敏感的特性可以被利用来保护器件功能稳定。例如，利用拓扑性质可以保证连续谱中束缚态稳定存在，从而可以通过调节参数实现束缚态位置的连续改变，并进一步聚合多个连续谱中的束缚态，使连续谱中束缚态的高品质因子对杂质和缺陷散射不敏感。如何将拓扑概念推广到更为广阔的应用空间，充分利用拓扑保护实现性能稳定的各种新器件，是一个值得着力思考的问题。

（5）拓扑激光与非线性光学体系拓扑效应研究，目前虽有数个理论与实验研究，但仍有很多关键科学和计算问题尚待突破。

（6）高频光学拓扑隔离、逻辑器件以及拓扑光纤，有望极大地提高现有器件的集成度与通信效率。

（7）拓扑天线，拓扑弹性声波与声表面波器件研究，或可在未来 5G/6G 通信领域与检测等方面发挥重要作用。

（8）基于拓扑特性的自旋光子学、自旋声子学研究。比如，可在玻色系统中实现具有赝自旋 1/2 特性的光子和声子。

（9）基于拓扑冷原子系统的量子模拟，拓扑不变量的直接测量，多体、非平衡、开发系统的拓扑性质研究。

（10）拓扑量子光学、声学以及量子计算。

（11）将全局拓扑设计与机器学习或深度学习结合，开发拓扑玻色体系材料库，利用人工智能从头设计、全局优化。

未来十五年内，为应对日新月异的理论发展与波谲云诡的国际局势，应针对拓扑玻色体系中的关键科学问题与材料研发，深入开展拓扑理论探索、全局拓扑的设计研究，发展先进加工制备以及测量技术，建立拓扑玻色体系材料库与性能预测基础数据平台等。利用拓扑这一全新领域带来的契机，突破现有技术手段的缺陷与壁垒，发展新型材料与应用，解决一些“卡脖子”问题，并最终形成先进的、自主创新的基础理论、新技术发明和新应用创造的完整体系。

针对拓扑玻色体系研究，在具体实施上，要有所侧重。优先和重点支持有可能实现突破或有望转化为现实应用的发展方向。在基础物理方面，利用玻色拓扑体系实验研究费米体系中难以实现的拓扑物理现象和效应。引入合成维度，充分利用不同合成维度各自的优势，为研究高维、复杂拓扑物理提供平台；考虑非厄米拓扑物态，讨论模式辐射、散射，材料吸收、增益以及非互易相互作用下拓扑物态的特性及效应；考虑非线性拓扑物态，讨论拓扑态高局域性带来的非线性效应增强以及传统非线性效应和拓扑性质相结合带来的新的特性；充分利用拓扑物态在控制玻色系统输运、散射、本征辐射上的优势，拓宽思路，探讨如何将拓扑玻色系统中的新奇现象更好地推广到实际应用中，并实现新器件。面向现实需求，利用拓扑独有优势，解决现有材料或技术中背向散射强、杂质缺陷敏感、品质因子低等问题。

## 第三节　量子霍尔效应

量子霍尔效应是 20 世纪以来凝聚态物理领域里最重要的科学发现之一。

它的发现不仅引起了量子霍尔理论和实验的研究热潮，而且推动了国际量子化计量标准的重新定义。

量子霍尔效应的研究历经了三个阶段，主要由西方科学家为主导。1980年，德国科学家冯·克利青（K. von Klitzing）在二维电子气中观察到整数量子霍尔效应（Klitzing et al., 1980）；随后，美国科学家劳克林（R. B. Laughlin）、施特默（H. Störmer）和美籍华裔科学家崔琦在更高迁移率的砷化镓异质结中发现并解释了分数量子霍尔效应（Tsui et al., 1982）；2004年，英国科学家海姆（A. K. Geim）和诺沃塞洛夫（K. Novoselov）成功地从石墨中分离出单层的石墨烯，观察到由贝里（Berry）相位引起的半整数量子霍尔效应（Novoselov et al., 2004）；自从20世纪80年代以来，索利斯、霍尔丹和科斯特利茨这三名科学家在物质的拓扑相变和拓扑相方面的理论发现做出了突出贡献。以上四项工作分别在1985年、1998年、2010年、2016年获得诺贝尔物理学奖。

自20世纪70年代以来，每一次量子霍尔家族新成员的发现都对整个物理学产生了深远的影响。近十年，我国科学家在量子霍尔效应领域取得了突破性进展，包括量子反常霍尔效应、三维量子霍尔效应等，跻身国际一流行列。

## 一、量子反常霍尔效应

### （一）科学意义与战略价值

量子反常霍尔效应是一种无须外加磁场和朗道能级的量子霍尔效应，是磁性材料反常霍尔效应的量子化版本。这种效应的特征是在零外磁场下，霍尔电阻显示量子化的数值，四端纵向电导降至零。量子反常霍尔态还可以用来构筑手征拓扑超导体、轴子绝缘体等多种新奇的拓扑量子物态，其出现不依赖于外加磁场和样品载流子的高迁移率，是最接近实际应用的一个拓扑量子物态（图3-2、图3-3）。因此量子反常霍尔效应很有可能成为拓扑量子物态和效应从基础物理学到实用化的一个突破口。

### （二）研究背景和现状

从20世纪80年代开始，一系列量子霍尔效应的发现开启了凝聚态物理

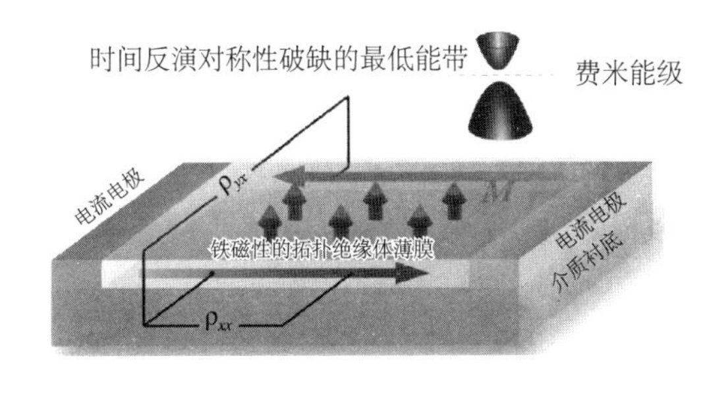


图 3-2　量子反常霍尔效应器件和能带结构示意图（Chang et al.，2013）

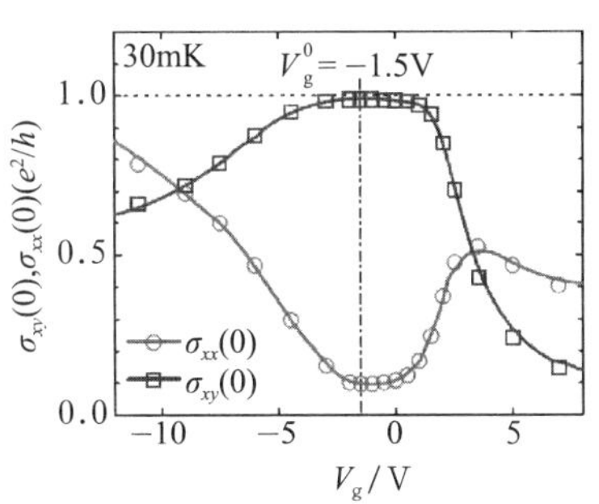


图 3-3　量子反常霍尔效应的横向霍尔电导和纵向电导（Chang et al.，2013）

的一个全新研究领域——拓扑量子物态。在整数量子霍尔效应中，二维电子系统在磁场中形成的朗道能级可以用非零的拓扑不变量（陈数）表征，而霍尔电导则由被填充朗道能级的陈数决定，因此呈现量子化的数值。1988 年，霍尔丹在理论上构想了一个系统，其能带结构本身即具有非零陈数，因此不需要外加磁场和高载流子迁移率产生朗道能级，就可以实现量子霍尔效应。这在后来被称为量子反常霍尔效应（Haldane，1988）。霍尔丹的工作揭示了通过对普通材料电子结构的调控引入拓扑量子物态的可能性。2005 年后，拓扑绝缘体研究的快速发展使人们发现了一大类材料，可以通过调控实现各种拓扑量子物态和效应。正是在掺杂了磁性原子的拓扑绝缘体薄膜中（Yu et al.，2010；Chang et al.，2013），霍尔丹所提出的量子反常霍尔效应最终在实验上得以实现。近年来，一种内禀磁性拓扑绝缘体——$MnBi_2Te_4$ 材料的发现给量子反常霍尔效应实现温度的大幅提高带来了希望。除了磁性拓扑绝缘体系统，近年来人们还在超冷原子系统、转角石墨烯中观测到了量子反常霍尔态，在磁性外尔半金属、磁性阻挫等体系的研究中也取得了一些和量子反常霍尔效应相关的重要进展。这些进展已使量子反常霍尔效应成为拓扑量子物态中发展最快的研究方向之一。

## （三）关键科学、技术问题与发展方向

量子反常霍尔效应目前主要的问题和发展方向如下。

（1）提高量子反常霍尔实现温度。量子反常霍尔效应在磁性掺杂拓扑绝缘体中的最初观测需要 30 mK 的极低温，这样的温度甚至低于大部分常规超

导材料的超导转变温度。这不但极大提高了量子反常霍尔效应相关研究的门槛，还成为制约其实际应用的主要障碍。经过多年的努力，在磁性掺杂拓扑绝缘体系统中量子反常霍尔效应所需的观测温度仅提高到 1 K 左右。内禀磁性拓扑绝缘体 $MnBi_2Te_4$ 理论上高达 50 meV 的磁能隙使其有潜力实现更高温度的量子反常霍尔效应，然而其磁有序建立温度只有 25 K。如果能够将量子反常霍尔效应工作温度提高到液氮沸点以上（≥ 77 K），将使其获得广泛的实际应用。提高量子反常霍尔效应实现温度的关键在于同时提高其居里温度和磁能隙。对于磁性拓扑绝缘体系统，材料计算结果较为可靠，可以紧密结合材料计算和实验，通过对材料的选择和结构的设计，对自旋轨道耦合交换作用、sp-d (f) 杂化这几个相互影响和竞争的作用进行精细地平衡和协调，从而从整体上推高量子反常霍尔效应的实现温度。从现有的理论和实验结果来看，在此类材料和磁性绝缘体的异质结构中将量子反常霍尔效应实现温度提高到液氮温区是有可能的。磁性外尔半金属等材料有可能贡献更高温度的量子反常霍尔效应。实现室温或高于室温的量子反常霍尔效应，可能需要寻找全新的物理机制和材料体系。

（2）实现基于量子反常霍尔态的其他量子效应。基于量子反常霍尔态可以构筑多种其他拓扑量子物态，获得各种量子效应，这是量子反常霍尔效应的重要应用之一。例如，改变磁性拓扑绝缘体薄膜的磁构型可以获得轴子绝缘体，显示拓扑磁电效应。量子反常霍尔效应和超导的异质结构可以构成手征拓扑超导体，产生马约拉纳零能模和边缘模，可以用来研究和实现拓扑量子计算。量子反常霍尔薄膜和普通绝缘体薄膜构成的超晶格结构可以构成磁性外尔半金属相。这些研究都需要构造基于量子反常霍尔系统的异质结构。目前这些方向的研究已有一些进展，但还未获得关键性的实验结果和量子效应。此外，分数量子反常霍尔效应也是一个重要研究方向，目前看来在基于转角石墨烯的系统中有可能实现。

（3）基于量子反常霍尔态的器件应用。如果量子反常霍尔效应可以在液氮温区以上的温度实现，将可能获得较为广泛的器件应用。作为一个可以在宏观尺度显示的量子效应，它为器件设计和构造提供了全新的原理。量子反常霍尔系统可以用于零磁场下的电阻标准，此方面欧洲国家和美国已有研究组在进行研究。然而基于量子反常霍尔态的其他器件应用目前相关研究仍较少，应当推动这方面的研究。此外还应推动量子反常霍尔材料微纳加工和器件制备技术的研究。

量子反常霍尔效应是拓扑量子效应中最接近实际应用的一个，有望率先打开拓扑量子效应器件应用的道路。因此建议开始布局基于量子反常霍尔效应器件应用方面的研究项目，尤其是支持物理、电子的学科交叉研究，通过基础和应用方面研究者跨学科的合作交流，推动量子反常霍尔效应的大规模器件应用。

## 二、量子自旋霍尔效应

### （一）科学意义与战略价值

量子自旋霍尔效应是一类受时间反演对称性保护的拓扑量子物态。量子自旋霍尔效应态具有非平庸的体能隙，在体能隙中，体系具有受拓扑保护的螺旋边界态。从电子输运角度来看，对应整数量子化的纵向电导。因此，基于量子自旋霍尔效应，有望实现无耗散的拓扑电子学和自旋电子学的输运器件。将量子自旋霍尔效应和超导体通过近邻效应耦合，有望实现马约拉纳费米子，从而为拓扑量子计算提供基础。若破坏体系的时间反演对称性，量子自旋霍尔效应能够进一步实现量子反常霍尔效应，因此有助于实现基于量子反常霍尔效应的器件应用。

### （二）研究背景和现状

量子自旋霍尔效应可以被认为是量子化版本的自旋霍尔效应（纵向自旋流导致横向自旋极化），也可以被看作自旋版本的量子霍尔效应（自旋代替电荷）。量子自旋霍尔效应不需要施加外磁场，因此体系是保持时间反演对称性的，但是一般要求体系内部存在自旋－轨道耦合相互作用，因此自旋角动量不一定是守恒量。当自旋分量守恒时，量子自旋霍尔效应存在一个量子化的横向“自旋电导”：$G^{s}_{xy}= ne/4\pi, (n \in Z)$，其中上标“$s$”代表自旋，同时霍尔电导消失 $\sigma^{C}_{xy}= 0$，即不存在电荷的横向积累。描述量子自旋霍尔效应体系的模型可以归类为守恒的伯尔尼维格－休斯－张（Bernevig-Hughes-Zhang）模型，和不守恒的凯恩－米尔（Kane-Mele）模型。

2005年，凯恩（C. L. Kane）和米尔（E. J. Mele）将穆拉卡米（S. Murakami）提出的自旋霍尔绝缘体的概念推广到石墨烯中，他们发现石墨烯中有特殊的自旋–轨道耦合的形式，当费米面位于能隙中时，体系的自旋霍尔电导是量子化的，且具有不同自旋的电子在相反方向上移动并形成一对螺旋边界态，这被称为量子自旋霍尔效应（Kane and Mele，2005）。遗憾的是，石墨烯中的自旋–轨道耦合太弱，不足以产生量子自旋霍尔效应。2006年，伯尔尼维格、休斯和张首晟发现，在Ⅱ-Ⅵ族半导体材料CdTe/HgTe/CdTe构成的量子阱中，由于窄禁带半导体HgTe所具有的能带反转结构，在一定厚度时可以实现量子自旋霍尔效应，并且通过调节量子阱的厚度还可实现从普通绝缘体到量子自旋霍尔绝缘体的转变，这为在实验上证实量子自旋霍尔效应提供了可行方案（Bernevig et al.，2006）。2007年，德国科学家在实验上证实了CdTe/HgTe/CdTe中的量子自旋霍尔效应。随后，在InAs/GaSb量子阱中，实验上也观测到了量子自旋霍尔效应。除了量子阱体系，我国科学家也理论上提出了在ⅣA族烯类材料中能够实现量子自旋霍尔效应。

2014年，理论预言多种单层1T′相的过渡金属二硫化物能实现量子自旋霍尔效应，随后实验证实了1T′相的$MoTe_2$属于量子自旋霍尔效应绝缘体，为量子自旋霍尔效应的家族增添了新成员。此外，理论预言由Bi、Sb等具有强自旋轨道耦合效应的单质构成的二维材料或者体材料的界面会存在量子自旋霍尔效应；或者通过界面修饰，如添加H、$CH_3$等基团，能够调控材料的拓扑相或者能隙，这为寻找量子自旋霍尔效应提供了新的思路。2018年，在1T′相单层$WTe_2$中，实验上观测到了量子自旋霍尔效应，并且观测温度能达到100K，这突破了液氮温度（Wu et al.，2018）。此外，理论预言$Pt_2HgSe_3$能够实现量子自旋霍尔效应，其体能隙达到0.5 eV，实验上已经在块体$Pt_2HgSe_3$中，通过STM在9 K的温度下探测到在其一维边界上有显著强于内部的局域态密度。有望制备出高质量的$Pt_2HgSe_3$器件，在较高的温度下通过输运测量的方式观测到量子化的霍尔电导。

由于目前已发现的具有量子自旋霍尔效应的材料数量较少，严重阻碍了实验研究及其实用化的发展。近年来，为了解决这一问题，利用对称性指标算法和高通量计算相结合，对材料数据库进行高效、大范围搜索的技术手段应运而生。这种方法极大地提高了拓扑材料的发现效率，显现出巨大的优势。我国在这一领域走在了世界前列。南京大学团队和中国科学院物理研究所团队分别独立地利用这种全新的技术手段，在已知的非磁性材料中搜索到大量拓扑绝缘体的存在。其中不乏能隙大小为 100 meV 量级的材料体系。这些发现极大地扩充了拓扑材料的数据库，为量子自旋霍尔效应的研究提供了更加广阔的舞台。

### （三）关键科学、技术问题与发展方向

量子自旋霍尔效应是研究自旋至电荷转换和超导拓扑结构的理想平台，寻找能够实现室温量子自旋霍尔效应的新材料对科学和工程具有重要意义，这些材料应满足迁移率高、无缺陷、体能隙大等条件。基于量子自旋霍尔效应的拓扑电子学和自旋电子学器件设计是值得进一步研究的重要课题。通过量子自旋霍尔效应和超导体的近邻效应，有望实现马约拉纳费米子及其编织，从而为实现拓扑量子计算提供基础。

虽然量子自旋霍尔效应受时间反演对称性保护，但是实验表明其电导量子化的鲁棒性比较脆弱，相应的物理机制有待进一步研究。另外，关于量子自旋霍尔效应中的边缘态和体态之间的相互作用机制尚不清楚，有待进一步的实验研究。

另外，如何利用量子自旋霍尔效应的边缘态实现室温的低能耗电子输运器件是下一阶段应考虑的一个重要问题。

量子自旋霍尔效应是拓扑绝缘体、量子反常霍尔效应、拓扑超导等领域的重要基础和组成部分，因此建议加大对量子自旋霍尔效应材料探索、器件应用的有关研究支持，尤其要加大支持量子自旋霍尔效应的实验研究。同时，应加强学科交叉，从基础物理、器件设计、实际应用等多维度共同探索和设计基于量子自旋霍尔效应的有关应用。

## 三、分数量子霍尔效应

### （一）科学意义与战略价值

分数量子霍尔效应作为一种由粒子间相互作用主导的多体量子相态，它

的发现展示出传统朗道对称性破缺理论的局限性。以之为代表的一系列新型拓扑物态的陆续发现，极大地丰富了物理学家对量子相和量子相变的理解，为凝聚态物理学开辟出了新的探索空间。而观测这一效应所需的严苛实验条件又促进了人们在材料制备和表征测量等技术上的不断发展。

### （二）研究背景和现状

自 20 世纪 80 年代初在高质量的半导体二维电子气中首次观测到 1/3 占据的分数量子霍尔效应以来，人们已经在该系统的最低和次低朗道能级上发现了 60 余个不同分数占据因子的量子霍尔效应态。对这些态的理论描述，包括早期劳克林提出的模型波函数理论、霍尔丹提出的层级构型态模型以及贾因（J. K. Jain）基于复合粒子图像提出的复合费米子。但是这些理论模型并不能完全解释所有实验观测到的分数序列态。特别是偶数分母的 5/2 分数量子霍尔效应态的发现，揭示出这一系统中可能存在具有非阿贝尔统计性质的新型拓扑量子态，可以被用来设计量子计算。对此，人们提出了多种可能的模型波函数构想，但迄今实验上并没有完全确认它们的存在。此外，在半导体宽量子阱和双量子阱这类具有准双层二维电子气的系统，人们还观测到了一些有别于单层系统的新型分数序列态。它们的出现，推测应该与层间电子的耦合和隧穿对电子间相互作用的额外影响有关。对此，研究人员建立了若干的理论模型进行描述，这些都尚有待数值计算和实验的进一步鉴别。近些年来，以石墨烯、黑磷为代表的准二维材料的兴起，为分数量子霍尔效应提供了新的平台。这类中的某些天然二维系统，由于能带结构的特殊性，拥有相对论型的狄拉克载流子，可能会呈现新的分数量子霍尔效应态。此外，这类材料具有开放的上下界面，更便于外界对其进行调控和测量。目前，受限于高质量材料的制备和测量上的一些技术难度，相应的实验研究并不是很多。但已经有这类材料中分数量子霍尔效应的观测报道。关于国内在分数量子霍尔效应方向的研究现状：理论与数值研究方面，国内从事相关研究的人员日渐增多，与国外相关领域专家学者的交流广泛，能够紧跟前沿课题；实验方面，国内已经具备了低温强磁场的实验条件，但高质量样品材料的制备还不能完全自主，具有相关实验经验和技能的研究人员比较匮乏，专门进行相关实验研究的团队不多。

### （三）关键科学、技术问题与发展方向

针对实验上观测到的分数量子霍尔效应态，研究人员提出了多种理论模型，但它们都只能解释部分的序列态。因此，能否构建起一个较为普适的模型，从而对这一效应形成一个统一的物理图像，这是一个关键性的科学问题，极具基础研究价值。此外，某些理论建议的分数量子霍尔效应模型态具有非阿贝尔统计，可被用来设计量子计算，有潜在的应用价值。但实验上对这些态存在性的鉴识并不充分，具有争议。如何在实验上对这些新型电子态进行确认，或是进一步探究它们在系统中稳定存在的条件，是另一个关键性的科学问题。另外，如果分数量子霍尔体系与其他的拓扑量子系统进行联结，在界面处近邻交互，有可能诱导出新型的拓扑量子态。类似这种基于分数量子霍尔体系对新型物态的探索，也是未来的一个重要发展方向。在技术层面，量子效应的观测对材料的质量要求较高，这需要我们发展和完善实验技术手段，制备出高迁移率的样品。或是能寻获新材料，设计新的实验途径，从而在对材料质量要求不太高的条件下也能够进行观测。

分数量子霍尔效应体系中蕴藏着丰富的新型量子相态，其中的一些具有良好的应用前景，而人们对这些新型物态的理解还不充分。应加大对这一方向基础研究的支持，争取能构建出较为普适的理论框架，形成一个统一的物理图像。此外，还建议加强对具有相关实验经验技术人才的引进和培养，突破样品制备方面的短板，鼓励具备条件的更多实验团队进行相关领域的专门研究。

## 四、量子热霍尔效应

### （一）科学意义与战略价值

热霍尔效应是区别于电霍尔效应的另一种重要的霍尔效应，不同于电霍尔效应只能探测到带电粒子，热霍尔效应的巨大优势在于还能揭示电中性粒子的存在与性质。特别是理论预言特定的强关联材料中出现的马约拉纳费米子边缘态会产生半整数量子化的热霍尔平台，这种具有非阿贝尔统计的拓扑序系统正是实现容错量子计算的基础。在实验上发现和调控量子热霍尔效应

将会进一步深化人们对量子物态的认识，提升对量子物态调控的能力，为量子计算的实现打下基础。

## （二）研究背景和现状

在电霍尔效应被发现之后不久，人们就发现了热霍尔效应，特别是最近二十年，人们相继发现了声子、磁子这些电中性准粒子的热霍尔效应。热霍尔效应的发现拓展了人们研究量子物态的思路，特别是那些无法由电输运探测到的电中性准粒子可以通过热霍尔效应进行研究。进一步地，多体强关联量子体系中发现的整数量子霍尔效应和分数量子霍尔效应颠覆了人们对量子物相的认识，催生了拓扑物理的蓬勃发展，并且其弹道输运的边缘态可能对电子器件领域产生革命性的影响。类似于电的量子霍尔效应，最近理论预言了某些多体量子体系的边缘态也能产生量子化的热霍尔平台，并且整数的量子热霍尔效应对应于阿贝尔态，而半整数的量子热霍尔效应对应于有着马约拉纳费米子的非阿贝尔态，后者在量子计算方面有潜在的应用前景。

由于其深厚的物理背景，量子热霍尔效应被提出以来就受到了国内外研究组的广泛关注，但是由于技术上的困难和材料上的稀缺，人们只在少数的几个体系中观察到过量子热霍尔效应。一个是在镓砷–铝镓砷异质结中，在其处于不同填充因子下的量子霍尔态中发现了相对应的整数量子热霍尔效应，并且只在 $\nu=5/2$ 态中发现了半整数的量子热霍尔效应，说明在5/2分数量子霍尔效应态中可能存在非阿贝尔统计的拓扑序，为人们确定5/2态的本质提供了帮助。另一个是在二维蜂窝状晶格的基塔耶夫自旋液体候选材料 $\alpha$-$RuCl_3$ 中发现了1/2半整数的量子热霍尔效应，基塔耶夫模型是迄今唯一严格可解的自旋液体模型，在施加外磁场时演生出的马约拉纳费米子变得有能隙从而产生非阿贝尔的拓扑相，半整数量子热霍尔效应的发现是存在马约拉纳费米子边缘态的重要证据。

量子热霍尔效应提出时间较短且实验研究尚不充分，国际上仅有少数几个研究组有能力开展相关研究。国内已经具备了较为成熟的极低温强磁场实验条件，在电输运、热输运研究中也积累了相当多的经验，为进行量子热霍尔效应相关的研究奠定了重要基础，可以大有作为。

### （三）关键科学、技术问题与发展方向

量子热霍尔效应目前主要的问题和发展方向如下。

（1）发展更高精度的实验探测手段。量子热霍尔效应的探测需要在极低温强磁场的极端环境下对微弱的热信号进行捕捉和测量，技术挑战巨大，需要非常高要求的实验灵敏度和信噪比，实验技术的进步将有助于更为精确地研究量子热霍尔效应，同时也将提升量子热霍尔效应的可重复性。实验结果的可重复性是判断实验结论可靠性的关键要素。由于热霍尔效应容易受到外部环境的干扰而造成假信号，因此更需要实验结果的广泛重复。但是迄今量子热霍尔效应的结果都没有报道过重复性，特别是在 $\alpha$-$RuCl_3$ 中的结果受到了比较大的质疑，这将严重阻碍理论的发展和进一步的应用研究。

（2）发掘新的量子热霍尔效应体系。实验所关心的半整数的量子热霍尔效应主要来自于具有非阿贝尔统计的马约拉纳费米子边缘态。马约拉纳费米子可能存在于拓扑超导体、$\nu = 5/2$ 的分数量子霍尔态、基塔耶夫自旋液体等体系中。这些体系所对应的真实材料是非常欠缺的，一些可能的候选材料也存在广泛的争议。因此得到广泛认可的合适的真实材料体系将是未来研究量子热霍尔效应的关键。

（3）开发出量子调控的新手段。产生量子热霍尔效应的马约拉纳费米子边缘态是实现拓扑量子计算的基础。在观测到量子热霍尔效应之后如何开发出新的量子调控手段，利用和调控其中的马约拉纳费米子实现特定的功能，是未来研究的重点和难点。

量子热霍尔效应因其与马约拉纳费米子和量子计算的关联，有着丰富的物理内涵和潜在的应用前景。在未来研究中要注重理论、实验、应用转化研究的相互合作、协同并进，共同提升该领域的技术水平，拓展合适的研究体系。

## 五、三维量子霍尔效应

### （一）科学意义与战略价值

目前，量子霍尔效应的研究为了保证电子在磁场下能沿着边缘进行无耗散的回旋运动，都局限在二维体系。实现三维空间的量子霍尔效应一直以来

是凝聚态物理领域中的重大科学问题，已经有超过30年的探索，最近才获得突破，并且我国科学家起到主要作用。在三维条件下实现量子霍尔效应不仅提升了量子霍尔效应的无耗散器件应用潜力，而且可以探索几何相位、非对易几何、金属绝缘体量子相变等科学问题。在探索过程中也可以推进高质量晶体生长和先进谱学技术的发展。

### （二）研究背景和现状

1987年美国哈佛大学霍尔珀林（B. I. Halperin）从理论上预测了三维量子霍尔效应的存在和它的测量特征。三十多年来，各国科学家试图在实验上实现从二维到三维系统的跨越，都未能成功。我国科学家创新地提出了全新的三维空间量子化理论和实验方案，在国际上率先观测到三维量子霍尔效应，领先于同期日本东京大学和美国加利福尼亚大学的相关研究。在此期间，北京大学和南方科技大学研究团队及合作者从理论上预言了一种三维量子霍尔效应的新机制，提出利用拓扑半金属上下表面的费米弧表面态和“量子虫洞隧穿效应”，构造一种三维回旋运动，从而实现三维系统的霍尔电导量子化；复旦大学研究团队及合作者在百纳米厚拓扑半金属砷化镉中获得了随厚度变化的量子化电导，实验上首次发现三维量子霍尔及其机理，即通过由上下表面费米弧和手性朗道能级组成的外尔轨道，费米弧中的电子可以进行上下隧穿，从而形成拓扑半金属特有的三维量子化现象；南方科技大学和中国科学技术大学研究团队联合新加坡科技设计大学在高质量五碲化锆晶体的三维电子气系统中，实现了强磁场作用下，由电子关联机制（电荷密度波）诱导出三维量子霍尔效应，验证了33年前霍尔珀林教授的理论预测；北京大学研究团队在实验上也发现了起源于拓扑表面态的量子霍尔效应，并进一步构筑了拓扑半金属–超导体约瑟夫森结，发现了4π周期的超导电流以及马约拉纳零能模。自从2017年中国科学家首次报道三维量子霍尔效应，美国和日本的科学家也在相同体系中观测并验证了相关实验和理论。中国科学家在三维量子霍尔领域做出的原创性成果引领了量子霍尔领域的持续发展。

### （三）关键科学、技术问题与发展方向

在三维量子霍尔效应领域，关键科学问题有以下几个。

（1）研究实验上栅极调控的三维量子霍尔效应，并研究其机理。目前实验都是在低温、强磁场下开展，研究如何在低磁场、液氮温度下实现栅极可调的三维量子霍尔效应，进一步为拓扑量子计算以及低功耗电子器件的应用创造条件。

（2）研究拓扑半金属中的三维分数量子霍尔效应，并寻找可用于量子计算的 5/2 量子态。研究三维空间的准粒子物理特性。自从三维整数量子霍尔效应发现以来，三维空间的分数量子霍尔效应成为该领域亟须突破的“战略要地”。日本和美国科学家已经在拓扑半金属体系中进行了大量的研究。其中，5/2 的三维分数量子态的实现不仅为实现拓扑量子计算提供新途径，也是一个具有重大科学价值的基础研究课题。

（3）研究三维量子霍尔效应与超导体系结合的拓扑半金属 – 超导异质结，利用界面的超导近邻效应产生马约拉纳费米子。对两个或多个马约拉纳费米子进行交换位置等缠绕操作后可以得到新的量子态，可以实现量子运算。马约拉纳费米子很有可能成为构建拓扑量子计算机的理想粒子，为设计新概念的拓扑量子计算机提供了重要依据和途径。三维拓扑半金属体态具有无质量的外尔费米子，理论研究证明在拓扑半金属中引入超导能够形成 p 波配对的拓扑超导体。

应针对拓扑材料中三维分数量子霍尔效应的物理机制与制备中的关键基础科学问题，研究关于 5/2 量子态和拓扑半金属 – 超导异质结中的马约拉纳费米子的理论和方法，建立以理论突破为先导，电子结构计算和材料制备为铺垫，多系统精确测量表征的科学研究道路，夯实新的研究范式，实现三维分数量子霍尔领域“从 0 到 1”的突破。下一步发展的具体建议措施如下。

明确研究重点方向：根据国际上三维量子霍尔效应的发展趋势和规律，明确将三维分数量子霍尔效应的理论和实验突破作为重点发展方向；加强大科学装置的建设：国内稳态强磁场和脉冲强磁场应该加强建设一流的、先进的、稳定的极低温强磁场测量平台；鼓励加大关于第二代量子体系的投入与研究：第二代量子体系的构筑和操控是当前基础科学的最前沿，是抢占战略制高点的基础，是我国科技实现超越和引领的关键领域。极端的实验条件和基础的理论内涵决定了第二代量子体系研究具有很大的难度，但也将成为整个科学研究领域中反映人类研究能力最高水平的关键领域之一。

## 六、非线性霍尔效应

### （一）科学意义与战略价值

经过近十年来的努力，我国在量子霍尔效应和拓扑材料方面的研究已处于国际一流水平，相关工作产生了重大的国际影响力。非线性霍尔效应是这些领域最新出现的制高点之一，属于前瞻性基础研究课题，可以进一步推进高阶拓扑物态和非线性响应的相关研究，还有望突破目前基础测量以线性响应为主的限制，有利于开发电学、光学、声学等新型测量技术，为量子物态的研究提供更丰富的探索手段和潜在应用出口。

### （二）研究背景和现状

量子霍尔效应是20世纪以来凝聚态物理领域最重要的科学发现之一，迄今已经产生了四次诺贝尔物理学奖，并改变了基于对称性破缺进行物质分类的认知，在凝聚态物理、光学和原子分子等多个领域引发对拓扑物理的研究，甚至帮助重新定义了“公斤”。量子霍尔效应的拓扑边界态可以无损耗地传导电子，可能在下一代高效低能耗电子器件中有巨大应用潜力。

非线性霍尔效应是一类新的霍尔效应。与线性霍尔效应相比，非线性霍尔效应具有一些独特的性质。

（1）非线性霍尔效应并不要求体系的时间反演对称性破缺。对其测量施加外磁场并不是必要的，并且可以存在于时间反演对称的体系中。因此非线性霍尔效应可以存在于更广泛的材料中。

（2）非线性霍尔效应对体系的空间对称性十分敏感。其出现要求体系必须破缺空间反演对称性，同时体系的高对称旋转轴或者镜面对称也可以使沿某个方向的非线性霍尔响应为零。因此，非线性霍尔效应可以用于探测与体系的空间对称性破缺相关的相变行为，如向列、铁电以及与空间对称性相关的隐藏序相变等。

（3）非线性霍尔效应可以被用于探测拓扑相变相关的量子临界点和反铁磁体系中的反铁磁矩取向等重要物理特性。

（4）非线性霍尔效应的内禀贡献对应的是高阶拓扑响应，是拓扑物理向前进步的一个重要方向。

（5）最重要的一点，非线性霍尔效应测量十分方便。只要对现有的输运测量方式稍作倍频调整，就可以探索一大类二维和三维的拓扑和功能材料，因此将会是一个非常重要且活跃的方向。

非线性霍尔效应最早由美国麻省理工学院于 2015 年提出理论，并于 2019 年在双层 $WTe_2$ 中观测到。随后，非线性霍尔响应的研究在极短时间内出现一个爆发性增长。包括北京大学、香港科技大学、美国康奈尔大学，德国马克斯·普朗克研究所和日本东京大学等一系列国际一流水平的实验室加入了探索非线性霍尔效应的队伍，使得这一领域在短时间内取得了一系列的突破，其中包括实现室温下应变可调的非线性霍尔效应和人工微结构诱导的非线性霍尔效应等。

## （三）关键科学、技术问题与发展方向

非线性霍尔效应领域目前的主要问题和发展方向有以下几个方面。

（1）完善非线性霍尔效应的理论框架。非线性霍尔效应本质上是一种量子效应。其内禀机制正比于电子能带中贝里曲率的偶极分布，包含了体系电子波函数的相位信息。其外禀机制与电子在杂质势下的散射过程相关，同样属于量子力学描述的范畴。目前与非线性霍尔效应相关的绝大部分理论工作都是基于半经典的波包运动方程和玻尔兹曼方程开展的。尽管这些半经典理论已经可以定性地解释观测到的实验现象，但是根据最新的理论研究结果，半经典理论对非线性响应过程的描述是不完备的。此外，非线性霍尔效应还可能包含非平衡效应和相互作用效应的贡献，这些效应的描述需要一套能够完备地描述非线性霍尔效应的理论框架。

（2）发掘种类更多、性能更好的材料体系。由于非线性霍尔效应的研究尚处于起步阶段，通过理论计算和实验测量发掘更多的实际材料体系可以扩大该领域研究对象的范围。同时，由于非线性霍尔效应具有潜在的应用价值，丰富多样的备选材料有助于高性能材料的筛选。目前已经有许多材料体系被理论预言支持非线性霍尔效应。包括 BiTeI、黑磷、$WTe_2$、$MoTe_2$ 以及受应变调制下的双层和转角石墨烯等。理论上，研究者们主要通过第一性原理的方法计算材料系统能带的贝里曲率偶极以指导实验，而实验上则主要侧重于通过人工微结构和应变等方案来对容易制备的材料进行调控从而得到支持非线

性霍尔效应的体系。

（3）推广非线性霍尔效应的物理概念。非线性霍尔效应是霍尔效应家族迈入非线性响应领域的第一步。在此基础之上还可以做许多的横向推广，预言一些新的非线性响应效应。目前研究者们在非线性霍尔效应的基础上已经提出了包括螺旋霍尔效应，马格纳斯（Magnus）霍尔效应和非线性能斯特效应等一系列新型的非线性响应效应。现在对非线性霍尔效应的研究已经上升成为一个更为宽泛的领域，并且还在不断地扩张、壮大。

# 第四节　拓扑半金属

## 一、科学意义与战略价值

拓扑半金属是拓扑量子物态家族的一员。与普通的金属态不同，其电子结构中的费米面由且仅由能带交叉形成的点、线、面等构成。根据这些能带交叉点的简并度和倒空间分布的不同，可以进行更为细致的分类，包括狄拉克半金属、外尔半金属、节线半金属、多重简并半金属等。

在自然界中发现新粒子和在凝聚态体系中发现新准粒子是现代物理研究的两项重要内容。当前模型认为宇宙中可能存在三种类型的费米子，即狄拉克费米子、外尔费米子和马约拉纳费米子。狄拉克费米子已经被发现，而外尔费米子和马约拉纳费米子还没有在粒子物理实验中被观测证实。另外，固体中众多相互作用的电子，往往会表现出不同于单个电子的集体行为。在研究这些集体行为时，人们常常把它看作某一假想粒子所具有的性质，这就是凝聚态体系中准粒子的概念。不同的准粒子具有不同的行为，使得包含它的固体具有不同的物理性质和外场响应。标准模型描述的是连续对称的宇宙空间，但固体空间只满足不连续的分立对称性，这就可能导致更多的新型准粒子。寻找并实现可能的全新准费米子，近年来已经成为凝聚态物理领域一个具有挑战性的前沿科学问题，也是该领域国际竞争的焦点之一。

## 二、研究背景和现状

二维到三维：固体中实现新奇准粒子的一个典型例子是二维石墨烯。它的动量空间存在由狄拉克方程描述的无质量（二维）狄拉克费米子准粒子激发，因而具有极高的迁移率和独特的电磁输运效应。拓扑绝缘体发现后，类似的准粒子激发在拓扑绝缘体的边界（一维）或表面（二维）上得以实现。而三维体系中能够实现这些准粒子的，就是拓扑半金属。2003 年，人们认识到铁磁金属中反常霍尔效应的内禀物理本质，发现了动量空间中磁单极的存在及其对反常霍尔效应的贡献，该磁单极即外尔点。但当时研究的 $SrRuO_3$、Fe 等是铁磁金属，费米面比较复杂，不纯粹由外尔点构成。其后，人们一直想寻找理想的、费米面有且仅有外尔点的半金属体系。2011 年，烧绿石结构的铱氧化物 $R_2Ir_2O_7$ 被提出可能是磁性外尔半金属（Wan et al.，2011）。外尔半金属有着与普通金属材料完全不一样的奇特表面态费米弧（Fermi arc），即外尔半金属表面态的费米面不是闭合的，而是一个开放的线段，这个开放的线段连接手性相反的两个外尔点在表面上的投影点。作为外尔半金属的直接判据，费米弧被广泛用于判定一个材料是否是外尔半金属。该工作入选美国物理学会 *Physical Review B*（PRB）创刊 50 年“里程碑”文章，评语是：“提出了一种新的量子物质状态：外尔半金属”（APS，2020）。同年，铁磁性尖晶石结构的 $HgCr_2Se_4$ 也被提出可能是磁性外尔半金属，但这两种磁性体系都没有得到实验证实。根据外尔点在动量空间中的分布，如图 3-4 所示，拓扑半金属可以进一步细致划分为狄拉克半金属、外尔半金属、节线半金属和多重简并点半金属等。节线半金属中的外尔点形成连续的线或闭合的圈，而不是孤立的点。多重简并点半金属中能级的简并度既不同于狄拉克半金属的四重，也不同于外尔半金属中的两重，而是三重、六重、八重等。这些都是标准模型中所没有对应的、固体中特有的新型费米子准粒子。

狄拉克半金属：我国科学家在拓扑半金属的研究中做出了一系列开创性的贡献，引领了该领域的国际进展，处于世界前列。突破首先来自狄拉克半金属的实现。2012 年和 2013 年两个狄拉克半金属材料 $Na_3Bi$ 和 $Cd_3As_2$ 通过理论计算被发现，随后被多个实验证实，并在实验中观察到了三维无质量狄拉克费米子，成为首两个拓扑半金属实际材料。

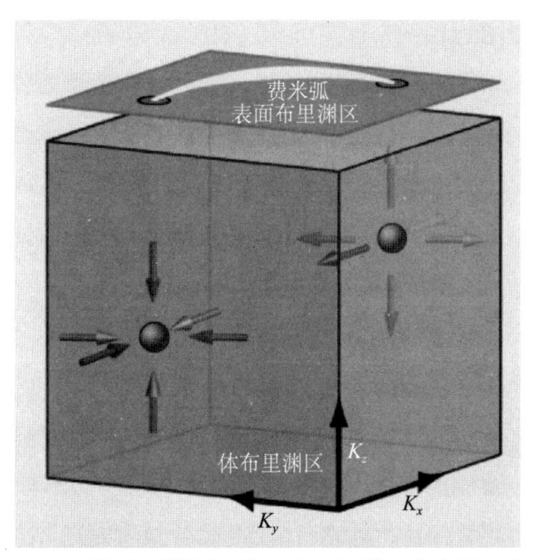


图 3-4　三维布里渊区中外尔半金属以及费米弧示意图

外尔半金属：狄拉克半金属的发现为实现具有手性的电子态，即外尔费米子（外尔半金属）奠定了基础，只需要进一步破坏中心或时间反演对称即可使得手性相反的外尔点分离。突破来自于对 TaAs 家族材料的计算发现和实验证实：2015 年理论预言 TaAs 等家族材料是非中心对称的非磁性外尔半金属，随后并被实验观测证实（Weng et al.，2015；Lv et al.，2015；Xu et al.，2015；Yang et al.，2015）。这是自 1929 年外尔费米子被提出以来，人们首次在固体中观测到它。2018 年，这项工作入选美国物理学会“Physical Review”系列期刊诞生 125 周年纪念文集（APS，2018）。该论文集共收录了 49 项对物理学产生重要影响的工作，从 20 世纪初的密立根油滴实验到 2016 年引力波的发现等，其中许多工作已被诺贝尔奖或其他重要奖项所认可。

磁性外尔半金属的发现是在 2018 年，同时有两个研究组独立发现 $Co_3Sn_2S_2$ 为铁磁外尔半金属。与 $HgCr_2Se_4$ 相比，它具有更强的磁矫顽力，因而可以在实验测量中保持长程铁磁序，减少磁畴，产生更稳定的外尔半金属态。结合理论计算和实验测量，有多个实验组的角分辨光电子能谱、扫描隧道谱等工作能够进一步确认 $Co_3Sn_2S_2$ 是首个磁性外尔半金属，为研究磁性拓扑、实现高转变温度量子反常霍尔效应等提供了新的候选材料。

马约拉纳零能模：从狄拉克方程出发，除了可以得到手性的外尔费米子外，还可以得到一组实数解描述的马约拉纳费米子。该费米子的奇特之处在于它是它自己的反粒子。理论研究表明，某些拓扑态的端点、边界或量子磁通核心等可存在马约拉纳类型的准粒子。2008 年，人们提出在拓扑绝缘体的表面通过与 s 波超导的近邻效应，可以导致拓扑超导，并在量子磁通芯子出现马约拉纳零能模（Fu et al.，2008）。2010 年，有人提出强自旋－轨道耦合（spin-orbit coupling，SOC）的半导体纳米线的端点也可被用于实现马约拉纳零能模（Lutchyn et al.，2010）。2012 年，实验工作在 InSb 纳米线端点观测到支持马约拉纳零能模的现象（Mourik et al.，2012）。2014 年，人们在 s 波超导上的磁性原子链中也观测到类似现象（Nadj-Perge et al.，2014）。2016 年，人们在 s 波超导和拓扑绝缘体的界面处发现了磁涡旋核心处存在马约拉纳零能模的有力证据（Sun et al.，2016）。这些证据都表明，所有三种费米子类型的准粒子都可能在固体中实现。

新型无质量费米子激发：固体中无质量狄拉克费米子、手性外尔费米子和马约拉纳费米子等准粒子的发现，启发人们去探寻更多新型准粒子。2016 年，理论工作提出非简单空间群对称性保护的三重、六重、八重简并新费米子态。与此同时，材料计算发现在具有简单空间群对称性的碳化钨家族材料中存在三重简并费米子，且与狄拉克、外尔费米子不同，对外加磁场的方向敏感，使得含有它的材料具有磁场方向依赖的磁阻性质。2017 年，实验研究人员在这类材料中首次观测到了突破传统分类的三重简并费米子，该工作被评为 2017 年度中国科学十大进展之一。除此之外，还有更多类型的拓扑半金属态被提出，包括节点形成连续曲线的节线半金属，具有自旋–3/2 的拉里塔－施温格（Rarita-Schwinger）费米子激发和双重外尔点的手性半金属等。节线半金属在某些表面会形成表面平带构成的鼓面态，可用于研究多体关联效应。新型的手性半金属可以实现高拓扑荷的外尔点以及跨越整个表面布里渊区的长费米弧等。

总之，固体中新型费米子准粒子的概念正变得越来越实际、鲜明且富有启发性，相关的研究也迅速发展起来，成为当前凝聚态物理研究的新方向。但值得注意的是，这些准粒子与其在真空中对应的真实粒子还是不尽相同。譬如外尔半金属具有表面费米弧和手性反常导致的负磁阻现象，这是真空中的外尔费米子所没有的。离散的晶格对称性还会导致自由真空的洛伦兹不变性被破坏，导致节线半金属，第二类外尔半金属和多重简并点半金属等没有传统理论所对应的新型费米子。对新型费米子准粒子的深入研究可以促进理解电子的拓扑物态，发现新奇物理现象，开发新型电子器件，同时对深入理解基本粒子性质也具有重要的意义。探索这些不同固体中的新型费米子也能让我们更好地理解我们自己的宇宙空间（图 3-5）。

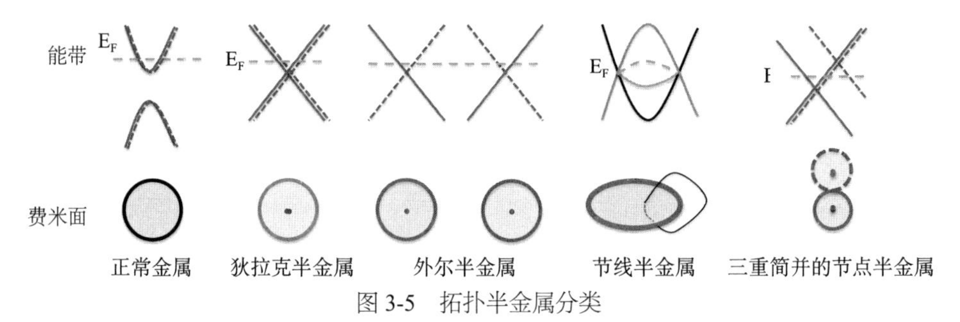


图 3-5　拓扑半金属分类

注：上一行是每种拓扑半金属费米能附近的能带结构，下一行是费米面的形状及外尔点的分布。三重简并点半金属的电子和空穴费米口袋用实线和虚线区分

## 三、关键科学、技术问题与发展方向

由上述可知，经过十多年的研究发展，人们已经发现和实现了许多不同种类的拓扑半金属。尤其是近几年，随着对称性指标理论、拓扑量子化学理论以及拓扑词典等工作的进展，通过计算能带的不可约表示可以快速判断和诊断电子结构的拓扑特性，极大加快了拓扑材料的计算发现和实验筛选。未来该领域的中心任务将转成对拓扑半金属物性和效应的研究，探索利用其独特性质进行器件开发的方法和方案。

拓扑半金属的物性和效应研究主要包括如下几个方面：输运性质、光学性质、催化性能、关联效应和超导相互作用等。

输运性质：理想的拓扑半金属因为费米面仅仅由能带交叉点组成，所以具有极低的载流子浓度，加上波函数围绕能带交叉点会累积额外的贝里相位，导致其迁移率很高。另外，拓扑半金属的表面开放费米弧具有较强的自旋–动量锁定关系，也能导致一些独特的电荷、自旋输运性质。譬如，巨大的磁阻效应，温度依赖的抗磁性，三维量子霍尔效应、手征反常效应导致的纵向负磁阻，手征磁效应导致的非局域电流，手性零声导致的巨大热导振荡效应、较低量子极限临界磁场，较大的内禀反常霍尔效应、反常能斯特效应，平面霍尔效应、拓扑霍尔效应等。

光学性质：拓扑半金属能带交叉点附近的线性色散关系、发散的贝里曲率、自旋–动量锁定关系等会导致一系列特殊的光学响应。譬如：非线性光学响应，包括位移电流、注入电流、二次谐波，量子化克尔、法拉第效应，量子化注入电流、旋磁效应、非线性霍尔效应等。

催化性能：拓扑半金属的催化性能尚没有得到细致研究，其体态和表面态的拓扑稳定性对于催化反应来说有一些促进作用。譬如：稳定的导电态使得催化反应中电子的转移变得更容易，使得它们不容易被反应物钝化。另外，某些晶格对称性保护的拓扑边缘态依赖于具体表面，因此通过样品形貌的控制可以调控其催化性能，或者某些体系外加磁场、电场等也可以调控表面态，进而影响催化性能等。

关联效应：拓扑半金属中较低的载流子浓度使得屏蔽效应减弱，电子关联效应增强，相对于绝缘体，属于中等程度关联。这就对准确描述其中的电子态提出了挑战。当前处理关联系统的方法很多适用于强关联或接近单电子近似的弱关联，对于中间地带，则需要发展更精确的模型和更细致全面的计算方法。人们已经发现的具有一定关联效应的拓扑半金属，包括铁磁外尔半金属 $Co_3Sn_2S_2$、近藤外尔半金属 $CeRu_4Sn_6$、表面修饰的 $Fe_2O_3$、转角石墨烯、笼目格子和烧绿石格子体系等。这些将为研究拓扑物态中的磁性和关联效应，及其对拓扑物性的影响提供良好的平台。

超导相互作用：拓扑半金属中通过近邻效应引入或自发产生（本征）超导相互作用，可能产生拓扑超导态，从而在边缘态或磁通中心出现马约拉纳零能模，在拓扑量子计算中具有潜在应用价值。拓扑半金属的体态或表面费米弧具有自旋–动量锁定关系，而且在晶格中，有效自旋会不同于 1/2，对超导配对方式和角动量都有影响，从而产生不同于单重态和三重态的非常规超导态等。目前已经有许多方式基于拓扑半金属产生超导态，包括近邻效应、点接触压力、应变、掺杂等，但在确认其超导配对对称性和拓扑效应上还没有确定性的实验证据，需要进一步加强研究。寻找本征的、高转变温度的拓扑超导体是首要任务，继续探究拓扑超导的指纹性实验现象和效应也是关键。

未来十五年，应专注于拓扑半金属的基础科学研究，着眼具有应用前景的拓扑量子效应和材料，澄清重要的理论问题，包括磁性拓扑态、手性费米子、拓扑热电效应、拓扑催化效应、拓扑光电效应等热点，发展相关理论和计算方法，在概念、理论和物性研究等方面取得引领性突破。基于已知的拓扑材料数据库，合成更多的优质备选材料，提升我国材料制备和物性测量先进设备自主研发的能力，在实验上发现或实现一系列新颖拓扑量子效应，获得多种可在液氮温度以上呈现拓扑效应的量子材料，设计和制备基于拓扑量子效应的颠覆性器件，建立起基于拓扑量子物态和拓扑效应的电子学的框架。

# 第五节　关联拓扑物态

## 一、科学意义与战略价值

基于单电子近似的能带理论在描写电子关联不强的凝聚态体系时取得了巨大的成功。但是还有大量的物理系统，其中一个电子的运动状态与另外电子的运动状态存在关联，从而破坏了单电子近似的条件。人们把这些必须考虑电子间库仑关联的物理体系统称为关联电子系统。关联电子体系是当今凝聚态物理中最重要的研究课题之一。关联电子材料中电子之间的强相互作用，导致了一系列重要的物理现象，如高温超导体、巨磁电阻效应、重费米子系统、金属－绝缘体相变、量子相变等。对电子关联的研究极大地推动了凝聚态物理学学科的发展。

拓扑量子物态是近年来兴起的一个研究方向，是凝聚态物理学、材料科学、磁学、光学等多领域的研究前沿。和普通材料相比，拓扑材料具有许多独特的物性。拓扑绝缘体特有的受拓扑保护的表面电子态具有自旋－动量绑定关系，背散射被禁止，因此拓扑绝缘体能够实现无能耗电子输运；拓扑绝缘体和超导的界面可以实现马约拉纳费米子的准粒子模，这有望应用于拓扑量子计算；拓扑绝缘体表面的狄拉克电子态也具有反常的磁电耦合等。这一系列新奇的性质，具有深刻的物理和广阔的应用前景。外尔半金属具有和手性反常相关的磁电阻。它能产生新颖的量子振荡现象，即通过上下两个表面费米弧在外尔点投影处的隧穿行为，人们也理论设计并且实验实现了三维量子霍尔效应。

因此考虑学科交叉和融合，系统研究电子关联体系中可能的拓扑物态不仅仅具有重大的科学价值，也为面向经济、社会和国家安全方面的战略需求，发展新型功能器件和探索新能源材料，促进新兴产业的诞生，实现自主创新提供了巨大的契机。

## 二、研究背景和现状

随着研究的深入，对于电子关联较弱的电子体系的拓扑物态人们已经有了比较深入的了解。大量拓扑量子态被发现：二维、三维 $Z_2$ 拓扑绝缘体，陈绝缘体，镜面陈绝缘体，拓扑晶态绝缘体，拓扑高阶绝缘体，外尔半金属，狄拉克半金属，沙漏费米子体系，多重简并费米子体系，拓扑结线半金属等。人们也使用理论方法完成了对无机材料数据库中所有材料拓扑性质的判断，并且对基于电子关联强弱度的体系构造了拓扑材料数据库。近几年来研究电子关联对拓扑量子态的独特影响，在电子关联较强的体系里面寻找拓扑非平庸态是一大新兴的前沿课题。

研究发现电子关联对于凝聚态体系的拓扑性质有重大影响，一方面电子关联效应使得锕系核元素化合物 AmN 和 PuTe 变为拓扑绝缘体，稀土化合物 $SmB_6$ 等体系变为拓扑近藤绝缘体，$YbB_{12}$ 变为拓扑晶体绝缘体等。另一方面通过对拓扑绝缘体里面常见的几个哈密顿模型（如傅 – 凯恩模型、伯尔尼维格 – 休斯 – 张模型、霍尔丹模型和霍夫施塔特模型等）加入电子之间的库仑相互作用，人们预言了多个新颖的具有分数激发的拓扑序。具有长程纠缠，不能够通过有限步局域幺正变换后与直积态等价的拓扑序参见有关的章节，本节主要关注拓扑近藤物态和拓扑平带体系。

在凝聚态物理中，近藤效应是指金属中的电子由于磁性杂质的散射而产生的电导、比热、磁化率等随温度而发生完全不同于朗道费米液体理论的反常物理现象。1964 年，日本科学家近藤采用微扰计算证明导带电子与局域磁矩的交换作用能在费米面附近产生一个奇特的散射，从而导致电阻在低温区间反而增大，很好地解释了电阻的反常行为，此后这类现象被命名为近藤效应。但是近藤给出的电阻修正在低温下是发散的，而实际的物理电阻不可能真正发散。此后阿布里科索夫（A. Abrikosov）把微扰做到了更高阶，然而结果发现微扰理论对于低温区间完全无能为力。威尔逊（K. G. Wilson）把量子场论中的重正化的思想和凝聚态物理中的标度思想结合起来，成功地描述了所有温度区间的物理现象。至此金属中近藤问题基本告一段落，然而新的问题总是不断出现。

实验上发现稀土体系也有类似单杂质问题的行为。这一类体系在低温下的反常行为被称为重费米子问题。为了研究这类体系，人们把安德森杂质模型推广到了安德森格点模型，发现了非常丰富的物理相图。在一些参数区间，重费米子体系表现出非常规超导特性，一些区间出现磁长程有序，而有些体系在极低温下表现顺磁性等。这些问题的核心都是电子的短程库仑相互作用导致的强关联效应。

拓扑近藤绝缘体六硼化钐（$SmB_6$）是最早理论预言和实验证实的拓扑近藤绝缘体。在 $SmB_6$ 晶格中，钐原子形成一个简单立方晶格，而硼原子形成的八面体团簇在它的体心位置。$SmB_6$ 电子激发主要由钐原子的局域 f 态和巡游 d 态组成，二者之间存在轨道杂化。这个作用的一个结果是钐原子的化合价不再是整数，它的价态随温度变化。在低温下，f 电子和 d 电子之间的强近藤耦合在费米能处打开了一个能隙约 10 meV 的带隙，使 $SmB_6$ 从混合价态的金属转变成混合价态的绝缘体。虽然 $SmB_6$ 中一些能带结构的细节还没有完全确定，但是其在布里渊区高对称点的对称性已经非常清楚。研究表明，在 $SmB_6$ 布里渊区的 X 点附近发生了 d 带与 f 带的能带反转。由于 f 带与 d 带宇称奇偶性相反，所以如果出现绝缘带隙，此 f 带与 d 带的反转将导致非平凡的拓扑性质。以 $SmB_6$ 为代表的这些体系被命名为拓扑近藤绝缘体（Li et al.，2020）。

$SmB_6$ 的电性质是人们长期关注的难题。实验发现在室温下，其导电性非常好。随着温度逐渐降到液氦温区，其电阻率增加了十万倍以上。但 $SmB_6$ 同普通的绝缘体不同，它的电阻率在 3 K 以下趋近饱和。这一残余导电行为的物理起源此前一直没有定论。拓扑近藤绝缘态给了这个问题一个全新的视角：低温下的电阻平台源于由时间反演对称性保护的拓扑表面态。随后多个实验研究组独立地发现了 $SmB_6$ 中的表面电导现象。此外，角分辨的 ARPES 测量也发现 $SmB_6$ 表面态的电子自旋具有和动量相关的极化现象，很好地验证了自旋动量锁定这一拓扑物态的特征，对 $SmB_6$ 的拓扑性质给予了有力的支持。更为重要的是多个研究组使用 ARPES 发现了展现线性色散关系的表面态，直接证明了拓扑近藤绝缘体的理论预言。

除了拓扑近藤绝缘体外，最近也有 $CeRu_4Sn_6$ 等体系被预言为拓扑近藤半金属。已有实验结果表明，$CeRu_4Sn_6$ 是一类典型的强关联重费米子体系，其中 Ce 的 4f 电子占据数大约是 0.95，这与单电子近似的计算结果不符。如果采用古茨维勒（Gutzwiller）变分法结合第一性原理重新计算该体系的准粒子电子结构，在考虑 f 电子强相互作用下，可以得到其准粒子能带和原子多重组态。结果表明，f 电子的强关联效应对能带的修正主要表现为以下两点：① 4f 电子的 $j = 7/2$ 能带被推到了费米面以上 1.2 eV 左右，而费米能附近主要由 4f 的 $< j = 5/2, j_z = \pm 1/2 >$ 电子和 4d 电子占据；② 4f 轨道形成的准粒子能带宽度减少了 50% 左右。这导致 4f 轨道电子和 4d 轨道电子在费米能附近发生能级反转，计算得到的 Ce 的 4f 电子占据数与实验结果吻合。该体系没有空间反演对称性，在反带附近存在八对外尔点，其中四对属于第二类外尔点。通过表面态计算，在（010）表面看到清晰的外尔半金属独有的“费米弧”。与已知的弱关联拓扑半金属不同，$CeRu_4Sn_6$ 中的外尔费米子态对 Ce 的价态非常敏感。通过在小范围内调节 4f 电子的占据数，体系会经历多个拓扑相的变化，这将为强关联与拓扑之间的物理研究提供一个平台。

关联拓扑领域的另外一个热点是拓扑平带体系。在平带体系中电子的动能项趋于零，电子之间的势能起主导作用，所以该类体系的电子表现出极强的关联效应。理论预言具有 SOC 与时间反演对称破缺的平带如果在费米能附近，可以产生诸如分数量子霍尔效应等奇异的物态。目前已知的能带平带材料体系非常少见，此前只有具有阻挫的笼目、烧绿石结构的少数几个体系中的低能电子激发由平带主导。

2018 年，人们发现了一种新型二维强关联电子体系——“魔角”石墨烯超晶格界面。这种体系由两层石墨烯构成，层间晶向保持一个特殊的角度，即理论预测约 1.1°的“魔角”。魔角旋转双层石墨烯的电子能带结构在电中性点附近呈现非常扁平的能带。这种平带现象使得电子与电子的库仑相互作用可以远超过电子在晶格中运动的动能，从而使强关联作用变得非常明显。通过调节栅压，人们可以有效地把费米能级调控到这些平带中。微调栅压魔角旋转双层石墨烯可呈现一种与莫特绝缘体类似的强关联绝缘态，也可以有临界温度约 2 K 的超导态。

通过将六角氮化硼衬底跟魔角双层石墨烯对齐，人们发现体系中出现了非常显著的反常霍尔效应。通过改变电子的占据数，人们也在该体系中观测到了陈数分别为 1 和 2 的量子反常霍尔效应。此外研究发现转角多层石墨烯体系中普遍存在具有非平庸拓扑性质的平带，目前相关领域的研究是凝聚态物理学领域的前沿。

## 三、关键科学、技术问题与发展方向

由上述可知，由于粒子和粒子间的强关联效应，电子关联体系出现过大量新奇量子现象。诸多关联效应所导致的物理现象无法在传统朗道费米液体理论的框架内进行描述与理解。具体来说，近藤效应及其相关的物理问题一直是凝聚态理论中一个重要的研究热点。相关研究不仅促进了重正化群理论方法的建立，而且推动发展了基于数值重正化群的一系列数值计算方法。而以“魔角”石墨烯为代表的平带体系中极大的电子关联效应为人们进一步研究强关联电子体系和超导性的相互关系这一重大科学问题提供了好的平台，同时也给实现量子自旋液体等奇特量子态提供了一条新的道路。

近年来，一系列超越朗道相变理论的拓扑新物理引起学术界广泛关注，是当前凝聚态物理、材料科学以及电子信息科学领域的前沿课题。目前，人们对于有单电子对应的对称性保护拓扑相已经有了较为深入的研究。该领域的一个鲜明特色是理论预言和实验验证密切合作：人们往往是先通过基于密度泛函理论的第一性原理计算方法预言拓扑材料体系，然后实验通过 ARPES 等谱学观测、量子振荡等输运测量来进行验证。一大批拓扑量子材料体系都是通过这种研究范式被成功的发现。但是这一范式在处理电子关联强的体系时具有很大的局限性。

目前，在强关联体系中研究电子关联与能带拓扑的相互作用，正逐渐衍生为基础科学的新前沿。对这些问题的深入系统研究，不仅具有深刻的物理内涵，而且可能对未来电子器件的发展产生颠覆性影响。

应该说对于拓扑近藤体系、拓扑平带体系来说，在弱关联电子体系中取得巨大成功的密度泛函方法遇到了很大的困难，经常给出定性上都错误的结果。所以未来该领域的中心任务是发展出可以精确预测关联电子体系物性的理论方法，发现可能的全新物理概念和物理现象，寻找性能优越的拓扑近藤材料和拓扑平带体系，进而探索利用其独特性质进行器件开发的方法和方案。

理论方法发展：目前通用的基于 LDA 的第一性原理计算方法不适合用来研究非满填充 d 或者 f 电子等关联性较强的体系。在用常规自洽场方法研究关联电子体系时，不易考虑电子运动的动态相关性。人们在 LDA 框架下，通过加入动态相关效应成功地研究了近藤体系中谱权重随温度变化的问题、稀土和锕系系统的体积坍塌（volume collapse）等一系列电子关联现象，人们基于 LDA+ 古茨维勒（Gutzwiller）方法也成功地预言过拓扑近藤体系。发展出可以精确描述电子关联体系电子行为的理论方法是成功找到性能优越的拓扑近藤体系、拓扑平带体系的关键。此外在拓扑近藤体系、拓扑平带体系中，电荷、自旋、轨道和晶格等多个自由度之间的耦合可能导致了各种新奇物态的产生，因此发展相关的理论方法，发现可能的全新物态和相变现象对于新物理概念的发展、新物理现象的描述具有重大的意义。

材料的预测、制备和生长：综上所述，重费米子体系的特征能量尺度低，所以对于样品的纯度要求很高，对于拓扑性质的要求也很高。所以使用高精度的理论方法，预言出性能优越的拓扑近藤物态，进而生长出高质量的样品，是实现拓扑近藤物态，并通过磁场、压力等对其进行高效调控，达到系统探索强关联电子态和拓扑物态的关键。通过理论方法，在丰富的二维系统以及转角二维系统中找寻全新的拓扑平带材料，然后制备出高质量的体系，探索可能的全新物态。

实验手段发展：拓扑近藤体系，拓扑平带体系中多个自由度的竞争使得新奇物态往往只在很小的能量区间存在，所以发展在低温、强场、高压等极端条件下精确的谱学、输运等手段是发展新型体系的关键。

开展关联电子体系物态及其调控的研究，不仅可以加深人们对复杂体系规律的认识，加强对拓扑关联电子系统中不断出现的新效应的理解，促进凝聚态物理学的发展；也可以通过对电子关联效应所导致的新型物态的调控研究，寻找到改进和提高关联电子材料性能的新途径，进而发展出新的调控手段、功能器件和信息技术。拓扑关联体系中多自由度之间的竞争，一方面导致了大量新颖的物理效应和物理现象，另一方面也使得这些新的物质态出现的能量窗口很窄，而且极易受到杂质、缺陷、温度和应力应变和外场的影响。这些对于理论和实验都带来了极大的挑战。因此，研究中需要注意以下问题。

发展精确描述电子关联体系物性的理论方法。从对近藤效应的研究历史可以看出，通过几代人的不懈努力，不仅很好地理解了巡游电子和局域磁性关联效应，也发展了一系列理论方法，促进了整个学科的发展；加强极端条件下物性测量、调控研究，尤其是进行相关科学仪器的研制、大装置的建设等；加强相关元器件方面的探索性研究。

## 第六节　拓扑超导体与马约拉纳费米子

### 一、科学意义与战略价值

寻找具有拓扑序的新物质态是目前一个非常活跃的前沿研究领域。拓扑的概念被引入到凝聚态物理学中来，使人们对物态的认识有了新的突破，极大地拓展了量子材料的研究范围。各种理论预言的拓扑量子材料在实验上不断被制备出来，包括拓扑绝缘体、拓扑晶体绝缘体、拓扑超导体和拓扑半金属等。这些拓扑物态具有非平庸的能带结构和相关的量子特性，能对抗外界扰动而稳定地存在。与拓扑绝缘体类似，在超导体中也存在着拓扑非平庸的超导态，它与传统的平庸超导体在拓扑性上是不等价的，这种具有非平庸拓扑序的超导体被称为拓扑超导体。拓扑超导体在体内具有非零的超导能隙，而在表面有无能隙的表面态。理论预言在拓扑超导体的边界上或缺陷态附近可以形成马约拉纳费米子这一准粒子态。拓扑超导体可以是多种维度，比如三维块体、二维薄膜、一维纳米线，而马约拉纳费米子存在于这些拓扑超导体的表面、边缘或端点处。

量子计算是当今最前沿的科技研究领域之一。目前主流的量子计算依赖于常规量子比特，主要包括超导量子比特、硅量子点量子比特、光量子比特、离子阱量子比特等。这些常规量子比特中的噪声极大地影响了它们的可靠性与可扩展性。进一步发展量子计算亟须解决噪声问题，从而最终实现高度容错的量子计算。作为量子计算的一种重要实现途径，拓扑量子计算具有本征的容错性。拓扑量子比特由满足非阿贝尔统计的准粒子经“编织”构成，它受到系统整体的拓扑结构保护，对局域扰动天然免疫，从而大大降低了纠错码的难度，可以实现容错量子计算。由于有重要的科学研究价值以及在量子计算中的潜在应用前景，最近马约拉纳费米子引起人们的广泛关注。

马约拉纳费米子最先由意大利科学家马约拉纳（E. Majorana）于 1937 年提出（Majorana，1937）。马约拉纳费米子是一种特殊的费米子，它的反粒子是其本身。在粒子物理中，中微子被认为是马约拉纳费米子，但是还没有被实验证实。当两个马约拉纳费米子发生交换时，它们的波函数相位会发生特殊的演化，具有非阿贝尔统计特性。具有非阿贝尔统计特性的准粒子态是拓扑量子计算的基础。在过去十几年中，凝聚态物理学家认为可以在固体中构造出和马约拉纳费米子性质类似的准粒子态，这将是最简单的具有非阿贝尔统计特性的准粒子态，极为适合用于研究相关前沿基础物理问题，推动统计物理、凝聚态物理的发展，进而构建拓扑量子比特，实现可容错的拓扑量子计算（Kitaev，2003）。

马约拉纳费米子存在于拓扑超导体中，然而自然界中的拓扑超导体材料极为稀少。目前越来越多的研究组已经开始在各种拓扑超导体材料中寻找马约拉纳费米子。而且西方国家的政府以及微软等许多著名的科技公司都已经开始投入巨资到拓扑量子技术这一战略性研究领域。我国已经在量子通信、量子计算、量子精密测量、量子核心材料与器件等各方面做出全方位的部署。拓扑量子计算也是其中的重要组成部分之一。一旦拓扑量子比特器件研制成功，将大大降低量子计算的出错概率，加速量子计算的实用化进程，在量子计算机方面将具有巨大的应用前景，有可能拉开新一轮科学技术革命的序幕。

## 二、研究背景和现状

自然界中的内禀拓扑超导体材料极为稀少，即使天然存在也有待发现。理论上可能实现马约拉纳准粒子态的人工体系有半导体 / 超导体纳米线、超导体上的磁性原子链、p 波超导体、拓扑绝缘体 / 超导体异质结、具有拓扑表面态的超导体、5/2 分数量子霍尔态等（图 3-6）。这里就几类取得较多进展的体系，分别阐述它们的研究现状。

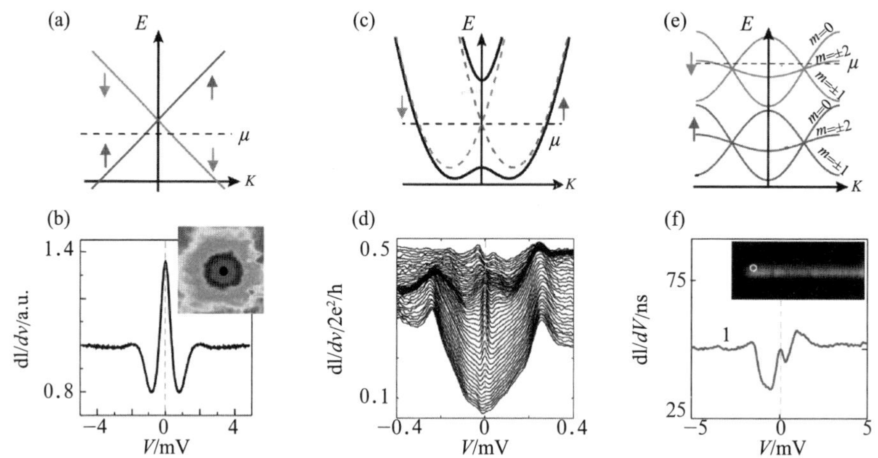


图 3-6　实现马约拉纳准粒子态的几种途径：利用拓扑绝缘体的表面态、强自旋轨道耦合纳米线的塞曼劈裂或铁磁链破坏体系的自旋对称，再通过近邻效应引入超导配对；在磁通内及线 / 链的端点处可实现马约拉纳束缚态，它表现为零偏压处出现的奇异电导峰

### （一）半导体 / 超导体纳米线体系

半导体 / 超导体纳米线体系由于材料较易合成且可用门电极进行调控，是当前被研究最广泛的体系，也是最早发现马约拉纳准粒子态迹象的体系。

2008 年，傅亮（L. Fu）和凯恩（C. Kane）的理论模型表明如果把传统 s 波超导体与拓扑绝缘体耦合，超导近邻效应会使拓扑表面态中出现等效 p 波配对，进而在样品边界产生马约拉纳准粒子态（Fu and Kane，2008）。随后佛罗里达大学和哈佛大学研究组发现可用具有强 SOC 的半导体材料替代傅－凯恩（Fu-Kane）模型中的拓扑绝缘体，只要同时施加塞曼（Zeeman）场。当塞曼能和超导体能隙、SOC 强度满足一定关系时，体系也可产生拓扑超导态与马约拉纳准粒子（Lutchyn et al.，2010）。随后魏茨曼科学研究所和微软研究院研究组又证明了具有强 SOC 的一维纳米线可以实现一维体系中的傅－凯恩模型。在这些理论基础上，从纳米线 / 超导体异质结构中寻找马约拉纳准粒子态的实验迅速开展。2012 年，荷兰代尔夫特理工大学研究组首次在 NbTiN 超导体与 InSb 纳米线的耦合系统中观察到零能电导峰（Mourik et al.，2012）。不久瑞典隆德大学和以色列魏茨曼科学研究所的研究人员也分别在 InSb-N 和 InAs-Al 等结构中观察到零能电导峰。2015 年，丹麦哥本哈根大学研究组通过外延生长 Al-InAs 材料观察到更为清晰的零能电导峰。零能电导峰的出现是马约拉纳零能模的重要迹象，但目前的实验还存在着一些重要问题。比如测量中常有其他能隙内束缚态出现而影响零能峰的判定，而且理论上的马约拉纳零能模特征——量子化电导也还没有被确认。尤其是一些实验和理论表明在一定情况下平庸的安德列也夫束缚态（Andreev bound state）等也可能导致类似马约拉纳零能模的信号。因此，纳米线体系中的马约拉纳零能模还需要进一步的实验确认。如何提高器件质量，得到更平整的界面、干净的超导能隙、高的隧穿势垒可能是下一步实验研究的重点。对于基于纳米线体系的马约拉纳零能模编织，理论上已有几种实现方案，比如利用门电极调控实现马约拉纳零能模空间上的移动。近期有理论预言利用充电能和单电子在零能模之间的隐形传态也可实现编织操作。这种基于测量的编织方案是当前实验努力的主流方向。

我国有数个课题组在这个研究方向上开展研究，但整体还处于跟踪前沿状态。

### （二）超导体上的磁性原子链和磁性岛的边缘态

马约拉纳零能模还可存在于超导体上生长的磁性原子链或磁性岛的边缘。这些体系中的拓扑超导态一般认为是基于耦合的 Yu-Shiba-Rusinov（YSR）态产生。YSR 态是磁性原子在常规超导体能隙内诱导出的束缚态，是由于渌、斯波弘行（H. Shiba）和鲁西诺夫（A. I. Rusinov）于 1960 年各自独立发现的。单个磁性原子 YSR 态是具有粒子－空穴对称性的一对分立能级，而当多个磁性原子距离足够近，形成一维链或者二维晶格时，它们的 YSR 态会互相杂化形成 YSR 能带。理论上如果粒子和空穴 YSR 能带在能隙中心互相重叠，p 波配对作用可重新打开能隙而使体系进入拓扑超导态。产生p波配对作用需要超导体具有强SOC，或者磁性原子之间有特定的磁耦合。比如一维螺旋磁结构被认为可以在原子链中产生p波配对，从而在链的端点诱导出马约拉纳零能模。

实验上，普林斯顿大学研究组首先研究了铅衬底（有强的SOC）上生长的铁原子链。他们在链的两端测量到零偏压电导峰，而链的内部不存在零能峰（Nadj-Perge et al.，2014）。随后的高分辨率测量和超导针尖的测量也证实了端点零能峰的存在。进一步地，该组还测量了零能模的自旋极化特征，反映出其与普通YSR态的区别。巴塞尔大学研究组等则测量了零能峰的空间振荡分布与局域长度。这些现象是马约拉纳零能模存在的重要证据。与此同时，柏林自由大学研究组研究了铅上生长的钴原子链，没有发现端点零能峰。其解释是钴比铁多一个d电子而使得YSR能带变得拓扑平庸。马克斯・普朗克研究所的研究组则通过操纵原子在铼和钽衬底（均为常规超导）上得到不同长度的铁原子链，发现了零能态存在迹象，并认为铁原子链具有螺旋磁性，因此也符合拓扑超导产生的要求。

此外，巴黎萨克雷大学研究组在单层铅膜上生长的磁性钴岛边缘观察到零能态。马克斯・普朗克研究所的研究组也在铼上生长的铁岛边缘看到能隙准粒子态。最近，芬兰阿尔托大学研究组在$NbSe_2$表面生长了二维范德瓦耳斯磁性体系$CrBr_3$，并观测到零能边缘态。这些结果目前也大多被解释为基于YSR态产生的拓扑超导，但还缺少进一步的实验证据说明观察到的零能态是马约拉纳零能模或边缘态。

总之，生长在常规超导体上的磁性原子链或磁性岛是实现拓扑超导的一种可能途径，并有其独特优点。首先STM可通过原子操纵的方法逐个原子地构建特定的结构，并测量其端点和边缘态。这使得可以直接研究马约拉纳零能模出现的过程以及它们的相互耦合。另外，通过特定的原子链构型加上外磁场调控也可能实现对马约拉纳零能模的编织操作。

目前国内在该方向的实验研究较少，还未有重要实验结果报道。

### （三）拓扑绝缘体与常规的s波超导体材料形成异质结

拓扑绝缘体具有绝缘的体能隙，而表面有无能隙的拓扑表面态。表面态中的电子自旋和动量方向锁定在一起，所以表面态在能量和动量空间中呈自旋极化的螺旋形色散关系。描述拓扑绝缘体表面态的哈密顿量包含时间反演对称性，根据傅－凯恩模型，如果把传统 s 波超导体与拓扑绝缘体耦合，当 s 波超导体的库珀对电子通过超导近邻效应隧穿到拓扑绝缘体表面后，拓扑绝缘体表面态的哈密顿量不仅要包含时间反演对称性，还要包含电子空穴对称性。这时超导的拓扑绝缘体表面态的哈密顿量特征与一个具有时间反演对称性的 $p_x+ip_y$ 超导体的哈密顿量特征相同，而后者的拓扑性与普通的 s 波超导体的拓扑性不等价，此时在超导的磁通涡旋中可以形成马约拉纳束缚态，即马约拉纳零能模。最近十几年人们已经发现了多种拓扑绝缘体材料，而且 s 波超导体材料已经有将近上百年的研究历史，所以通过构造拓扑绝缘体 / 超导体异质结的方法能够极大地拓展拓扑超导体材料的选择范围。

拓扑绝缘体 / 超导体异质结体系的实验最早由上海交通大学研究团队于 2012 年完成。他们在国际上首先成功地在 s 波超导体 $NbSe_2$ 的表面上，用分子束外延法生长出高质量的拓扑绝缘体 $Bi_2Se_3$ 薄膜，通过 STM 与 ARPES 的结合，从实验上证实了超导态与拓扑序态的共存，为观测与研究马约拉纳费米子提供了一个实验平台（Wang M X et al.，2012）。该团队又成功地制备出质量更好的拓扑绝缘体 / 超导体异质结：$Bi_2Te_3/NbSe_2$，并在 400 mK 极低温和强磁场的环境下，发现该异质结存在拓扑超导电性的证据。随后，又通过详细地研究磁通涡旋中零能峰的实空间分布及其随拓扑绝缘体薄膜厚度的变化，找到了马约拉纳费米子存在的迹象。2016 年，该团队采用自旋极化 STM，探测到 $Bi_2Te_3/NbSe_2$ 异质结中由马约拉纳零能模产生的自旋选择性安德列也夫反射（Sun et al.，2016）。这种自旋依赖性隧道效应提供了马约拉纳零能模存在的直接证据，揭示了马约拉纳零能模的磁特性。在其他异质结体系比如 $Pb/Bi_2Te_3$，二维拓扑绝缘体 HgTe/CdTe 量子阱、InAs/GaSb 量子阱与超导体形成的异质结中，人们通过输运的方法研究了超导近邻效应，但还没有找到马约拉纳费米子存在的证据。最近，人们还在量子反常霍尔绝缘体与超导体形成的异质结中通过输运方法观测到了马约拉纳手征模诱导的半整数量子平台，但是实验上尚存争议。

目前我国的研究组在此方向上处于引领地位。

### （四）自赋性拓扑超导材料

自赋性拓扑超导材料是同时具有超导电性和拓扑狄拉克表面态的体材料。狄拉克表面态的超导电性为体态超导配对通过超导近邻效应直接赋予，不再需要异质结和其他超导材料。这避免了样品后期加工过程中精细制备的困难。

自赋性拓扑超导材料的实现有多个途径。比如，利用掺杂把拓扑绝缘体本身变为超导体。人们已经在铜、锶、铌掺杂的扑绝缘体 $Bi_2Se_3$ 中观测到了超导电性，这些材料的超导转变温度大约在 3 K 。最近人们发现这类材料的超导序参量的对称性与常规 s 波超导体的对称性不同，具有 p 波的特征。$Bi_2Se_3$ 的面内晶体结构具有三重对称性，但是掺杂变成超导体后，超导序参量显示为二重对称性。理论预言在这类材料中存在马约拉纳零能模，实验上也观察到了相关迹象。还有一种方法是对拓扑绝缘体材料施加压力，使其发生超导转变。目前，人们已经可以通过高压使拓扑绝缘体 $Bi_2Te_3$、$Bi_2Se_3$、$Sb_2Te_3$ 都能发生超导转变，而且压力范围很宽，超导转变温度能提高到液氦温度以上，达到 6 ～ 8 K，但拓扑超导特性如何表征还需进一步研究。目前，这些体系存在的问题是，它们往往具有很低的超导转变温度以及很大的费米能。马约拉纳零能模与其他涡旋态之间的能隙依旧很小，在微电子伏的量级，需要极低的实验温度，因而很难获得清晰的观测结果，在应用中也容易受到拓扑平庸态的“污染”。这妨碍了它们的研究价值和应用价值。

为了规避在之前体系中遇到的问题，人们需要寻找一种同时具备小费米能和高温超导电性的自赋性拓扑超导材料。2014 年，中国科学院物理研究所的研究人员首次从理论上讨论了高温铁基超导体 FeSe 单层膜体系中超导电性与拓扑绝缘体能带共存的问题（Hao and Hu，2014）。2014 年，中国科学院物理研究所的研究团队等通过对铁基超导体 $FeTe_{0.55}Se_{0.45}$ 单晶进行能带表征，发现了狄拉克锥表面态的初步迹象；2015 年，中国科学院物理研究所的研究团队在 $FeTe_{0.55}Se_{0.45}$ 表面的间隙铁上观测到了稳定的零能束缚态。这些结果暗示该体系存在非平庸的拓扑性质。同时，多个理论计算和能带测量表明 $FeTe_{0.5}Se_{0.5}$ 单晶中，存在强拓扑绝缘体态，磁通涡旋中会出现马约拉纳束缚态（Wang Z et al.，2015；Xu et al.，2016）。2018 年，日本东京大学研究组和中国科学院物理研究所研究组合作，利用超高分辨 ARPES 直接观测到了超导狄拉克表面态，发现该狄拉克表面态具有较大的超导能隙以及很小的费米能，因此超导涡旋束缚态之间的能隙很大，涡旋易处于量子极限状态。

2018 年，中国科学院物理研究所联合团队利用超高分辨 STM 在 $FeTe_{0.55}Se_{0.45}$ 单晶的部分超导涡旋中发现了零能束缚态，并表明这一零能束缚态不与平庸的低能激发态混合，是干净的马约拉纳零能模（Wang et al., 2018）。而随后日本理化学研究所研究组在 $FeTe_{0.6}Se_{0.4}$ 中独立验证了涡旋马约拉纳零能模，并且发现零能模出现的概率随着磁通密度减小而增加，说明有可能不同磁通的磁通态之间的相互作用导致了零能模的湮灭。2019 年，中国科学院物理研究所团队又发现了伴随马约拉纳零能模出现的涡旋束缚态序列的半整数能级嬗移，以及狄拉克电子参与超导涡旋准粒子激发的特征波函数分布，证明了该零能模是拓扑非平庸的。2020 年，他们测量了涡旋零能模的本征量子电导，在一个涡旋中发现了近量子化的电导平台。此外，美国伊利诺伊大学研究组在 $FeTe_{0.55}Se_{0.45}$ 单晶的畴壁上观测到了马约拉纳螺旋模存在的信号。北京大学研究组在 Fe(Te,Se) 单层膜的线缺陷的两端发现了一对共生的马约拉纳零能杂质束缚态。

2018 年，复旦大学研究团队也在超导转变温度达到 45 K 的 (Li, Fe) OHFeSe 超导的自由磁通中观察到了洁净的马约拉纳零能模。这些零能模在未被杂质钉扎的自由磁通中总是存在，而且能够耐受强磁场和高涡旋密度，因此这类材料中的马约拉纳零能模具有极强的鲁棒性，在应用方面有潜在的优势（Liu Q et al., 2018）。他们进而在 2019 年通过实现 STM 针尖与零能模的强耦合，率先证明了零能模的共振安德列也夫隧穿电导是量子化的，表现出量子化的电导平台，这给出了马约拉纳零能模存在的有力证据。最近，他们又发现 (Li, Fe)OHFeSe 中的马约拉纳零能模与拓扑平庸的涡旋态的空间分布不同，清晰表明了它们的不同起源。

此外，中国科学院物理研究所联合团队还在数种铁基超导材料 ($CaKFe_4As_4$, LiFeAs) 的磁通涡旋中发现了马约拉纳零能模。这些材料比 Fe(Te, Se) 具有更好的均匀性，是未来铁基超导涡旋马约拉纳零能模研究有潜力的方向。

在内禀拓扑超导方面，2019 年中国科学技术大学研究组理论预言 SOC 增强的 $Pb_{0.75}Bi_{0.25}$ 单层膜为一新型 p 波超导体系，但相应的马约拉纳零能模尚待实验验证。

中国的科学家在这个领域发挥了重要的引领作用。

## 三、关键科学、技术问题与发展方向

拓扑量子计算是未来量子计算的实现途径之一。与超导量子计算等主流途径相比，拓扑量子计算更具前瞻性，其本身就是基础研究的一个富有活力的前沿方向。但至今，即便是单个拓扑量子比特也仍然没有实现，相关研究处于更加初级的阶段。虽然人们已经在多个体系中得到了马约拉纳准粒子的证据，但离实现拓扑量子计算仍然有很远的距离。

人们在上述四个主要研究方向均取得了重要的进展，马约拉纳零能模的实验图像越来越清晰，实现体系从稀有走向普遍，信号强度从脆弱走向鲁棒。但是也面临着很多科学和技术的问题，有些过去的实验结果也受到了更新的实验的挑战。列举部分如下。

（1）超导与一维半导体纳米线的复合系统虽然器件加工工艺比较成熟，可操控性强，但是也面临着结构复杂、干扰因素多、物理现象有多重解释等问题。

（2）超导与一维磁性原子链复合系统存在大规模构筑的困难，如果通过移动原子来进一步操纵，也面临移动原子带来的退相干问题。

（3）超导和二维磁性体系的复合系统的边缘上马约拉纳费米子的“准粒子中毒”问题。

（4）很多基于输运测量来证明马约拉纳费米子的存在和进行进一步编织操作的实验面临着复杂的界面、器件构型、材料中的杂质等带来的副作用。比如，超导和量子反常霍尔体系的复合系统之前观察到的半整数电导平台被认为是来自超导的短路效应，实验进展目前处于停滞状态。

（5）目前现有的超导和拓扑绝缘体的异质结构体系的费米能量普遍较高，导致了拓扑平庸和非平庸的磁通束缚态之间间隔很小，“准粒子中毒”问题同样会困扰进一步的实验。

（6）拓扑铁基超导体已经发展成为当下最为可信的马约拉纳载体之一。拓扑铁基超导体的磁通涡旋中实现的更高温、更高纯、更易制备的马约拉纳零能模，有望成长为研究马约拉纳物理和制备拓扑量子比特最重要的材料体系之一。但是目前如何实现编织，怎么读取被编织的信息，在理论上仍然没有定论，而且磁通涡旋的可控、保持相干的移动存在难度。

所以可以看到，要实现拓扑量子比特仍然要有大量的科学和技术问题需要解决。我们需要在理论、材料、器件、实验等多个方面解决一系列的问题。

（1）理论方面，需要考虑可编织的马约拉纳零能模的真实情景。设计出可以操控的马约拉纳费米子系统，并给出切实可行的编织方案。并且进一步地考虑可扩展的多拓扑量子比特体系的设计与操作、信息传输、存储、计算、读出等。

（2）材料方面，需要制备更纯的马约拉纳零能模体系。进一步提升样品质量，把材料的体性质和表面性质都做得更均一。发展更加优越的薄膜生长、器件制备的技术。

（3）在各体系中，特别需要关注马约拉纳零能模与拓扑平庸的准粒子之间的拓扑能隙这一工程视角，消除准粒子污染，实现液氦温区甚至更高温度下的马约拉纳零能模。

（4）需要探索可控的涡旋操纵手段，实现操纵效率与准粒子寿命、退相干时间的匹配。目前对于处于磁通涡旋中的马约拉纳零能束缚态，可以通过磁通涡旋运动带动其中的马约拉纳费米子。目前，实验上已经能够利用扫描探针移动单个磁通涡旋，理论上也有关于操控马约拉纳费米子的超导器件构型的设想。但是机械的运动面临退相干和杂质钉扎效应等的干扰。而实现对纳米线两端或者磁性岛屿边缘上的马约拉纳费米子的编织往往涉及复杂的器件构筑和精密可控的量子输运测量。

只有解决这些问题，才能在现有工作的基础上继续深入研究涡旋马约拉纳零能模的性质，尝试实现涡旋马约拉纳零能模的杂化、编织、融合以及费米宇称读取等。

根据目前本领域的发展态势和我国现有的基础，建议可优先发展铁基拓扑超导体、二维拓扑超导体等自赋性、内禀性拓扑超导，以及超导体与拓扑绝缘体等拓扑材料或磁性材料的异质结这两个方向。在技术层面，它们也具有共通性，都涉及对磁通涡旋或边沿态的操控，而其中铁基拓扑超导体未来器件的制作，同样涉及异质结构的制备和量子输运的测量等。具体到磁通涡旋来说，利用分子束外延技术制备出高质量的拓扑超导体及其纳米结构。通过扫描探针、输运等方法对材料的特殊性质进行探测及调控，建立一套对磁通涡旋中马约拉纳费米子进行表征的方法。进一步开展微纳加工，制作出基于磁通涡旋的超导器件，并用超导量子干涉仪、微波等技术来研究如何对马约拉纳费米子构成的拓扑量子比特进行操控和读取等操作，从而实现拓扑量子计算的功能。未来重要的研究方向如下。

（1）人工拓扑超导体异质结生长：利用分子束外延技术生长多种高转变温度的拓扑超导体材料，研究拓扑超导体材料薄膜、异质结等纳米结构的制备；把掩膜技术与分子束外延技术相结合，研究在拓扑绝缘体上制备出具有一定规则形状的超导体阵列；研究磁性拓扑材料中的量子反常霍尔态、手性磁结构和超导体的异质结。利用微纳加工系统对拓扑超导体材料进行加工，研究拓扑超导体器件的制备。

（2）马约拉纳费米子物性测量：利用自旋极化 STM 研究拓扑超导体中马约拉纳费米子的自旋分布；利用扫描 SQUID 研究拓扑超导体磁通涡旋中马约拉纳费米子束缚态的量子性质；利用低温微波阻抗显微镜系统研究拓扑超导体中马约拉纳费米子的量子态相位；利用原位微区四探针系统、原位抗磁测量系统研究拓扑超导体中马约拉纳费米子的电磁输运性质。

（3）马约拉纳费米子的操控：对单个及多个拓扑超导体磁通涡旋进行操控，研究马约拉纳费米子的编织规律。研究拓扑超导体不同磁通涡旋中马约拉纳费米子之间的融合相互作用，以实现拓扑量子比特的读出。利用 STM、扫描 SQUID、微波等系统对单个拓扑量子比特的量子态的性质进行表征。研究多个拓扑量子比特之间的纠缠、退相干性。

未来 5 年发展目标：完成多种大型高精密科研仪器设备的自主研发，如低温扫描超导量子干涉仪、原位掩膜分子束外延系统、低温强磁场原位输运系统、自旋极化 STM 系统、低温微波阻抗显微镜等。建立一套对马约拉纳费米子进行表征的方法。制备出高质量、高超导转变温度的拓扑超导体材料。研究拓扑超导体以及马约拉纳费米子的奇特量子性质。研究两个马约拉纳费米子之间的融合相互作用，为拓扑量子比特的读出做准备。加强理论研究，探索和设计可行性更高的拓扑量子比特方案。

未来 10 年发展目标：对拓扑超导体材料做进一步微纳加工，做成具有一定形状和功能的器件，能对其中的马约拉纳费米子进行移动、交换、融合等操控。能对马约拉纳费米子进行操控前后量子态的演化进行测量。争取研制出单个拓扑量子比特，利用 STM、扫描 SQUID 等系统对其量子态的性质进行表征，研究其非阿贝尔统计性质。逐步增加拓扑超导体器件中拓扑量子比特的数目，研究它们之间的相互作用，实现器件的计算功能，为进一步研究和制备多个拓扑量子比特的系统打下基础。

未来15年发展目标：制备出数目更多的拓扑量子比特的器件，发展基于拓扑量子比特的计算方案，研究拓扑量子比特之间的纠缠、退相干性。不断提高拓扑量子比特器件的计算能力，使其在运算准确度，容错能力等方面明显优于同类的量子比特器件。

# 第七节　拓扑量子计算和器件

## 一、科学意义与战略价值

拓扑量子计算是一个结合了凝聚态物理、数学物理与量子信息的新兴研究领域。这一研究领域具有明显的实用目的，即通过物理层面的拓扑保护为量子计算提供一种具有高容错性和潜在高扩展性的实现方案——这在量子计算多种方案并行竞争的当前阶段具有相当的吸引力和一定的胜出机会。另外，这一领域的基础性研究又根植于凝聚态物理的一个核心问题，即量子多体物理体系的演生性质，对于拓扑量子计算我们尤其关心的演生性质是拓扑序和相应的拓扑相，以及这些物理性质与基于量子纠缠现象的量子信息理论之间的深刻联系。回答此类基础物理问题，并达成拓扑量子计算的实用性目标，在理论上有赖于包括固体物理、量子场论和量子信息在内的多种方向的交叉融合；在实验上有赖于结合半导体、超导和磁性等多种元素的先进器件工艺和操控手段。就长期发展而言，这些理论和实验上的进展可以具有超越拓扑量子计算本身的深远物理意义和重要技术创新。

## 二、研究背景和现状

量子计算无疑是当前应用物理研究中最具影响也最具挑战的课题之一。

作为量子计算的基本单元，每一个量子比特都处在“同时”为 0 和 1 的量子叠加态。更进一步，多个量子比特的叠加态自然带来量子纠缠特性——不同量子比特间可以存在非定域的关联。这些量子力学内禀的特性使得量子计算机可以在特定问题中并行处理以量子比特数目为指数的大量的信息，从根本上达到经典计算机望尘莫及的计算能力，因此在量子模拟、计算化学、药物设计和人工智能等诸多方面具有巨大应用潜力。与此同时，当今经典计算机在提高集成度的方向上由于其基本操作单元接近原子尺度而导致了经典的摩尔定律的终结。这使得量子计算机的研发兼具重要性和紧迫性。

作为实现量子计算的必要条件，量子比特需要有足够长的量子相干时间，以及足够可靠的操控手段。现今量子比特的主要方案包括光量子比特、超导电路、离子阱、半导体电子自旋、固体缺陷原子核自旋、非阿贝尔任意子等。这些不同方案各具一定优缺点并处于不同的发展阶段，但是距离实用型通用量子计算机都为期尚远——通用量子计算机允许通用的编程操作，是经典计算机的确切对应，也是量子计算的最终目标载体。制约通用量子计算机的实现和应用的关键是量子比特的可扩展性和计算中的纠错功能。这两个因素有着紧密的联系：更多的量子比特意味着更严重的计算误差（来源于不可避免的环境噪声），因而需要更强的纠错功能；而纠错功能的实现又往往需要冗余的（物理）量子比特的辅助。这些关键的制约因素使得基于非阿贝尔任意子的拓扑量子计算显示出格外的吸引力。

与其他量子计算方案相比，拓扑量子计算的特点在于其量子比特以非定域的形式编码于任意子系统受能隙保护的简并基态中，而计算过程则通过对非阿贝尔任意子的编织操作来实现。这种非定域的量子比特可以有效抵御局域扰动的影响（其误差率以负指数形式依赖于任意子间的最小间距），从而在物理层面实现高容错性。同时，在拓扑量子计算中非阿贝尔任意子的数目决定了计算空间中量子比特的数目；对多量子比特的逻辑操作可以约化为一系列对这些非阿贝尔任意子（在 2 + 1 维时空中）的世界线的编织操作。这从概念上简化了扩展拓扑量子比特所需的额外手续。因此，拓扑量子计算在容错性和扩展性上均具有其独特优势。

基于非阿贝尔任意子的拓扑量子计算方案最初由基塔耶夫（Kitdev）于 1997 年提出（Kitaev，1997），并随后由其本人与弗里德曼（M. H. Freedman）

等共同完善了这一方案的数学基础——美国的微软公司从初期即资助了这项极具前瞻性的研究。在物理实现上，早期被寄予厚望的拓扑量子计算平台是分数量子霍尔系统——理论预言某些分数（如 5/2）量子霍尔相中的准粒子激发态恰好是非阿贝尔任意子。然而这类任意子激发态很难被实验捕获和研究，并至今未被明确验证其任意子属性。另外，随着拓扑绝缘体的发现，以及傅亮与凯恩于 2008 年提出的基于拓扑表面态和超导近邻效应的开创性想法，更具实验可行性的马约拉纳零能模体系逐渐成为备受关注的非阿贝尔任意子和拓扑量子计算平台。

马约拉纳零能模通常以束缚态的形式存在于拓扑超导体的零维拓扑缺陷中（如一维体系的顶端或者畴壁、二维体系的涡旋等）。虽然具有非平庸拓扑性质的本征超导体不易在自然界中发现，但是利用傅－凯恩的想法，有效的拓扑超导体可以通过常规超导体与其他材料的共同作用来取得——这里关键的元素往往是超导、SOC 和磁性。依据这些元素的不同载体和结合方式，已经获得理论和实验基础的马约拉纳零能模体系主要包括：具有强 SOC 的半导体纳米线（荷兰代尔夫特理工大学、丹麦哥本哈根大学等），具有铁磁序的磁性原子链（美国普林斯顿大学、德国汉堡大学等），以及拓扑绝缘体的表面态（上海交通大学、中国科学院物理研究所等）——这几种体系均需与传统超导体构成复合结构；此外尤其重要的还有拓扑非平庸铁基超导体表面上的磁通涡旋（中国科学院物理研究所、复旦大学等），以及磁场下的平面约瑟夫森结（美国哈佛大学、丹麦哥本哈根大学等）。在这些体系中，马约拉纳零能模的存在主要由对零偏压微分电导峰的相关测量得到能谱上的证据。值得强调的是，在磁性原子链体系中和超导涡旋体系中，STM 的应用更加验证了马约拉纳零能模在空间上的局域特性，并进一步提供了自旋相关的证据。而另外，半导体纳米线和平面约瑟夫森结这两类体系从构造上更加接近器件化这一重要目标。

现阶段，我国研究者在基于超导体磁通涡旋的马约拉纳零能模体系中处于领先地位，其中具有代表性的成果包括：上海交通大学在拓扑绝缘体 $Bi_2Te_3$ 与超导体 $NbSe_2$ 的异质结中首次发现了磁通涡旋内的零能束缚态并通过自旋极化测量验证了其马约拉纳零能模特性；中国科学院物理研究所研究团队首次在铁基超导体 Fe(Te, Se) 表面的磁通涡旋中发现了零能束缚态并进一步通过多个相关实验验证了其马约拉纳零能模特性；复旦大学在铁基超导体$(Li_{0.84}Fe_{0.16})OHFeSe$表面的磁通涡旋中发现了马约拉纳零能模存在的证据。此外，中国科学院物理研究所团队在$Pb\text{-}Bi_2Te_3\text{-}Pb$约瑟夫森单结中找到了超导能隙关闭和马约拉纳零能模存在的实验证据，并验证了傅－凯恩模型中预言的约瑟夫森三结的马约拉纳相图。

## 三、科学、技术问题与发展方向

作为量子计算的方案之一，拓扑量子计算发展的必然目标之一是可控拓扑量子比特及其集成化的实现。在这一目标上，拓扑量子计算在当下仍旧处于相对其他量子计算方案较为初级的阶段——这里最紧迫的任务是实现基于马约拉纳零能模的单拓扑量子比特器件的成功制备。而在更长远的时间尺度上，我们应该看到基于马约拉纳零能模的拓扑量子比特本身并不能提供完整的通用量子计算方案，这意味着对非阿贝尔任意子的广泛基础性研究仍将是拓扑量子计算的核心课题之一。总体而言，对拓扑量子计算的研究需要继续与对拓扑物理和拓扑材料的研究紧密结合并互相促进，这一方面在于帮助拓扑量子计算在物理实现上克服各种基础性或者技术性的困难，以及寻找最佳的解决方案，另一方面在于利用拓扑量子计算作为切入点，加深我们对拓扑物质态相关物理的理解，拓宽拓扑物相和拓扑材料潜在应用的边界。

基于上述基本发展趋势，我们认为未来5～15年拓扑量子计算研究的关键问题可以归纳为四个方向：①现有马约拉纳零能模体系的进一步优化、表征和检验；② 基于现有马约拉纳零能模体系的拓扑量子比特的构建、测量和操纵；③其他马约拉纳体系的理论和实验探索；④ 超越马约拉纳零能模的其他非阿贝尔任意子及其相应拓扑量子计算方案的理论和实验探索。这里的前两个方向在近期的发展中至关重要并具有紧迫性，而第四个方向在长期发展中具有基础性地位而不容忽视。以上四个方向中包括的具体问题如下。

### （一）现有马约拉纳零能模体系的进一步优化、表征和检验

（1）半导体纳米线体系中材料和器件的优化；对器件中安德列也夫束缚态的理解和抑制，量子化零偏压微分电导的验证；马约拉纳零能模两端关联

的输运测量；量子干涉仪器件的构建和测量；自旋分辨测量。

（2）磁性原子链体系中材料的优化，尤其是对诱导超导能隙的增强和对能隙中无序引发的准粒子态的抑制，以及量子化零偏压微分电导的测量；磁性原子链体系中的可控拓扑－非拓扑相变；磁性原子链体系结构的简化，磁有序单链、双链等原型器件的构建和测量。

（3）基于超导磁通涡旋的马约拉纳零能模体系中材料的优化，量子化零偏压微分电导的测量，对涡旋的可控移动和生成；铁基超导体磁通涡旋体系中马约拉纳零能模的自旋分辨测量；包含涡旋马约拉纳零能模的原型器件的构建和测量。

（4）约瑟夫森三结体系中材料和器件的优化；约瑟夫森三结与超导谐振腔的耦合；约瑟夫森三结体系中对马约拉纳零能模的调控和相应的测量。

（5）平面约瑟夫森结体系中器件结构的优化，量子化零偏压微分电导的测量，马约拉纳零能模之间关联效应的测量；约瑟夫森涡旋的可控生成、移动、耦合和湮灭。

（6）各马约拉纳零能模体系中对准粒子中毒效应的表征和对抑制该效应的优化方案的理论和实验研究。

## （二）基于现有马约拉纳零能模体系的拓扑量子比特的构建、测量和操纵

（1）各马约拉纳零能模体系中具有有效库仑充电能的马约拉纳岛的构建，对岛上电子数和库仑充电能的调控，以及对岛上电子数变化的测量。

（2）马约拉纳岛上简并多体基态的生成和测量；对马约拉纳诱导的量子隐态传输以及拓扑近藤效应等量子多体效应的测量；单马约拉纳量子比特器件的制备和表征。

（3）马约拉纳量子比特的读取；各体系中通过对马约拉纳零能模的操控实现的聚合与编织操作，以及非阿贝尔统计的验证。

（4）马约拉纳量子比特及其操作的表征；量子退相干时间的测量和优化；操作误差的机制研究和抑制手段；纠错方案的理论和实验探索。

（5）马约拉纳量子比特与其他量子比特（尤其是超导量子比特）的结合；对马约拉纳量子比特的非拓扑性逻辑操作；结合拓扑与非拓扑的通用量子计

算方案的理论和实验探索。

### （三）其他马约拉纳体系的理论和实验探索

（1）一维时间反演拓扑超导体中克莱姆斯－马约拉纳对的实现，及其相关拓扑量子计算方案的理论和实验探索。

（2）马约拉纳行波模式（包括二维手征 p 波超导体边界的手性马约拉纳行波模式、三维拓扑超导体表面的手性马约拉纳锥等）的实验验证，以及相应的器件制备和输运测量；基于马约拉纳行波模式或者其与马约拉纳零能模的结合而构成的拓扑量子计算方案的理论和实验探索。

（3）高阶拓扑超导体中的马约拉纳零能模和其他马约拉纳准粒子的研究和实现，及其相应的拓扑量子计算方案。

（4）强关联材料体系中基塔耶夫六角晶格模型的实现及其相图的研究；该体系中有效马约拉纳准粒子的探测和研究。

### （四）超越马约拉纳零能模的其他非阿贝尔任意子及其相应拓扑量子计算方案的理论和实验探索

（1）仲费米子（parafermion）在超导近邻分数量子霍尔效应体系中的实现，相应的理论研究、材料与器件的制备以及测量手段的研究。

（2）某些分数（如 5/2）量子霍尔态中非阿贝尔任意子激发态的理论研究和实验验证，相应材料的优化、器件的制备与测量。

（3）其他非阿贝尔任意子，尤其是具备通用量子计算潜力的斐波那契任意子的物理实现方案的理论和实验探索。

（4）其他强关联体系（如自旋液体）中可能存在的拓扑序的理论和实验研究；这些体系中的准粒子激发用于拓扑量子计算的可行性研究。

（5）拓扑量子计算与拓扑序相关物理学、数学和信息学的交叉基础理论研究。

量子计算及其引领的各种科学问题无疑是未来十年或者更长时间内具有战略重要性的研究领域。拓扑量子计算从实用化角度具有充分的竞争性，从科学意义上又具有影响深远的基础性，因此须得到足够的重视和支持。

在现阶段，拓扑量子计算亟待突破的问题是单拓扑量子比特的制成——

这一问题在五年内是否可以得到解决将很大程度影响拓扑量子计算方案在飞速发展的量子计算领域未来的竞争力，而解决这一问题仍不可避免地受制于材料、器件工艺乃至基本物理的研究。在这一关键问题的最新进展上，我国在基于超导磁通涡旋的马约拉纳零能模体系上处于领先地位，并正在努力实现器件制备和涡旋调控；我国在基于半导体纳米线的马约拉纳零能模器件上也有很好的人才和技术基础，有望同国际同行竞争并率先取得突破。由此我们强烈建议优先支持前文所述的方向（二）“基于现有马约拉纳零能模体系的拓扑量子比特的构建、测量和操纵”。当然这一方向的发展实质上依赖于对现有马约拉纳零能模体系的进一步优化、表征和检验，也就是前文所述的方向（一）。

长远来看，通用型的拓扑量子计算及其涉及的基本科学问题涵盖了量子材料、多体物理、共形场论以及量子算法等多个领域的前沿研究，必将是产生重大创新成果的丰厚土壤，具有不可估量的战略价值。因此我们同时建议优先支持这一方向（即前述方向（四））上的多元化的基础性研究。

在拓扑量子计算领域的队伍建设方面，我们建议采取团队攻关和个人探索并重的模式：一方面利用国内强有力的团队合作，加大资助力度，争取早日在上述关键问题上实现突破，抢占本领域发展的高地；另一方面信任和鼓励具备可靠的专业能力和广阔的国际视野的青年人才进行自发和多元的探索，为这类人才在此研究方向上提供十年或以上的稳定支持。

## 第八节　拓扑序和拓扑量子相变

拓扑序和实验紧密结合的研究主要集中在分数量子霍尔效应、包含拓扑绝缘体的对称保护拓扑序、量子自旋液体方向、拓扑量子计算等几个方面。由于这些研究方向会在其他独立的章节中讨论，这里不再赘述。区别于拓扑绝缘体等单粒子无相互作用体系，拓扑序属于量子多体强关联的范畴。在这一节中，我们将重点讨论拓扑序和拓扑量子相变的理论研究。

## 一、科学意义与战略价值

凝聚态物理的核心问题就是研究什么是相和相变，及其分类和表征。在20世纪80年代以前，物理学家普遍认为朗道－金斯堡。威尔逊（Landau-Ginzburg-Wilson）以对称性破缺为基石的相与相变理论已经相当完备。然而80年代实验发现了整数/分数量子霍尔效应和高温超导体之后，随着理论研究的深入，人们意识到这两种多体强关联现象超越了对称破缺的理论框架。1989年由华人物理学家文小刚首先提出了拓扑序这个新概念（一种零温下有能隙的量子多体态）。所以研究拓扑序及其相变最根本的目的就是要建立一个超越朗道－金斯堡－威尔逊范式的全新的理论框架。

鉴于此问题乃物理学中最基础的问题之一，这个方向上的突破非常可能会为物理学带来一场突破范式的革命。事实上，过去30年对拓扑序的研究，不但让我们对物质态的理解发生了根本性的变化，其影响还逐渐渗透到其他领域，如粒子物理、量子引力和数学。此种广泛影响之深刻根源在于，物理中最基础的原理性问题，包括基本粒子和时空起源，在本质上都是量子多体问题。而拓扑序的发现，就是发现了人们原以为平凡的有能隙量子态的不平凡之处。这个发现是颠覆性的，导致了对所有量子态全新的看法和大量的新概念、新工具、新语言和新数学的诞生。大量历史的经验告诉我们，新语言和新数学皆为科学革命的征兆。在应用层面上，基塔耶夫基于拓扑序的研究还提出了拓扑量子计算。对自然本质的理解上的突破往往会带来意料之外的技术革命。

## 二、研究背景和现状

拓扑序的提出源于外在性的需求，其一是量子霍尔效应的实验，其二是因研究高温超导而提出的手征量子自旋液体。物理概念皆需通过可测物理量来定义，20世纪80年代在对分数量子霍尔效应的研究中，找到了超越朗道范式的特征物理量：稳定的基态简并、分数和非阿贝尔统计以及无能隙边界的手征中心荷，这也导致了拓扑序概念的提出。

20世纪90年代，拓扑序的发展相对沉寂。1990～1992年，拓扑场论和共形场论的新数学方法被引入量子霍尔效应的研究，然而这些新方法背后的数学理论尚未发展成熟。一个原因是，新范式的建立需要发展新语言和新数学，往往需要时间的积累。另一个原因是，当时由高能物理而来的场论方法并没有引起凝聚态理论学家广泛的重视，特别是实现拓扑序的格点模型。20世纪90年代初，受三维拓扑场论的启发，在1997～2005年陆续出现了Toric code、基塔耶夫蜂巢和莱文–文（Levin-Wen）模型等严格可解模型。虽然，目前在实验上仍没有完全确定的对应材料体系，但这些模型消除了人们对量子自旋液体和拓扑序存在性上的疑惑，使得这方面的理论研究和实验探索都逐渐升温。这是拓扑序发展过程中的重要里程碑。对上述模型的深入研究极大地加深了对拓扑序的理解，如基态的弦网凝聚和多体纠缠。一个重要的进展是基态波函数的长程纠缠和拓扑纠缠熵概念的提出，它阐明了拓扑序的微观本质，也架起了连通量子信息的桥梁。

麻省理工学院研究人员于2009年提出对称保护拓扑序（symmetry protected topological order，SPT）和2010年提出对称富化拓扑序（symmetry enriched topological order，SET）后，拓扑序真正成为研究热点。SPT/SET将拓扑序和已经有大量实验基础的拓扑绝缘体等统一在一个理论框架之下，因此吸引了大量的凝聚态和高能物理的理论学家和数学家进入该领域。拓扑序研究进入了飞速发展时期，我们将从这几个方面简述到目前为止的一些重要进展。

（1）微观理论：①出现拓扑相的微观定义，即对基态波函数做局域正交变换。这种从微观原理出发的尝试使得对"相"的认识深入到了最本质的地方。②大量格点模型的构造和研究，包括有能隙边界和低维缺陷、三维拓扑序以及对称性拓扑序模型的大量出现，其中展现出来的普适规律和方法，如体边对偶、量子反常、拓扑激发的凝聚和规范对称性（gauge symmetry）的思想，对之后拓扑序的刻画与分类有很大的推进作用。

（2）宏观和普适规律：在长波极限下对拓扑序的刻画极为重要，因为相本身就是长波极限下的概念。最经典的刻画方法就是有效场论（如朗道范式中的朗道–金斯堡有效场论）。最早拓扑序的有效场论是威滕（E. Witten）提出的陈–西蒙斯（Chern-Simons）理论（简称CSW理论）。SPT提出之后，人们发现CSW理论也可以用来描述SPT，并由此得到SPT的部分分类和表征，并且发现三维 BF 场论和非线性西格玛模型也可以描述 SPT 的低能有效物理。

普适规律中最重要的发现是体边对偶。它有两种不同的描述：①二维体中基态波函数的纠缠谱和无能隙边界态的谱的对应；②拓扑激发的体边对偶。两种描述的关系尚不清楚。后者对之后的分类理论有重大影响。因其陈述不依赖于边界态是否有能隙，导致了二维拓扑序无能隙边界态的数学理论的发现。拓扑序的体态可看作边界态的量子反常，导致体边对偶革新了对各种量子反常（包括引力反常和 ’t Hooft 反常）的理解。由此衍生出来广义对称性的概念又颠覆了人们对对称性的理解。

（3）分类理论：能隙导致关联函数指数衰减。在长波极限下商掉可逆拓扑序后，拓扑序的唯一可观测量是拓扑激发，它们组织成高阶范畴结构。从 21 世纪初范畴学的引入，到 2014 年基于高阶范畴学的所有维拓扑序分类理论的蓝图的出现，再到近年数学家对其中很多概念的澄清和猜想的证明，拓扑序分类的理论框架已经基本清楚。SPT 的分类始于 2011 年对玻色 SPT 群的上同调分类，之后发展出针对费米系统的群超上同调理论，但都尚不完备。超越群上同调理论的分类方法也被提出来，而数学家们得到了可逆拓扑场论的分类结果。对具有在位对称性 SET 的分类始于二维玻色 SET 的范畴学刻画，之后发现了统一玻色和费米 SET 的范畴学刻画并被推广到所有维。最近利用体边对偶得到了统一目前所有分类结果且适用于所有维数的统一的分类理论。相比之下，对具有时空对称性 SET 的研究还不完备，但有两个重要发展，其一是空间对称性和在位对称性的等价性原理的提出，可将涉及两类对称性的问题相互转化；其二是提出了研究具有晶体对称性拓扑物态的实空间构造的原理。

（4）拓扑量子相变：要建立新范式，除了刻画拓扑序，更需要刻画拓扑相变。而后者则缺乏突破性进展，原因是相变临界点能隙关闭，需要有对无能隙相或共形场论的精确刻画。目前对非一维情况下的共形场论所知甚少。少数有意思的发展中比较系统的有：①二维任意子凝聚理论的建立；②利用一维共形场论研究一维 SPT 相变和二维拓扑序的一维边界上的拓扑相变；③把二维拓扑相变的临界点映射到一个一维共形场论的办法用在二维拓扑相变的研究。同时，最近的一项突破性进展——二维拓扑序无能隙边界的数学理论的建立，让大家看到了拓扑量子相变理论突破的曙光。

（5）对其他领域的影响：拓扑序带来全新的观点和视角，让人们对其他物理学的重大问题（如粒子物理和量子引力）也产生了很多意想不到的研究思路（如中微子问题、手征费米子问题和超越标准模型的粒子物理模型等）。意料之外的还包括对纯数学的深刻影响，特别是带来了超越原数学框架的新问题，导致了新数学的诞生。

拓扑序的早期发展是孤独的探索，基塔耶夫和文小刚由于早期的工作同获凝聚态物理最高奖——巴克利奖。2009 年后，有更多年轻的中国理论学家走进这个领域并做出了杰出贡献。2015 年前后，有一些青年学者回国发展，使我国在该领域表现出了很强的竞争力。近年来在 SPT/SET 的分类理论和拓扑相变方向上，国内学者的工作做到了国际领先且引领潮流。

目前，国内从事拓扑序研究，乃至强关联电子研究的人数相对较少。该领域工作完成周期较长，且不易在高影响因子的期刊上发表结果。在这样的背景下，2020 年美国 Simons 基金投入 800 万美元，用于支持耶鲁大学、哈佛大学、普林斯顿大学等多所名校进行拓扑序理论研究（https://projects.iq.harvard.edu/ultra-qm/overview），国外的研究队伍也不断扩大。拓扑序领域的竞争日益激烈化。

## 三、关键科学、技术问题与发展方向

我们分下面几个方面来展开讨论。

（1）实验与真实材料体系方面。从理论和实验相结合的角度考虑，在真实材料中寻找拓扑序和量子自旋液体意义重大。虽然探索比较艰难，但找到合适的材料实现相关物理性质是至关重要的。如果没有足够丰富且不断增长的实验发现，理论上的独行难有生命力。

（2）格点模型。拓扑序是非常新奇的量子物态，如何构造和刻画它是前期研究的核心问题。格点模型构造的难题在 1997～2005 年被初步解决，之后的发展就有了范式可循。从这个角度看，在过去十年发展中格点模型没有出现里程碑式的进展，致使如何刻画和分类的问题显得更引人注目。然而，格点模型是和实验接口的方向，也是很多物理思想的源泉和普适规律的发现地，它应该成为理论物理学家的主战场。目前来看，格点模型中还有很多重大问题亟待解决。

（a）对现有模型的研究还不够深入。人们发现目前对 SET 的刻画和分类里面还不够本质，不能满足刻画边界态的需求。答案只能在具体的格点模型中寻找。

（b）实现拓扑序和 SPT/SET 模型还远远不够，比如二维莱文－文模型只能实现非手征拓扑序（允许有能隙边界），系统地实现手征拓扑序（只允许无能隙边界）的格点模型还没有。更广泛地说，需要实现无能隙相的模型，如量子自旋液体的模型。

（c）现有模型大多是 RG 不动点模型，相互作用过于复杂难以在真实材料中实现。找到方便材料实现的物理模型是未来非常重要的问题。

其中方向（a）是有迹可循的方向，未来十五年必然会有很多的进展。方向（b）相对非常困难，需要发现和创造新的方法，难于预计其发展趋势。但是我们可以预见无能隙相和拓扑相变将成为未来十五年的主角，所以我们也预计该方向会有相匹配的较大发展。而方向（c）的主战场在量子自旋液体。

（3）刻画与分类。过去十年拓扑序研究重点在于如何刻画它们，找到完整和精确的数学刻画也等同于找到了分类理论。在这一方向上，过去十年取得了辉煌的成绩，已经找到了适用所有维度的拓扑序和 SPT/SET 的统一分类理论。这是人们认识和理解拓扑序的巨大成功，但也同时预示着这个方向的研究重点将在未来发生转型。刻画新物态需要全新的语言，它来源于物理，却最终被归纳成精确的数学语言，分类理论的成功为新数学（高阶范畴）的发展铺平了道路。我们预计下面十五年拓扑序的分类理论会带来数学里面高阶范畴学和高阶表示论的大发展，这些发展又将反哺拓扑序的物理研究。

（4）拓扑相变。拓扑序目前的成功只是新范式的一部分，还有大半未知领域是拓扑相变。到目前为止，拓扑相变的研究尚缺乏突破性进展。其核心难点在于相变临界点关闭能隙，我们不可避免地要去刻画无能隙相（或共形场论）。除了一维情况，高维共形场论没有比较精确的描述，这是阻碍拓扑序发展的核心难题，亟待解决。虽然这个问题很困难，但未来可能会有突破，理由有二。

（a）分类理论提供了相变研究的重要线索。对拓扑序和 SPT/SET 的精确描述，也就实现了相变前后的精确描述，因此对相变临界点的描述被限制在一个范围以内，这是一个非平凡的提示。

（b）体边对应也适用于无能隙边界态，这个观察导致了最近几年二维拓扑序无能隙边界态的数学理论的建立，其中核心思想可以被推广到高维。这使得我们看到了系统刻画拓扑相变和无能隙相的曙光。

基于以上两个理由，未来十五年很有可能见证无能隙相（或高维共形场论）和拓扑相变方向上的革命性突破。这个复杂的问题也提示我们寻找拓扑相变的刻画不是一个单一的物理计算的问题，这方面的突破性进展，必然带来大量的新概念、新语言和新数学。

（5）数值模拟。数值模拟一直是研究强关联体系的强大工具，我们需要发展在数值模拟中揭示拓扑物态和研究拓扑相变的新方法。

量子蒙特卡罗是一种高效且无偏差的处理多体问题的方法。但当运用到与量子自旋液体等拓扑物态相关模型时，往往由于符号问题而无法使用。其他数值方法，如变分蒙特卡罗方法和张量网络方法，也都有各自的困难。前者使用的变分波函数的拟设（ansatz）需具有同样拓扑序的性质；后者在预知张量网络具有特定拓扑序（或 SET）的情况下才可以简化网络结构、减少变分参数，且对于具有手性边界态的二维拓扑物态，一般认为不能用张量网络精确描述，而是需要新的数值方法。

拓扑相变的研究也离不开数值模拟方法。临界指数是刻画连续相变的重要指标。除了时空维度为二维的相变和符合平均场理论的相变，临界指数往往不是简单的有理数，因而难以从理论上精确计算，一般需要通过数值模拟得到。相较于研究关联长度有限的拓扑序，研究临界性质，特别是精确测量临界指数往往需要在较大的系统晶格大小下做有限尺寸效应分析。因此对于临界现象的模拟需要有处理更大系统尺寸的能力，这方面的精确模拟研究往往需要使用量子蒙特卡罗模拟方法。一方面，这需要我们寻找没有符号问题的模型来实现拓扑序及相关相变；另一方面，也需要进一步发展精确处理存在符号问题的大尺寸量子多体系统的数值方法。

# 第九节　拓扑量子物态体系——非厄米量子体系

## 一、科学意义与战略价值

拓扑物态是近年来物理学中一个重要的前沿研究方向。从科学方面来说，拓扑物态代表人类认识自然界物质相和相变的研究前沿；从技术角度来说，拓扑物态具有若干重要应用前景，例如，其优良的物理性质有望大大提高未来电子器件的性能并降低其能耗。拓扑物态的研究通常采用厄米性哈密顿量作为出发点。然而，实际系统都是开放的，体系与环境的耦合不可避免地带来非厄米效应；当这一效应足够显著时，理解拓扑物态必须以非厄米哈密顿量（或非幺正时间演化）作为出发点。非厄米效应并非只是简单的定量修正，它会使体系性质发生定性改变。为描写非厄米拓扑态，甚至需要对体边对应原理和拓扑能带理论这类基础概念和理论做出基本修改。从理论角度来说，探索非厄米性的物理起源和拓扑效应是深入理解拓扑物态不可或缺的一步，将大大加深人们对于拓扑物态、开放与非平衡物态，乃至更一般的物质相的理解。从应用角度来说，非厄米体系的研究在一系列前沿技术的发展中有望起到关键作用，包括量子信息处理（如信号单向传输与放大）、高灵敏度量子传感器、拓扑量子计算、拓扑激光器等。

## 二、研究背景和现状

物质的相与相变一直是凝聚态物理学的核心课题。朗道理论是这一领域的基石，支配了整个领域长达半个世纪以上。拓扑物态的出现打破了这一垄断，它们的关键性质不能由朗道对称破缺序来刻画，需要引入来自拓扑学的全新概念来描写。拓扑物态中最重要的普遍原理是体边对应关系，即体态拓扑不变量决定了稳定的拓扑边界态。由于独特的物理性质和广泛的应用前景，拓扑物态是最近十五年凝聚态物理学中最为活跃的分支之一。在大量相关研究中，哈密顿量的厄米性一般作为隐含假定。然而自然界中也有很多实际体系与环境的耦合不可忽略，需要采取非厄米哈密顿量（或者非厄米的主方程）作为出发点。因此，非厄米拓扑物态是一个非常重要而又自然的研究方向。虽然这一方向具有重要的现实意义，在拓扑物态的初期研究中，它却并未得到应有的关注。造成这一忽视的主要原因是，当时学术界普遍默认非厄米拓扑态的基本物理图像可以由厄米情况简单推广得到，因此缺乏深入研究的动机。零星的早期理论研究似乎也支持这一观点。

直至最近，学术界才发现这一简单外推的观点并不成立，非厄米体系其实具有全新的拓扑性质。研究发现，体边对应这一拓扑物态基本原理对于非厄米体系需要根本修正。根据这一长期被奉为圭臬的原理，周期边界条件下定义的体态拓扑不变量决定了开边界条件下的边界态。然而，2018 年的理论研究发现，这一原理在非厄米体系中彻底失效，其失效根源是非厄米体系独有的现象：非厄米趋肤效应（non-Hermitian skin effect）。这一效应是指开边界条件下非厄米哈密顿量的几乎所有本征态均局域于边界附近，并非传统固体物理中熟悉的布洛赫波形式。从厄米经验来看，这一效应出乎意料且令人困惑，而这也正体现了非厄米体系的新颖之处。非厄米趋肤效应使得体态能谱和波函数对边界条件具有高度敏感性，导致开边界条件和周期边界条件下的体态大不相同，因此彻底重塑了体边对应原理。非厄米体系全新的体边对应关系被称为“非布洛赫体边对应”。这一理论发现引起了凝聚态物理、冷原子物理、量子光学、超构材料等多个领域的广泛关注，并在随后两年里被来自中国、德国、英国、荷兰、瑞士等国的多个实验证实。学术界由此认识到非厄米拓扑体系具有全新的物理内涵有待发掘，随后这方面的研究在国内外也迅速活跃起来。在中国科学院与科睿唯安联合推出的《2020 研究前沿》报告中列举了物理学十个热点前沿，“非厄米系统的拓扑态”位居第二。

在非厄米体边对应原理中，一个名为“广义布里渊区”（generalized Brillouin zone）的新概念起到了关键作用。众所周知，布里渊区是凝聚态物理中一个非常基本的概念。根据标准的拓扑能带理论，体边对应原理即是说布里渊区上定义的拓扑不变量（如陈数等）严格决定了拓扑边界态。而非厄米体边对应关系要求我们放弃以布里渊区作为出发点的做法，而将拓扑不变量定义在广义布里渊区上，由此才能正确预言拓扑边界态。鉴于布里渊区的基础地位，广义布里渊区的应用体现了非厄米体边对应和传统体边对应原理之间存在非常基本的区别。经过国内外不少学者的研究，一维体系的广义布里渊区已经拥有良好的定义与简明的计算方法，而高维体系的广义布里渊区理论仍然有待发展。这一问题也是非厄米体系所特有的。在厄米体系中，布里渊区的定义简单直接，不同空间维度之间并无实质区别。

标准的布洛赫能带理论建立在布里渊区概念基础上。因此，广义布里渊区的概念本身意味着非厄米体系需要一个新的能带理论，这一正在发展中的理论被称为非布洛赫能带理论（non-Bloch band theory）。与布洛赫能带理论在厄米体系中的作用类似，非布洛赫能带理论的应用范围并不限于拓扑性质。近期学术界已将其应用于宇称–时间对称性等拓扑之外的非厄米物理问题，发现了一大类全新的宇称–时间对称性。然而，非布洛赫能带理论本身尚未完善，很多问题有待深入研究。

在经典与量子光学、冷原子等体系中，非厄米效应较早受到关注。凝聚态物理中的非厄米效应得到关注的时间相对较晚。虽然准粒子寿命和非厄米概念有天然联系，但长期以来人们认为这只是增加了一个平庸的准粒子整体衰减因子。近期研究发现，非厄米效应远不止这么平庸；它可以对能带本身造成定性改变，这种效应对强关联体系尤为明显。这一理论进展从另一个角度推动了凝聚态物理学界对非厄米物理的关注。有学者据此预言了体态费米弧等新奇现象，对理解强关联体系有所启发。 这方面的实验还有待开展。量子多体系统中的耗散带来的非厄米效应是个很有潜力的发掘方向。

从应用角度来看，非厄米体系的研究对前沿量子技术具有重大意义。研究发现，非厄米效应可以极大增强量子传感器的灵敏度。例如，非厄米体系对于边界条件的特殊敏感性可以用于超高灵敏度的量子传感技术。此外，量子放大器的工作原理与非厄米拓扑态息息相关，高性能的量子放大器设计将大大获益于非厄米拓扑态的深入研究。另外，用于量子信息与量子计算的物理系统并非严格孤立的系统，研究环境耦合带来的耗散与非厄米效应是其中必不可少的环节。

我国在非厄米拓扑量子体系这一年轻的方向上具有良好的基础和优势。例如，我国学者首先阐明了非厄米体边对应原理；非厄米趋肤效应、广义布里渊区等关键概念由我国学者首先提出。相关实验进展方面我国学者也较早起步。目前，清华大学、中国科学院物理研究所等机构在这一方向的工作在国际上处于领先水平。然而，随着国际上对这一方向的研究越来越多，竞争也越来越激烈，我国研究者必须思考如何保持并加强优势，如何在后续关键科学与应用问题上做出引领性突破。

## 三、关键科学、技术问题与发展方向

非厄米量子体系近期取得了可观的进展，然而必须看到，更多科学与技术方面的问题有待回答。从学科内在发展规律以及国家需求考虑，以下几个方面值得特别关注。

鉴于能带理论的基础作用，非厄米量子体系的一个重要的基本理论问题是建立起完整的非厄米能带理论。这一目标有望通过深入发展非布洛赫能带理论得到，然而这一路线尚有重要困难需要克服。 目前的非布洛赫能带理论在一维体系取得了显著进展，但是其高维推广并非唾手可得。在一维情况下若干非常有力的理论手段在高维体系中不再有效。广义布里渊区在高维体系中如何有效计算是个具有挑战性的问题。此外，如何从非厄米能带理论出发计算非厄米体系各项物理性质也是个非常值得探索的方向，其中的难点正是来自非厄米能带的全新特征，这些特征导致了标准布里渊区上的许多常用性质不再适用，如何将这些性质推广到广义布里渊区？答案并非显然。值得指出，非厄米能带理论的应用范围并不限于拓扑。充分发掘其物理内涵，将其应用到拓扑之外的非厄米问题，是个广阔的探索方向。

如何理解非厄米体系的能谱也是个重要的问题。复数能谱是非厄米体系的一个典型特征，但其内涵尚未厘清。正是能谱的复数性使得一类没有厄米对应的新型拓扑（所谓点能隙拓扑）成为可能，而近期研究发现这类拓扑和非厄米趋肤效应密切相关。然而，相关研究限于一维体系，目前对高维情况的理解非常欠缺。最近的理论研究发现二维体系的非厄米趋肤效应和能谱具有出乎意料的丰富特征，难以简单刻画或解释，反映了当前对非厄米能谱的内涵还所知甚少。另外，除了能谱之外，非厄米哈密顿量还具有赝能谱的概念，其物理意义目前仍然模糊不清。有理论研究发现广义布里渊区确定了赝本征态的边界，然而这类极其初步的研究并未澄清其物理内涵。理解赝能谱和赝本征态的精确物理含义是个很有意义的问题。

强关联费米子（如电子）体系中由相互作用带来的耗散效应与有效非厄米哈密顿量是个有待深入研究的方向。这一方向和强关联电子体系的其他研究途径可以形成有益互动，对深入理解强关联体系将会很有帮助。理论预言的体态费米弧将在何种实际体系里实现？非厄米趋肤效应在强关联体系中可能以什么方式呈现？什么样的实验手段最适合探测非厄米物理效应？

开放量子体系的量子主方程框架可以看成一类特殊的非厄米有效哈密顿量问题。这里密度矩阵可以看成态矢量，而刘维尔超算符可以看成相应的有效哈密顿量，它天然是非厄米的。在这个观点下，有一系列非厄米能带理论和多体物理问题值得深入探索。正是在此观点下，近期理论研究发现非厄米趋肤效应对一大类开放量子体系的耗散与弛豫时间有深刻影响。然而这只是冰山一角，更广阔的理论问题有待发掘与回答。

发展有力的非厄米体系数值计算方法也是一个重要的理论研究方向。非厄米算子的数值特征（如误差行为、收敛性等）与厄米体系非常不同，很多传统厄米体系数值方法不再适用，需要开发新的有效计算手段（例如，发展相空间方法和基于神经网络的数值技术等）。

选取适当的物理平台，开展具有判别力的实验将是未来非常重要的研究方向。非厄米效应是一个非常普遍的现象，自然存在于多种物理体系中，因此有多方面的实验途径，可以互为补充与参照。充分发挥各类物理体系与平台的优势，将能有力促进非厄米量子体系的研究。经典波体系（如光子晶体、声子晶体等）平台具有较高的可控性。冷原子与量子光学体系可以兼顾可控性和量子效应；冷原子体系还能充分展示量子多体效应。混合量子体系（如光力学体系、电路量子电动力学体系等）能结合若干物理平台的优势，是非常值得开展实验探索的方向。在凝聚态物理体系特别是固体中开展非厄米量子态研究，将能有力拓展非厄米量子体系的实验研究范围，尤其值得重视。理论方面，应当鼓励提出便利可行的实验方案，与实验形成积极互动。

非厄米量子体系是个具有广阔应用前景的方向，依据非厄米物理开展前沿技术和应用研究将是一个重要的探索方向。非厄米量子体系独特的物理性质有望带来有力的新技术，满足若干国家重要需求。特别值得指出，非厄米量子体系对于边界条件表现出极其强烈的敏感性，这一效应不仅带来了全新的体边对应原理，同时也意味着非厄米量子体系具有作为超高灵敏度量子传感器的重要潜力。非厄米拓扑态也提供了独特的放大特性，对于开发高性能的量子放大器（尤其是单向放大器）具有重要意义。如何将这些潜力充分开发，需要理论和实验的通力合作。在实际体系中增强耗散的可调控性，精确实现某些特定的非厄米效应（如非对称或非互易的耦合），将是重要的努力方向。

# 第四章

# 低维量子体系

材料是人类文明发展的基础。自20世纪50年代以来，以硅为代表的半导体材料和半导体器件的发展促成了信息产业的革命，为人们的生活带来了翻天覆地的变化。近年来，随着人工智能、大数据和物联网等新兴信息技术的蓬勃发展，人类社会的发展对计算能力的需求呈现爆炸式增长。在这样的时代背景下，如何在基础材料以及器件层面实现突破，支撑现代社会的计算需求，是当前凝聚态物理的一个重要学科发展前沿，也是一项国家重大战略需求。

在面向现代信息科技产业的新材料、新器件的探索中，低维量子体系有其独特的优势，因此对低维量子体系的研究有着举足轻重的意义。“界面即器件”，当电子被局限在低维的材料中时，由于总电荷量的减少，材料的特性对外电场调控变得极其敏感。低维材料的电场调控作为场效应管工作的核心，是当今整个半导体产业的基础。在量子力学的框架内，这个原则对低维的电子体系同样适用。由于低维体系中各种量子序之间由竞争而达到的平衡极其容易受到外界的微扰而被打破，从而对体系的物性产生巨大的影响，外界微弱的光、电、应力等信号就可以通过低维体系而加以放大，有助于寻找全新的器件原型。

更重要的是，当电子被局限在低维量子体系中时，电子的量子行为因为尺寸效应得到放大而占据主导。同时由于低维体系中特殊的拓扑结构，各种丰富的量子序（电荷、自旋、轨道等）以及它们之间的相互关联与竞争，引发出量子霍尔效应等一系列新奇的物理现象，因此低维电子体系在过去的几十年里一直是凝聚态物理新发现的源泉之一。低维量子体系中的新奇物理现象催生了一大批全新的物理观念与理论，深刻地改变了凝聚态物理的面貌。

综观低维量子体系研究领域，零维、一维和二维量子体系的研究经历了截然不同的发展历程，但整个领域呈现各种研究思想相互影响促进、多种技术路线百花齐放的格局。零维量子材料团簇与量子点的研究可以追溯到 20 世纪 50 年代在实验上首次获得团簇的质谱。回顾六十多年的发展历程，该领域的基础科学问题始终围绕着团簇的结构与性质的尺寸演化规律。量子效应深刻影响了团簇基本物性的演化，导致了幻数效应等新奇现象。量子效应在单团簇甚至单分子器件中引致分立的能级，使得单团簇和单分子器件成为未来经典乃至量子计算的一个可能选项。

值得特别指出的是，碳团簇足球烯 $C_{60}$ 于 1985 年被发现（此项研究获得了 1996 年诺贝尔化学奖），随后碳团簇的研究直接导致一维碳材料碳纳米管的发现，成为一维量子材料的一个开端。在过去二十多年中，碳纳米管在材料制备、晶体管研究和电路集成领域的发展取得了一系列长足的进步，为碳基集成电路的发展打下了初步的基础。一维量子体系的另外一个重要来源是 20 世纪 90 年代建立起来的半导体纳米线外延生长技术。目前人们已能获得高品质半导体、拓扑绝缘体、外尔半金属、强关联体系等纳米线。这些材料与超导、铁磁形成的复合量子体系丰富了一维量子体系中的新物态，其中马约拉纳零能态的缠绕和交换被认为是未来拓扑量子计算的一个可能方案。

二维量子体系始于 20 世纪 60 年代半导体二维异质结的研究。随着分子束外延（molecular beam epitaxy，MBE）技术的发展，在质量越来越高的二维电子气中，整数与分数量子霍尔效应相继被发现。整数与分数量子霍尔效应的研究将拓扑引入到凝聚态物理中来，成为量子物质研究的一个核心前沿，深刻影响了量子物质研究的各个分支。近年来，MBE 技术的发展将二维量子体系拓展到拓扑绝缘体和超导体系，催生了量子反常霍尔效应以及界面高温超导的发现。2004 年，以石墨烯、二维过渡金属硫族化合物、黑磷为代表的二维材料的出现改变了二维量子体系研究的范式。这类材料表面无悬挂键，可以在原子级厚度稳定存在，半导体二维材料因此有望成为未来半导体器件材料。二维材料还可以任意堆叠，形成丰富多彩的人工异质结，成为新物性发现的理想平台。由于以上这些原因，二维量子体系的研究经过多年发展方兴未艾，涵盖了凝聚态物理的所有主要方向，成为量子物质研究的最活跃的前沿之一。

我国在低维量子体系的各个方向都有布局，并在近年来取得多项重大的原创性成果，包括界面铁基高温超导、量子反常霍尔效应、二维黑磷等。目前国际上低维量子体系研究总体仍处于基础研究阶段，部分材料体系（如碳纳米管、石墨烯、二维硫族化合物等）正迈向产业应用的培育阶段。结合国家需求和领域发展前景，低维量子体系的研究目前在以下四个方向上蕴含大量原创性发现的机会：①新型低维量子体系的创制，以及多种低维量子物态的复合；②低维量子体系的物态调控，以及基于低维量子体系物态调控的器件原型研发；③低维量子材料的大规模制备及其产业化应用；④低维量子体系先进表征手段的研发及其国产化。未来 10～15 年是以上方向实现多点突破的关键时期，在未来布局上需要追求在应用导向研究和长远探索性研究之间保持均衡发展。

## 第一节　团簇与量子点——新型准零维量子材料

### 一、科学意义与战略价值

团簇是由几个至几万个原子组成的相对稳定的微观聚集体，具有确定的原子组成、几何构型与电子结构，其物理和化学性质随所含的原子数目而变化。团簇作为介于微观原子、分子与宏观凝聚态之间的物质结构新层次，为我们认识物质演化规律、探索零维体系的新奇特性提供了理想平台。团簇在自然界中广泛存在，涉及晶体生长、成核与相变、薄膜形成与溅射、大气烟雾与溶胶、催化、燃烧等诸多现象和过程，因而构成了物理学、化学、材料科学、生命科学、环境科学等多个学科的交汇点。由于原子组成和尺寸的连续可变性，团簇可以在原子尺度上实现性能的精准调控，为研发新材料和新器件提供丰富的构造基元。

在诸多新奇的团簇中，由于半导体材料在现代科技中的重要地位，半导体团簇受到人们的格外关注。通常将直径在 1～20 nm、具有类似晶体的原子结构、表面悬挂键被适当钝化的半导体团簇称为半导体量子点。量子点的电子被限域在零维量子阱中，呈现分立能级的特征。通过控制量子点的尺寸、形状和化学成分，可以有效调控其电子结构和光电特性。因此，半导体量子点在发光二极管、光电探测器、激光器、太阳能电池、单电子晶体管、单光子发射器、量子计算、化学传感器、光催化剂、医学成像等领域展现出广阔的应用前景。

当前，我国微纳芯片的制造遭遇“卡脖子”难题。团簇和量子点的相关研究将为亚纳米尺寸甚至原子水平的器件设计提供科学基础，为下一代电路和集成芯片的原子制造提供设计思路，具有重要的现实意义。

## 二、研究背景和现状

团簇研究可以追溯到 20 世纪 50 年代在实验上首次获得团簇的质谱，20 世纪 60 年代，人们采用低温超声膨胀法产生团簇束流，自此团簇束流与质谱技术成为气相团簇研究的主要实验手段。1962 年，日本物理学家久保亮五（Kubo Ryōgo）提出关于金属纳米团簇的“久保理论”：由于量子尺寸效应，团簇中的电子能级间距出现分立化现象，从而对其电子自旋共振、磁化率、比热容等物理性质产生影响。1976 年，第一届小颗粒与无机团簇国际会议在法国里昂召开，标志着团簇学科的初步形成。中国的团簇研究始于 20 世纪 80 年代：南京大学研究团队发现了溅射 Cu 团簇的同位素效应，证明团簇形成与构成原子的同位素性质有关。

20 世纪 80 年代，气相团簇研究取得了两大标志性进展，有力地推动了学科的发展。1984 年，美国加利福尼亚大学研究组观察到 Na 团簇离子质谱的幻数效应，即具有特定价电子数（8、20、40、58、…）团簇的质谱丰度异常高，这可以通过凝胶球近似下的电子壳层模型来解释（Knight et al.，1984）。

后续的大量实验表明，这种电子壳层特征在简单金属团簇中普遍存在，同时还反映在团簇的电离能、电子亲和能、极化率等物理性质的尺寸演化曲线中。当 Na 团簇的尺寸增大到约 2000 个原子时，质谱的幻数峰特征由电子壳层转变为对应于原子密堆积结构的原子壳层，这反映出团簇由“波序”占主导转变为“粒子序”占主导。

1985 年，克罗托（Harold W. Kroto）、柯尔（Robert F. Curl）和斯莫利（Richard E. Smalley）等在研究气相碳团簇时，发现具有高稳定性和类足球结构的笼形 $C_{60}$，他们因此获得了 1996 年的诺贝尔化学奖。随后，一系列不同尺寸的笼形碳团簇（富勒烯）和内嵌金属富勒烯被相继发现，引发了科学界对低维碳材料如碳纳米管、石墨烯的研究热潮，也推动了整个纳米科技的发展。由于异常高的稳定性，$C_{60}$ 可以通过电弧法宏量制备，并组装形成具有面心立方晶体结构的 $C_{60}$ 固体，这是以团簇为基元构造新物质的很好例证。

同期，半导体量子点的研究也取得重要进展。1984 年，美国贝尔实验室采用胶体化学法合成了不同尺寸的 CdS 团簇，并通过光谱考察其量子尺寸效应。相对于CdS块体，平均直径在3 nm左右的CdS团簇的吸收边（有效能隙）发生 0.8 eV 的显著蓝移，且吸收强度增强，可以通过限域的电子－空穴对图像予以解释。1988 年，美国科学家结合 MBE 和电子束刻蚀技术制备了三维空间限域的 InGaAs 量子阱，观察到共振隧穿的精细结构，对应于零维体系的分立电子态特征，由此他们首次引入“量子点”的概念。

从 20 世纪 90 年代开始，团簇学科蓬勃发展，实验上获得了各种气相单质团簇的基础性质数据，如光吸收谱、光电子谱、电子亲和能、电离能、极化率、磁矩、解离能、熔点、反应活性等。代表性的进展如瑞士洛桑联邦理工学院相关课题组测量了 20～700 个原子的 Fe、Co、Ni 团簇的磁矩，发现随尺寸减小，磁矩非单调下降趋近于固体极限。某些非磁性元素如 Cr、Y、Rh 的小尺寸团簇，也可能呈现可观的磁矩。在理论上，大连理工大学研究组基于矩形 d 带近似，建立了有效配位数模型，能够近似描述过渡金属团簇的电离势、电子态密度、磁性与团簇尺寸及结构的关联。随着理论方法的成熟与计算机性能的提升，理论工作者也开始通过第一性原理计算确定小团簇的基态结构并讨论其电子性质。通过理论与实验的配合，团簇学科中一些早期人们关注的基础物理问题逐渐得到解决。

由于团簇与原子的电子轨道在能级壳层结构和空间形状分布上的相似性，“超原子”的概念在人们对团簇的研究中逐渐形成，即某些团簇具有与元素周期表中单个原子相似的电子结构和化学性质。2004 年和 2005 年，美国宾夕法尼亚州立大学相关课题组报道了 $Al_{13}$、$Al^{-}_{13}$ 和 $Al_{14}$ 团簇在气相反应中分别展现出类似卤素原子、惰性原子和碱土金属原子的特征，从实验上验证了超原子的概念（Bergeron et al.，2004）。他们还报道了具有多价特性的 $Al_7^-$ 超原子、服从超原子洪德规则的 $VNa_8$ 磁性超原子等一系列体系。这些工作表明，通过调节团簇的尺寸、原子组成及电荷态，完全有可能模拟出元素周期表中的大部分元素，为原子水平的材料设计提供全新的维度，成为“三维周期表”。2017 年，北京大学研究团队基于超卤素团簇 $BH_4$ 设计出具有反钙钛矿结构和高离子电导率的固态电解质，两年后该理论预测被实验所证实。

量子点和超原子的图像也被应用到配体包裹的金属团簇。2007 年，美国斯坦福大学研究团队报道了单层硫醇基包裹的 $Au_{102}$ 团簇，并采用 58 电子闭壳层模型解释了该团簇的稳定分离特性。随后，多个研究组合成并解析了一系列中等尺寸的配体 Au 团簇的结构。特别是，美国卡内基梅隆大学相关课题组利用光吸收谱，研究了不同原子数的配体 Au 团簇中等离激元物理随着尺寸的变化。由于表面配体的存在，直径小于 1.7 nm 的 Au 团簇的光吸收谱呈现激子态的多峰特征，可以看成是量子限域效应主导的量子点；当配体金团簇的尺寸大于 2.3 nm 时，光谱呈现金属球的等离激元特征。最近，南京大学研究团队利用电子能损谱研究了 100～70000 个原子的未包裹 Au 团簇，发现随着团簇原子数的增长，以 300 和 887 为界限，出现了从类分子贡献的等离激元向量子限域等离激元再向表面散射弛豫等离激元的演化。

回顾团簇研究六十多年的发展历程，该领域的基础科学问题始终围绕着团簇的结构与性质的尺寸演化规律。对于尺寸较小的团簇，每增减一个原子，团簇的基态结构就会发生重构。当团簇达到一定的临界尺寸时，其内部将形成类似晶体的结构，但表面原子仍然存在一定弛豫。从凝聚态物理的角度，更重要的是澄清固体的电子能带结构和基础物理性质是如何经由团簇这一萌芽阶段发展而成的。不同种类的团簇往往都呈现量子限域效应这一共性特征，但是相应的临界尺寸取决于具体物理现象的特征尺度，如电子平均自由程、激子半径等。

在深入理解准零维量子体系各种新奇物理效应的基础上，人们积极探索团簇在电子器件方面的应用，其中单团簇器件是近期关注的重点。天主教鲁汶大学研究团队研究了室温下的单团簇输运，达成了单电子开关的效果。南京大学研究团队将团簇制造工艺与单分子器件工艺结合，研究了一系列单团簇的电输运物理与器件。他们在 $Si_{170}$ 团簇中观察到了超 100 meV 的库仑阻塞能隙和塞曼效应，在 $Au_{25}$ 团簇中观察到了栅控切换方向的类二极管整流效应，在 $Gd@C_{82}$ 团簇中观察到了电控的偶极矩切换和单分子铁电效应，这些器件都是原子尺度存储和逻辑器件的原型。南京大学研究团队利用团簇束流在基片上分别形成团簇粒子密度梯度和尺寸梯度的点阵分布，基于钯团簇间量子隧穿效应原理制备了氢气传感器。其灵敏度、分辨率、响应速度等主要参数比国内外现有各种氢气传感器都有数量级提升，而且具有低功耗（微瓦）、宽量程、微型化、高稳定性、使用方便等优点。他们还利用压力大小可以改变团簇点阵渗流通道数目的机理，成功地制备出压力传感器，其压力分辨率可达 0.5 Pa（而商用硅基传感器为 100 Pa），提高了 100 倍。若作为气压高度计，该传感器可达到 0.00027 $m^{-1}$ 的灵敏度，能够分辨 1 m 的海拔高度差引起的气压变化。

## 三、关键科学、技术问题与发展方向

在未来 5～15 年，该领域将继续向纵深发展，研究对象从单质或二元团簇扩展到多元团簇、配体保护团簇、支撑团簇等，关注的重点是如何利用零维量子限域效应和超高的表体比，以团簇为基元进行适当的组装或构建各种异质结构，通过精准设计与调控，拓展团簇的应用领域，包括但不限于：量子计算、量子精密测量与传感、分子电子学、光电器件、能量转换与存储、人工光合作用与温和固氮、生物医药等。

为了实现上述目标，该领域亟待解决的关键科学问题主要包括如下。

### （一）团簇原子结构和电子性质的高效计算方法与数据库建设

物质的结构直接决定其物理和化学性质，团簇研究的首要问题是确定基态原子结构。已有的气相团簇谱学实验技术，如光电子谱、红外光谱和电子衍射谱，只能表征团簇的部分结构信息，团簇结构的确定仍有赖于理论计算的配合。对于中小尺寸团簇，其结构往往不同于相应的晶体结构，因此无法从晶体出发剪裁出团簇的初始结构，需要在高维势能面上开展全局搜索以确定基态结构，这是团簇学科长期存在的挑战性难题。为此，理论工作者发展了多种与第一性原理计算结合的团簇结构预测方法，如盆地跳跃、遗传算法、粒子群算法等。然而，团簇的势能面高度复杂，加之第一性原理计算代价高昂，现有的结构预测程序的适用范围往往局限在60～80个原子以内，严重限制了团簇研究向纵深发展。因此，在进一步改进全局优化算法、提高第一性原理程序计算效率的同时，应与当前快速发展的机器学习技术结合，实现对团簇势能面的近似描述和高效搜索，将结构预测的尺寸范围扩展到200个原子以上。

与凝聚态体系相比，团簇具有原子组成灵活多样、结构复杂、低配位、电子易于局域化等特点，这给理论研究带来一定的困难。随着研究的深入，团簇电子结构的准确描述是必须解决的问题。未来应关注的重点包括：团簇稳定性的电子计数规则、团簇中的强关联效应、团簇中重元素的相对论效应及自旋轨道耦合作用、磁性团簇中各种磁耦合机制的竞争与磁各向异性效应、团簇的激发态与光谱、团簇与外场（特别是强场）的相互作用机制等。相应地，实验工作者也需要进一步发展气相团簇电子结构的谱学表征技术，并充分利用自由电子激光、同步辐射等大科学装置，提升表征技术的极限精度。

目前无机晶体、有机分子和药物等研究领域均建成了相对成熟的数据库，而团簇的数据积累非常匮乏。因此，有必要借鉴材料基因组学的研究思路，通过高通量计算构建系统的团簇数据库。基于数据库，发展人工智能算法，深度挖掘团簇结构与性质的构效关系，开展功能性团簇的逆向设计。

### （二）基于团簇的材料设计与组装

自元素周期表发现以来，科学家一直将原子作为构造物质的基本单元。随着团簇研究的发展，具有类原子特性的“超原子”被提出并得到了实验验证。这种“团簇元素”将常规的二维元素周期表拓宽到了第三个维度。广义而言，“团簇元素”的电子结构和化学性质并不一定非得类同于周期表上已有的元素，只要团簇内部存在足够强的化学键合，在各种条件下自身能稳定存在，都可能成为新物质的构造基元。由于“团簇元素”结构和性质的可调性，三维元素周期表上可能的元素种类从理论上来讲是无穷多的，以“超原子”代替原子组装，将为新材料的结构设计和物性调控带来无限可能。

当前，团簇构造新物质的主要困难源于大部分团簇具有很高的表面活性，组装之后容易发生表面反应或聚集长大，难以保持团簇的个体性。因此，在团簇组装体系的研究中，我们首先要探明孤立团簇自身的稳定性和物性调控规律；其次，必须弄清团簇与团簇、团簇与衬底、团簇与环境之间的相互作用机制，理解如何在团簇组装中保持团簇特有的量子尺寸效应，并进一步利用环境或外场进行调控。

### （三）基于团簇的原子制造与团簇的宏量制备

随着制造工艺的飞速发展，当前器件加工的特征尺度已经从微米降至纳米，并逐渐趋向原子尺度。此时，量子效应将起到关键作用，器件性能完全不同于宏观尺度的线性延伸。在此背景下，“原子制造”的概念应运而生，即基于原子操控、自下而上地实现新材料、新器件和微系统的制造。团簇作为有限数量原子构成的准零维量子体系，其结构和性质都不是单个原子的简单累加。在团簇中，元素种类和原子数量均连续可变，各个原子分别承担不同的角色且协同作用，同时团簇结构不受晶体长程序的限制，使得团簇具备极为丰富的物理、化学性质，成为原子制造最有发展前景的研究对象。

然而，原子制造技术中存在一个功能验证的产额阈值，即原子体系必须达到一定的产量。当前团簇制造装置的产量普遍在 100 pg/h 的水平，远远无法满足原子制造的需求，且制备得到的团簇往往并存着结构不同、性质各异的同分异构体，在质谱中无法有效分离。因此，团簇学科要想走向原子制造，必须克服上述困难，尽快发展出精准可控的团簇宏量制备技术。这不仅有显著的应用价值，而且将使得我们能够采用凝聚态物理的研究手段重新对各个团簇体系逐一深入研究，从而极大地丰富人类可以制造的物质和材料库。

# 第二节　新型一维量子材料

## 一、科学意义与战略价值

20 世纪 70 年代，一维系统中存在强局域化的绝缘态的发现，催生了人们探索研究一维材料中的新物态及其应用的热情和可控构造一维材料系统的试验方案。最初，人们采用高品质的半导体异质结，通过微纳加工技术构造一维半导体量子线，发现了电导量子化、激子束缚能增强、能带范霍夫奇点等一些新颖的物理现象。20 世纪 90 年代发展起来的半导体纳米线外延生长技术，拓展了一维材料系统的制备技术，进一步促进了人们对一维材料体系的物态和应用前景的研究。目前，人们已能实验获得各种高品质的纳米线，如半导体、拓扑绝缘体、外尔半金属等，以及这些材料与超导材料、铁磁材料接触制成的一维复合量子体系，极大丰富了人们对一维量子体系中的新物态的认识，也推动了一维材料在电子学、光电子学、能源、生物医学和量子计算科学等领域的应用。这里，我们将主要阐述 21 世纪以来基于半导体材料发展建立起来的一维量子材料体系及其所蕴含的新颖量子物态和在量子计算，特别是拓扑量子计算中的应用前景。

当前，限制量子计算发展的最大技术瓶颈是量子比特受到周围环境“噪声”（比如电场、磁场或热的扰动）的影响所造成的量子退相干。量子退相干会使得量子计算出现错误，而纠错又极大地增加了实验和工程的技术难度。拓扑量子计算尝试在物理器件层面解决量子退相干这个限制量子计算的核心技术障碍。通过将拓扑量子比特的信息非局域地存储于空间分离的马约拉纳零能模中，可实现对局域的“噪声”免疫而抵抗量子退相干，交换（编织）马约拉纳零能模可进一步实现对拓扑量子比特的量子门操作，且理论预言该量子门操控受到拓扑保护无须纠错。拓扑量子计算有望实现更稳定的量子比特和容错率更高的量子门，因而吸引了学术界和工业界的兴趣，并成为量子计算的主流实现方案之一。

## 二、研究背景和现状

通过外延生长获得的一维半导体量子材料主要包括硅、锗纳米线、Ⅲ-Ⅴ族纳米线和氧化锌等Ⅱ-Ⅵ族纳米线。其中氧化锌等Ⅱ-Ⅵ族半导体纳米线在紫外光电子、压电电子学等领域有广泛应用。这里我们着重阐述硅/锗纳米线、Ⅲ-Ⅴ族半导体纳米线以及它们的复合结构中所蕴含的新型物态及其在量子计算科学中的应用。

### （一）半导体纳米线

硅、锗纳米线。20世纪90年代，半导体纳米线外延生长技术的建立，使稳定获得高品质硅纳米线、锗纳米线以及锗硅异质结纳米线成为可能。这些纳米线的优异电学性质和简单的一维结构，已被用来构造全环栅场效应器件和CMOS逻辑电路，成为当代5 nm以下节点集成电路原理与技术开发研究的重要材料平台。此外，硅材料与生物体的良好兼容性，也使硅纳米线成为研究可用于生物体的纳米探针、纳米电极及纳米芯片的重要材料体系。锗硅核壳纳米线具有空穴导电性及强自旋轨道耦合效应，是用来制作自旋场效应器件和自旋量子比特的理想材料体系。并且，这些纳米线极易与超导金属结合制成超导场效应器件，进而有望制作出拓扑超导纳米线体系，为拓扑量子计算提供新型材料体系。

半导体Ⅲ-Ⅴ族纳米线是一个大家族。禁带宽度在1 eV左右的GaAs和InP纳米线和宽禁带氮化物家族，已被广泛用于新型光电子器件和高效太阳能器件研究中。禁带宽度小于0.5 eV的窄带隙InAs和InSb等纳米线，由于其较小的电子有效质量、较大的朗德$g$因子和较强的自旋轨道耦合，以及极易与超导材料和铁磁等材料结合等优异性质，成为研究构造新量子物态、新物理现象，特别是拓扑量子态和拓扑量子计算的最重要材料体系之一。下面我们将重点阐述有关一维拓扑量子态的研究背景和近年来InAs和InSb纳米线在构造一维拓扑超导量子体系及马约拉纳零能态方面的一些研究进展和未来可能的发展方向。

在凝聚态材料中，由于奇异的相互作用，存在遵循超出玻色－爱因斯坦统计和费米－狄拉克统计的新的统计规律的准粒子，称为任意子。其中，满足非阿贝尔统计规律的任意子具有拓扑性质，是当今凝聚态研究中最重要的几个基础科学问题之一。这方面的突破不仅可以给凝聚态物理增添一块重要的基石，而且还可以催生出全新的拓扑量子计算科学与技术。2001 年，由基塔耶夫等提出的拓扑量子计算方案，是利用物态的拓扑性质实现量子计算，即通过对非阿贝尔任意子的缠绕和交换，实现量子信息的操控及处理。这些量子信息的处理方式受到系统整体拓扑不变性的保护，能够解决传统量子比特所面临的退相干问题，实现抗干扰的容错量子计算。反粒子是其本身的拓扑超导体中的元激发，即马约拉纳零能态就是这样一类非阿贝尔任意子。目前，国际上的研究仍处于寻找易于制作成拓扑超导量子器件的、载有受坚实拓扑保护的马约拉纳零能态的拓扑超导体系，寻找对马约拉纳零能态进行有效编织操作的可行方案，以及寻找构建可扩展集成的马约拉纳拓扑量子比特的方案的阶段。

目前，基于窄禁带半导体纳米材料、三维拓扑绝缘体材料以及 InAs/GaSb 异质结体系中的拓扑态和超高迁移率二维电子气体系中的 5/2 分数量子霍尔态，都有可能蕴含马约拉纳准粒子，均被认为是可能实现拓扑量子态编织的物理实现平台。2010 年，马里兰大学和魏茨曼科学研究所的研究组同时提出采用 s 波超导体与 InAs 或 InSb 纳米线的复合结构，构筑马约拉纳零能态的设想。他们预言，在超导体的近邻效应和这些Ⅲ-Ⅴ族半导体中的强自旋轨道耦合效应作用下，通过施加一个与自旋轨道耦合场垂直的适当强度的磁场，可在纳米线中形成有效的 p 波配对，使半导体纳米线相变成拓扑超导纳米线，从而在纳米线的两端形成马约拉纳束缚态（Lutchyn et al.，2010）。这一理论预测迅速推动了采用半导体纳米线体系探测马约拉纳零能态的实验研究。主要研究进展包括：2012 年，荷兰代尔夫特理工大学的研究团队将 InSb 纳米线制作成了 NbTiN/InSb/Au 超导隧穿结，通过低温下微分电导测量，发现沿纳米线施加磁场，在零偏压位置处会出现一个微分电导峰，即马约拉纳零能态的存在特性。与此同时，北京大学和瑞典隆德大学的研究团队在 InSb/ Nb 量子复合器件中，通过施加垂直于纳米线和器件衬底的磁场，观测到一个更强的零偏压微分电导峰，即该体系进入拓扑超导相并在该体系中存在马约拉纳零能态的特征实验证据。之后，以色列魏茨曼科学研究所及美国伊利诺伊大学厄巴纳－香槟分校的研究团队等分别在 Al/InAs 纳米线及 Nb/InAs 纳米线体系中也开展了相关研究，观察到了类似的零偏压电导峰。相似的零偏压电导峰也在其他体系中被观察到。但是，迄今为止，仍然不能通过对这些量子态的编织操控，探测其非阿贝尔统计性质，从而得到马约拉纳零能态存在的最确定性的实验证据，以及仍然尚没有实验制备出马约拉纳拓扑量子比特。

尽管面临着巨大挑战，鉴于拓扑量子计算所呈现的优越前景，发达国家政府和科技产业巨头已经对相关研究给予了巨额投资。2016 年 11 月，微软公司对其在拓扑量子计算上的投资追加了一倍，联合美国、荷兰、丹麦、瑞士、澳大利亚等国家的研究机构大力推进拓扑量子计算机的原理和物理构造研究。目前，采用 s 波超导体与具有强自旋轨道耦合的半导体纳米结构制成复合量子器件，利用近邻效应在半导体纳米线网络上构建拓扑超导态和马约拉纳零能态，通过对其进行缠绕和交换以实现以马约拉纳零能态为载体的拓扑量子计算被认为是迄今最有希望实现拓扑量子计算的物理方案之一。

因此，开展基于半导体 InAs 和 InSb 纳米线的拓扑量子计算器件的研究，可以推动我国在高品质半导体量子材料制备、半导体量子器件物理与半导体量子计算芯片工艺技术开发、单量子态测量和调控方面的研究，完善我国在固态量子信息科学与技术领域的布局。该方向上的研究突破，也将在推动凝聚态基础物理领域发展和未来拓扑量子计算技术的应用方面具有重大意义。同时该研究方向具有的难度大、门槛高的特性使得国内外发展都处于初级阶段，是我国科学界实现突破、获得原创性成果，站在国际前沿的最佳研究方向之一。

### （二）拓扑与强关联材料纳米线

近年来迅速发展起来的量子材料研究，使人们能够采用简单的化学气相沉积（chemical vapor deposition，CVD）技术，制备出丰富的拓扑材料纳米线和强关联材料纳米线。尽管这些纳米线材料的品质仍需进一步改进，但目前的研究已经证明这些材料可以与超导材料等结合，制备出新颖的一维量子材料。对这些材料体系的研究有利于探索新的量子物态及其在量子计算领域中的应用。对于拓扑纳米线的研究早期主要聚焦在拓扑绝缘体纳米线与超导的异质结构，近期外尔半金属纳米线和狄拉克半金属纳米线得到了更多的关注。对这些纳米线材料的研究主要是制备纳米线与超导的异质结构，在其中探测零能电导峰并研究约瑟夫森结中的拓扑超导性质。目前虽然实验上得到了一些证据，但尚无法完全确切实验证明马约拉纳零能态的存在。未来在这方面的研究需集中在提高材料的品质和由此制作出的拓扑超导纳米线器件的品质上，为实验确认马约拉纳零能态的存在奠定坚实的材料和器件制作技术基础。强关联材料纳米线（如近藤绝缘体纳米线），也是近来迅速发展起来的一类一维量子材料。但是，目前对这些一维强关联材料的量子物态研究还处于起步阶段，在材料品质的提高和器件制作工艺技术方面尚不成熟，限制了该领域的发展。我们认为，随着材料生长和器件加工工艺的发展进步，强关联纳米线体系一定会在新物态研究中扮演重要角色。

## 三、关键科学、技术问题与发展方向

在一维量子材料体系的研究获得重大突破的关键是能够在高品质的一维结构的外延生长、高品质量子器件的精准制备及量子物态信号的精密测量、量子器件设计、模拟和理论计算分析等方面都获得重要突破。

（1）我国目前获得一维量子材料的主要技术手段是 CVD。该技术的优点是便宜、灵活性高，适宜于探索一些新型一维量子材料的制备可能性。但该技术的弱点明显，最重要的弱点是材料制备工艺的重复性低，难以获得高品质且结构可控的一维量子材料。为了克服这个弱点，国际上已发展建立起来了金属有机物化学气相沉积（metal organic chemical vapor deposition，MOCVD）技术。目前，该技术已被广泛用于Ⅲ-Ⅴ族半导体异质结构，特别是高电子迁移率晶体管、光电子器件［如发光二极管（LED）、红外探测器］的高品质衬底的生长制备。但由于该技术相比 CVD 技术，极其复杂，且运行成本高，在我国仅有少数几个单位尝试着将其用于高品质半导体纳米线的生长研究。这使得我国在高端器件级品质的一维材料的获得方面相对落后，阻碍了一维量子材料领域的发展。MBE 技术是获得高端器件级品质一维量子材料的另一类关键核心材料生长技术。但同样由于技术复杂、运行成本高等因素，在我国也仅有像中国科学院半导体研究所这样的单位能够投入力量，在国家重点研发项目的资助下，开展一些高品质Ⅲ-Ⅴ族半导体纳米线的生长研究。对于高品质拓扑和强关联等新型一维量子材料，如何实现MOCVD和MBE可控生长仍是一个尚需深入研究的关键科学、技术问题，值得我们重视。总之，我国在采用当代先进的外延技术生长高品质的一维半导体和新型量子材料领域与世界发达国家差距较大。因此，尽管我们是材料研究大国，但在与材料科学有关的高品质一维量子材料的基础和应用研究方面与发达国家相比仍处于落后地位。

（2）高品质量子器件的精准制备能力，是衡量当代一个国家前沿芯片技术和量子计算科学研究水平的重要指标。基于一维材料制作出的高品质量子结构和量子器件，需采用当代先进的微纳加工制作工艺技术。目前，我国在一维量子结构和器件的制作研究方面，只有少数几个研究机构可以制作出可与发达国家水平相匹配的器件，而大多数研究机构只停留在以对一维量子材料进行物理性质表征为目的而制作简单器件结构的阶段，与我们这样一个科技大国地位不符。这是因为，制作当代前沿一维量子器件技术门槛高，研究周期长，产出率低，使得许多追求热点领域的研究机构和科研人员望而却步。因此，我们很难在一维量子材料和量子器件领域进行长期积累，做出一些有重大影响力的技术创新和物理发现。

（3）一维量子材料和量子器件中的新物态及在量子计算中的应用探索与研究，依赖于超低温下的精密电学测量，特别是高频精密电学测量。这种测量技术，不同于超导量子线路的微波测量技术，需解决一系列关键测量技术问题（如与阻抗匹配并提高信噪比的低温端电路的布线，以及芯片电路设计与集成等），也需完善关键调控、检测与分析技术。目前，我国在这些关键测量技术方面比较落后。一些学术机构花费很高价格购买的低温设备，常常因为关键测量线路的搭建问题而不能充分发挥其作用。这些关键测量技术的开发研究必然能够推动我国的科学仪器学科技术的发展，使我国在未来新型量子物态研究和应用中逐渐摆脱对国外先进设备的依赖。

（4）在新型量子材料的理论研究方面，我国处于国际先进水平。但在器件层面上的凝聚态理论研究方面，我国的投入很少，且极其缺乏人才储备，整体还处在十分落后的水平上。这种情况使得我国在一维量子材料和量子器件研究领域缺乏强有力的器件理论支持，长期下去使我们难以在该领域获得重大突破，在国际上引领学科发展。

（5）马约拉纳非定域性验证实验是验证马约拉纳零能模的重要手段之一。未来需要实现的方向包括：制备并联的两条路径形成环路的干涉仪结构器件，观察到两个马约拉纳零能模之间的纠缠和隐形传态的实验现象，进一步证明多个零能模之间确实存在能量简并的不同拓扑基态；在纳米线网络结构上制备包含四个马约拉纳零能模（一个拓扑量子比特）的器件，并通过拓扑近藤效应验证该拓扑量子比特的二能级简并，在此基础上进行编织操作并构造单个拓扑量子比特。拓扑量子比特的实现需要对拓扑态进行编织操作。理论上提出的编织方案计划通过表面电极的栅压调控纳米线中的费米能级，来交换不同纳米线两端的马约拉纳零能模实现编织。未来发展方向还包括其他新型编织方案的技术实现，如基于测量的编织方案等。

针对一维量子材料和量子器件中的新颖量子物态和在量子计算特别是拓扑量子计算中的潜在应用，我们需要开展相关的材料生长、器件精准制作和精密电学测量等关键技术研究，开展相关的器件设计、模拟和理论研究，具体内容如下。

（1）开展高品质半导体硅、锗及其异质结构纳米线、Ⅲ-Ⅴ族窄带隙半导体纳米线及其异质结，以及与超导或铁磁材料外延生长研究。建立稳定可控的生长实验技术，获得量子器件级品质的一维半导体及其复合量子结构；开展高品质拓扑和强关联材料纳米线的生长机制研究，建立可控的生长工艺技术。

（2）采用当代先进的微纳制作技术，开展基于半导体硅、锗和Ⅲ-Ⅴ族窄带隙纳米线的拓扑量子结构和量子器件的制备研究，建立与之相关的稳定可控的制备工艺技术，并制备出相关器件；制备出高品质的基于拓扑或强关联材料纳米线的量子器件。

（3）开展与一维量子结构和量子器件相关的低温、高频精密电学测量技术研究，发展有创新性的、与量子计算器件和芯片调控检测相关的关键测量技术和设备。

（4）在器件层面上开展一维量子材料和量子器件中的新颖量子物态研究，开展器件的设计、模拟和理论分析研究，为一维量子物态和相关的量子计算的关键技术研究提供有重要意义的理论指导和分析工具。

# 第三节 新型二维量子材料

## 一、科学意义与战略价值

二维材料研究领域始于2004年石墨烯的发现（Novoselov et al.，2004）。二维量子材料的出现，是人们对于材料制备的控制能力不断提高，最终实现仅有一个或几个原子单层的材料的结果。以石墨烯、过渡金属硫族化合物（transition metal dichalcogenides，TMD）、黑磷、硼烯等为代表的二维材料展现出独特的谷光电子学、量子霍尔效应、层间关联效应、二维铁电、二维磁有序结构和二维超导等一系列低维下的新奇量子现象。这些二维物理现象对于凝聚态基础理论研究极具吸引力，同时也使得二维材料有望在传统硅基半导体块体和薄膜材料体系之外另辟蹊径，成为未来信息技术的核心材料。

二维材料具备原子级平整的单层或少层结构，十分有利于进行精确的结构和物性表征以及通过施加外场进行调控。对于二维材料的原子尺度的结构和物性关系的研究使得人们对凝聚态物质的结构、物性的关联和调控达到了前所未有的高度。在应用上，二维材料的超大比表面积和表面敏感性可被应用于敏感的气体分子探头、生物探测传感器、储能材料、单原子催化材料等。

二维材料不单自身具备优异的、多样的物理性质，而且将不同的二维材料堆叠到一起，还可以形成范德瓦耳斯异质结以及三维范德瓦耳斯人工结构。这种人工设计出来的堆垛结构无限扩展了现有的材料体系，并使得按需设计性能优异的人工材料和器件成为可能。用不同的二维材料替代现有场效应管器件中的栅极材料、沟道材料和电极材料，可以发展出全二维材料场效应管。它具有几个非常吸引人的优势：沟道厚度仅有一层原子，更小的器件尺寸和更少的缺陷意味着更高的性能和更小的功耗；其次二维材料的超薄、可变性特点还可以用作柔性、透明器件。利用二维材料中的光电、自旋、超导等特性，未来还可以发展出更诱人的新概念信息量子器件。

二维材料的出现，使得人们有望实现“自下而上”的功能导向的原子制造技术路线，在原子尺度构造、搭建、调控二维材料体系，进而直接制造功能器件。这是与当前半导体工业中的“自上而下”路线完全不同的变革性的路线。该路线还有可能突破现有器件加工技术，为未来信息器件实现尺寸更小、速度更快、功耗更低奠定科学基础。

## 二、研究背景和现状

在过去的几十年，半导体器件尺寸已经达到了纳米量级。虽然通过应力、高 $k$ 材料和三维结构等技术改良，还在继续提升器件的集成度，但短沟道带来的热耗散等效应使得摩尔定律逐渐无法维系。为了保持甚至超越之前的技术发展速度，必然要求从根本上对下一代芯片进行原理性的变革，这对新材料的探索和量子效应的发现提出了新的要求。其中，二维量子材料及其器件是当前国际上的主要研究方向，国际竞争日益激烈，相关研究方向一直是国际重点部署领域。

石墨烯是最早由机械剥离的单层石墨，是第一种真正意义上的二维材料。石墨烯中低能量电子表现为无质量的狄拉克费米子，具有很高的载流子迁移率。石墨烯的电子浓度低，其化学势容易通过门电压调控。优异的机械和电学特性使得石墨烯有可能在未来替代硅成为半导体电子工业的基础材料。石墨烯的一大缺点是电子能带中的狄拉克锥没有能隙，不能在电路中实现“关”（off）态。但通过诸如氢化和氧化、衬底耦合以及双层石墨烯转角堆垛等方式，人们已经能够打开能隙甚至实现能带的多样化调控。在高质量的石墨烯制备方面，通过 CVD 技术，人们首先在铜箔的表面实现了大面积单层石墨烯生长。近期，我国科学家实现了米级单晶石墨烯的高质量、快速生长，在材料制备方面达到了国际领先水平。

在石墨烯研究热潮的带动下，石墨烯以外可能的二维材料也引起了人们的极大兴趣，并在过去的十年中发展成为一个庞大的热点研究领域。首先是单质二维材料（X 烯）、黑磷、六方氮化硼、TMD 等二维材料陆续被实验获得，一系列令人瞩目的性质也被揭示出来。六方氮化硼具有和石墨烯相似的蜂窝状晶格结构，六元环中氮原子与硼原子交替排列，由于其良好的透光性，也被称为“白石墨烯”。不同的是，氮化硼是一个极佳的绝缘体，具有高达约6 eV 的能隙，在基于二维材料的器件中是完美的绝缘体栅极材料。同时由于其良好的惰性，氮化硼被广泛应用于二维材料的“封装”，即将一些大气下不稳定的二维材料封装在上下两层氮化硼中做成三明治结构。例如，将单层黑磷封装在上下两层氮化硼中间，能将黑磷的迁移率提高十倍，从数百达到数千 $cm^2/(V \cdot s)$。将石墨烯封装到两片薄层氮化硼之间，石墨烯的迁移率甚至能够达到声子散射的理论极限，样品的平均自由程仅由样品的尺寸决定。

单元素形成的二维材料统称为 X 烯（X 为元素名）。其中与碳同主族的硅、锗、锡等元素形成的单原子层结构即硅烯、锗烯、锡烯，由于其处于碳同一主族，受到了理论和实验最早的关注（Molle et al.，2017）。理论上硅烯属于狄拉克费米子体系，且具有较大的自旋轨道耦合能隙（1.55 meV），能打开非平庸能隙，因此是一种二维拓扑绝缘体。但由于硅烯是热力学上的亚稳态，自然界中不存在类似石墨的层状硅材料母体（也可以说硅烯是非层状二维材料）。因此只能通过衬底为媒介的稳定化作用，在非平衡动力学条件下进行外延生长。目前主要在金属衬底以及 $ZrB_2$、ZrC 上获得。除了在 Ag（111）上的硅烯，其他衬底上生长的单层硅烯由于与衬底之间的较强界面作用，其晶格变形严重，因此没有观察到狄拉克锥状的能带结构。锗烯和锡烯具备类似硅烯的能带结构，同时更强的自旋轨道耦合导致更大的能隙（23.9 meV 和 100 meV），理论预测可以在更高温度下实现量子自旋霍尔效应。目前锗烯主要在 Au（111）、Pt（111）、Al（111）、Sb（111）表面上生长获得，也有报道在半导体衬底 $MoS_2$ 上成功制备。在金属衬底上的锗烯晶格变形严重，因此没有观察到具有狄拉克锥的能带结构，而在 $MoS_2$ 上生长的锗烯能够看到狄拉克锥的迹象。锡烯在 $Bi_2Se_3$（111）、Cu（111）、Sb（111）表面都可以生长，在 $Bi_2Se_3$（111）上的锡烯能够观察到拓扑边缘态，但由于与衬底之间的相互作用，其体态与衬底的表面态杂化严重，没有能隙。此外在锡烯薄膜中还发现了二维超导性，由于拓扑与超导的共存，锡烯有望成为拓扑超导的候选材料。

硼是元素周期表中的第五个元素，与碳元素相邻。硼元素的化学性质独特，可以形成“多中心多电子”的化学键，在不同维度下均可形成多种同素异形体，比如笼状的富勒烯、准平面分子、纳米管等结构。更重要的是，二维化的硼（即硼烯）以平面结构最为稳定。由于硼相比于碳原子缺少一个最外层电子，稳定的硼烯结构并非蜂窝结构，而是在三角形的晶格中周期性地移除一些硼原子（即形成孔洞）形成的结构，孔洞的密度和排列方式的不同可以导致多种能量上相近的二维同素异形体。2015 年，我国科学家利用 MBE 技术在 Ag（111）表面成功生长出硼烯，并证实了硼烯结构的多样化特点（Feng et al.，2016）。理论和实验上都证实了 Ag（111）衬底上的硼烯具有狄拉克锥的能带结构。硼烯具有较强的电声子耦合作用，有可能会出现高于液氦温度的超导电性。此外硼烯还具有良好的光学性能、机械性能和导热性，同时在新型电池中有着重要的应用前景，具有储能大、充电快等优点，因此成为近期的一个研究热点。

黑磷是磷的一种同素异形体，由和石墨相似的六角格子原子面堆积从而形成层状结构，其层间也是较弱的范德瓦耳斯相互作用，可以机械剥离出薄层（黑磷烯）。与石墨烯不同，黑磷中的磷原子面具有明显的褶皱结构，每个原子的三个价电子全部与近邻原子形成共价键，因而该材料的电子结构中存在本征带隙（2.0 eV），是一种直接带隙半导体。这样的特点使得黑磷在红外光电子学到高速量子输运都得到应用。少层黑磷的场效应管器件已经实现（Li et al.，2014），迁移率能达到 4000 $cm^2$/（V • s）。由于黑磷的各向异性层状结构，其电输运性质也存在很强的各向异性。

与磷同族的元素锑与铋的单层结构最近也引起了广泛关注。锑烯、铋烯也可以稳定存在，并具有与硅烯、锗烯等类似的翘曲蜂窝结构。由于铋原子有极强的自旋轨道耦合作用，蜂窝状结构的铋烯具有所有二维材料中最大的非平庸能隙（0.6 eV），是二维拓扑绝缘体的绝佳候选者。然而目前，仅有少数衬底上实现了铋烯的外延生长，如 $Bi_2Te_3$ 衬底上通过外延可以获得铋烯。另外，在 SiC（0001）表面上沉积铋原子，由于铋原子与衬底之间成键，形成了平面蜂窝状的重构结构，其晶格远大于 Bi（111），具有 0.8 eV 的非平庸能隙和明显的拓扑边缘态。

除了单元素二维材料之外，化合物二维材料在其厚度方向一般都包含多个原子单层，但由于其电子特性接近于二维体系，因此仍然将其归为二维材料。过渡金属硫族化合物是研究最为广泛和深入的化合物二维层状材料。二硫化钼（$MoS_2$）是其中最典型的材料之一，单层（实际包含 3 个原子层，即上下两层的 S 以及中间的 Mo）的 $MoS_2$ 具有 1.8 eV 的直接带隙。单层 $MoS_2$

场效应管的开关比可达 $10^8$，但是迁移率偏低，只有 100 $cm^2/(V \cdot s)$。单层 $MoSe_2$ 有更强的自旋轨道相互作用，更适用于自旋相关的电学器件。单层二硒化钨（$WSe_2$）是直接带隙半导体，而且同时拥有 p 型和 n 型导电特性，1T′ 相的 $WSe_2$ 具有 129 meV 的非平庸能隙，是二维拓扑绝缘体。TMD 材料的制备也从早期机械剥离获得的几十微米单晶，到现在由 CVD、MOCVD 等方法得到的毫米级别单晶和晶圆级高质量薄膜。高质量晶圆级的二维材料制备出的大面积器件可表现出高性能和均一性。

自然界中已知的三维固体材料有十多万种，其中层状材料有五千多种，可剥离为二维材料的有一千多种，可以实现的二维材料种类异常丰富。迄今，多数这些可剥离的二维材料尚未得到详细实验研究，近期也有越来越多的研究者对这些材料开展了广泛的探索。而在这些可剥离的二维层状材料中，特别令人感兴趣的是具有特异的电、磁和拓扑特性的二维材料（图 4-1）。

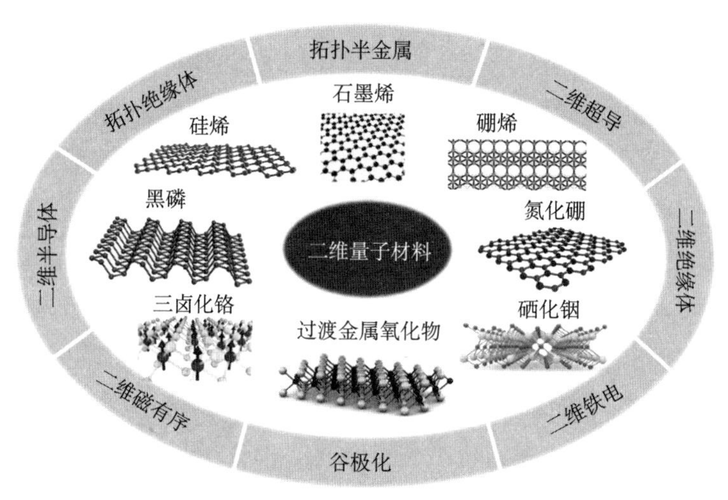


图 4-1　新型二维量子材料及其丰富的物理内涵

材料的铁电性源于原胞中心原子偏离体对称中心位置而产生自发极化，在外界电场作用下，电偶极子的极性可被翻转。得益于自身天然稳定的层状原子结构及层间较弱的范德瓦耳斯相互作用，少层乃至单层二维材料中有望实现稳定的电极化，从而为在二维原子级厚度上研究铁电物理现象以及发展实用铁电器件提供新的路径。生长在石墨化的 6H-SiC 衬底上的单层碲化锡（SnTe），具有面内铁电性，相变温度 $T_c$ 可达到 270 K，比其块体高 100 K 以上。具有类似结构的二维半导体材料 SnS、GeS、GeSe、SnSe 也具有面内铁电性。相比于面内铁电性，面外方向的铁电性在技术应用上更具价值，但在二维层状材料中却很少存在，原因是多数二维材料没有破坏原胞结构在垂直二维面方向上的中心反演对称性，因此无法产生面外自发电极化。$CuInP_2S_6$ 是少有具有面外铁电性的层状二维材料，其 4 nm 厚度的薄膜在室温下具有面外自发电极化，铁电 – 顺电相变转变温度在 320 K 以上。另一个典型的垂直极化材料是单层 α-$In_2Se_3$，其电极化性质首先得到了理论预测。随即实验中在 α-$In_2Se_3$ 中实现了高于室温的面外铁电极化。目前，基于面外电极化的二维铁电薄膜、二维铁电场效应晶体管、铁电电容器、铁电隧道结等新型电学器件的研究正成为一个新的研究领域。

二维磁有序材料由于在磁存储器件、自旋电子器件上的潜在应用价值而备受关注。过去的理论认为由于热和量子涨落的影响，长程的磁有序结构很难在二维材料中形成。但是，近期一系列二维层状磁有序材料，比如 $Cr_2Ge_2Te_6$、$VSe_2$、$CrPS_4$ 以及卤化铬家族材料等被陆续发现，掀起了人们对二维极限下磁性的研究热潮（Gong and Zhang，2019；Huang et al.，2020）。理论和实验表明，二维材料中面内和层间的磁交换作用受到层间的堆叠方式、应力、表面原子重构等因素的影响，能产生丰富的现象和可调控特性。$Cr_2Ge_2Te_6$ 由于内在较小的各向异性，使得较小的外部磁场能有效地控制各向异性，实现长程铁磁性，但铁磁转变温度远低于室温。单层的 $Fe_3GeTe_2$ 在低温下仍具有铁磁长程序以及面外磁各向异性，并且通过插层锂离子提高 $Fe_3GeTe_2$ 薄层的电子浓度，可使得其铁磁转变温度提高到室温以上。三卤化铬家族 $CrX_3$（X=Cl、Br、I）具有较低温度的铁磁转变温度。$CrBr_3$ 和 $CrI_3$ 的体材料和单层薄膜都具有面外易轴的铁磁性。然而，经由机械剥离而得的 $CrI_3$ 双层膜具有层间反铁磁耦合，而 $CrBr_3$ 双层膜可保持层间铁磁耦合。$CrI_3$ 双层膜在反铁磁态下，其磁结构不但打破了时间反演对称性，也同时打破了空间反演对称性，由此产生强烈的非互易二次谐波响应。

超导是一种美妙的宏观量子现象，二维超导材料一直是一个引人关注的领域。迄今研究较多的二维超导体系，包括 Si（111）衬底上的 Pb/In 薄膜、$SrTiO_3$（001）衬底上的单层 FeSe 薄膜、GaN（0001）衬底上的 Ga 薄膜等。特别地对于单层 FeSe 体系，实验观察到了相比于块体大了一个量级的超导能隙。更为奇特的是，该超导能隙仅在单层 FeSe 的表面出现，在两层以及更厚 FeSe 薄膜的表面没有观察到超导能隙的打开。这说明 $SrTiO_3$ 衬底在单层 FeSe 超导中起到了关键作用，但具体的机理迄今仍存在争议。铜氧化物高温超导体也是一种层状材料。最近，我国科学家成功将铋锶钙铜氧超导体（Bi2212）在高真空低温中剥离出高质量的单层二维材料，并利用输运实验证明 Bi2212 单层具备三维材料所有的超导特征，说明铜氧化物高温超导本质上是一种二维现象。这对于获得对长期争议的高温超导机理的理解有重要的意义。

除了上述这些特异的电、磁和拓扑序二维材料之外，人们还发现很多在能源、催化领域广泛应用的传统材料实际上都是层状材料，具备二维和准二维的特性。例如，类石墨相 g-$C_3N_4$ 是一种层状化合物，层间是以三均三嗪为基本结构单元的互联网格。g-$C_3N_4$ 是 100 多年前就被合成的人工化合物，但近年人们发现它是罕见的非金属催化剂，可用于光催化水分解制氢。金属碳氮化物 MXene 由几个原子层厚度的过渡金属碳化物、氮化物或碳氮化物构成，最初于 2011 年发现。由于 MXene 材料表面有羟基或末端氧，它们有着过渡金属碳化物的金属导电性，在超级电容器、电池、电磁干扰屏蔽和复合材料等中得到越来越多的应用（Gogotsi and Anasori，2019）。金属－有机框架（metal-organic framework，MOF），是由有机配体和金属离子或团簇通过配位键自组装形成的具有分子内孔隙的有机－无机杂化材料。MOF 材料种类很多，不仅有三维晶体结构，也可以形成二维平面结构。不足之处在于，这些材料基本是通过溶液、高温煅烧、离子插层等方法合成，获得的多数是具有层状结构的粉末和纳米片。目前，还没有能够制备出单层或少层的大面积单晶材料，这限制了对这些材料的量子特性的研究以及其在电子学器件中的应用。

除了无机二维材料，二维有机聚合物晶体材料也以其独特的优点引起人们的关注。二维有机聚合物晶体材料是通过含有氢、硼、碳、氮、氧等轻元素的有机小分子，遵循自下而上合成路线，通过牢固的化学共价键连接形成具有人工晶体结构的二维材料。当有机小分子和共价键具有 π 共轭分子轨道时，电子可以在材料所限定的二维空间中运动，并受周期势场调制形成电子能带。理论研究表明，通过二维晶体结构和对称性的设计可以调控有机聚合物薄膜中的电子能带结构，同样可以产生导致新奇量子态的狄拉克费米子和平带结构，以及实现各种类型的拓扑量子态。二维有机聚合物材料的功能化可以由包含过轻元素的分子结构单元和二维晶体结构设计加以实现，可以摆脱对重金属元素的依赖，对实现绿色材料和社会的可持续发展具有重要意义。

二维量子材料研究领域是一个具有代表性的，我国科研界与国外同行处于并驾齐驱状态，并有许多处于“领跑”地位的细分研究领域。十多年来，我国科学家在这个领域中取得了一系列国际瞩目的研究成果。例如，石墨烯大面积高质量的单晶薄膜快速制备是我国科学家率先实现的，并一直处于领先地位。相当一部分新型二维量子材料是我国科学家提出并首次在实验室中制备出来，尤其以硅烯、锗烯、硼烯、黑磷等单元素二维材料领域最为显著。在 TMD 材料领域，我国科学家也率先实现了晶圆级无损转移并制备出大面积的器件阵列。在层状材料剥离方向，我国首次实现铜基高温超导二维材料。除了材料制备之外，在新二维量子材料发现和预测方面，我国科学家也有非常突出的表现，如首次发现界面作用增强超导的 FeSe，预测出具有室温二维铁电性的 $\alpha$-$In_2Se_3$ 二维材料等。但也可以看出，在二维量子材料研究领域，我国大部分领先的进展比较集中在材料制备方面，在新型材料预测以及量子特性的表征以及调控方面还没有做到全面领先，有许多方向是在国外同行做出首次突破后才进行跟随式研究再迎头赶上。

## 三、关键科学、技术问题与发展方向

### （一）高质量、大面积二维材料的制备和转移加工

二维材料的制备方法大致可以分为机械剥离法和外延生长法两类。其中机械剥离法可以从层状体材料中剥离出单层或者少层的二维材料。此前对于二维材料的大多数物性和原型器件的研究，都是基于剥离的二维材料结合微加工和器件制作完成的。未来该方法将继续在二维材料的基本物性的探索、调控和原型器件研究方面发挥很大的作用。同时也对这个方法提出了更高的要求，例如，获得面积更大、缺陷更少的单层材料，如何避免剥离和转移过程的辅助材料以及大气环境带来的污染等。

机械剥离法的致命缺陷在于它获得的样品非常小，典型的尺寸在微米量级，少数能达到毫米量级。而且其堆叠和器件制作的工艺都是不可扩展（none-scalable）的。而可扩展的器件制作必然依赖于外延生长手段，包括MBE和CVD获得高质量、大面积的单晶二维材料。另外，机械剥离法依赖于层状母体材料，对于那些不具备层状母体的二维材料，也只能通过外延生长获得。

二维材料的外延生长最关键的是生长动力学以及材料与衬底的相互作用，为了通过界面相互作用以及衬底晶格的特殊性来对二维材料的晶格结构进行精确调控，有必要对二维材料与衬底之间的相互作用进行归纳总结和利用，并对二维材料在表面上的生长动力学以及界面相互作用等进行最大程度的深入了解。在生长动力学上实现突破，在各种衬底上生长出大面积高质量、成分均一、层数可控的二维量子材料。

金属衬底由于具备较强的亲和力，容易通过外延生长获得高质量的二维材料。但为了制作电子器件，一般需要将在金属衬底上生长的二维量子材料通过剥离和转移的办法移到绝缘体衬底上去。在转移过程中容易破坏材料，引入缺陷，甚至污染样品，因此需要发展普适的无损大面积转移方法。目前，最广泛使用的转移方法是有机聚合物作为机械支撑层来保护和转移生长二维半导体材料，但完全清除残留的聚合物仍有较大挑战。

此外，许多半导体表面存在重构，在半导体表面引入单层或亚单层的异种原子，多数情况下将诱导半导体表面形成重构。这种异种原子诱导的重构表面本身具备单原子层的厚度，等价于一种特殊的二维材料，并且不需要再额外考虑衬底的影响。这种体系也容易与现有的微电子工业相结合。例如，金刚石表面用氢原子修饰之后成为p型二维半导体，也可以实现二维器件的原型。这方面的探索也是一个可行的思路。

### （二）新型二维材料的探索和量子特性的表征

二维量子材料的新物态、新效应、新现象层出不穷，仍然处在迅速发展阶段。基础研究首先要扩大二维材料的研究范围，预测和制备更多的新型二维材料。通过在单原子、单电子、单自旋水平上的结构与性能表征，更深入地理解新奇物性的起源，以及进行精准的调控。当前，一系列重要的物态亟须继续理解和控制，包括：电子自旋在边缘上的完全极化、非阿贝尔任意子、马约拉纳准粒子等新奇现象的实验验证；二维材料中的激子物理、电子能带结构、能谷电子学、磁交换作用、拓扑边界态、拓扑相变、声子与各种元激发的耦合作用、材料相变及与这些性质相关的物理机制的研究，探索新原理和发现新效应。同时需要将理论计算与实验相结合，获得结构与物性之间的关联，发现二维量子材料的新物理和新效应，为在原子尺度调控二维量子材料奇异物性奠定基础。

此外，还需要发展一系列极限探测灵敏度，极端条件（低温强磁场高压）下空间 / 时间 / 能量 / 自旋分辨的探测技术，以实现对二维体系表面、界面的电子能带结构、低能元激发超快动力学过程、自旋轨道耦合特性等的极限探测与操纵。由于多数二维材料对环境敏感，即使是石墨烯这样高度稳定的材料，也会在大气下出现性质退化。因此，发展超高真空环境中的原位表征手段对于二维材料的本征性质研究特别重要。高真空扫描隧道显微镜、高真空原位光谱测量、角分辨光电子能谱、表面磁性测量、原位输运测量等原位表征手段，以及结合高真空中的外延生长、原位机械剥离 – 堆垛等手段都是未来一段时间内的重要发展方向。

### （三）二维材料量子特性的调控

通过外加电场、磁场、应力、堆垛摩尔周期等方式，实现二维材料在原子尺度上的精准修饰和调控，并获得二维量子材料体系中光、电、磁等与该材料体系的相互作用信息，为通过外场调控二维量子材料的物性奠定基础。还可以用离子插入改变层与层之间的相互作用，实现对材料物相、物性和功能的调控。应力对二维材料物理性质的调控也是一个重要的研究方向，其优势在于使材料在普通环境下产生极端条件才能显现的物性，例如，理论和实验表明局域应力可以产生赝强磁场，诱导量子化朗道能级。

基于二维材料对外界环境的敏感性，研究表面吸附、氧化、掺杂对物态的影响也是一个重要的方面，可以分别研究水、氧气以及其他的气体分子与二维材料的相互作用。二维材料的应用中需要镀上一定厚度的保护层，因此需要研究保护后二维量子材料的化学稳定性，并与无保护的样品进行对比。

### （四）二维量子材料的器件设计

当前硅基 CMOS 技术已经进入五纳米技术节点，尺寸微缩逼近其物理极限，能耗和性能难以继续提升。二维量子材料具有新奇的量子特性，其中载流子、自旋、激子以及相干声子等的新奇物理效应和光电耦合的量子调控，是未来固态量子信息领域发展的基础物理和器件应用的核心科学问题。在二维材料的制备、物性表征和调控研究的基础上，利用二维量子材料中光子、电子及其耦合相互作用的新现象、新效应、新物理，探索二维量子材料在面向未来的信息功能器件中的应用。发展和半导体工艺兼容的相关技术和工艺，实现高灵敏度、高速、低功耗自旋逻辑和存储器件，利用该特性发展适合的器件结构，找到器件的构筑办法，解决器件制作的相关问题，获得相关器件特性，研究器件的载流子输运规律，建立描述新器件的物理模型。

目前，国际上二维材料领域总体仍处于基础研究全面开展和产业应用的培育阶段。未来十五年将是二维材料有望在应用上实现多点突破的关键时期。而我国二维材料的基础研究与国际处于同一阵列，并在部分方向处于领先地位。我国二维材料基础研究和应用能否占据国际制高点，将依赖于未来十年的投入和支持。建议重点支持如下研究领域：新型二维材料的探索以及理论设计；高质量、晶圆级二维材料的制备方法的探索；二维材料的原位、超高时间–空间–能量分辨的结构和物性表征手段的发展；二维材料及其异质结、人工堆垛结构中的新奇量子效应的探索；二维材料的原型电子器件、光电传感器、磁性和超导等器件原型的发展；对有望形成替代性应用的重要方向，加大投入开展产业应用的前瞻研究。

二维量子材料的研究在国际上尚处于初始阶段。在材料制备、物性表征、输运特性测量、器件构建等方面仍然有相当多的技术难题有待解决，公开文献中可借鉴和利用的信息有限，需要通过整合我国在二维量子材料与物性研究领域的科研力量，通过强强联合、资源共享，进一步完善材料生长、器件设计、微纳加工、理论模拟等研究体系。在国家层面上，目前二维材料的主要课题分布在纳米科技重点研发计划中，建议可以独立成立一个重点研发计划，以便协调国内各方面的同行，加强沟通交流和合作。

# 第四节　人工范德瓦耳斯异质结构

## 一、科学意义与战略价值

将二维材料垂直堆垛构筑成的范德瓦耳斯异质结体系，是近年来凝聚态物理学、材料科学、信息科学等领域的研究热点。相比于传统半导体中的异质结体系，范德瓦耳斯异质结拥有原子级平整的界面，同时继承了二维材料在小型化上的天然优势，因此有望为高密度、低功耗器件研究提供助力。此外，二维材料种类丰富，覆盖了半导体、绝缘体、半金属（石墨烯）、磁性材料、铁电材料、拓扑材料、超导体等，这不但为研究丰富的演生物态和新奇物理机制等提供了理想的材料基础，也为开发新型传感、存储、计算等功能器件提供了平台。构筑新型人工范德瓦耳斯异质结，探索其中蕴含的新型关联、拓扑等奇异物性，开发新结构、新原理、低功耗器件，对我国基础科学和器件应用领域发展具有重大意义。

根据构筑材料的不同，人工范德瓦耳斯异质结可以划分为多个不同体系。作为最早制备出来的人工范德瓦耳斯体系，石墨烯异质结体系涵盖了石墨烯/氮化硼体系、转角石墨烯体系、石墨烯近邻诱导体系等，为研究关联和拓扑等量子物态提供了丰富的平台，有助于加深我们对强关联和拓扑材料中前沿科学问题的认识与理解。同时，这些新奇量子物态可以被电场、磁场、填充、温度、光照等手段可控地调节，为新一代量子材料和电子器件的革新带来了新的方向。

相比于石墨烯，二维半导体材料拥有本征的带隙，基于不同二维半导体构筑的范德瓦耳斯异质结体系可以在垂直方向实现不同的能带匹配，从而调控电子隧穿、层间激子等行为。此外，基于转角双层 TMD 等材料组成的二维半导体摩尔超晶格体系，不但展示出强莫特绝缘态、广义威格纳晶格态等关联行为，并且出现了新奇的摩尔激子态，为凝聚态物理学前沿发展提供了丰富的研究平台。

基于范德瓦耳斯磁性材料异质结的自旋轨道转矩（spin-orbit torque，SOT）器件和磁隧穿结（magnetic tunneling junction，MTJ）拥有原子级别平整的界面，这使得自旋流穿越界面时的损耗被极大地抑制。同时，范德瓦耳斯材料有望克服传统氧化物、重金属等自旋电子学材料中电导率失配较大、电荷–自旋转化效率较低、自旋扩散长度较短等技术瓶颈，为新一代自旋电子学器件提供可行的技术途径。

范德瓦耳斯铁电材料异质结相比于传统铁电异质结，有望克服退极化场、界面效应等机制导致的低尺度下的铁电不稳定性。同时，范德瓦耳斯铁电材料拥有多种新奇物性，为开发新原理器件功能提供理想的平台，有望为新原理、高密度的铁电场效应管、铁电随机存储器、铁电隧道结等多种应用器件的发展提供助力。

## 二、研究背景和现状

伴随着越来越多不同种类二维材料的出现，人工范德瓦耳斯异质结体系数量也在过去十年里得到了快速增长。基于材料体系的分类，以及在凝聚态物理和器件应用研究中的重要性，可以将领域内受到广泛关注的人工范德瓦耳斯异质结分为石墨烯异质结体系、二维半导体材料异质结体系、磁性材料异质结体系和铁电材料异质结体系等。

### （一）石墨烯异质结体系

石墨烯/氮化硼异质结是第一个通过人工转移技术制备的范德瓦耳斯异质结体系。用氮化硼代替传统氧化物等衬底，不但大大提升了石墨烯的迁移率，并且还可以构筑周期超过 10 nm 的平面摩尔超晶格，在磁场下不但展现出霍夫斯塔特蝴蝶能级图案，并且出现了分数陈绝缘态、长寿命等离激元和声子极化激元等新奇物性。同时，石墨烯/氮化硼/石墨烯异质结拥有显著的“库仑拉拽”、共振隧穿等效应，以及在强磁场下的激子凝聚、复合费米子等量子行为。石墨烯异质结体系为研究新奇的关联效应、电子流体动力学、光–物质相互作用等提供了新的研究平台。

对于转角双层石墨烯体系，费米速度会随着层间转角的减小而迅速下降。当转角接近魔角（1.1°）时，费米速度降为零，此时，体系中电子的库仑相互作用能远大于动能，有望实现一系列新奇而丰富的强关联量子物态。2018 年，麻省理工学院研究团队在魔角双层石墨烯体系中首次观察到了关联绝缘态和超导态（Cao et al.，2018a，2018b）。很快地，轨道铁磁态、量子反常霍尔态、电子向列相、奇异金属态等更多量子物态相继被实验发现，极大地丰富了魔角双层石墨烯的相图。

随后，科学家们在石墨烯的其他摩尔超晶格体系中同样实现了许多新奇的强关联量子物态。例如，在 ABC 堆垛三层石墨烯与氮化硼的摩尔超晶格体系中实现了关联绝缘态、超导态和铁磁态等；在 AB 堆垛双层石墨烯与氮化硼的摩尔超晶格体系中实现了铁电性；在转角双层 – 双层石墨烯体系中实现了关联绝缘态和自旋极化态；在转角单层 – 双层石墨烯体系中实现了关联绝缘态和铁磁态；在转角三层石墨烯体系中实现了超导态等。这些体系中的强关联量子物态可以进一步被位移电场调控，这为设计和优化基于石墨烯的摩尔超晶格体系中的电学性能提供了丰富的平台。

石墨烯、氮化硼、TMD 等材料组成的摩尔超晶格体系（魔角体系）提供了一个研究材料体系中关联量子物态的理想平台，对这些体系的研究有助于加深我们对高温超导和量子自旋液体等强关联电子材料中前沿科学问题的认识与理解。同时，电场、磁场、填充、温度、光照等手段可以可控地调节其中的关联量子物态，为新一代量子材料和电子器件的革新带来了全新的方向。

石墨烯还可以与强自旋轨道耦合材料和铁磁材料等构筑成为异质结，从而通过近邻诱导效应在石墨烯中引入强自旋轨道耦合、磁极化等性质，并且成功地实现了反常霍尔效应、自旋霍尔效应、量子自旋霍尔效应等。理论预言可通过近邻效应在单层石墨烯中实现量子反常霍尔效应，有望促进石墨烯在自旋电子学领域的应用。

### （二）半导体材料异质结体系

相比于石墨烯，二维半导体材料拥有非零的带隙，因此其场效应器件拥有更大的电流开关比，更适合用于逻辑电路。在人工范德瓦耳斯异质结体系中，二维半导体TMD材料构筑的隧穿结场效应晶体管拥有比石墨烯隧穿结场效应晶体管更高的开关比。除此之外，相比于传统的面内场效应晶体管，范德瓦耳斯垂直场效应晶体管有望实现更低的亚阈值摆幅和工作电压，从而降低器件的功耗。

同时，二维半导体材料优异的光学和光电特性，使得基于其构筑的人工范德瓦耳斯异质结有望实现高灵敏、超快速以及对极化响应敏锐的面向多个波段的光电探测技术。而异质结垂直结构带来的短沟道长度、强内建电场等优势，可以加速激子的解离同时压制暗电流，从而进一步提升光电探测灵敏度。同时，二维半导体异质结结构还可以产生独特的层间激子，并展示出异常丰富的新物理机制，如对于自旋和能谷的独特响应、实现激子凝聚等。同时，层间激子可以被垂直电场等外界手段调控，并且可在较高温度下形成激子凝聚，有望为新原理光电器件的研究提供独特的材料系统。

此外，在氮化硼、TMD等材料组成的摩尔超晶格同质结或异质结中也存在很多新奇的量子物态值得深入探索。最近，科学家们在平行堆叠的氮化硼体系中实现了铁电性；在小转角$WSe_2$体系中实现了关联绝缘态，并观测到超导态的迹象；在$WSe_2/WS_2$摩尔超晶格体系中实现了莫特绝缘态和威格纳晶体态；在转角双层$MoSe_2$、$WSe_2/WS_2$、$MoSe_2/WS_2$、$MoSe_2/WSe_2$等摩尔超晶格体系中实现了摩尔激子态等。

## （三）磁性材料异质结体系

传统自旋转矩器件中常用的重金属、氧化物等材料，具有电荷－自旋转化效率较低、自旋扩散长度较短等技术瓶颈。相比而言，范德瓦耳斯磁性材料拥有层状结构特性，因此易于被电场、电流、应变等外场调控从而实现超灵敏磁翻转；另外，研究人员发现$WTe_2$、$MoTe_2$等拓扑半金属材料则同时具备较大的电荷－自旋转换效率和较长的自旋扩散长度，有望突破上述技术瓶颈。此外，外尔半金属、拓扑绝缘体等材料拥有自旋轨道锁定的表面态，其与铁磁材料构成的自旋转矩异质结展示出优异的自旋－电子转换率。目前，利用外尔半金属的低对称性，实现零磁场下电流诱导的垂直方向磁矩翻转是范德瓦耳斯自旋转矩异质结的研究热点，有望突破传统金属材料的局限。

此外，磁隧穿结器件随着范德瓦耳斯磁性材料的出现，亦吸引了众多研究人员的目光。目前范德瓦耳斯磁隧穿结器件有两种基本的类型，即石墨烯 / 反铁磁绝缘体隧穿层 / 石墨烯，以及范德瓦耳斯磁性金属 / 氮化硼 / 范德瓦耳斯磁性金属。在这两类器件中，研究人员均发现了巨大的磁阻，体现了范德瓦耳斯界面在该类体系中的巨大优势。

同时，二维磁性材料异质结中，可以通过近邻诱导效应诱导其他材料中的磁性。相比于传统的磁性金属异质结，范德瓦耳斯异质结原子级别平整的界面使得其磁近邻诱导效应在空间分布上较为均匀。这类磁近邻诱导效应已经成功地调控了 TMD 中的激子动力学、能谷塞曼劈裂、单层 $WTe_2$ 边界的非对易电流等多种新奇的演生现象，还有望实现拓扑超导、量子反常霍尔效应等。此外，二维磁性材料与二维磁性材料堆叠成异质结时，其堆叠序可以决定层间磁序为铁磁或反铁磁；而其在小转角情况下构成的超晶格拥有奇异的自旋结构与磁畴边界，是二维磁性研究领域的新热点。

## （四）铁电材料异质结体系

基于铁电材料的异质结为多功能信息存储器件提供可选物质平台，是凝聚态物理中的研究热点。人们已经基于铁电材料设计并实现了铁电场效应管、铁电随机存储器、铁电隧道结等多种应用器件。然而，退极化场、界面效应等机制导致铁电性在低尺度下具有一定的不稳定性，这极大程度地限制了基于传统铁电材料异质结的器件在小型化上的发展。范德瓦耳斯铁电材料及其异质结因为二维特性而在器件小型化上拥有天然的优势，有望克服传统铁电材料在小型化时的瓶颈。同时，范德瓦耳斯铁电材料及异质结表现出多种奇异物性，有望推动新原理、高密度存储等器件应用研究的发展。

最近，大量范德瓦耳斯铁电材料被相继发现，包括 $In_2Se_3$、$CuInP_2S_6$、MX（M=Ge、Sn；X=S、Se、Te）、$T_d$-$WTe_2$ 等，部分材料具有室温稳定性。在石墨烯与 $CuInP_2S_6$ 等铁电半导体构筑的隧穿结中，已观测到高达 1 eV 的可调势垒高度，同时隧穿电阻高达 $10^7\,\Omega$。该类铁电隧道结同时兼顾了硅工艺兼容性和高隧穿电阻，有望成为未来商用的高性能铁电存储器。此外，范德瓦耳斯铁电材料可通过近邻效应与其他电子、光学及磁性材料相耦合，从而可以设计和制造多功能异质结和器件，为未来信息技术提供可行路线。

## 三、关键科学、技术问题与发展方向

基于范德瓦耳斯异质结体系的新结构、新功能、低能耗电子原型器件的构筑与原理验证是范德瓦耳斯异质结体系研究的重要内容。针对电子器件中的小型化与低功耗的需求，充分发挥范德瓦耳斯异质结中界面完整、物性丰富、可调控性优良等优势，实现具有高耐久度、高速度和低能耗的信息存储和逻辑计算器件、具有高灵敏度的传感器件等。在原型器件功能展示的基础上，进一步设计低功耗、小规模的神经形态芯片原型，期望在新型类脑器件上实现一系列创新和突破，同时，为我国在“后摩尔时代”量子调控的研究与新信息技术的发展提供坚实的技术基础。

目前，人工范德瓦耳斯异质结构中存在的关键科学问题主要有：①构筑更多的异质结结构，探索发现更多的演生现象，包括关联、拓扑、超导、自发极化等凝聚态领域前沿的研究热点；②通过对异质结中的物态进行调控，实现新的器件功能，包括传感、存储、逻辑运算等。

技术问题主要有：①大规模、高质量的范德瓦耳斯异质结样品的制备工艺尚未成熟；②异质结的层间转角、层间间距等参量难以实现精准可控的调节；③探测和调控范德瓦耳斯异质结中新奇量子物态对磁、光、电、热响应的技术尚未成熟。

技术发展方向主要为：①开发新的样品生长与转移技术，实现大面积、高质量范德瓦耳斯异质结的可控制备；②发展新技术，实现对范德瓦耳斯异质结中新奇量子物态的探测和多自由度调控。

### （一）石墨烯异质结体系和半导体材料异质结体系中关键的科学、技术问题

目前，制约我国在石墨烯、氮化硼、TMD等材料组成的摩尔超晶格体系发展的主要瓶颈包括高质量样品的制备技术仍处于起步阶段；强关联量子物态的探测与调控技术尚未完善；现有的理论模型尚未成熟；在新一代量子材料和电子器件的应用方面还是空白等。具体关键的科学、技术问题有以下几个方面。

（1）可控地制备大面积具有精确扭转角度的石墨烯、氮化硼、TMD等材料组成的摩尔超晶格样品。目前，样品的制备工艺仍处于起步阶段，而扭转

角度的无序程度大大影响实验上对材料体系本征关联量子物态的探测。有效地提高样品质量不仅有助于得到更准确的相图，而且能够更可控地研究其他参数对体系中关联量子物态的影响。

（2）深入理解石墨烯、氮化硼、TMD等材料组成的摩尔超晶格体系中新奇量子物态出现的物理机制及其内在联系。通过结合现有的多种实验手段，并积极发展新技术，实现对体系中新奇量子物态的探测和多自由度调控。例如，通过改变石墨烯和金属屏蔽层之间的距离实现对电子之间库仑相互作用强度的调节，通过引入碳的同位素来调控以声子为媒介的相互作用强度等。

（3）理论上，科学家们尚未提出合适的理论模型能够在微观上完全解释石墨烯、氮化硼、TMD等材料组成的摩尔超晶格体系中所有的关联量子物态。特别地，魔角石墨烯中超导态的微观机制一直存在争议，自旋和谷对称性破缺行为对超导配对强度的影响还不清楚。因此，大力发展和完善理论框架有望在强关联物理领域中实现突破性进展。

（4）石墨烯、氮化硼、TMD等材料组成的摩尔超晶格体系具有诸多优良特性，在新一代量子材料和电子器件中有重要的应用前景。然而，目前这些体系在应用方面仍面临着巨大难题亟待解决。因此，原创性和颠覆性的技术研发有助于解决微电子领域面临的“卡脖子”难题，增强我国高新技术产业在国际上的核心竞争力。

## （二）磁性材料异质结体系和铁电材料异质结中关键的科学、技术问题

目前，实验上常见的二维范德瓦耳斯磁性材料、铁电材料、拓扑绝缘体和拓扑半金属材料都对空气极为敏感，这导致相关异质结的构筑工艺面临着巨大的挑战；磁性材料异质结和铁电材料异质结体系中自旋量子行为及相关性能的精确表征、探测与调控仍然匮乏；绝大部分二维铁磁和铁电等材料自发极化态的居里温度较低，极大地限制了相关异质结的应用。具体关键的科学、技术问题有以下几个方面。

（1）发展高效、精准的范德瓦耳斯异质结制备技术，实现高质量和结构可控的二维异质结的制备。具体来说，在毫米量级的尺寸上实现均匀层间应力分布、高界面质量、可控堆垛序等，突破制约相关器件应用发展的瓶颈。

（2）实现二维异质结自旋量子行为及相关性能的精确表征与探测，及其基于结构特征可控和多物理场耦合的高效调控，探索层间耦合对于二维铁磁和铁电材料的极化行为的影响，研究自旋及电荷等自由度的自发极化机制及电子关联态中的极化效应。

（3）探索更多的在空气中稳定的二维铁磁、铁电、拓扑等材料体系；开发有效的转移和封装技术，实现基于敏感二维材料的大面积、高质量异质结的可控制备。

未来十五年内，应针对人工范德瓦耳斯异质结构中关键的基础科学问题和技术难点，结合理论与实验深入系统地开展研究工作。针对四种异质结体系，在具体实施上，要有所侧重，重点支持有可能实现突破的发展方向。具体包括如下。

（1）优化人工范德瓦耳斯异质结的制备工艺，实现转角、界面异质应变等参量可调的人工转移和材料生长技术。开发大面积异质结的制备工艺，实现大面积、高质量、均匀的异质结样品。

（2）深入研究石墨烯、氮化硼、TMD等材料组成的摩尔超晶格体系中电子强关联诱导的新奇量子物态及其演化规律，发展新的调控和探测手段，理解体系中简并度解除和关联量子物态的内在关联。

（3）基于不断涌现的二维磁性材料、铁电材料、拓扑材料等，设计和构筑新型的人工范德瓦耳斯异质结，研究相关的关联、拓扑等新奇行为，探索可能的新原理功能器件。

（4）探究不同量子物态的畴界处存在的新奇物理效应，在全新的一维畴界处发现新的物理规律。

# 第五节　二维/界面超导及低维体系的量子相变

## 一、科学意义与战略价值

在低维尤其是二维体系中演生出的超导电性，由于涨落引起的丰富量子现象及其在低耗散与无耗散电子学方面的潜在应用前景，成为凝聚态物理以及材料科学领域的前沿。因二维超导体系中显著的涨落效应，人们观测到了量子相变的经典范例——超导 – 绝缘体相变，在此基础上发现了具有特殊量子临界行为的量子格里菲斯奇异性，以及量子相变过程的中间态——反常金属态（亦称为量子金属）的证据。这些新奇量子现象使得二维超导体系成为研究量子相变的物理起源和探索新奇量子物态的重要平台。常压下超导转变温度接近甚至超过液氮温度的两大类高温超导体系——铜氧化物和铁基超导体都具有二维超导层状结构，这表明维度效应可能扮演着重要作用，二维超导特性相关研究有助于提高对高温超导机制的理解。高温超导材料已经广泛应用于能源、医疗、军事、矿藏等多个重要领域，因此从二维超导尤其是二维单晶超导角度出发，寻找更高转变温度和具有新奇超导特性的新一代超导材料体系变得尤为重要。近十多年来，随着原子级可控制备和物性测量技术的蓬勃发展，人们发现了以铝酸镧 / 钛酸锶（$LaAlO_3/SrTiO_3$）、铁硒 / 钛酸锶（$FeSe/SrTiO_3$）为代表的新的一类二维超导体系——二维界面超导。界面效应可以使两种不超导的材料界面变得超导，也能大大提升超导的转变温度，这就为设计和寻找新超导体系提供了一个广阔的平台。随着石墨烯、过渡族金属硫化物等二维层状材料和拓扑物理的发展，新的二维和界面超导体系不断地被揭示，并成为物质科学领域的重要前沿方向，譬如转角石墨烯中的超导、拓扑 – 超导异质结和界面超导等。

## 二、研究背景和现状

二维超导领域的早期研究可以追溯至第二次世界大战前，人们通过发展极低温蒸镀的方式，制备了薄至几埃的非晶态金属薄膜并研究了其超导特性。近年来，随着薄膜生长技术的不断进步，二维超导领域的研究体系逐渐从早期的无定形和颗粒状薄膜过渡到了高质量晶态薄膜。我国科学家在 21 世纪初发展并使用 MBE 生长技术来制备原子层级高质量晶态超导薄膜，使得研究理想的二维超导体系中的量子效应成为可能。在这一类单晶原子级薄膜超导中，我国科学家先后发现和证实了量子尺寸效应、金属单原子层超导、界面增强超导、量子格里菲斯奇异性、量子金属态、第二类伊辛超导等重要物理现象，在这一方向上处于国际领先地位。

界面超导是二维超导领域的一个重要研究方向。人们先后制备出了铝酸镧 / 钛酸锶、镧铜氧 / 镧锶铜氧、铁硒 / 钛酸锶、氧化铕 / 钽酸钾等多种不同的界面超导体系。其中，我国科学家率先发现的铁硒 / 钛酸锶界面超导体，其超导转变温度远超铁硒体材料并接近液氮温区，引起了国际学术界的重点关注（Wang Q Y et al.，2012）。对于该体系进一步的深入研究揭示出非常丰富的物理现象，特别是界面导致的电荷转移以及电 – 声耦合增强效应，为理解高温超导机理带来了重要启示（Lee et al.，2014）。此外，我国科学家用非超导针尖在非超导的拓扑半金属表面调制出的超导，也可看作金属 / 拓扑半金属的界面超导。界面超导方向的诸多新奇发现激发了国内外众多知名研究组的研究兴趣，也使得该方向的竞争日趋激烈。

与上述自下而上生长制备超导薄膜不同，近五年来，随着器件加工工艺的进步，人们也可以通过自上而下的方式，对块体材料进行减薄，从而制备出二维极限下、单个原胞厚度的高质量晶态超导体。目前这一领域由 TMD 材料所主导，包括二硒化铌、二硫化钽、二碲化钨、二碲化钼等。除了将具有范德瓦耳斯层状耦合的超导材料进行机械剥离外，人们还发展了离子液体和离子固体调控技术，对本来为半导体或者半金属的二维材料，如锆氮氯、二硫化钼、二硒化锡、二硒化钛等进行电荷注入，从而实现二维 / 界面超导。在这些 TMD 二维超导中，人们发现了第一类伊辛超导电性，表现出远超泡利极限的极大的面内上临界磁场（Lu et al.，2015）。这主要与材料中原子结构的面内中心反演对称性破缺以及自旋轨道耦合相关。理论预言伊辛超导可以在磁场的调制下进入拓扑超导相，这为寻找二维拓扑超导提供了新的途径。近几年，人们开始关注这些超导材料中由于空间对称性、时间对称性破缺相互作用所带来的新输运现象。比如，超导涨落与拉什巴（Rashba）劈裂、中心反演对称性破缺等相互作用带来了增强的非互易性输运信号等。

量子相变广泛存在于磁性材料、超导材料、铁电材料、量子霍尔效应体系等多种不同的量子材料体系中，是凝聚态物理领域的重要研究方向，具有重大科学意义和战略价值。2015 年，凝聚态物理最高奖——巴克利奖颁发给四位物理学家，以表彰他们在超导 – 绝缘体相变研究领域做出的重要贡献。超导 – 绝缘体相变是量子相变在二维超导体系中的经典范例，距今已有三十多年的研究历史。随后人们又发现了性质类似的超导 – 金属相变。为了理解上述量子相变，理论上提出了两种不同的物理图像。玻色局域化理论认为，随着无序度、磁场等外部参量的提高，库珀对逐渐被限制在一些彼此互不连接的岛中，失去了宏观量子相干性，从而形成绝缘态，此时量子临界点对应的方块电阻为库珀对的量子电阻 6.45kΩ 。与之不同的是，费米局域化理论认为，在超导–绝缘体/金属相变中，超导能隙逐渐被抑制，库珀对被拆开成费米子。由于费米子通道的存在，量子临界点的方块电阻可以明显地小于库珀对的量子电阻。除了采用低温电输运测量的实验手段外，人们也试图将 STM 和谱学探测应用到超导–绝缘相变的研究中。当前已获得了一些量子相变附近的局域谱信息，但仍需系统地深入研究。理论上，人们也发展了诸如蒙特卡罗数值模拟、重正化群等方法来进一步理解这一相变。

在研究超导–绝缘相变的过程中，人们发现一些薄膜样品在受到磁场、无序度等调制时，并不是直接由超导态转变为绝缘态，而是在相变过程中表现出类似金属的行为。具体来说，在超导转变温度以下，薄膜的电阻先下降，然后趋于一个与温度无关的常数，这意味着二维玻色子体系可能存在着除超导态和绝缘态之外的第三种量子基态——量子金属态，亦被称为反常金属态。早期量子金属的研究与超导–绝缘相变一样，主要集中在非晶态二维超导体系。近年来，人们在许多高质量单晶二维超导中也发现了量子金属的可能迹象。然而，由于量子金属态的相关研究需要开展极低温实验，研究表明，外界高频噪声等因素会极大地干扰实验结果，因此量子金属态的实验结果一直存在着很大争议，是国际学术界近三十年来一直悬而未决的重要物理难题。我国科学家在周期性孔洞阵列调制的铜氧化物高温超导体系，以及 MBE 生长的高质量二维晶态超导体系中通过多种实验证据证实了二维量子金属态的存在，并且为量子金属态的物理起源提供了新的理解。

除了二维超导，人们还制备出了磁性掺杂拓扑绝缘体薄膜、二维磁体等低维量子材料，并通过电场、磁场的调节观测到了磁性相变过程。这极大地拓展了二维量子相变的研究范畴，并与自旋电子学等领域产生了交集。

## 三、关键科学、技术问题与发展方向

（1）寻找液氮温区的新型二维/界面超导。二维/界面超导由于其可调控性，已经发展成为寻找新型超导体的重要手段。目前，界面超导的超导转变温度已经接近液氮温区，如何将其提高到液氮温度以上不仅有重要的科学意义，而且也会为界面超导走向应用奠定基础。通过总结已发现的界面高温超导材料的研究经验，特别是界面增强的电荷转移和电–声耦合等效应，可用来帮助设计和寻找新型二维高温超导体。一方面，可以通过优化界面结构、提高材料质量、制作超晶格、人工构建魔角等方式进一步提高已有低维、界面超导的性能，特别是超导转变温度，争取突破液氮温区。另一方面，结合理论设计、材料生长、衬底调控、电荷/离子注入等手段，实现新的、具有高转变温度、高临界电流、高临界磁场的二维/界面超导也是十分重要的研究任务。最后，在这些新超导材料中，通过开展配对对称性、同位素效应、电子关联性等方面的研究，有望对高温超导物理机制取得更加深入和完整的认识。

（2）实现二维拓扑超导体。拓扑量子比特具有抗干扰能力强的优点，无需冗余量子比特进行纠错，在量子计算方面具有天然的优势，低维结构与拓扑材料正是实现拓扑量子比特的重要平台。目前我国科学家在拓扑超导研究中占有重要一席，已经发现了拓扑绝缘体与超导异质结的界面超导、铁基拓扑超导等多种拓扑超导候选材料。在二维体系中，虽然存在着如单层二碲化钨、少层锡烯、单层二硒化铌、单层铁碲硒等潜在的拓扑超导候选材料，但它们的拓扑超导特性还有待进一步证实和深入研究。此外，对于二碲化钼、钼铱碲等具有超导特性的拓扑半金属的研究表明，表面超导可能具有拓扑非平庸的特性。二维拓扑超导的主要证据是材料边缘处的马约拉纳态，围绕该边界态的研究尚处于摸索阶段。实验上虽然在不同体系开展了有意义的尝试，包括超导近邻量子反常霍尔绝缘体的研究等，但目前国际学术界还未就此问题达成共识。如何测量二维拓扑超导中的马约拉纳零能模或手性模是拓扑超导领域的一项具有挑战性的课题。进一步地，如何实现具有较高转变温度的二维拓扑超导，也是理论和实验需要联合探索的重要问题。最后，在实现二维拓扑超导以后，需要研究如何利用这样的材料进行拓扑编织等操控，从而实现拓扑量子计算。

（3）揭示量子金属态的物理起源与微观机制。量子金属态作为二维玻色子体系的第三种量子基态，相关实验研究必须在极低温下进行，实验线路中耦合的高频噪声等因素会极大地影响测量结果。因此在实验上，二维反常金属态的研究面临着较大的挑战。在前期研究工作中，国内外多个研究组在不同的二维超导体系中观测到了量子金属态存在的可能迹象，主要表现为样品电阻在低温下出现饱和特征。近期的一些实验发现测量系统中的高频噪声会使一些二维超导体系表现出类似金属态的行为，这对人们探索本征的量子金属态形成了很大的干扰。我国科学家在周期性孔洞阵列调制的铜氧化物高温超导薄膜中观测到了量子金属的多项实验证据，并通过高质量滤波器排除了外界高频噪声的干扰（Yang et al.，2019）。上述发现在很大程度上结束了国际学术界对于量子金属态是否存在长达三十多年的学术争议。此外，高温超导体系中的量子金属态出现的温度相比于常规超导体系要高一到两个数量级，有利于通过多种不同的实验手段（如 STM 等）来探测量子金属，为量子金属的研究开辟了新的可能。目前还需进一步探索量子金属态其他的新奇特性，为深入理解量子金属态的物理本质打下基础。同时也需要在理论上进一步解释量子金属的物理起源，发展具有普适性的微观理论模型，以揭示量子金属态的物理本质。

在上述重要科学问题的探索过程中，可能会面临以下技术挑战：

（1）二维晶态超导体系的 MBE 生长，通常需要选择与薄膜晶格常数相匹配的衬底。如何快速地寻找合适的衬底处理方法与薄膜生长条件是探索新型二维 / 界面晶态超导体系的主要瓶颈，也是研究中面临的重要挑战。此外，微纳加工图案化技术（如在超导薄膜上制备周期性孔洞阵列等）在二维超导体系中的应用使人们可以制备出高度可控的新型二维超导体系，如何进一步发展更加高效和稳定的微纳加工图案化技术也是该研究方向面临的主要问题。

（2）针对二维拓扑超导体，发展非常规输运测量手段，探测马约拉纳边界态所带来的电学、热学等特殊性质。由于马约拉纳边界态具有量子化的热导，可以利用热输运的测量手段进行探测。这项研究的挑战主要集中在如何得到原子层级薄膜的热信号。

（3）针对二维 / 界面超导体系中的量子相变与量子态，需要发展极低温强磁场 STM 实验手段。当前主流的研究手段是输运实验，获得的是二维 / 界面超导量子相变的整体特性。而结合极低温强磁场的 STM 技术可以通过扫描隧道谱的实验，获得极低温、强磁场下的局域超导能隙、电子态演化等信息，与输运实验相结合，有望更加深入和直观理解量子相变与量子基态。此外，在通过单晶机械剥离获得的二维超导体系中，机械剥离的样品由于尺寸较小通常很难获得抗磁性的实验证据。离子液体调控的超导器件更是由于被液体覆盖而与抗磁性测量手段无法兼容。因此，需要发展微区磁性探测技术，并与离子调控手段相结合，共同应用到二维 / 界面超导体系的研究中。

# 第六节　低维材料的量子调控

## 一、科学意义与战略价值

人工智能、大数据和物联网等新兴信息技术的蓬勃发展对计算能力的需求呈现爆炸式增长，突破传统的材料和器件极限是当前凝聚态物理研究的一个重要前沿，也是一项国家重大战略需求。在此背景下，低维量子材料的电子态的量子调控是国际学术界重要前沿之一。低维材料在单原子厚度仍然保持本征特性，有望突破传统半导体器件的极限；不仅如此，低维材料体系还涵盖超导、强关联、磁性、拓扑等物性。“界面即器件”，低维材料本身即为界面，低维材料物态的量子调控可能成为新型器件的基础。

在低维材料体系中，利用离子液体与离子固体等新型门电压调控技术来实现低维材料体系电子态的调控在21世纪以来取得了长足的进步，对实现高性能场效应器件的应用研究，以及实现场效应诱导的多种奇异现象及其量子调控（界面超导、伊辛配对、室温铁磁、莫特相变等）产生了深远的影响。因其强大的原位载流子调控能力和同步兼容多类物性探测手段的能力，离子液体和离子固体等新型门电压调控技术正逐渐成为量子物质和量子调控研究中不可或缺的手段，在构建材料结构相图和电子态相图、研究超导机理、调控磁性材料居里温度等方面发挥了不可替代的作用，在光电、磁性、超导等众多领域得到了广泛应用。与此同时，伴随着现代微加工技术和各种先进的微纳尺度探测技术的发展，畴壁工程和应变工程在量子物态和量子调控研究中取得了积极的研究进展和成果，已经成为全新的研究方向。

## 二、研究背景和现状

新型门电压调控技术是利用离子在液体和固体电解质中的可迁移性（离子导电性），通过在材料表面形成电双层结构（等效于强表面电场）或者对材料内部实施金属离子的电化学插层，实现对材料进行高载流子浓度和强表面电场的调控。该调控手段在样品表面上引入高载流子浓度（> $10^{14}$ $cm^{-2}$）的静电掺杂，建立强表面电场（> 10 MV/ cm），进而改变材料的基本物理性质，实现复杂多样的界面物理现象和人工调控。当偏置电压足够大时，小型离子在和样品相互作用过程中还会产生离子插层、嵌入和脱出等电化学现象，能够有效调控本身导电性较好样品的体相性质，对样品的载流子浓度进行更高数量级的人工调控，实现新奇的电子态。近年来，对于离子液体和离子固体等新型门电压调控技术的推动和发展主要表现为以下三个层面。

（1）新型门电压调控的技术发展。新型门电压调控技术中涉及的离子调控技术，主要涉及两类离子导体。一种是仅由可移动的阴阳有机离子构成的大分子电解质，称为离子液体，比如 N, N– 二乙基 –N– 甲基 –N–（2– 甲氧乙基）- 铵基双（三氟甲基磺酰）酰亚胺（DEME-TFSI）；另一种是靠无机盐电离形成的游离金属离子的电解质，如溶于有机凝胶聚环氧乙烷（PEO）的碱金属盐 $LiClO_4$。这两类离子导体分别对应上述的电双层静电场效应和电化学插层。过去的十年中，新型门电压调控技术的研究主要集中在寻找新型离子液体和离子固体电介质体系，进一步优化调控性能，以及结合同步辐射和透射电子显微镜表征手段和技术理解界面处的微观调控机制。

（2）低维材料中离子调控引发的新物理。结合新型门电压调控技术的独特优势，人们将该技术应用于多种量子材料体系上，发现了多种量子调控引起的物理现象，包括场效应诱导界面超导、实现室温铁磁性、调控电荷密度波相、控制晶格结构相变、可逆地调节铁电性等。

（3）基于低维材料离子调控的器件探索。利用新型门电压调控技术也可以实现新的器件。比如，离子调控可以形成人工 p-n 同质结，产生光致电流和电致发光等现象，实现新型光电子器件；新型门电压调控技术可以实现柔性电子学器件应用于多种环境和场景；新型门电压调控技术可以对磁性材料进行调控，可能应用于自旋电子学器件。

目前利用新型门电压调控技术对低维材料进行量子调控的代表性科学研究，主要集中在少数几个研究小组。国外的研究团队包括日本东京大学、美国明尼苏达大学、德国马克斯·普朗克学会微观结构物理研究所、瑞士日内瓦大学、新加坡国立大学、荷兰格罗宁根大学等的相关研究组；国内的研究团队包括中国科学技术大学、复旦大学、南京大学、清华大学和西安交通大学的研究团队，都处于国际领先水平。相比于国外研究组，国内这些代表性研究组在该领域的科研成果比较突出，特别是最近几年在新材料物性调控和新现象观测方面取得了很好的成果。

与此同时，畴壁工程和应变工程作为低维材料有效的调控手段，在近些年中越来越受到重视。低维材料畴壁工程的研究在延续了之前铁弹畴、铁电和反铁电畴、铁磁和反铁磁畴研究之外，随着新有序电子态的发现，特别是近年来拓扑材料和多铁材料的发展，涌现出新的机会。应变工程也在经历类似的变革：传统应变工程集中在通过高压、生长衬底晶格失配以及衬底的拉伸和压缩实现的应变调控；二维材料堆叠技术的出现提供了一个利用摩尔超晶格实现周期性应力调控的新思路。2018 年，美国麻省理工学院研究团队在魔角双层石墨烯中发现超导现象，这是利用摩尔超晶格实现周期性应力调控的一个显著例子。目前畴壁和应变工程研究领域的主要思路和想法主要产生于国外，国内总体研究水平与国外相比处于“并跑”阶段。近年来畴壁和应变工程的发展主要表现在以下三个方面。

（1）低维材料畴壁的探测以及物性研究。人们已经能够通过基于电子或 X 射线的可视化和谱学探测手段，包括透射电子显微镜、电子断层扫描、电子衍射谱、X 射线衍射谱、电子能量损失谱、X 射线磁光圆偏振二色性谱，以及其他间接手段包括压电响应力显微镜、光发射电子显微镜等，直接探测并研究畴构型和畴壁的结构以及形貌特征。畴壁往往表现出畴自身所不具有的独特的物理性质。比如在各种铁电材料中，$BiFeO_3$（110）面上的铁电畴壁表现出良好的导电性质，$WO_3$ 中的孪生畴壁具有超导性质，人工铁电界面 $SrTiO_3/LaAlO_3$ 具有极高的电荷迁移率等。在铁磁材料中，铁磁畴壁会表现出电阻效应，并对自旋自由度产生调控作用。近年在磁性材料 MnGe 中的斯格明子等具有拓扑性质的畴壁结构也受到了广泛关注。

（2）畴壁的动态调控以及器件应用。某些畴壁的运动和新畴壁的产生可以通过外界微扰进行调控。利用材料的畴及畴壁结构进行信息的高密度存储、快速读写，是值得关注的课题。极性畴壁的运动可以依靠外电场实现，而磁性畴壁（包括斯格明子）的运动可以通过电流进行驱动。对畴壁的动态响应进行深入研究，可以帮助人们实现基于畴壁工程的逻辑器件和信息存储器件，比如铁电材料存储器件，或者铁磁材料自旋转矩传输器件和自旋轨道转矩器件等。

（3）二维材料周期应变工程。利用二维材料异质界面的相对转角或者晶格失配可以实现周期性的势场和应变场，从而对物性进行调控。从早期石墨烯 / 六角氮化硼异质结开始，二维材料周期应变工程的研究已经拓展到二维硫族化合物、黑磷等其他二维材料体系。二维材料周期应变工程诱导的一些物理现象，比如拓扑非平庸的平带、莫特绝缘相、超导等在不同的二维材料体系中呈现出一定的普适性。

## 三、关键科学、技术问题与发展方向

新型门电压调控技术尽管已经取得了较大的进展，但是目前仍存在材料体系普适性不足，测量结果离散，表征手段单一（以电光磁为主），调控技术不稳定等不足，这些制约了新型门电压调控技术的进一步发展及其潜在的应用。畴壁和应变工程研究存在类似的问题，其中某些新兴的方向，比如二维材料周期应变工程处于实验室研究的早期阶段，需要持续的关注和投入。

结合目前低维材料的发展趋势和国家量子物质的量子调控发展战略需求的角度，在未来 5～15 年，低维材料的新型门电压调控的发展，将以下面五个方面为主。

（1）进一步提升新型门电压调控能力。提升新型门电压调控技术的多样性和稳定性。在目前有机离子、碱金属离子、氢离子、氧离子调控的基础上，进一步发展其他种类的阳离子和阴离子，提升离子调控技术的多样性。比如可以将 Fe、Co 等磁性离子通过新型门电压调控技术嵌入非磁性材料中，实现顺磁 – 铁磁相变以及其他铁磁反铁磁等磁有序结构的调控。进一步优化离子液体和离子固体调控的材料选择和工作流程，实现对材料的载流子浓度进行大范围调节的同时保持高度的空间均匀性，提高结果的重复性和可靠性。

（2）扩展新型门电压调控适用体系。这方面涉及的主要科学问题包括：①低维材料量子态调控。低维量子材料因在某些空间维度尺度受限而展现出优异的光学、电学、磁学、热学等性能，是寻找新物理现象的理想平台。新型门电压调控技术可以将材料物性调控到传统调控技术无法企及的参数空间，在新的参数空间寻找新的物理是未来低维材料研究的一个重要方向。②适用于新型门电压调控的复杂低维材料异质体系的创制。通过人工堆叠组合等方法制备具有各种物性（如超导、铁磁、铁电、莫特激子等）强耦合的新型低维材料，形成结构复杂的器件（如异质结器件或转角电子学器件）。针对这些新型低维体系，利用新型门电压调控技术自身的大范围、原位、连续可逆地调节载流子浓度的优势，实现多量子序的深度调控。

（3）探索新型门电压调控的物理机制。目前人们对新型门电压调控下的界面电子相变尤其是其原子尺度的微观调控机制还缺乏进一步地深入系统理解。涉及的主要科学问题包括：①低维材料量子相变研究，包括门电压调控实现的结构相变和电子相变的微观机制。例如，深入研究新型门电压调控技术诱导的金属–绝缘体相变和金属–超导相变等电子相变的深层机制，研究诸如伊辛超导配对、电荷密度波–超导等竞争序共存等复杂超导机制。深入研究新型门电压调控技术引发的顺磁–铁磁相变，探讨二维磁性材料中交换和超交换等磁性起源机制，对其磁性居里温度、矫顽场、磁畴结构、畴壁运动等进行电学调控，为新型门电压调控技术进一步在自旋电子学领域的深入应用打下基础。②材料界面对称性破缺相关的物理现象。这其中新型门电压调控技术在材料表面的电双层结构建立的表面强电场，可以在材料中诱导多种自旋轨道耦合效应，比如拉什巴劈裂和塞曼劈裂。需要深入研究新型门电压调控技术诱导的自旋轨道耦合效应对材料基本物理性质的影响，探索潜在的应用价值。

（4）调控与表征的原位结合。载流子浓度的调控通常会与其他自由度强耦合，难以做到单一物理量调控，需要多种表征和调控技术手段相结合。主要技术门槛包括：①惰性材料的封装技术。用惰性材料来封装对环境敏感的样品，不仅可以极大地拓宽新型门电压调控技术的适用材料，也是结合多种表征手段和调控技术协同进行科学研究的必要措施，同样有助于拓宽新型门电压调控技术的应用场景。②针对不同原位表征手段和调控技术进行技术升级。推进透射电子显微镜技术（transmission electron microscope，TEM）、

STM、ARPES、SQUID、同步辐射原位谱学观测技术、强磁场等众多测试技术和新型门电压调控技术进行深度耦合，将更多表征技术手段和新型门电压原位调控技术结合起来进行表征测量和调控研究。③强调多物理场耦合调控。将新型门电压调控技术应用在更为复杂的材料调控环境中，比如光场、应力场、压力场、温度场、强磁场等。通过和新型门电压调控技术引入的强电场相结合，将材料置于更为复杂和极端的物理场环境中，可以引导人们发现全新的物理现象。

（5）拓宽新型门电压调控的应用场景。重点发展方向包括：①研究多种离子液体或者碱金属离子盐等离子导体甚至质子导体，寻找更加优异的离子液体和离子固体电介质等，对其进一步开发与应用。②利用新型门电压调控技术中的离子液体的可塑性，设计并研究包括薄膜、贴片等多种形式的新型柔性电子器件。③进一步降低新型门电压调控技术的阈值电压和功耗，研发新一代低阈值电压和低功耗的电子场效应器件，开发和应用可以在各种环境和场景下工作的新型电子场效应器件和高性能光电子器件。④大规模集成器件的开发设计。利用新型门电压调控技术实现基本逻辑门电路结构，开发大规模集成逻辑电路，设计应用新型门电压调控技术的智能芯片。

在畴壁和应变工程方面，从基础型研究到应用型研究，未来5～15年的发展趋势将集中在以下几个方面。

（1）拓宽畴壁和应变工程研究对象，探索畴壁和应变工程引致的新物理和新效应。目前的研究集中于少数材料中，比如铁电和铁弹畴壁工程主要围绕具有钙钛矿结构的氧化物材料进行。近年来发展的二维材料对外界微扰敏感，非常适于进行畴壁和应变调控，因此带来发现新物理和新效应的新机遇。通过耦合相关的电、磁、光、声、热等物性，结合材料中畴结构和畴壁的特殊构型，深入研究材料中有序电子态的耦合性质，从而设计功能材料并实现新型电子器件。

（2）研究畴壁和应变微观结构，发展原位调控和表征技术。目前对畴壁和应变的实验探索和理论研究，主要面临两个难题。一是理论往往基于微扰给出近似描述，需要进一步结合第一性原理计算等方式进行理解，而针对畴壁或应变结构进行的大规模计算目前非常困难。二是畴壁存在于原子尺度，而周期应变幅度小，因此探测畴壁和应变探测需要极高的空间分辨率和灵敏度，对设备和研究方法提出挑战。

（3）推进基于畴壁和应变工程的器件发展。通过优化材料自身生长和锻造工艺，集成制造和精细加工等手段，人为设计和调控材料中的畴结构和周期应变，实现高性能低损耗的功能材料和器件。制备基于畴壁和应变工程的逻辑器件和信息存储器件，探索其应用的可能。

未来5～15年，对新型门电压调控技术的研究需要在扩大适用体系、探索新物理新效应、探索微观物理机制、表征－调控原位结合及拓宽应用场景等五个方面进行重点支持，同时大力推动国内和国际研究组的跨学科交叉合作，进一步降低新型门电压调控技术的应用门槛，推广新型门电压调控技术在应用出口方向上的使用。优先发展对新材料应用新型门电压调控技术，重点支持对新型门电压调控技术带来的新现象和新物理的科学探索研究，大力推进新型门电压调控技术和多种表征和调控手段相结合的技术进步。深化对新型门电压调控技术中电介质的开发和应用，寻找新型离子液体和离子固体，设计并开发微电子逻辑电路和高性能光电子器件，重点推进新型门电压调控技术在柔性电子器件方面的生活应用。

针对畴壁和应变工程，在未来5～15年，需要重点关注开放性的前沿探索，在研究对象中的新物理和新效应、畴壁和应变微观结构探索与原位表征以及推进畴壁和应变工程应用器件发展等三个方面进行重点布局，同时大力推动国内和国际研究组的跨学科交叉合作，深化对畴壁和应变结构的开发和应用，设计并开发基于畴壁和应变工程的纳米器件，推进畴壁和应变工程的实际应用。

## 第七节　低维材料的电子学及其芯片应用

### 一、科学意义与战略价值

集成电路芯片能够用来执行信息获取、存储、计算等任务，是现代信息技术产业的核心。由于来自物理极限、成本和功耗等方面的限制，主流的硅基 CMOS 芯片技术发展正面临巨大挑战。为推动未来芯片技术的发展，需要探索全新的信息电子材料和器件。低维材料由于具有不同的维度，其载流子传输具有不同于传统体块材料的量子效应，为突破芯片技术所面临的瓶颈提供了新的可能方案。典型的低维材料包括一维碳纳米管、氧化物界面电子气、二维半导体材料及其异质结等。基于低维材料的新型芯片具有高性能、低功耗、易于微缩、可多功能集成等特点，相对于传统技术具有显著的优势，被认为具备颠覆传统硅基芯片的潜力。低维材料芯片技术涉及物理学、材料学、电子学、集成电路、信息科学等多学科，未来 5～15 年有可能改变芯片产业及其上下游相关产业的发展方向。围绕低维材料电子和原型芯片方面的关键科学和技术问题，加快形成独立自主的低维集成电路创新发展和供应能力，具有极为重要的军事、经济和社会综合价值。

## 二、研究背景和现状

传统硅基器件已经成为民用电子芯片以及国防武器装备的基石。多年来，半导体以及电子产品的快速发展遵循了摩尔定律预言的集成度倍增规律：晶体管栅极尺寸及其互连尺寸越来越小，越来越多的晶体管可以被制造到同一芯片中，从而可以实现更复杂的信息探测、信息存取和信息处理功能。同时，微缩技术也通过减小晶体管源漏电极间的距离极大地提高晶体管的运行速度。然而，随着栅极长度进一步缩短至百纳米甚至十纳米以下，微缩技术遇到了越来越多的难以克服的挑战。因此，“国际半导体技术路线图”在 2016 年首次提出了不以微缩技术为指导的研发计划，通过引入新半导体材料或应用新的器件结构来持续地提高半导体器件的性能。

在碳纳米管器件和芯片研究方向，日本从 20 世纪 90 年代初就开始在国家层面的持续支持下开展相关研究。美国于 2008 年启动了包括“摩尔定律之后的科学与工程”项目、“电子复兴”（ERI）计划等在内的一系列资助计划，旨在通过对碳纳米管等新兴半导体材料的基础研究振兴芯片产业。在过去二十多年中，碳纳米管材料制备、晶体管研究和电路集成领域的发展取得了一系列令人瞩目的成果。在碳纳米管材料制备方面，美国和我国的科学家发展了多种高半导体纯度碳纳米管材料可控制备技术，可以实现半导体纯度超过 99.99% 的碳纳米管材料，为发展碳基集成电路提供了坚实的材料基础。最近，北京大学发展了新的提纯和组装技术，在 4 in① 晶圆上制备出了密度 120 $\mu m^{-1}$、半导体纯度高达 99.99995% 的碳纳米管阵列，初步满足超大规模碳纳米管集成电路的需求。在碳纳米器件方面，北京大学提出了完整的碳纳米管 CMOS 技术方案，并研制了在性能上接近理论极限的 5 nm 栅长碳纳米管 CMOS 器件。相比而言，美国 IBM 公司已经实现了整体尺寸小于 40 nm 的碳纳米管晶体管。在碳纳米管电路集成方面，2013 年，美国斯坦福大学采用 178 个碳纳米管晶体管构成了一个具有指令执行和计算能力的图灵机。2016 年，北京大学制备了世界上首个碳纳米管四位加法器和两位乘法器电路。2017 年，北京元芯碳基集成电路研究院建成了世界上首条 4 in 碳基 CMOS 集成电路研发线。同年，斯坦福大学提出了集成有传感、存储和计算的碳基单片三维集成电路概念。2019 年，美国麻省理工学院联合美国多家单位使用行业标准设计流程和加工工艺，构建了由 14 000 个碳纳米管晶体管组成的 16 位 RISC-V 微处理器。2020 年，北京大学制备了振荡频率为 8 GHz 的碳纳米管五阶环振电路，其工作性能超越了对应技术节点商用 CMOS 电路。在碳纳米管器件和芯片研究方面，我们的相关研究起步较晚，虽然经过二十多年的追赶，在某一些方向上取得了长足的进步，但是我国总体研究水平和已经掌握的技术都落后于欧、美、日，在产业化方面存在不足。

氧化物是一类具备丰富物性的功能材料，一方面可以通过结合氧化物与半导体的方式来设计和制备功能性器件，另一方面人们还在氧化物异质结与界面体系中，观察到因电子关联性产生的丰富的演生现象，引起了广泛的研究兴趣。早在 2007 年，$HfO_2$ 作为其中一种高 $k$ 氧化物介电材料，就被应用在 CMOS 器件中。将其与半导体结合，可以实现铁电场效应管（FeFET）、铁电隧道结（FTJ）与磁隧道结（MTJ）等存储器件，但进一步的应用面临材料的退极化、缺陷、器件耐久性、密度以及综合成本等问题。另外，随着 2004 年 $LaAlO_3/SrTiO_3$ 界面二维电子气和 2007 年 MgZnO/ZnO 界面量子霍尔效应的发现，这两个标志性的研究发现充分展现了这类氧化物界面可以媲美半导

① 1 in = 2.54 cm。

体的界面质量，所拥有的丰富演生现象也提供了超越传统器件功能的可能性。例如，利用导电型原子力显微镜（conductive atomic force microscope，cAFM）能够在 $LaAlO_3/SrTiO_3$ 界面上制备出可重构纳米器件，包括晶体管、二极管、光探测器 THz 源等。尽管这些器件具备超越半导体器件的潜力，但目前采用探针进行“擦”和“写”的方式在速度上慢于光刻速度，同时器件在空气中也不能稳定存在。理论上，这些问题都可以通过材料界面工程得以解决。欧盟在 2014 年发起了由来自 29 个国家的近百个研究项目组成的氧化物电子学行动（Toward Oxide-Based Electronics，To-Be），用于促进欧盟氧化物电子学的发展。目前，不少从事氧化物异质结研究的年轻学者陆续回国工作，在我国学术研究方面已经逐步形成一个分工完整的研究群体。但相比较美国与欧洲，我国产业化进程方面尚且有所落后。

在二维半导体及其异质结器件和芯片研究方面，美国、英国、欧盟等高度重视，实施了国家 / 组织层面的战略计划，推动二维材料及异质结器件技术突破，实现“撒手锏”级应用。二维半导体材料及其异质结在逻辑器件、存储和类脑计算器件等方面展现了重要的应用潜力（Liang et al.，2020）。二维半导体材料在逻辑器件应用方面的研究最早开始于 2011 年洛桑联邦理工学院所展示的二硫化钼晶体管，随后国内以及国际的众多课题组在这类材料的晶体管性能提升、微处理器、可重构器件等方向陆续取得突破。除了 TMD 材料之外，复旦大学与中国科学技术大学发现薄层的黑磷具有较高的迁移率，也引起了研究热潮。不同于单一的二维半导体材料，由不同掺杂类型的半导体材料可实现人工构筑功能丰富的二维异质结。例如，加利福尼亚大学利用二硫化钼和锗薄膜形成的异质结实现了亚热电子亚阈值摆幅晶体管，华中科技大学在黑磷 /$Al_2O_3$/ 黑磷范德瓦耳斯异质结隧穿场效应晶体管中实现了超低亚阈值摆幅。二维材料及异质结在非易失存储器件中的应用也受到广泛关注。南京大学、苏州大学、哈佛大学等单位陆续开展了基于二维半导体材料或者绝缘材料的忆阻器研究，例如，南京大学采用二维层状硫氧化钼和石墨烯组成的全范德瓦耳斯异质结研制了耐高温忆阻器，创造了忆阻器工作温度的最高纪录（340 ℃）。在类脑计算方面，维也纳技术大学采用二维半导体 $WSe_2$ 材料器件小规模集成阵列，实现了超快的（约 50 ns）图像识别。与此同时，南京大学利用二维半导体 $WSe_2$ 和氮化硼构筑了范德瓦耳斯异质结，展示了可重构类脑视觉传感器和类脑视觉系统的初步应用。二维材料和异质结器件不仅在学术界引起广泛兴趣，在工业界也得到了较多关注。多个芯片厂商（如美国的英特尔公司、IBM 公司，韩国的三星公司，以及中国台湾地区的台湾积体电路制造股份有限公司等）对二维器件的应用均已表现出了浓厚的兴趣，展开了二维原型逻辑器件研究。但是，实现二维器件的产业化还有很多挑战需要克服。我国在二维逻辑器件、存储器件和类脑计算方面的研究达到国际先进水平，但在产业化应用方面还存在很大的短板。

## 三、关键科学、技术问题与发展方向

虽然经过了近二十年的实验室研究，但碳纳米管芯片技术尚处于技术研发阶段（技术成熟度 4 级）。真正发挥碳基集成电路的潜力，还需要在科学和技术层面探索和解决若干关键问题。

（1）界面态和接触微缩问题。碳基集成电路在界面态和接触微缩方面的问题是发展高可靠性高集成度碳基集成电路的主要障碍之一。目前碳基晶体管的界面态密度［$5\times10^{12}/(\mathrm{cm}^2\cdot\mathrm{eV})$］远高于业界的标准［低于 $1\times10^{11}/(\mathrm{cm}^2\cdot\mathrm{eV})$］。需要发展新的模型从而理解高界面态出现的机理和指导优化方案，需要进一步理解碳基器件的输运机制，改善接触方式，降低接触电阻，解决碳基集成电路达到 28 nm 以下技术节点时性能提升遇到的瓶颈问题。

（2）器件模型和电路设计问题。相对于传统晶体管，碳基晶体管具有特殊性，需要发展新的可靠的碳基弹道晶体管模型，以及相应的设计方法和工具。更为重要的是，三维集成是碳基集成电路的最终架构，需要发展专门针对三维集成电路的自动设计方法，克服三维集成所遇到的挑战。

（3）漏电和静态功耗问题。碳纳米管带隙小（0.5 eV 左右），当器件尺寸缩小、工作电压高时，容易出现高电场导致的反向隧穿，产生较大的关态漏电流，这会导致碳基集成电路的静态功耗上升，甚至会抵消其在动态功耗方面的优势。因此，需要进行漏端工程设计，钳制关态时的漏端势垒，从而抑制漏电和静态功耗。

（4）缺乏标准加工工艺。目前碳基集成电路的制备主要采用研究型设备和工艺，产量和产率无法提升到应用级别。而在产业化过程中，为了提高成品率，降低成本，需要采用工业标准的厂房和设备。因此碳基集成电路的应用，首先必须在技术上实现从实验室研究到工程化的跨越。

在未来5～15年，半导体工业仍将是信息产业的主流。氧化物异质结与界面研究可以起到关键的承前启后的作用：一方面作为半导体的有效补充，产出业界性能领先的功能氧化物–半导体杂化器件；另一方面着眼于“后摩尔时代”需求，研究超越半导体的逻辑器件。具体应着重于以下几个方向。

（1）功能氧化物与半导体的结合。在非外延生长异质结中致力于提高功能氧化物材料的结晶度，减少缺陷，获得更稳定的铁电与铁磁性能以及质量更高的高 $k$ 材料。同时为解决氧化物与半导体之间的晶格失配问题，发展自支撑氧化物薄膜的外延生长与转移技术，实现单晶功能氧化物与半导体的大面积结合。同时探索自支撑功能氧化物与二维材料在柔性功能器件中的应用。

（2）更高质量、更大面积氧化物界面外延生长技术。在传统的MBE与脉冲激光沉积技术的基础上，研究有机–氧化物混合生长模式、吸附控制生长模式、激光沉积高温衬底制备、大光斑高通量生长等先进材料生长手段，生长出高质量晶圆级尺寸氧化物薄膜，同时提高氧化物薄膜的迁移率、铁电极化率、铁磁居里温度等并降低缺陷浓度、介电损耗与漏电流。

（3）关联氧化物纳米器件。$SrTiO_3$ 被广泛认为是氧化物中的“硅”材料，也是各种氧化物界面的最重要衬底，建议发展 $SrTiO_3$ 基氧化物器件，解决cAFM制备技术中的稳定性问题以及扩展性问题。利用氧化物界面丰富的关联性质，关注多自由度耦合与多场调控，设计超越半导体材料的新概念器件。比如利用氧化物界面的电荷转移与金属绝缘体相变，制备高速、超低功耗、非易失性晶体管。

（4）材料理论设计与器件模拟。氧化物异质结的复杂性与强关联性使得氧化物的物理性质很难被现有理论精确预言。需要从第一性原理出发，发展介观尺度的大规模模拟与动力学平均场理论，更好地理解、设计材料与器件。同时，需要发展氧化物元器件的电路模拟理论以适应产业化需求。

在过去十年内，二维半导体材料及异质结器件相关领域已经取得了一定的成果。但要进一步发展，在基础研究和产业化方面还面临多项科学问题和技术挑战。

（1）载流子输运机理和注入效率的研究。目前对本征二维半导体材料及异质结界面处载流子输运中的机理尚不明确，需要发展新的理论模型理解传输机制，探索载流子界面注入效率极限、设计具有新型接触结构和高开通电流密度的逻辑晶体管。目前二维逻辑器件的迁移率、饱和速度都较低，需要开发新的工艺提升器件的制备工艺，制备同时兼具高载流子迁移率、高饱和速度以及具有一定带隙的二维逻辑器件。

（2）高浓度可控掺杂机理的研究。研究二维半导体中的缺陷机制与掺杂机理，开发稳定的掺杂方法。提升分子吸附掺杂法的稳定性，尤其是在后端工艺温度限制下（约400℃内）的热稳定性以及溶液稳定性。开发与单层二维沟道相兼容的电荷转移掺杂技术或离子注入掺杂技术。阐明杂质类型与掺杂机理，控制掺杂浓度和极性。

（3）异质结感存算一体等新机制器件的设计与实现。在低维异质结材料中探索新的传感和计算机制，针对不同类型信息（比如光、声、力等），开发不同的机制，用来设计感算、感存、存算、感存算等一体器件。

（4）介电层集成和器件的三维集成。探索低有效氧化层厚度介电层与无悬挂键二维半导体的兼容性，降低介电层集成方法对二维半导体的破坏，降低工作电压。研究集成其他功能材料对二维沟道的掺杂以及破坏，探索二维器件垂直集成的稳定性和新型范德瓦耳斯集成工艺的大规模化应用，开发基于二维器件集成的三维单芯片系统。

在碳基器件和原型芯片应用方面，建议形成材料制备、器件加工和设计的基础平台，并在碳基器件、功能芯片、处理技术和应用系统方面，形成可持续发展的碳基信息电子原型技术体系，实现多种碳基信息电子器件产品功能、性能的演示验证。优先支持的研究方向建议包括：电子级半导体碳纳米管阵列薄膜高通量制备和表征；高性能碳纳米管 CMOS 器件制备和性能优化；碳纳米管射频晶体管和电路；碳纳米管器件建模和集成电路设计。

在氧化物异质结器件和原型芯片应用方面，在未来十五年，着重布局氧化物界面生长与演生现象的调控、逼近量子极限与兰道尔能耗极限的新型器件设计与研制，最终实现基于氧化物的下一代信息器件的部分产业化。优先支持的研究方向建议包括：关联氧化物纳米器件中的新概念、制备、调控与集成；自支撑功能氧化物异质结的生长、转移与器件集成；晶圆级氧化物界面的高质量外延生长与界面调控技术；器件级第一性原理模拟与电路理论模拟。

在二维材料异质结器件和原型芯片应用方面，未来5～15年，应该针对基于二维材料异质结逻辑器件、存储器件、类脑器件的设计和制备中的关键科学问题和技术难点，开展掺杂调控研究，探索范德瓦耳斯集成工艺，设计可重构器件和类脑器件等。优先支持的研究方向建议包括：二维异质结器件的可控掺杂与极性调控；高驱动电流的二维逻辑器件和三维集成；可重构多功能器件；存算一体、感存算一体器件。

# 第八节　低维材料先进表征手段

## 一、科学意义与战略价值

物质科学发展历史表明，关键表征技术的进步能极大促进人们对物质材料的科学认识和应用。例如，扫描隧道显微技术的发明使人们能够在单原子的空间尺度上理解物质表面的电子态结构信息，进一步研究其中的物理和化学过程，为纳米材料科学的兴起起到了举足轻重的作用；角分辨光电子能谱技术使人们能够观测材料内部电子所处的运动状态，得到电子能带结构信息，有力地支撑了近年来拓扑有序物态、非常规超导体、量子反常霍尔效应等重要发现；光学探测表征技术则让人们可以探测电子在能带间的跃迁，调控电子在材料内的运动，探究光子和物质的相互作用等，加深了人们对物质结构、电子瞬态过程、有序态和元激发的认知。不仅如此，先进表征技术的发展本身也会带来众多应用技术的进步，例如，实验表征通常对物质表面的洁净程度有非常高的要求，为此发展出了超高、极高真空技术；很多材料的物性只有在低温甚至极低温才会出现，因此发展出了低温和极低温制冷技术；对材料性质进行测量时通常需要很强的外部磁场调控，因此催生出了稳态强磁场和脉冲强磁场技术。可以说，国际上前沿物质科学研究的竞争，在很大程度上取决于是否能够掌握和研发出领先的、创新性的材料表征技术，而先进材料表征技术的突破又能推动尖端应用科学技术的发展。

## 二、研究背景和现状

随着数十年来物质科学的兴起，先进的实验科学技术也在不断发展创新，低维材料的先进表征技术则是凝聚态实验技术中的标杆。近年来，我国在基础科学领域进行了大量投入和建设，效果十分显著。目前我国已经拥有绝大多数的国际主流低维材料先进表征技术，包括基于扫描隧道显微技术和 qPlus 原子力显微技术的新兴扫描探针技术、扫描透射电子显微技术、角分辨光电子能谱技术、拉曼光谱技术和超快及非线性光谱技术等。

前沿的扫描探针技术可分为三类，包括基于扫描隧道显微技术的衍生探针技术、基于原子力显微技术的扫描探针及其衍生技术和基于新型探测器的扫描探针技术。扫描隧道显微技术和光的结合拓展出了多种不同的前沿探测技术。当连续激光直接照射在 STM 的隧道结时，原子级尺度的光致电流可以被探测；当飞秒激光和隧道结相结合时，超快的瞬态激发能实现超快时间分辨的测量；当射频和微波与隧道结耦合时，它们能够作为一种超低能级的跃迁激发实现磁共振探测；针尖和样品之间形成的原子尺度等离激元能够突破光学衍射极限实现拉曼光谱探测。扫描隧道显微技术也能够探测磁性，通过将针尖进行磁性修饰得到自旋极化探针，实现对材料表面自旋电子态的表征。通过改进探针或样品结构，扫描隧道显微技术也能和输运测量相结合，包括多探针的隧穿和电学调控技术；对待测样品的电学结构进行扩展，为样品增加电子、空穴掺杂下的显微表征。

由于扫描隧道显微技术只适用于导电材料，具有一定的局限性，因此需要能够在绝缘表面进行探测的原子力显微技术。目前先进的原子力显微设备主要采用 qPlus 石英音叉作为探针。将扫描隧道显微技术和 qPlus 原子力显微技术结合首次实现了对材料电子态和化学势的同时表征，探针通过特殊原子、分子修饰后，能够清晰地描绘出有机材料的化学键形貌。当需要表征材料的磁性时，qPlus 原子力显微技术可以使用带有磁性的探针，空间分辨率达到原子级别。将原子力显微镜的探针进行微波波导设计后，能够实现具有电学阻抗探测的扫描探针技术，适用于样品表面覆盖电介质的、具有埋入式结构的电学器件探测。原子力显微技术还可以和光耦合，根据激发光波段的不同能够观测不同的物理效应。

除了上述两大类扫描探针技术外，国际上还有一些新发展的扫描探针技术，例如，氮空位磁力显微技术，其利用金刚石探针中色心能级在磁场下的劈裂，结合微波对磁性样品的表面进行扫描。该技术在探测时不会对材料磁性产生扰动，且能够在极低温到室温的大温区范围连续工作。

角分辨光电子能谱是研究材料电子能带结构最直接的手段，可以帮助我们深刻理解材料的物理性质，比如超导电性、拓扑性、电声子耦合强度以及超导能隙的对称性等。最近几年，ARPES 技术发展很快，能量分辨率和数据采集效率得到了极大的提升；通过自旋探测器，可以研究材料的电子自旋结构，对于铁磁材料、强自旋轨道耦合材料的研究具有重要的意义；利用超快激光泵浦技术，可以探测材料中载流子的动力学过程以及光致相变等物性。同时，带空间分辨的 ARPES 可以用于研究微米级小样品以及不均匀样品的电子结构。

在扫描透射电子显微镜领域，随着 20 世纪末电子光学球差校正技术取得关键性突破，空间分辨率能够达到优于 0.5 Å，使得在单原子尺度研究凝聚态物质的结构与性质成为可能。利用原子序数敏感的高角散射电子进行非相干扫描电子成像，可以直接观察物质中原子的位置及化学成分。利用高达数千 fps 的像素型超高速直接电子探测器对低角度相干散射电子进行 4D 全景采集，并通过扫描微分相衬、叠层等 4D 电子波函数相位重构技术，可以获得微纳尺度物质内部的电场与磁场的分布，并可直接观察原子间电荷的转移。同时，扫描透射电子显微成像技术可以与 X 射线（X-ray）及电子能量损失谱探测技术相结合。新型的超大固体角 X 射线探测器可以用于材料中的极端痕量元素分析。结合了超亮冷场 / 热场发射电子枪、超级电子单色器，以及使用了直接电子探测技术的新型电子能量损失谱仪，已能够获得优于 10 meV 的非弹电子能量分辨率，用于在纳米及原子尺度上探测声子激发、等离激元激发、带间跃迁以及原子内壳层电子激发等多种单电子与多电子激发物理过程。同时，随着更优化的低压球差校准器技术的发展，结合电子色差校正器 / 电子单色器、高灵敏直接电子探测器等技术，进一步优化了 30～60 kV 超低电压扫描成像的本领，被广泛应用于对电子束敏感的新型二维材料的原子及电子结构的探测。

光谱学技术是物质科学研究的重要手段，在新兴的低维材料表征中尤其如此。先进的光学表征手段包括超快泵浦－探测技术、低波数拉曼光谱技术、非线性光学技术等。泵浦－探测技术通过使用一束超快光对物质进行泵浦激发，另一束超快光对激发态进行探测，可以得到超快时间尺度下的激发态寿命等重要物理特性。拉曼光谱技术是使用光学手段探究物质中声子、磁子等准粒子激发模式的技术。在低维材料中，声子模式因为能量较低常常出现在数十个波数以下，所以需要更加精密的低波数拉曼光谱技术，其使用布拉格光栅作为高分辨分光元件，辅以精密光谱仪，可以探测到几个波数的拉曼光谱。低波数拉曼光谱技术也能用于磁性相关的探测，如探测体系磁结构及相变等。非线性光学效应也被频繁用于各种光学表征技术，如非线性二次谐波效应因为其对体系对称性敏感的特性，常常被用于表征体系的晶格结构、堆叠结构、磁结构以及材料应力等。由于低维材料的尺寸小，厚度薄，X 射线衍射和中子散射等块材探测技术失效，因此二次谐波技术在低维材料表征上更为重要。而更高阶的非线性光学效应如非线性三次谐波、四波混频效应等，可以在中心反演对称的物质中存在，可用来研究单层石墨烯中的三阶非线性响应等，也具有广阔的应用前景。

目前国内在扫描探针技术方面已经能够自主设计和研发带有衍生功能的扫描头，实现可见光、飞秒激光与探针的耦合、光谱学探测、电输运探测、磁性耦合技术、氮空位磁力显微技术、扫描超导量子干涉仪等，太赫兹波段与探针的耦合技术还有待发展。由于 qPlus 原子力显微技术的表征技术受到专利限制，我国目前尚无自主研发的 qPlus 探针，相关核心部件全部依赖于进口。光谱学技术方面，国内已有多个研究团队能够搭建包括泵浦－探测技术、低波数拉曼光谱技术和非线性光学技术等多种表征平台，但其中核心的超快激光光源、布拉格光栅、精密光谱仪等几乎全部依赖进口。在角分辨光电子能谱领域，国内厂商和科研单位研制了具有特色的光源部分的先进部件，包括高亮度惰性气体光源、深紫外激光光源等，但在核心的电子能量分析器上仍是空白。在透射/扫描透射电子显微镜领域，目前国内没有任何整机研发能力。仅有的附属设备为原位透射电镜样品杆的研制，以及刚刚起步的场发射电子枪技术的研发。扫描透射电子显微镜为极端受制于人的“卡脖子”技术，从成像到探测技术，全部依赖于从美国、日本、荷兰、德国等发达国家进口。

除此之外，材料表征中必不可少的通用核心技术也十分重要，如低温技术、超导磁体技术等。目前，国内的年液氦产量不足年使用量的百分之一，液氦几乎全部依赖进口。相比之下，中国已经实现了第一代无液氦制冷机的研发，但其振动较大，很难直接应用在对噪声敏感的表面表征技术中，亟须发展低振动的第二代无液氦制冷机和机械振动隔离的无液氦制冷技术。与此同时，也需要进一步研发基于稀释制冷、绝热去磁等原理的无液氦极低温制冷技术。超导磁体是表面测量中产生强磁场环境的主要设备，国内在制造超导线和线圈绕制技术上尚待优化，超导磁体工作稳定性还有待提升。

## 三、关键科学、技术问题与发展方向

针对国际前沿科学的研究动向和我国实验科学的研究现状，发展原创性核心技术和研发国产设备、打破国外技术垄断是接下来我国低维材料表征技术方面的两个主要发展方向。

发展原创性核心前沿技术包括以下几个代表性方面。

（1）将超快太赫兹激光和扫描隧道显微技术相结合，实现高时间分辨的扫描探针技术。这样可以克服传统光泵浦探测带来的热效率和非线性弛豫效应等问题，同时可以对隧穿结进行强电场以及载波包络相位调控，可用于已有技术难以探测的低能激发现象表征。

（2）将微波和射频技术与扫描隧道显微技术相结合，开发高能量分辨的扫描探针技术。其具有解决锁相放大器调制以及系统工作温度带来的能量展宽问题的能力，可摆脱系统对极低温环境的依赖，降低了实现精细探测的成本，同时易于与外磁场调控相结合，可用于原子分辨的电子自旋、核自旋激发探测。

（3）开发极低温环境的耦合红外光和扫描隧道显微技术的红外波段近场光学技术，包括散射式近场显微技术、针尖增强红外吸收技术等。此类系统可实现对声子极化子的探测，是研究电－声子相互作用非常有效的实验技术，在极低温环境下可以精细表征相关现象，有机会进一步观测和解释超导库珀对形成的机制。

（4）开发与输运测量相结合的扫描隧道显微技术。通过对样品电学结构进行扩展，增加多个电极，可对其进行栅极调控，从而探测样品在电子、空穴掺杂下的原子级分辨低维电子态。

（5）开发基于 qPlus 原子力显微技术的材料化学键与原子形貌同时分辨技术。此类系统具有不依赖于样品导电性的特点，同时对物质空间电子态分布十分敏感，具有极高的空间和化学键分辨，可用于探测化学键的精细结构。

（6）发展基于海森伯交换相互作用的磁交换力显微技术。该技术利用低温、超高真空适用的原子级尖锐 qPlus 磁性探针对磁性表面进行探测，具有原子级的磁性空间分辨能力，可用于物质精细磁结构的表征。

（7）通过新一代微纳加工方法制备高性能超导量子干涉探针，进一步发展扫描超导量子干涉技术。该技术具有已知最高的磁通探测灵敏度以及百纳米级空间分辨率，对磁通的直接测量不改变被测样品的本征状态，可用于二维极限下微弱磁性、超导性的显微测量。该技术不依赖近程作用力来探测磁性，对异质结构界面及器件的电流分布成像十分有利。

（8）发展更高效且磁性相关的低波数拉曼光谱技术和布里渊散射技术。低波数拉曼光谱技术被用于表征低维材料中的范德瓦耳斯相互作用，但其信号较弱，探测效率较低，需要技术的发展与改良；磁性相关的低波数拉曼光谱和布里渊散射技术则对理解低维磁性体系有着重要的意义。

（9）利用超快太赫兹 – 可见光共同作用，实现亚脉冲周期探测的太赫兹泵浦探测技术。其重要特性为具有单光场周期的时间分辨能力，可以用于表征体系载流子在高速振荡外电场作用下的状态变化，或者观察体系激发态对外加电场的瞬态特性。

（10）发展低维材料中的高次谐波产生技术。基于低维材料不同于传统材料的能带、结构性质，发展新型高次谐波产生技术，探索外场调控下的产生规律，开发基于此的超快、短波和可调的光源。

（11）开发基于高次谐波产生的边带光子产生光谱技术。可表征材料电子受外电场影响下的倒空间超快动力学行为，具有直接表征能带拓扑性的能力和研究电子关联效应的潜力。

（12）发展基于桌面相干光源的扫描角分辨光电子能谱。利用高强度超短脉冲激光器，通过高次谐波等非线性效应能够产生极紫外、软 X 射线波段高通量相干光源，用于角分辨光电子能谱。这可以大大拓展目前实验室中超快角分辨光电子能谱技术能够测量的材料范围，实现对光场调控下瞬态量子物态电子能带的直接测量。这样不仅能摆脱对国外自由电子激光装置的依赖，还可以进一步发展具有空间及自旋分辨的角分辨光电子能谱，应对二维材料及磁现象的能带表征需要。

（13）开发基于 30～100 kV 的低电压扫描透射电子显微镜技术，发展从场发射电子枪、球差校正器、电子单色器、电子光学成像系统到高速直接电子探测系统的全套成像与探测技术，用于单原子尺度的物质微观结构表征及化学成分表征。

研发国产化设备，打破国外技术垄断包括以下几个代表性方面。

（1）极低温低维材料表征实验常用的耗材液态 $^4$He 大量依赖于从国外进口，国内几乎没有富氦资源可供开采。因此，建立一套完善的氦资源管理制度和体系，以保障现有仪器的正常运转，同时为发展新的低温技术提供保障。

（2）利用第二代无液氦制冷机可获得低维材料实验所需要的低温环境，同时降低其振动对实验精度和灵敏度的影响，而目前国内仅能生产机械振动极大的第一代无液氦制冷机，无法用于低温探针扫描等振动敏感实验。因此，要鼓励第二代无液氦制冷机的研发推广。

（3）作为对消耗氦气资源的液氦制冷技术的替代，无液氦隔振技术可以极大降低实验对氦气的需求。为改变液氦大量进口的现状，应推广普及低温、极低温的无液氦制冷隔振技术，从而从源头上解决氦缺乏的问题。

（4）极低温环境对低维材料精密性质的表征不可或缺，对超导态、拓扑物性等的研究有着重要的影响。我国目前缺乏更低温实验测量所需的极低温制冷设备，应当攻克极低温制冷技术的难关，发展如节流制冷、稀释制冷和绝热去磁等关键技术。

（5）扫描探针设备等的软、硬件控制系统用于控制设备间的交互和通信，并提供实验所需的电子环境和操作界面。而目前我国还缺乏包括 DSP 控制电路、信号滤波模块、高压脉冲模块等在内的重要零部件的自主生产能力，亟须进行相关设备的开发研制和推广。

（6）前沿微纳米尺度的加工技术，如利用聚焦离子束、电子束、扫描探针等微纳“触手”，结合高分辨显微镜进行观察，或可自下而上地进行增材加工，直接“打印”出纳米器件。

（7）目前国内大量进口国外的设备整机来开展实验，如外磁场结合的极低温 STM 和低温磁场光学系统等，而国内相关设备大多无法达到实验要求。因此，应该支持、鼓励设备整机的自主研发。

## 第五章

# 多自由度耦合的量子物态体系

作为基本粒子，电子有两个自由度——电荷与自旋。在固体中被广泛加以利用的是电荷自由度；自旋自由度主要在磁性材料中得到运用，与电荷自由度应用之广差距甚远。此外，固体中与电子的这两个自由度密切关联的还有更多物理维度（固体电子的演生自由度）——电子轨道、声子、能带、低能激发等，对应的物态即称为“多自由度耦合的量子物态”。当今科技前沿激烈竞争的情势，迫切要求超越电荷自由度，去积极探索并利用自旋自由度和演生的其他物理维度，以推动我国科技进步和高科技产业升级换代。

顺应我国“十四五”规划乃至更长时期的科技发展需求，立足固体中电子与相关物理自由度间的关联，本章着重论述如下几个应优先布局发展的前沿领域。

（1）自旋电子学：利用固体电子内禀自旋实现对信息的处理、存储和传输等，即自旋电子学的内涵。与电子电荷间相互作用能比较，电子自旋间相互作用能要小三到四个量级，因此固体自旋器件具有超低能耗、超快速度和超长相干时间等优势。基础探索上，对自旋转移力矩、自旋轨道力矩、自旋霍尔效应、自旋泽贝克效应、拓扑非平庸磁斯格明子等效应的理解不断深化，促进了磁性金属、铁磁半导体、铁磁半金属、磁性拓扑材料、自旋波材料和反铁磁半导体等新材料的研发，为研制新的自旋相关器件打下坚实基础。由此，新一代器件，包括与半导体微电子工艺兼容的超高密度、大容量、非易失磁存储和逻辑存算一体化器件，是“后摩尔时代”信息产业的潜在发展方向之一。

能谷电子学：固体电子学可以利用特定晶体结构的能带来构建新的量子自由度，例如，能量–动量的色散关系所构成的能量简并但不等价的能谷，属于可资利用的新自由度。对这些能谷进行调控，可出现新的物理效应，导致自发谷极化，类似于铁磁性。与此对应的“能谷铁磁性”可实现非易失量子信息存储。揭示光、电、磁等手段调控能谷的原理将为光电应用带来更多功能，包括突破冯•诺依曼架构的存算一体化，着重研发低对称二维体系、摩尔异质结超晶格以及拓扑非平庸低维体系，促进以新一代经典比特和量子比特为核心的新型光电信息器件研发。政策上，应加大对高质量低维材料制备方法的支持力度。

热电材料：热电转换以热能发电和电能制冷功能为核心。因为无机械运动、无污染和易于集成化，热电器件有若干难以替代的应用，绿色能源产业对热电器件需求更甚。热电转换涉及的物理问题是弱化固体电子自由度与晶格自由度的耦合，实现电荷输运与热输运解耦。发展新概念、新方法协同调控电子声子输运，实现 ZT 值提高，可显著拓展热电研究领域和范畴。研究工作应聚焦于用丰度高的元素以取代贵金属，着重研发热管理和能量转换一体化的新概念器件，关注智能可穿戴的柔性热电材料与器件。政策上强化我国热电材料研究引领国际的地位，大力促进新器件和新产业的转化。

铁电多铁材料：铁电性原本是一个经典物理概念，而铁电材料作为光电功能材料的一大类已深入到我们生活的每个角落。20 世纪 90 年代铁电量子理论诞生诠释了铁电态作为一个量子物态的地位，改变了铁电材料研究的态势。铁电半导体、铁电金属和二维铁电材料等新概念的诞生更是将铁电和多铁材料纳入多自由度耦合量子物态麾下，赋予其新的生命力和应用前景。基础研究上，将关注量子理论的发展和多功能设计，强化构建有机铁电理论。新材料上，重视低维铁电、铁电半导体、高性能多铁材料、高稳定性有机铁电和磁电拓扑材料等新方向。应用上，将推动智能材料与器件、电控磁性存储和新型铁电量子器件的研发。政策上应大力支持量子材料学者介入铁电材料的研究。

电子相分离：多自由度耦合的量子物态，常伴随热力学相空间的多个能量极小，空间的电子相分离难以避免。研究电子相分离的基本规律和演生效应不仅物理上很必要，更是开发新效应和新功能的领地。基础研究上，关注多场调控电子相分离的结构与动力学，特别是超快超微尺度下的相分离形成与演化。物理效应和应用探索上，有效利用电子相分离构建高性能微纳荷电子学和自旋电子学器件，并探索电子相分离在神经网络和量子信息等新兴领域中的作用。

忆阻材料：所谓忆阻效应，早期提出时只是基于逻辑推理角度需要。源于多重量子物态共存与竞争的本质，忆阻效应在一大类量子材料中普遍存在。有潜力的忆阻材料包括可控氧化–还原材料、相变材料、铁电多铁材料、电化学材料等，将促进存算一体神经形态、模拟、数字逻辑、随机计算等超越传统冯·诺依曼架构的研究探索，特别是在非易失性存储、高速高效计算、智能传感和人工智能芯片等未来高科技领域发挥重要作用。将忆阻材料纳入量子物态“十四五”优先发展战略很有必要。

基于神经网络功能实现的新体系：为克服当前存算分离计算框架的困难，发展基于类脑计算概念的存算一体化和深度学习功能的神经网络体系被寄予很高期望。未来的神经网络体系将依赖于高性能量子材料，同时依赖于仿生功能和高度集成架构的研发，最终走向脑机结合的新型神经网络功能器件的研发。

凝聚态全量子态：固体量子物态研究主要关注核外电子态，很少关注核内量子效应。而轻元素的核内量子效应对固体量子物态有显著影响，相关研究即凝聚态全量子物理学，正在成为凝聚态物理研究的前沿和生长点。基础研究上，关注富氢和轻元素体系的量子效应，着重推进新型探针技术。研究方法上，发展核量子效应模拟方法、非绝热动力学和第一性原理计算等方法。资助政策层面，应支持推进全量子物理学研究走向中级阶段。

# 第一节　自旋电子学

## 一、科学意义与战略价值

自旋电子学是近三十年从传统磁学发展而来的一个凝聚态物理学研究

方向，其目标主要是通过利用电子的内禀自旋自由度实现对信息的处理、存储和传输等。与微电子学中对电子电荷的调控相比，对自旋自由度的调控具备低能耗、非易失性、非线性响应、高频率响应等特点，在应对当前信息技术遇到的能耗瓶颈和速度瓶颈等问题方面能提供新的突破途径。该方向的研究在信息科技领域影响巨大，如20世纪80年代末发现的巨磁阻现象（giant magnetoresistance，GMR）使得硬盘存储密度在20世纪90年代到21世纪初指数增长，直接推动了大数据及人工智能等依赖海量存储的应用。20世纪90年代末发现的自旋转移力矩（spin-transfer torque）现象使得非易失性磁性随机存储器成为可能，这种新型存储方式几乎具备所有存储的优点。21世纪初以来发现的自旋泵浦、自旋霍尔效应、自旋轨道磁矩、自旋泽贝克效应等现象正将自旋电子学从传统新型信息存储往更宽广的信息处理、新型神经类脑计算以及量子计算领域拓展。对于下一代信息技术的发展，自旋电子学不仅在局部关键节点上起到支撑性作用（如信息储存），而且在整体上有潜力突破现有硅基信息架构，构建同时具备低能耗、高速度、非易失性、可自主进化的新型自旋信息架构。该方向的突破有可能产生巨大的经济效益和社会影响。

从对于自旋的利用方式来说，自旋电子学可以分为传导电子自旋电子学和自旋波（磁振子）自旋电子学，从材料学上，又分为利用铁磁性、反铁磁或者磁性半导体特性等，从应用角度，涵盖了信息的获取、储存和处理等多个方面。 这为自旋电子学领域带来了极大的丰富性和发展可能性。具体来说，自旋电子学领域目前主要的发展方向包括了磁性随机存储、反铁磁自旋器件、自旋逻辑及存算一体自旋电子器件、室温磁性半导体、磁性斯格明子和自旋波自旋电子学等。磁性随机存储器（magnetic random access memory，MRAM）是目前自旋电子学研究中继硬盘磁读头之后最接近规模化发展的技术应用，具有数据非易失性、高速度、低功耗、长读写寿命、抗辐射等优点，被认为是具有实际应用价值的非易失性存储器之一。基于自旋信息器件开发逻辑功能，实现存算一体的信息处理新模式，有望从基础器件层面突破冯·诺依曼计算架构存算分离的限制，促使现行计算密集型的信息处理方式转为存储密集型，实现计算系统的颠覆性突破。在这一方面，室温磁性半导体由于兼具半导体性和磁性，并且与当前半导体微电子工艺兼容，是实现半导体自旋电子学研究目标的理想材料载体。传统磁性存储一般采用铁磁性材料作为存储介质，铁磁杂散场带来的静磁耦合干扰和数据可能意外被外磁场擦除等问题，限制了磁存储的密度和可靠性。采用反铁磁替代铁磁材料作为功能层，由于净磁矩为零，不会产生杂散场，本征频率高，抗外场干扰，有望大幅提高磁存储的密度、速度和数据稳定性。此外，本征频率为太赫兹的反铁磁材料在高频电子器件领域也有广阔的应用前景。磁斯格明子是一类具有非平庸拓扑数的非共线磁畴结构，具有尺寸小、稳定性高和易操控等系列特点，最近引起了学术界的广泛关注。对磁斯格明子的深入研究逐渐形成了当前自旋电子学的一个重要研究分支：拓扑磁电子学。其研究的对象是和斯格明子类似具有非平庸拓扑特性的磁结构，核心科学问题是拓扑磁结构的产生、操控及探测，研究的最终目的是利用拓扑磁结构构建高密度、高速度、低能耗信息存储与处理器件，解决当前电子器件集成度不断增大，能耗密度高速上扬对微电子产品性能的限制问题，发展基于自旋和拓扑自由度的物态调控科学与技术。

## 二、研究背景和现状

自旋电子学是由传统磁学发展而来的新兴学科，是凝聚态物理中与应用前沿特别是信息科技结合最为紧密的物理学方向。20 世纪 80～90 年代研究的巨磁阻效应在 21 世纪初极大地提高了硬盘存储密度，直接推动了大数据以及人工智能的后续发展。同样地，20 世纪 90 年代～21 世纪初研究的自旋转移力矩效应在 21 世纪 10 年代推动了自旋转移矩型磁性随机存储器（spin-transfer torque magnetic random access memory，STT-MRAM）的产生，并已经实现工业化生产并应用在许多对能耗、响应时间要求较高的嵌入式应用场景中。21 世纪前二十年的研究包括自旋霍尔效应、自旋轨道力矩、自旋泽贝克效应等，这些研究正在孕育更低能耗存储装置、新型太赫兹发射源、自旋能源管理等方面的应用。总体而言，自旋电子学的研究处于高科技前沿，在新型信息科技领域具有极强的竞争力。下面就目前自旋电子学的几个主要发展方向进行讨论。

### （一）磁性随机存储器

有关磁性随机存储器（MRAM）的研究早在 20 世纪 50 年代就开始了，

但真正可实用化 MRAM 的出现源于 20 世纪末科研人员在自旋相关物理效应研究方面取得的突破性进展。巨磁电阻效应和室温隧穿磁电阻效应的发现，是推动 MRAM 实用化技术迅速发展的关键。室温隧穿磁电阻效应提供了更有效探测磁矩取向的手段，且不受尺寸微缩和半导体工艺的限制，因此得到了极大的重视和广泛的研究，很快就催生出了第一代磁场驱动型 MRAM。目前，第一代磁场驱动型 MRAM 的最高存储容量已经达到了 16M，主要小规模应用于大型客机、卫星和自动化控制等。然而，由于磁场驱动型 MRAM 存储单元结构复杂、数据写入的驱动电流密度高，通常存储容量较小、使用功耗较高。

MRAM 的研发重心很快转移到第二代自旋转移矩型 MRAM，即 STT-MRAM。利用自旋转移矩效应可以简化存储单元的结构，高效翻转磁矩，降低数据写入功耗。鉴于第二代 STT-MRAM 展示出的巨大应用潜力，一些知名高校和半导体公司均参与到研发中来。半导体龙头公司英特尔（Intel）、三星（Samsung）、东芝（Toshiba）、高通（Qualcomm）、海力士（Hynix）等均通过独立或合作开发的方式陆续推出 STT-MRAM 演示芯片，不断提高芯片的容量，并逐步启动示范性商业应用。MRAM 技术也得到了世界各大半导体代工厂的高度重视，包括台湾积体电路制造股份有限公司、格罗方德半导体股份有限公司等。历经数年的积累与开发后，自 2018 年下半年开始，各代工厂纷纷宣布了各自嵌入式 MRAM 的量产与代工计划。芯片领域龙头企业英特尔也于 2019 年公布了其使用 22nm 制造工艺设计嵌入式 MRAM 的工艺技术。从目前的发展态势来看，整个半导体工业界已经为 STT-MRAM 的量产做好了准备。

虽然 STT-MRAM 已经具备了实际应用的条件，但也存在一些问题，例如，需要较大的驱动电流密度写入数据，因此容易损坏核心单元的隧穿势垒层。因此，第三代自旋轨道矩型磁性随机存储器（spin orbit torque magnetic random access memory，STT-MRAM）因为能够提供更优的数据写入方案而备受关注。在 SOT-MRAM 中，写入电流并不经过隧穿势垒层，因此能够解决第二代 STT-MRAM 的寿命问题。另外，SOT-MRAM 还可以实现更快的数据写入。目前，SOT-MRAM 的研发主要以国内外的科研机构、高校及几个知名企业为主，相关研究主要集中于器件演示，一些关键问题仍有待解决。

我国关于 MRAM 技术的研究起步较晚，相关的基础和技术开发主要集中于科研单位和少数的企业。中国科学院物理研究所是国内开展 MRAM 基础研究相对较早的国内科研单位，2012 年起开始在科技部 973 项目的资助下，在国内开展 MRAM 的应用基础研究。随着近几年政府对芯片产业的重视和大力支持，越来越多的科研单位开始开展 MRAM 相关的基础和应用研究，如中国科学院微电子研究所、北京航空航天大学、中国科学院半导体研究所、清华大学、中国科学技术大学、华中科技大学、南京大学等。一些国内知名企业，如中芯国际集成电路制造有限公司、浙江驰拓科技有限公司等也开始投入一定规模的研发力量发展 MRAM 技术，这将有益于推动以 MRAM 为代表的自旋电子器件的快速发展，促进国家电子信息产业的发展、推动国防安全建设并在国际上占领战略技术领域制高点。

### （二）自旋逻辑及存算一体自旋电子器件

在当今的电子信息器件时代，信息的处理主要是基于传统的半导体场效应晶体管，它的工作原理是通过栅极电场的耗尽和积累传输的电子电荷来实现通道的关与开。利用电子内禀的自旋属性来构筑、发展自旋逻辑及存算一体的自旋信息器件芯片，是“后摩尔时代”信息技术变革的有效途径之一，而且与人类社会对数据存储的需求十分契合。现有自旋逻辑及存算一体所涉及的自旋电子器件主要可以分为以下三种类型。

（1）磁性金属自旋电子器件。为了便于自旋信息的电学读取，铁磁自旋电子器件的基本单元通常是以“铁磁 / 绝缘体 / 铁磁”结构为核心的磁隧道结（MTJ）。当两个铁磁层磁化方向相同 / 相反时，MTJ 会分别呈现低 / 高阻态。当前基于自旋转移矩诱导电流驱动磁化翻转的磁随机存储器 STT-MRAM 已经进入了商业量产阶段，且可以实现驱动下级 STT-MTJ 器件的布尔逻辑运算。不过，利用 STT 驱动磁化翻转需要较大的写入电流直接通过 MTJ 中脆弱的绝缘体层，难以兼顾写入时间、写入功耗、写入错误率、器件稳定性和擦写耐久性等指标。并且我国在 STT-MRAM 方面的工业基础很薄弱。所以我们需要重点发展下一代自旋逻辑及存算一体自旋电子器件与芯片。当前仍处于实验室阶段的自旋轨道矩（SOT）诱导磁化翻转是非常有潜力的一种方案，它实现读写分离，具有速度快、功效潜力大、稳定性和耐久性好等优势。不过，它还需要解决可集成的无外磁场电控磁化翻转、功耗依然较大、三端器件架构设计等问题。另外，利用脉冲电压来调控磁化翻转实现的自旋逻辑和存算一体器件可以进一步降低能耗。人们还提出并验证了全激光诱导自旋翻转、亚纳秒电压脉冲调控磁化翻转、飞秒激光诱导全光磁化翻转、栅压或多铁材料调控磁各向异性变化等多种铁磁金属磁化状态的调控方案。

（2）半导体自旋电子器件：半导体自旋场效应晶体管是利用电场调控拉什巴场来调节注入半导体沟道中自旋极化电子的方向，从而实现自旋逻辑和存算一体功能。由于铁磁金属与半导体沟道电导不匹配，所以自旋注入效率偏低，当前主要是采用隧穿方式来实现自旋的注入。要实现半导体中高效的自旋注入，可以有两种解决途径：一种方案是在电导匹配条件下的自旋注入，也就是自旋注入源为磁性半导体而不是磁性金属；另一种是使得自旋注入源的自旋极化度为100%，自旋注入源为磁性半金属。磁场或偏振光也被期望用于半导体沟道中自旋极化方向或低维半导体材料中能谷自旋自由度的调控，从而实现半导体自旋逻辑器件，但它们比较难与现今的微电子器件相兼容。

（3）不同磁结构的自旋电子器件：各种不同的磁性结构都有可能用来设计和研制自旋逻辑及存算一体自旋电子器件，例如，磁畴壁、磁性绝缘体的自旋波（磁振子）、拓扑磁织构、反铁磁材料、磁电耦合材料等。基于上述磁性材料和结构，人们已经设计并演示了丰富的自旋逻辑功能、多态和概率式翻转的自旋器件及相应的类脑与概率计算等功能。基于这些磁结构的自旋电子器件走向实用化最大的挑战是需要解决其可拓展性。

综上所述，瞄准自旋逻辑和存算一体应用，磁性金属自旋电子器件为近期可行方案，而半导体自旋电子器件和不同磁结构自旋电子器件为中远期目标。目前，我国科学界在相关研究领域都有所参与，且大多能够触及世界前沿水平。不过，还需认识到我国在自旋电子器件领域的工业基础还比较薄弱，导致我国的研究主要集中在基础物理和原型器件演示研究，而在相关工艺技术及其芯片研制方面较国际先进水平还有较大差距。

### （三）磁性半导体

磁性半导体结合了半导体性和磁性特性，是自旋电子学器件的最有力的候选材料。磁性半导体研究的萌芽期可以追溯到20世纪60年代。随着时间的推移以及科技水平的不断发展和提高，关于磁性半导体的研究逐渐深入，人们在理论预测、材料合成、物性挖掘、器件设计和功能演示等方面都做出了许多系统而影响深远的工作。利用半导体中的电子自旋自由度进行信息加工处理、存储和输运是其发展的重要内生性动力，而研制出具有超高速、低功耗、非易失性、高集成度等优点的半导体自旋电子学器件则是促进其不断发展的外在需求。

随着自旋场效应晶体管概念的提出，磁性半导体的研究在 20 世纪末步入巅峰，在全世界范围内引领起了一股研究热潮。作为理论上完美的自旋注入源和非易失自旋存储的理想材料，磁性半导体在实际研究中遇到了几个关键瓶颈问题，阻碍了相关器件迈向实际应用的步伐。该领域面临的主要国际性科学和技术问题主要包括如下。

（1）如何建立起准确、高效的磁性半导体材料和物性的预测理论，从而实现磁性半导体材料的高通量预测和筛选?

（2）如何基于广泛应用的传统半导体材料制备出室温磁性半导体?

（3）如何兼顾材料居里温度、载流子浓度、迁移率等其他关键物理性能指标?

（4）如何基于磁性半导体设计并制备出室温可实用的低功耗、高性能自旋电子学器件?

在不断尝试攻克上述关键问题的过程中，我国相关科研人员做出了许多有特色的研究成果，特别是在Ⅲ - Ⅴ族磁性半导体材料的制备、物性表征和原型器件研制等方面跟进迅速，部分成果居于国际领先位置。此外，我国科学家积极开拓新思路，在电荷与自旋分离调控的磁性半导体、高迁移率Ⅳ族磁性半导体和多元素共掺磁性半导体等方面取得了多项具有原创性的成果。经过多年努力，上述部分问题已经看到了解决的希望，例如，我国科学家在 SiGe、Mn 和 (In, Fe)Sb 磁性半导体中将居里温度提高到 300 K 左右，并且大幅提高了载流子迁移率。在此期间，我国还建设了高水准的磁性半导体研究相关实验平台，培养了一大批优秀的理论和实验人才队伍。

### （四）反铁磁自旋电子学

2011 年，捷克共和国科学院物理研究所和英国诺丁汉大学的研究组与日立–剑桥实验室、德国美因茨大学等单位合作，率先发展出潜在应用于新型磁随机存储器（MRAM）的核心器件——反铁磁隧道结，标志着反铁磁自旋电子学研究的开始（但工作温度低于100K）。该研究组在室温下实现了电流驱动反铁磁磁矩的高效翻转，获得高、低电阻态，即用于存储的“1”、“0”信号，这是反铁磁材料推向信息存储器件的关键一步。该研究组所设立的传感器公司也做出演示型器件，可以通过电脑通用串行总线连接提供电学信号，实现数据读写。该芯片展示出了较强的可擦写能力和数据稳定性，特别是强大的抗磁干扰能力。此外，该团队近年以专刊的形式评述反铁磁自旋电子学的研究进展以及其在信息科技领域应用的巨大潜力。近几年，得克萨斯大学、德国尤里希研究中心、马克斯·普朗克学会固体化学物理学研究所、东京大学、京都大学和苏黎世联邦理工学院等团队也报道了他们在反铁磁自旋材料和器件的重要研究进展，主要包括反铁磁材料的电子结构计算、反铁磁（亚铁磁）磁畴运动和光驱动反铁磁磁畴翻转等。德国美因茨大学和美国麻省理工学院研究组分别在反铁磁绝缘体中实现了长距离的自旋传输，为反铁磁自旋逻辑器件的实现奠定基础。美国加利福尼亚大学研究组和中佛罗里达大学研究组同期在实验上实现了反铁磁高频自旋泵浦，证实了反铁磁本征频率高的巨大优势。反铁磁总体的局面仍然是实验研究落后于理论预测，但是由于丰富的科学内涵和重要的应用前景，反铁磁自旋材料与器件已经成为近几年国际上磁学和自旋电子学领域关注的重点之一。

我国物理和材料研究者在铁磁/反铁磁材料层间交换耦合方面有较长的研究历史，也做出了出色的研究成果。其中，北京师范大学研究组通过第一性原理计算预测了在反铁磁自旋阀中通过自旋转移力矩效应可以实现电流驱动磁矩翻转；中国科学院物理研究所研究组在铁磁隧道结和磁性多层膜研究中普遍采用反铁磁层作为钉扎材料；并且用中子散射技术解析了新型反铁磁材料的磁结构；同济大学研究组多年来在交换偏置的精细调控方面做出系列工作；复旦大学研究组系统解析了 NiO 和 CoO 等反铁磁薄膜的磁结构；北京航空航天大学研究组实现了电场调控多种非线性反铁磁材料；北京大学研究组探索了反铁磁材料中自旋流的产生和传输性质；清华大学团队在反铁磁自旋材料与器件方面做出了系列研究工作，包括国际上第一个室温下工作的反铁磁隧道结器件，并优化了室温隧道各向异性磁阻值。利用不同于捷克研究组的薄膜材料和物理机制，实现了电流驱动反铁磁磁矩高效翻转，大大扩展了能用于 MRAM 的反铁磁材料类型；率先实现电场对反铁磁金属中自旋轨道力矩和自旋极化的有效调控，观察到了反铁磁自旋霍尔效应以及由玻色子（磁振子）作为媒介的反铁磁层间耦合效应，为构造低功耗反铁磁存储器提供原型器件。

综上所述，我国研究者具有从事反铁磁自旋材料与器件研发的人员储备和研究基础，如果加以重视并加大投入，可以应对国际上迅速发展的反铁磁存储研发的较量。

### （五）拓扑磁电子学

磁斯格明子研究的兴起源于两方面背景。第一，在纯基础科学研究方面，20 世纪 50 年代，海森伯等考虑高能物理中如何理解连续场模型里面存在可数的粒子问题。斯克姆（T. Skyrme）于 1962 提出的拓扑孤子模型，构建了一类核物理中的局域态，被命名为斯格明子（Skyrme, 1962）。后续类似的局域态在超导体、玻色 – 爱因斯坦凝聚及液晶中都找到了对等物。第二，在磁性材料中，20 世纪 90 年代德国科学家波格丹诺夫（A. Bogdanov）及休伯特（A. Hubert）预言在一些非中心对称的磁性材料中，晶体结构对称性破缺会产生反对称交换相互作用从而导致材料中形成一种磁涡旋结构，实际上即是磁斯格明子。直到 2006 年，德国莱布尼茨固态和材料研究所研究人员才第一次提出了磁性材料中斯格明子的概念。最终，磁斯格明子在 2009 年被中子实验证实（Mühlbauer et al.，2009）。因此从这个历史来看，磁斯格明子是高能物理中粒子概念在固体材料中的扩展。在应用基础研究方面，磁斯格明子与磁存储技术密切相关。当前，全球约 80% 的数据都存储在以硬盘为代表的磁存储介质上。硬盘具有极高的存储密度、极低的成本，但有存储速度慢的问题。实际上，20 世纪 70 年代，和硬盘一起发展起来的还有一种利用梯度磁场来操控磁畴运动存储数据的磁泡存储技术，该技术较硬盘速度会有很大的提升。随着硬盘几个关键技术的突破，磁泡存储被市场淘汰。但利用磁畴运动来存储数据的概念一直保留至今。20 世纪 90 年代自旋电子学基础研究的一个突破是自旋转移矩效应的发现。这一物理现象在自旋电子学器件中有着广阔的应用前景。和硬盘相比，该磁存储器件具有结构简单、能量损耗低、速度快等一系列优点。2007年，硬盘磁头的制造者帕金（S. S. Parkin）提出了基于自旋转移矩效应的赛道存储器概念，即利用电流操控磁畴运动来实现数据存储。2010年，科学家发现驱动磁斯格明子运动的电流密度，相比于驱动传统的畴壁运动，要小至少6个数量级，这为制备极低能耗、快速响应器件提供了基础。同时，磁斯格明子尺寸小，目前所发现的磁斯格明子的最小尺寸为3nm，相比硬盘，采用磁斯格明子为基本存储单元的存储器件，其存储密度原则上可以提高至少一至二个数量级。后续研究又在磁性材料中发现了磁麦纫（magnetic meron）、磁浮子（magnetic bobber）等多种新的拓扑磁结构，逐渐形成了拓扑磁电子学这一自旋电子学的一个重要分支。

拓扑磁电子学在过去十年获得了长足的发展，多种和器件构筑相关的功能特性已经获得了展示。但到目前为止，新发现的拓扑磁结构多集中于静态研究，和器件构筑紧密相关的新型拓扑态动力学研究在实验上还未见报道。同时，面向原型器件构筑的需求，具有综合优异性能的磁斯格明子材料还没有被发现，且在纳米结构中实现单个磁斯格明子的精确产生、运动及探测仍极具挑战。

### （六）自旋波自旋电子学

与利用传导电子的自旋不同，自旋波是利用自旋磁矩的集体激发来作为信息的载体。从物理上理解自旋波的激发机制、传播特性、探测和调控手段以及自旋波自旋与传导电子自旋之间的相互转化等是自旋波自旋电子学发展的内生性动力。由于自旋波可以在磁性绝缘体中传播，同时自旋波的频率范围覆盖GHz到THz，因此基于自旋波实现超低能耗信息处理和信息通信是其外在性需求。自旋波或磁振子存在多普勒效应和室温玻色–爱因斯坦凝聚现象，并可以利用磁畴壁实现自旋波偏振片和玻片等自旋波偏振调控器件。关于自旋波自旋电子学的研究在国际上属于自旋电子学的一个子领域。由于自旋波的一些独特特性，如低能耗、非线性、与磁性纹理的相互调控等，自旋波可在传统逻辑计算、神经类脑计算乃至量子计算方面有独特应用前景。

## 三、关键科学、技术问题与发展方向

自旋电子学正处在突破发展时期，存在一系列的关键科学和技术问题：实现高效的自旋流与电荷流的相互转化；利用自旋流调控铁磁和反铁磁序参量；高频交变自旋流的产生和利用；寻求具有强自旋轨道耦合的重金属或重金属结构或拓扑材料以实现自旋流和电荷流之间更高的转化效率；实现对反铁磁序参量的自旋流调控，以最终实现基于反铁磁的高密度信息存储；利用自旋泵浦效应可产生交变自旋流，利用高频交变自旋流实现高频交变电荷流所不能或不易实现的电路结构等。当然，对于不同的细分方向，其具体的问题以及技术发展和应用阶段也存在差异。

### （一）磁性随机存储

得益于自旋电子学基础研究的快速发展，MRAM 的相关应用已经取得了巨大的成功。可以预见，以 MRAM 为代表的自旋电子器件有望成为未来存储技术的重要部分，甚至促进和推动信息技术产业发生重大变革。掌握该领域发展的制高点，有利于我国在未来的信息技术产业竞争中拔得头筹。但目前来说，国内相关的研究水平仍然落后于美国等发达国家，开拓性和创新性的研究成果较少。未来 5～15 年，推动 MRAM 产品走向成熟，以及进一步开发其他自旋电子器件，将是国际应用磁学领域中的重要研究热点之一。而自旋电子器件的成功应用，需要解决一些关键科学和技术问题。目前来说，该领域的主要科学和技术问题有以下几个方面。一是探索更有效的自旋探测方式。主流的自旋电子器件读取信息是通过磁电阻效应。然而，现有磁电阻材料的室温磁电阻比值相对其他非易失性器件的开关比依然偏低，极大地限制了自旋电子器件的应用。进一步设计和开发新型磁电阻材料，以及开发更有效的自旋信息探测方式，将极大地提高自旋电子器件的性能，丰富和拓展其应用场景。二是研究自旋的高效多场调控。用于调控自旋取向或磁性的物理场包括但不限于电流、电场、微波场、应力场、温度场、光场、磁场等。从实际应用出发，最具应用前景的调控方式目前仍然是电流或者电场调控。高效地操控磁矩是实现低功耗自旋电子器件的物理基础，对发展自旋调控手段以及高效和新颖的自旋电子器件至关重要。三是开发制备自旋电子器件的完整工艺技术。第一代场驱动 MRAM 已处于小规模量产阶段。第二代的 STT-MRAM 处于可规模化量产的临界状态。而第三代的 SOT-MRAM 还处于基础研究和技术研发阶段，有望在后续 5～10 年内达成量产。上述三代产品的制备工艺技术大部分由国外的半导体公司掌握。建立适用于自旋电子器件研发的中试线，开发完整的工艺技术，是推动 MRAM 以及其自旋电子器件应用的关键。

未来 5～15 年 MRAM 和其他自旋电子器件的发展仍然以理论研究和实际应用两个方面为重点。在基础理论研究方面，需要探寻更加高效、更易于 CMOS 工艺集成的自旋调控、探测方式方法；材料上，可以充分借鉴低维材料、拓扑材料等方向的研究成果，开发更加高效的自旋电子材料等。与传统磁存储器件和微电子器件相比，基于自旋电子学的 MRAM 在应用上依然有许多需要解决的问题，例如，操控磁矩所需要的电流密度偏大、电流与自旋流的转换效率偏低、薄膜结构复杂、制备工艺难度大等难题。这些问题的解决将推动 MRAM 产品性能和良率的提升，带来存储技术与信息技术的新发展。

### （二）自旋逻辑及存算一体

基于自旋逻辑及存算一体的自旋信息器件和芯片是未来信息处理和存储的重要发展方向之一，STT-MRAM 已经在国际大公司进行了商业量产，根据相关领域发展态势和国家需求的角度，我们应该关注下一代自旋逻辑及存算一体的自旋器件和芯片的研究和开发。针对磁性金属自旋、半导体自旋和不同磁结构自旋逻辑及存算一体自旋电子器件与芯片的发展，未来 5～15 年，关键科学和技术问题主要如下。

（1）发现并优化具有可拓展的 SOT 诱导电流驱动磁化翻转的新方案，进一步提高 SOT 诱导电流驱动磁化翻转的效率，解决工艺制备中的关键技术问题，设计基于 SOT-MTJ 的自旋逻辑及存算一体计算架构。

（2）解决半导体自旋电子器件中的自旋注入问题，寻找高性能室温磁性半导体材料及磁性半金属材料，设计新器件结构来实现半导体自旋逻辑和存算一体功能，研究新的调控原理。

（3）基于不同磁结构的自旋电子器件，研究不同磁性结构调控，尤其是全电控的基本物理原理，发现新的磁性拓扑结构。在基本的自旋逻辑功能基础上，我们需要验证其可拓展性，包括可低损耗地驱动下一级器件、可按照比例微缩、与微电子工艺相兼容等方面。

（4）自旋逻辑与存算一体的 EDA 的研发，关键工艺设备国产化，包括薄膜生长、刻蚀加工设备等；器件和芯片可靠性的研究，是自旋逻辑及存算一体自旋芯片研制国产化的保证。

未来 5～15 年，该领域的发展思路和目标如下。

（1）针对磁性金属自旋逻辑与存算一体的自旋电子器件与芯片研究，发展超越 STT 电控磁化可集成的可编程电控磁化翻转的方法，解决大规模磁隧道结阵列的制备工艺问题，设计自旋逻辑和存算一体的计算架构，及时开展器件和芯片可靠性研究等，鼓励国内产学研融合发展，目标明确地开展相应科研任务，努力达到自旋存储与逻辑领域的国际领先水平。经过 5～15 年的发展，加速产出自主知识产权的自旋逻辑和存算一体芯片，在国际市场竞争中占据一席之地。

（2）在基于半导体及不同磁结构自旋电子器件的自旋逻辑和存算一体方面，应侧重基础物理、材料科学，以及结构设计原始创新研究，大胆尝试半导体中自旋注入及调控的新原理与新方法，以及绝缘体中自旋流（自旋波）调控的新原理与新手段，鼓励探索高性能半导体与绝缘体自旋电子材料。经过 5～15 年的发展，期望实现国内理论与实验积累丰富，并能够在国际上引领该领域基础物理与材料发展趋势的目标，为半导体及绝缘体自旋电子器件的真正问世和逻辑应用做好基础。

综上所述，未来 5～15 年，基于磁性金属自旋电子器件的自旋逻辑和存算一体方案，应该尽快推动产学研结合，研制自旋电子学逻辑及存算一体芯片的发展，在此过程中，应该尽快开始 EDA 研发以及关键工艺设备国产化，确保我国在下一代自旋信息器件芯片领域中占据一席之地。从基础层面，解决半导体自旋器件中高效自旋注入和调控难题，解决不同磁结构自旋信息器件的可拓展瓶颈，为该领域的长远发展做好原始创新积累。

### （三）磁性半导体

磁性半导体领域的终极目标是制备出可应用的高性能和低功耗半导体自旋电子器件，在信息处理、存储和传输方面与传统半导体器件互补甚至实现替代。上述目标的实现过程将面临诸多挑战，需要解决的关键科学问题是如何制备出室温磁性半导体自旋电子学器件。这要求材料的居里温度高于室温，并且能通过电学或光学等手段高效地探测和操控电子自旋，实现信息的处理和存储。这些关键科学问题的解决需要我们在以下几个方面取得突破。

（1）建立准确、高效的磁性半导体材料和物性的预测理论方法，从而能在物理层面实现新型磁性半导体材料的高通量预测和筛选。

（2）基于广泛应用的传统半导体材料，如Ⅳ族半导体和Ⅲ-Ⅴ族半导体为母体材料，制备出室温磁性半导体。

（3）兼顾材料的磁学和半导体性质，在居里温度、磁各向异性和载流子迁移率等关键物理参数方面取得最优平衡，实现综合性能指标上的全面兼顾甚至提升。

（4）基于磁性半导体设计并制备出室温可实用的低功耗、高性能自旋电子器件，在自旋逻辑、自旋光电和自旋存储器件方面取得实质性的突破。

上述关键科学问题的解决有赖于多门学科智慧的交融与碰撞，也必将促进半导体物理、材料科学、微电子学、光学以及微纳科技等学科的融合。当前的应对思路是将核心问题进行分解，以期实现相关问题的各个突破。建议解决方案如下。

（1）深刻理解磁性半导体中长程磁有序形成的物理本质，结合高通量材料预测方法，实现室温磁性半导体优选材料的高效和准确的理论预测。

（2）结合理论与实验，厘清磁性半导体中电子自旋与其他物理量的相互作用机理，提出兼顾材料磁学和半导体性质的最优平衡方案。

（3）研究半导体及其异质结构中的自旋调控手段，提出基于半导体自旋的物理原理上可行的逻辑运算与数据存储方案。

（4）设计新原理半导体自旋电子器件，在半导体自旋光电器件方面取得突破，实现高速宽带低功耗的自旋光通信。

（5）建立半导体自旋电子学器件与神经计算基本单元的物理关联，研究新型的高效率、低功耗自旋人工智能器件及其物理原理。

（6）在磁性半导体材料制备上，推出新原理磁性半导体材料的生长和测试设备，以实现材料的高通量实验筛选。

展望未来，在逐步解决上述问题的过程中，人们必将构建出以自旋自由度为信息载体的诸多高性能和低功耗半导体自旋电子学器件，从而进一步推进信息社会的发展甚至变革。

## （四）反铁磁自旋电子学

目前反铁磁自旋电子学研究的主要挑战有三个方面。

（1）室温磁阻值还太小，往往不到 1%，清华大学团队报道的反铁磁隧道磁电阻值也只有 20%，离行业共识的应用于信息存储所需求的隧道磁阻值（100% 以上）还有不小的差距。可见，需要进一步优化材料或者寻找新的材料体系，使反铁磁磁矩翻转能产生大的磁电阻效应。

（2）翻转反铁磁的电流密度（功耗）还较高，目前为 $10^7$A/cm$^2$ 量级，再降一个量级才可以跟目前已经产业化了的铁磁 MRAM 的情况持平。如果进一步达到 $10^5$A/cm$^2$ 量级，就具备跟微电子工业广泛兼容的条件。

（3）需要构造电学操控的反铁磁隧道结，由反铁磁的自旋轨道耦合效应写入信息，由反铁磁磁电阻效应读出信息。

应对好以上挑战，反铁磁有望展示其在新型高密度存储方面的巨大潜力。目前信息工业用到的主流存储器都是美、日、韩生产的。不同的是，反铁磁随机存储器作为新生事物，现在仍处于研发的初始阶段。我国学者的研究基础并没有明显落后于国际水平，并不乏研究亮点和创新性研究成果，为研发反铁磁存储器奠定了基础。研发出反铁磁基高速、高密度、低功耗和高数据稳定性的反铁磁存储器以及高频、高数据稳定性的太赫兹器件，将推动我国有自主知识产权的非易失性存储芯片和防范重大电磁威胁的高频电子器件的发展。

## （五）拓扑磁电子学

在拓扑磁电子学方面主要存在以下三个挑战。

（1）新型拓扑磁结构电流调控规律实际情况未知。目前，电流对新发现的多种拓扑磁结构的影响仅仅停留在理论层面，预期新发现的拓扑磁结构在电流作用下的动力学将不同于磁斯格明子。因此，探究拓扑磁结构在电流驱动下的产生、运动等规律，对于构筑基于拓扑磁结构原型器件具有重要意义。

（2）缺乏综合性能优异的拓扑磁性材料。以磁斯格明子为例，其作为数据载体的优势在于尺寸小、稳定性高、易于电流操控。但是，这些优点是在不同材料中体现的。例如，金属 MnGe 磁性材料中最小磁斯格明子尺寸可达 3nm，但是其存在的温度低于 170K，无法用于室温器件构筑；金属 CoZnMn 磁性材料具有室温稳定性，但磁斯格明子尺寸大于 100nm，不利于构建高密度数据存储器；人工磁性 / 重金属薄膜体系存在室温稳定的磁斯格明子，且可以通过电流诱导磁斯格明子的产生、运动与探测，但薄膜本身存在缺陷较多、钉扎严重等实际问题，导致驱动磁斯格明子所需要的电流密度与驱动传统磁畴运动的电流密度相比并没有优势，仍有待进一步优化。

（3）单个拓扑磁结构的精确可控产生、运动及高频探测还未实现。以斯格明子为例，要实现器件的高密度、高稳定性及易操控，原则上要求磁斯格明子具有小的尺寸，材料具有高的居里温度及强的磁电耦合特性。同时，数据的读写及传输需要精确可控地产生、操控单个磁斯格明子。但是由于热扰动及材料杂质导致的钉扎效应，目前磁斯格明子的操控均存在随机性问题。另外，数据读取需要把磁信号转化成电信号，高速存储器要求读取速度在纳秒量级。目前还没有在纳秒脉冲范围实现信号的读取。

总地来说，拓扑磁电子器件构筑工作量庞大，器件所要求的数据读写、传输及探测功能还有待进一步优化。

## （六）自旋波自旋电子学

该领域的挑战包括实现超短波长自旋波的激发；利用反铁磁的高频特征实现新型可调控太赫兹源；利用磁畴壁实现对反铁磁自旋波偏振的探测与调控，以及自旋波与磁性纹理的交互调控。

关于超短波长自旋波激发可采用小尺寸超晶格结构辅助，或采用参数激发方式实现，目标是实现纳米级波长自旋波的激发；反铁磁中自旋波通常具有较高频率，可达几百 GHz 甚至 THz，可利用自旋流激发反铁磁自旋波实现可调控的稳定太赫兹源；利用磁畴壁对自旋波的导引作用实现磁性纹理对自旋波走向的调控，并且可利用磁性纳米线中的磁畴壁对自旋波的偏振进行调控。有效利用反铁磁的高频优势实现新型太赫兹源可推动许多其他相关研究领域，属于优先发展领域方向。

自旋电子学与信息技术的未来发展密切相关。当前自旋电子学的发展有与大数据科学、神经类脑计算相结合的趋势，自旋电子学也确实可以在相关方面发挥独到的优势。在近十几年来兴起的领域中，如拓扑绝缘体、二维材料等，国内研究人员和相关成果等方面都与国际水平相当。而在 20 世纪 90 年代前兴起的自旋电子学，当时国内的科研投入非常匮乏，导致国内在自旋电子学方面的研究错过了十年，使得国内从事自旋电子学的人员规模和受重视程度都远不如相关热门领域。进入 21 世纪之后，国内科研投入逐步增加，到了 20 世纪 10 年代，国内自旋电子学研究水平才逐渐与国际水平接轨。鉴于自旋电子学的研究对经济社会发展贡献巨大，建议充分重视自旋电子学领域的发展，避免该领域被边缘化。

未来 5～15 年，应针对以 MRAM 为代表的自旋电子器件制备中的关键基础科学和应用技术问题，开展深入和系统的研究工作，具体内容包括：基于现有磁电阻材料或通过开发新材料提高磁电阻比值，以及开发更高效的自旋探测手段；充分借鉴低维材料、拓扑材料等方向的研究成果，研究和开发能够实现电流－自旋流高效转换的材料，探索其根本物理机制；研究自旋的电学操控，开发高能效、高速度的操控手段；建立适用于自旋电子器件研发的中试线，开发制备自旋电子器件的完整工艺技术。

针对自旋逻辑和存算一体自旋电子器件的关键基础科学和技术问题，在半导体和绝缘体自旋电子器件方面，应优先资助高校与研究所在基础物理与材料科学方面的大胆创新，鼓励尝试全新的原理与材料体系，容忍试错、以期能够在某些成功创新的细分方向上引领国际上半导体与绝缘体自旋电子器件的发展潮流；在磁性金属自旋电子器件方面，应明确任务目标，引导科学界和产业界融合发展，在物理方法、材料优化、工艺制备、架构算法、器件可靠性等多方面各取所长、通力合作。而磁性半导体研究方兴未艾，对磁性半导体乃至半导体自旋电子学持续支持，选择重点方向进行攻关，推进实用化半导体自旋电子学器件尽早问世。

由于反铁磁的优异性能，其在电子对抗和极端条件等关系国家安全的领域有广阔的应用空间。此外，部分反铁磁是超导的磁性基态，部分反铁磁也显示出拓扑电子结构，因此，反铁磁自旋电子学的发展还将与超导和拓扑物理等新兴学科相互渗透，形成新的学科增长点。包括设计更多具有优异性能和拓扑属性的反铁磁材料，将反铁磁自旋电子学向基础物理方向延伸。探索具有特殊电子结构的反铁磁材料，从而提高反铁磁基器件的磁电阻值，并基于此开发全反铁磁隧道结，实现高速高密度存储。发展电控反铁磁磁矩的方法，实现对反铁磁磁矩的高效操控。开展在反铁磁绝缘体中的磁子输运性质研究，开发低功耗自旋电子学器件。开发反铁磁纳米振荡器，实现反铁磁超快动力学的利用。

以斯格明子为代表的拓扑磁结构研究具有明确的应用出口及前沿科学特性。在应用方面，需持续支持与应用相关的工程技术研究，结合磁性功能器件相关企业，一起开发斯格明子的应用价值。在前沿探索方面，以磁浮子为代表的新型拓扑磁结构的发现将描述拓扑磁学理论的维度拓展至三维，需要开发智能搜索拓扑磁准粒子激发的数学工具，探索非线性磁序的拓扑分类；发展基于透射电镜、同步辐射光源大科学装置的四维磁结构（三维空间 + 超快时间分辨）的原位表征方法；制备高质量拓扑磁性材料，研究电动力学的本源、电磁力的微观属性及拓扑缺陷和对称性破缺的内、外禀关系；探索和构筑拓扑磁结构微纳器件及其在磁存储和逻辑运算方面的应用范例，为高密度低能耗磁存储器及逻辑运算的全面升级提供理论基础和技术储备。

# 第二节　能谷电子学

## 一、科学意义与战略价值

对电子内部量子自由度的探索一直是凝聚态物理的核心领域。研究最为广泛的例子是电子自旋，伴随着磁矩这一可观测量，其与磁信息存储的显在联系导致了自旋电子学这一广阔领域的发展。对自旋的兴趣进一步扩展到电子的其他量子自由度，通常也被称作赝自旋。能谷就是固体的晶格结构赋予电子的一个量子自由度，标记了能量 – 动量色散关系中简并但不等价的能量极值点，广泛存在于固体的能带结构中。早在 20 世纪 70 年代，对硅反型层中的二维电子气的研究已经意识到能谷自由度对物性的重要影响。理论预言，在低密度的情况下，电子谷内交换相互作用可导致自发的谷极化，即电子有选择性地占据某个能谷，与自旋的选择性占据导致的铁磁性类似。不同能谷的占据对应了能量上简并的不同基态。这种“谷铁磁性”意味着能谷自由度从原理上也可实现非易失性的信息存储。伴随着对自旋电子学的广泛探索，能谷电子学这一平行概念也很快出现了。基于能谷的信息处理需要对其进行动力学调控，然而相比于电子的自旋，对能谷自由度调控手段的缺乏一直限制了这方面的探索。新兴的二维半导体材料的实现以及其中能谷的光、电、磁等多样化调控手段的发现则从根本上打破了这一限制，开辟了能谷电子学的全新篇章。对包括能谷在内的多量子自由度的调控有望为光电器件带来更加多样化的功能，由这些自由度实现非易失信息存储并直接进行信息处理，也为突破传统的冯·诺依曼架构从而实现存算一体化带来了一种可能性，为“后摩尔时代”的信息处理指出了一个探索方向。

## 二、研究背景和现状

对能谷的早期关注可以追溯到20世纪70年代后期对硅反型层中形成的二维电子气的谷简并和谷间耦合的研究。实验中发现，应力对能谷的调控有助于提升载流子迁移率。随后，应变和磁场被用于控制铝砷异质结构中的二维电子气体系统的谷极化，操纵金刚石中的谷极化电流，以及控制量子点和硅等受限施主杂质系统中相邻简并谷之间的能量差等。正如这些实验所证明的，许多晶体系统都具有潜在的、适用于器件应用的谷自由度，其谷极化可以由调控载流子的能量色散关系来产生，但同时，与各种自旋现象所能实现的自旋电子操纵相比，对谷极化的利用非常有限。

六角晶格二维材料的出现，极大地推进了能谷电子学的发展。比如石墨烯和单层过渡金属硫族化合物，其能带结构的导带边和价带边都位于布里渊区角上的两个能谷，互为时间反演，可以用来实现二进制的信息处理，前提是能够通过物理量区分能量上简并的能谷，并耦合到外电场、光场、磁场，以提供动态的极化、调控和探测手段。当体系的空间反演对称破缺后，整个体系的对称性就要求由轴矢量描述的各种物理量在互为时间反演的两个能谷中具有相反的取值，从而可以用来区分能谷，原则上提供了多样化调控能谷的可能性。基于这一对称性原理，带间跃迁的能谷光学选择定则、能谷霍尔效应和能谷磁矩等开创性的物理概念在石墨烯模型中首先被提出。能谷光学选择定则带来了能谷的光激发、光调控、光探测手段；能谷磁矩使得磁调控和磁探测能谷成为可能；能谷霍尔效应则是一种电场驱动横向能谷流的拓扑物理现象。

石墨烯本身具有空间反演对称性，也决定了它是一个零能隙材料，上述物理现象在破坏空间反演的情况下出现（比如通过衬底效应），也伴随着能隙的打开，但通常能隙很小，不利于能谷的光调控。二维过渡金属硫族化合物的出现解决了这一困难。单层过渡金属硫族化合物的晶格结构本身就破坏了空间反演对称，是一种直接能隙的半导体，具有 2 eV 左右的能隙，通过带边的电子和空穴的能谷光学选择定则可利用可见光波段的光场对能谷进行调控和探测，为二维材料中能谷光电调控的广泛探索提供了坚实的基础。能谷光学选择定则通过光致荧光（photoluminescence）的测量得到了广泛的实验证实。实验上，通过控制泵浦光源的圆偏振性（左旋或右旋），可以实现选择性的能谷极化，并且对荧光的偏振分析揭示了单层过渡金属硫族化合物材料的谷极化率可以高达 50%～100%，验证了通过光注入载流子来实现高保真度能谷初始化的可行性。能谷光学选择定则也为探索其他各类能谷调控提供了可能，成为实验中探测和初始化能谷极化的标准手段。

在过去的几年里，在石墨烯以及过渡金属硫族化合物体系里，能谷霍尔效应也取得了重要的实验进展。对于单层石墨烯而言，六方氮化硼衬底诱导的超晶格周期势场可以打破空间反演对称性。而双层石墨烯则可通过引入面外电场来使得空间反演对称性被打破。在过渡金属硫族化合物体系中，能谷霍尔效应已经通过结合光电调控手段得到验证，比如利用能谷光学选择规则通过光激发注入谷极化电子和空穴，测量霍尔电压，或者通过克尔旋转探测电驱动的横向能谷拓扑流在边界上产生的能谷极化。能谷霍尔效应的实验验证，证明了能谷电调控的可行性，为能谷电子学朝器件应用的发展迈出了重要的一步。

除了利用旋光控制谷电子的选择性激发以外，对能谷激子——局域于动量空间中特定能谷的电子空穴束缚对的操控也决定了这些材料的光学响应和能谷调控，在光驱动的谷电子器件中具有重要意义。最初对能谷激子的研究集中在单层过渡金属二硫化物体系中，它们具有较大的光学跃迁矩阵元，共振激子吸收率达到 10%～20%，易于通过光子偏振来初始化和读取能谷信息，跟传统半导体中的激子相比具有更大的束缚能，利于室温下的调控。但它们的应用受限于短暂的辐射复合寿命以及能谷退极化时间（亚皮秒量级），后者来源于由电子空穴库仑交换相互作用导致的能谷–轨道耦合作用。这在很大程度上限制了激子在能谷光电子学器件中加载并传输信息的能力。单层过渡金属硫族化合物激子所表现出的光读写谷极化的能力，激发了二维系统中能谷光电子学的探索。与此同时，二维材料堆叠定制各种范德瓦耳斯结构的能力，将使得设计具有新颖谷功能和现象的分层设备成为可能。

随着对单层二维材料体系研究的逐渐深入，以它们为架构的范德瓦耳斯异质结中存在的可调节的能带结构与能谷自由度的相互结合为探索能谷光电应用提供了一个新的平台（Schaibley et al.，2016）。在基于石墨烯或者过渡金属二硫化物的转角体系中，近两年人们发现了一系列独特的电子关联效应，如莫特绝缘体、威格纳晶体、非常规超导，以及跟能谷自由度密切相关的量子反常霍尔效应、轨道铁磁等现象，在凝聚态物理领域中产生了较大影响。过渡金属二硫化物异质结中的莫尔能谷激子的理论预言和实验发现也引发了科研人员的广泛关注，正在被进一步的研究与探索。

## 三、关键科学、技术问题与发展方向

基于电子的元激发，比如作为电子–空穴束缚对的激子，继承了电子态的能谷自由度。比如二维半导体中的能谷激子，可以和光子相互转化，其能谷自由度通过光学选择定则和光子的偏振一一对应，以能谷激子作为媒介来实现光子偏振自由度和电子能谷赝自旋的相互作用和信息传递将充分结合两大体系在信息应用中的优势。对激子的能谷量子调控主要受限于其在超快时间尺度的辐射复合和能谷退极化。通过二型半导体异质结界面将电子和空穴成分在空间上分离实现层间激子，可以将辐射复合寿命提高几个数量级，并且有效抑制了激子能谷退极化。单层过渡金属硫族化合物中的能谷激子通往应用的若干瓶颈问题，在范德瓦耳斯异质结中通过形成这种层间构型被有效克服。而与单层激子类似，它同样具备着可实现光读写能谷极化的光学选择定则。层间激子的电偶极矩以及激子间的长程偶极相互作用同时可以被电场调控。这些发现带来了激子能谷电路这一全新概念，通过布局局域电极实现在纳米尺度上对激子能谷流的调控，结合等离子体超构材料和超构表面实现对光和物质相互作用的调控，将是一个极具前景的探索方向。

能谷作为动量空间的一个低能等效自由度，其定义本身取决于具体的材料，以及其晶格的空间取向。这是有别于自旋的一个关键特征，即便在二维材料里能谷已经具备跟自旋完全类似的光、电、磁调控手段，该特征决定了能谷极化无法像自旋极化那样在不同材料之间有效传递，甚至无法在不同晶畴间传递，对能谷光电器件的集成提出了全新的挑战。实现单片集成将同时带来对材料的大面积单晶生长的要求。另外，能谷光电功能的集成可充分借助其跟自旋的互动，利用自旋这一更具普遍性的自由度实现跨材料的信息传递。二维过渡金属硫族化物已经提供了一个范式。受限于晶格镜像对称和时间反演对称的强自旋轨道耦合，将能谷和自旋极化在面外方向锁定，对于带边载流子而言其能谷极化即意味着自旋极化：在 K（-K）能谷仅存在自旋向上（向下）的态，其能谷属性带来了新的调控手段，而自旋属性则使其极化状态可以跨材料地传递。由于能谷散射必须伴随着自旋反转，大幅抑制了散射矩阵元，这种自旋–能谷锁定还导致了更长的极化弛豫时间。由于自旋轨道耦合的普遍存在，各种能谷材料一般都存在不同形式的自旋–能谷互动，其在能谷和自旋调控中的作用也是一个重要的探索方向。

二维材料摩尔超晶格正在成为一个探索能谷物理的全新平台。将各二维材料堆叠形成由范德瓦耳斯力结合而无须晶格匹配的层状结构，其构成序列、层间转角可不受限制地灵活选择，为结合并拓展各构成单元的不同属性带来了极为丰富的可能。这些层状结构中因为晶格失配和层间转角，广泛存在由层间原子堆垛的空间变化形成的摩尔条纹，呈现几纳米至上百纳米尺度的条纹周期性，对转角、应力敏感，很自然地实现了一种高度可调的二维超晶格。能谷自由度对晶格的空间取向的依赖也同时带来了能谷物理在摩尔超晶格中的奇特表现形态。转角或晶格失配导致相邻层的能谷在动量空间中的微小失配，对应了摩尔条纹对层间物理过程在纳米尺度上的实空间调制，比如层间激子的能谷光学选择定则在摩尔超晶格中随着位置（局域堆垛）的连续变化，以及由摩尔条纹布局的拓扑绝缘体超结构等。能谷物理和摩尔超晶格的结合为探索基于电子内部自由度的新奇物理现象和器件功能提供了全新的可能性。

时有文献展望能谷作为量子比特在量子信息处理中的应用，然而需要指出的是，这将对能谷调控提出更高的要求，即对能谷表征的量子态的完全调控。如果用布洛赫球来表示能谷赝自旋状态，即要求赝自旋期待值能够实现在球面的任意两点间可控的幺正演化。对于电子（或空穴）而言，能谷作为动量空间自由度这一属性导致其量子相干叠加伴随着实空间的高频振荡，仍旧缺乏能够实现可控的能谷量子相干叠加的手段。对于激子这种元激发，利用能谷光学选择定则可以通过光注入的办法产生激子的任意能谷量子相干叠加，其相位由激发光的线偏振决定，通过磁场调控或者光学斯塔克（Stark）效应，可以实现能谷赝自旋的特定幺正演化，但是从量子信息处理的角度仍旧是不完备的，有待于全新的物理机理的发现。能谷光电子学目前主要着眼于探索和利用能谷极化，即调控限于布洛赫球的局部（比如南北极及其连线轴），目前能够实现的能谷调控或者理论上存在的调控机理实际上都限于这一范畴，通过利用能谷以及其他自由度加载的经典比特的信息，拓展光电器件的功能。

过去十多年中二维材料能谷光电子学理论和实验的发展，为能谷物理走向器件应用奠定了重要的理论基础及科学依据。内地和香港的许多高校以及科研院所都从实验与理论两方面开展了能谷物理的多方面的研究工作，大量的研究团队在谷电子学的发展与探索中都起着推动作用。这些工作覆盖了过渡金属硫族化合物谷极化光学性质以及其谷输运特性，包括能谷光电子学理论和实验方面的系列开创性贡献，同时，近年来的过渡金属硫族化合物异质结中的激子研究也取得了一些重要的研究成果。近期出现的一个重要热点领域，即摩尔超晶格体系中的关联电子现象和能谷物理现象，对于高质量的范德瓦耳斯材料生长和器件制备提出了全新的要求，近两年来这一领域的最重要的实验进展很大部分来自国际上掌握了超高质量范德瓦耳斯器件制备的少数实验组。跟凝聚态物理的其他领域类似，最尖端的材料生长、最前沿的基础科学研究和器件制备仍然是国际科技竞争中的核心能力，在这方面的有效投入，是在关键科学问题的探索以及核心的器件应用上获得并保持优势的关键，也是我国成为未来产业革命技术核心大国的重要助推力。

需要指出的是，能谷物理的研究仍属于早期阶段，具有开放型的特征，有别于量子计算、高温超导等具有明确指标的领域，其科学问题和通向应用的具体方案仍处于广泛的探索中，具有丰富的可能性。能谷电子学目前取得的成果，更大程度上是改变了人们对能谷自由度长期以来的看法，使之成为探索新奇物理现象和应用的一个活跃要素，在各类凝聚态物理体系的研究中起到了一个积极的牵引作用。在研究方向上，我们的建议是要坚持前沿基础研究与器件应用开发并重的原则；在材料体系方面，加大对各种异质结材料体系的能谷研究的投入；在研究手段上，兼顾对已有光学及输运测量的支持，同时也注重前沿实验技术的开发和研制，积极探索它们在谷电子学研究中的潜力。

## 第三节　新型热电材料

### 一、科学意义与战略价值

半导体热电材料利用泽贝克（Seebeck）效应和佩尔捷（Peltier）效应，在固体状态下能够实现热能和电能的相互直接转换，既能实现精确的温度控制和制冷，也能实现高效热电发电。在5G/6G光通信、IC芯片、手机等移动终端的冷却和高精度温控，工业余热、太阳热的大规模直接热电转换以及物联网节点电源、可穿戴电子产品等的微功耗自供能系统等战略性新兴产业中具有广泛应用前景和不可替代的作用。同时，上述产业领域的前瞻性发展对我国“十四五”规划和2035年远景目标所列出的集成电路、新基建、智慧工业物联网以及制造业转型升级和消费升级等建设内容的实施具有重要支撑作用。

### 二、研究背景和现状

从19世纪20年代发现泽贝克效应至今，热电材料研究主要经历了两次关键发展热潮。第一次研究热潮集中于20世纪中叶，人们提出采用无量纲ZT值作为衡量材料热电性能的关键指标，同时，得益于固体能带理论的发展，人们在半导体热电材料研究中取得了突破性进展，发现了以$Bi_2Te_3$和PbTe为代表的高性能热电材料（ZT值接近于1.0），并在热电制冷器件方面取得了重要突破。第二次研究热潮起源于20世纪中后期，深空探测对于放射性同位素热电发生器的需求以及工业余热废热利用构成了主要的外在性动力，新型低维化与纳米化制备技术使得人们可以在更多自由度上调控材料的电子和声子输运行为，“电子晶体－声子玻璃”思想以及能带工程理论的提出有效地促进了新型热电材料的开发，人们发现了一系列新型热电材料，最高ZT值达到了2.0左右。

进入21世纪以来，随着电子产品日益朝着微型化、集成化、智能化方向发展，其对智能自供能和高效热管理技术提出了更高的要求。在这种背景下，热电材料迎来了新一轮的发展契机。固体热电技术大规模应用的前提是材料的ZT值达到3.0左右，进一步改善块体材料热电性能仍是当前的研究重点。近年来，传统热电材料研究有进入瓶颈的趋势，在玻尔兹曼输运理论框架下，受限于热电输运参数之间的内在耦合，传统热电材料ZT值进一步突破3.0以上的难度极大。目前，国际上针对新型高效热电材料与热电转换技术的研究主要围绕三个方面展开：一是发展新概念、新方法协同调控电子和声子的输运性能，实现ZT值的提高，同时发现热电输运新效应、新机制，拓展现有热电材料的研究领域和范畴；二是探索和发现热电材料新体系，重点聚焦成分组成丰度高的元素以取代贵金属；三是集热管理和能量转换一体化的新概念器件的设计和集成制造。此外，随着智能可穿戴设备的迅速发展，催生了柔性有机热电材料和薄膜热电器件的研究热潮，多种具有较高ZT值的导电聚合物和有机小分子陆续被研究报道。针对有机聚合物电子迁移率低的问题，以无机材料柔性化为目的的有机－无机复合和无机材料低维化的研究也取得了重要进展。特别是，近期还诞生了一种具有本征柔性的$Ag_2S$基无机热电材料，兼顾无机材料的高电子输运性能和有机材料的高柔性特征。

我国热电研究领域在过去二十余年取得了长足发展，在高效热电材料、热电输运新效应、先进制备技术、器件研制等方面取得众多国际领先成果，研究团队梯队建设完善、人员结构合理，具有强大的国际竞争力。

在块体热电材料研究方面，通过引入对声子的宽频散射效应，双原子及多原子填充 $CoSb_3$ 基材料最高 ZT 值分别达到 1.4 和 1.7；采用能带工程策略如能带简并、能级共振有效优化材料的电输运性能，实现 PbTe 基、$Mg_2Si$ 基、类金刚石等化合物 ZT 值的显著提升；发展了超顺磁性协同调控热电输运新方法，利用电 – 热 – 磁协同作用，在填充方钴矿和碲化铋纳米复合材料中实现 ZT 值最高 1.8；将“声子玻璃 – 电子晶体”的概念进一步被拓展至“声子液体 – 电子晶体”，突破了晶格热导率在晶态材料中的限制，并引出一大批阳离子亚晶格表现为类液态特征的新型高性能热电材料，如 $Cu_2Se$、$Cu_2S$、$Ag_9GaSe_6$，其最高 ZT 值在高温突破 2.0。此外，$Mg_3(Sb, Bi)_2$、SnSe、GeTe、BiCuSeO、类金刚石材料、半霍伊斯勒等新型热电材料体系也均表现出较为优异的热电性能。

在柔性有机热电材料方面，近年来，国内外主要在导电高分子性能调控、有机 / 无机复合与杂化、共轭分子的化学掺杂、柔性有机热电器件等多个方面开展研究工作。p 型聚（3, 4- 乙撑二氧噻吩）聚合物及其复合体系（ZT 值 0.7）以及 n 型乙烯基四硫醇镍金属有机配合物热电材料体系（ZT 值 0.3）的性能突破，推动了有机热电材料与器件的快速发展。2018 年，英国工程和自然科学研究委员会的热电材料联盟将有机热电材料列为热电领域发展路线图中重要的材料体系。有机热电已发展成为学科交叉国际前沿研究领域，中国学者在这一充满挑战和期待的新兴领域处于前沿位置。

在热电薄膜研究方面，国内学者在 $Bi_2Te_3$/SWCNT 复合薄膜和 $Ag_2Se$ 纳米薄膜等体系中获得了高热电性能，室温附近 ZT 值达 1.0。在非传统热电材料研究方面，我国学者发现了新型巨热电势离子热电凝胶材料，该类材料的热电势高达 17 mV/K，比之前报道具有应用价值的离子型热电材料高 1 个数量级，在室温小温差高电压应用场景中具有重要价值。

除了在高效热电材料方面进行了大量系统深入的研究探索以外，我国学者还发现了一系列热电输运新效应、新理论，为设计新型热电材料、进一步优化热电性能奠定了重要理论基础。提出了设计有序 – 无序亚晶格基元共存的嵌套结构实现热电输运解耦（“亚晶格工程”）的新策略；发现了一些重要热电材料体系的能带收敛效应；发现了顺磁曳引、自旋熵以及自旋波动等新机制增强的热电效应；发现了热电磁耦合及其导致的电子库效应、磁致电子多重散射效应等系列新效应；发现了拓扑量子材料热电性能的磁场增强效应；提出了超结构基元构筑提高热电性能的新方法；发展了“二维声子－三维电子”的热电输运新理论等。

此外，我国学者还发展了熔体旋甩、高温自蔓延燃烧合成等热电材料的超快速、低成本、规模化制备新技术，为热电材料的商业应用提供了重要技术支撑。在低温 $Bi_2Te_3$、中温 $CoSb_3$ 热电器件的制备技术和转换效率上处于国际领先水平，在微型器件和薄膜器件的研发方面也达到国际先进水平。我国学者开发了三代太阳能热电－光电复合发电系统和汽车尾气热电发电系统。

## 三、关键科学、技术问题与发展方向

尽管目前我国在热电材料研究方面取得了重要进展，ZT 值在多种典型材料体系中获得明显提升，发现了一大批高性能热电材料新体系，开发了高效热电器件和发电系统。然而，热电材料研究仍面临着巨大的困难和挑战，一些关键科学、技术问题亟待解决，主要体现如下。

（1）现有“试错法”研究范式效率低，亟待建立高效、低成本的研发模式，加快新型高效热电材料的探索与发现。

（2）热电输运理论研究进展缓慢，亟须新原理、新效应、新机制引领热电性能的突破；宽温域、室温区以及低温区高性能热电材料亟待开发，以实现热电转换技术的多场景应用。

（3）高效新型热电器件、微型热电器件、薄膜热电器件、有机或有机 / 无机复合柔性热电器件的设计方法，特别是其制造技术和评价技术需要进一步突破。

未来 15 年，为了进一步巩固和提升我国在热电材料领域的优势，加强从“0 到 1”原创性新型热电材料的研究显得尤为迫切。目前，从热电能量转换技术发展趋势以及相关行业需求来看，新型热电材料的主要发展思路和目标如下。

（1）探索建立热电材料与器件研究新模式。突破传统“试错法”研究范式，重点开展基于高通量计算、高通量制备与表征，以及大数据分析与机器学习的材料基因组研究方法，缩短研发周期，提高研发效率。基于“热电功

能基元 + 有序构造”的性能优化新思路，开发“功能基元序构”的材料研究新范式，发展热电功能基元多层次构筑和序构设计及有序构筑新技术，研究热电、铁电、拓扑、磁性等功能基元及其有序构造对宏观电－热输运的耦合增强效应，实现“1+1 >2”的重要目标。

（2）发现热电输运解耦新机制，发展热电输运协同调控新方法。研究外场作用及多场耦合对热电输运的影响规律与机制；基于拓扑电子结构、点缺陷、无序度、各向异性、自旋等多自由度解耦电声输运并发现热电性能协同优化的新机制、新原理、新方法；利用强关联体系的电子－电子强关联效应调控电子输运性质；利用具有极化特性化合物的量子临界效应调控电子－声子耦合。

（3）突破现有电子－声子耦合调控的局限，研究电子、声子、离子、轨道、自旋等多种（准）粒子相互作用规律，探索磁曳引效应、巨泽贝克效应、自旋涨落效应、电－热－磁耦合新效应、拉什巴自旋能带劈裂效应、铁电声子软化效应、横向热电能斯特效应、电子－声子－离子－偶极子耦合等物理新机制，研究外场作用及多场耦合对热电输运的影响规律与优化新机制。

（4）融合理论创新与技术创新，开发室温、超低温与宽温域高性能热电材料。研究室温及更低温度下热电输运协同调控新机制、新方法，实现室温与低温热电性能突破；实现热电材料制备方法与技术创新，重点研究单晶 / 薄膜与非均质非平衡材料这两种极端情况，为新材料和新机制的研究提供有力支撑。突破高效新型热电器件、微型热电器件和柔性薄膜热电器件的制造技术和评价技术。

（5）面向智能化、可穿戴、异型化等发展要求，研究热电性能与力学性质的耦合关系与协同调控方法等关键科学问题，开发兼顾良好力学性能和热电性能的新材料体系。重点发展 ZT 值达到 1.0 的高性能有机半导体材料体系以及有机 / 无机复合材料体系，开发无机柔性器件、有机热电器件等。

在新型热电材料与技术研究领域，未来优先发展领域和重要方向主要包括如下。

（1）发展高通量计算 / 实验、机器学习、数据挖掘等方法实现快速筛选潜在热电材料，基于功能基元思想在原子尺度设计热电材料，实现多元热电相图的构建。

（2）热电输运新效应探索，包括横向能斯特热电效应、顺磁曳引、自旋熵以及自旋波动、拉什巴自旋能带劈裂效应、铁电声子软化效应等。

（3）新型近室温区热电材料、超低温热电材料以及宽温域热电材料的研究与开发；新型高效多功能热电材料的研究和开发，包括离子型热电材料、电畴型（偶极子）热电材料、磁畴型（自旋 / 局域磁矩）热电材料等。

（4）有机热电材料、无机柔性热电材料以及有机 / 无机复合热电材料的设计理论、合成技术、界面结构调控新策略及其电声输运物理图像的解析，薄膜材料热导率的可靠表征与评价技术。

（5）高效常规热电器件、微型热电器件、柔性热电器件及薄膜热电器件的设计方法、规模化集成制造新技术及评价表征技术。

热电材料位列中国科协发布的 12 个领域 60 个“硬骨头”重大科学问题和重大工程技术难题中先进材料领域之首，属于亟须突破的“卡脖子”技术。当前，世界各国不断推出与热电转换技术相关的重大计划与资金资助，力图在先进热电材料及其应用技术领域取得领先。我国在热电材料研究领域具有良好的基础和深厚积累，但在当前错综复杂的国际形势面前，亟须进一步加强热电理论与应用技术研究，确保我国在这一前沿研究领域具有强大的国际竞争力。

## 第四节　新型铁电及多铁材料

铁电材料的发展有一百多年的历史，与磁学并行不悖却鲜有关联。但多铁材料，一方面与磁性密切关联而形成自身分支特色，另一方面多铁物理具有更多量子物理的特点，使得多铁材料与其他类别的铁电材料之研究边界依然清晰。因此，本节先阐述除多铁材料之外的铁电材料，后对多铁材料单独阐述，以避免混淆。事实上，从量子物质科学角度看，多铁材料更接近量子物质，而铁电材料更接近经典物质范畴。分开撰写更能体现两个领域各自的关键问题和发展方向。

## 一、铁电材料的科学意义与战略价值

铁电材料（ferroelectrics）指具有自发电极化且电极化可在外场驱动下来回翻转的极性绝缘体。两个主题词电极化和绝缘，定义了铁电材料的基础。铁电材料在非易失介电、铁电存储、压电、热释电、电光和非线性光学等领域已经获得广泛应用，成为多功能智能产业领域的重要成员。铁电材料的毗邻——反铁电材料，还在介电储能和高效能源转换领域有重要应用。这些应用中有些已产业化，成为现代文明智能生活不可或缺的一部分，有些还在实验室研发阶段。

过去二十年，铁电材料研究内涵的深化主要由多铁材料担当，外延拓展则归功于两个新的方向：铁电半导体和二维铁电材料。这两类铁电材料因为带隙小、交互作用复杂，其中的量子特性便会凸显出来，构成铁电材料新的生长点和量子物质科学新的分支。铁电半导体不但在金属与绝缘体之间架起一座功能丰富的桥梁，也将在下一代信息存写、光电转换、拓扑量子调控和柔性电子等领域展现新的应用前景。而二维铁电则将铁电物理推到二维极限之极端，为量子铁电材料的兴起搭建了一方宽广的舞台。因此，这一方向正处在从经典材料向量子物质拓展与过渡的阶段，值得大力支持和推进。

## 二、铁电材料方向的研究背景和现状

从发现罗息盐开始，铁电材料一直是固体/凝聚态物理的一个小分支。从第二次世界大战期间对钛酸钡压电的应用需求，到钛酸铅和锆钛酸铅等压电/热释电的应用需求，再到20世纪90年代因为铁电存储器和无铅铁电材料的应用需求，铁电材料曾被期许能够成为非易失存储器和先进电子元器件的主力。至今，铁电材料的主要应用依然集中在高性能电容器和压电智能应用上。

铁电理论基础一直到20世纪50年代朗道基于对称性的相变唯象理论之后才建立起来，并指导铁电材料的基础与应用研发工作。阐明这一理论的微观物理则又等待了十年，直到20世纪60年代安德森提出铁电软模理论之后才尘埃落定。软模概念属于半量子范畴，因此铁电物理只是一个包含了晶格动力学图像的经典物理分支，其量子物理内涵较为薄弱。铁电的现代量子理论大约始于 20 世纪 90 年代，欧美理论物理学者重新定义了铁电的概念，将铁电极化与波矢空间中的贝里相位联系起来，从而为铁电极化的第一性原理计算打下量子科学基础，也成为推动铁电半导体和多铁材料发展的推动力。

过去近二十年，铁电材料研究呈现了经典铁电与量子铁电齐头并进、相互促进的姿态，展现了一个世纪以来从未有过的生命力和繁荣景象。我们从经典和前沿两个层面来归纳铁电材料的若干研究分支，以显示其最新研究现状。

在经典铁电材料层面。

（1）唯象理论与相场计算。基于对称性相变的铁电唯象理论在 20 世纪 80 年代已发展成熟，主要应用于描述新的铁电材料结构 – 性能关系上，涵盖二级相变和一级相变，涵盖尺寸效应、界面效应、弛豫铁电、挠曲电效应、铁电梯度结构等多种物理效应。最近十年，这一理论还拓展到包含多个初级序参量的铁电材料，如描述非本征铁电材料中的相变与畴结构。基于唯象理论的相场计算技术也同步发展，成为铁电畴工程学的主要工具之一，多款与此对应的相场计算软件研发成功。这些成果主要由欧、美、日、韩学者完成。20 世纪 90 年代我国清华大学、山东大学、中山大学、中国科学院上海硅酸盐研究所等机构也参与其中，整体上处于追赶态势。

（2）巨压电与无铅压电材料。过去十年，基于多相微纳畴结构和基于畴工程学的铅基巨压电单晶研究取得巨大进展，而基于环境需求的无铅压电材料研发也取得若干突破。在前人工作基础上，巧妙利用多重相共存和准同型相界控制，以西安交通大学为代表的若干国内团队取得了高达 4000 pC/N 以上的含铅巨压电系数，引领含铅压电材料的研究，相关应用和器件研发正提上日程。在无铅压电材料方面，我国四川大学、清华大学等单位后来居上，引领国际无铅压电材料的研究，相关器件也正在迈向面向实际应用的研发进程中。

（3）分子铁电材料。有机铁电一直是传统铁电材料中的小众，因为其铁电性能、响应速度和稳定性问题一直未能得到很好解决，高性能材料合成制备也较为困难。东南大学研究团队基于对结构对称性和功能基元设计的深入理解，开发了一系列具有良好铁电性能和高居里温度的分子铁电材料，在若干体系中还展示了良好的压电与极化性能。分子铁电材料由于具有轻质、易加工、环境友好、机械柔性高、声阻抗与人体相匹配、可引入单一手性和结构可调性等优点而受到广泛关注。分子铁电体的铁电性主要由极性分子的有序–无序产生。在热力学体系下，高度有序态和高度无序态间的量子转变将赋予材料大熵变，从而推动固体制冷的应用，这将是今后改变人类能源使用方式的一个重大方向。此外，分子铁电体还具有独特的反式–顺式或烯醇式–酮式异构化现象，因此，可以通过光辐射调控极化量子状态。这一非接触、非破坏性的远程光感应方式，将突破传统电场、磁场或应力场等调控方式的限制，为分子铁电材料在量子信息领域带来突破性的进展。分子铁电材料经过我国科学家十余年的发展，已经在国际上形成了全方位的领先优势，并已逐步形成了一个“从 0 到 1”的原创性研究方向——铁电化学。

（4）铁电畴表征与畴工程。铁电畴结构是决定宏观性能最主要的结构特征，但全面深入的畴结构与畴工程研究一直到压电力显微术（PFM）诞生才得以实施，着重于畴的表征、模拟与功能化，从而构建铁电畴结构与宏观铁电压电性能之间的关系。基于 PFM 探针表征铁电畴是铁电表征技术的重要发展，在过去二十年时间已经成为铁电畴研究的基本工具，并推动提出“铁电多功能针尖实验室”的概念和应用。与此同时，基于球差电镜的高分辨技术也成为亚纳米畴结构细节的重要表征手段，令人印象深刻。这些研究工作大大深化了对铁电畴结构及可控畴工程的认识，成果丰硕。我国在铁电畴表征与功能化研究方面具有很强的创新力，研究水平高，诸如华南师范大学和中国科学院深圳先进技术研究院等团队在 PFM 畴表征分支上取得了若干有特色的重要进展。

（5）铁电拓扑材料。伴随着拓扑量子研究的兴起，也顺应未来铁电材料的诉求，实空间的铁电拓扑畴结构开始受到关注，从而催生了铁性拓扑结构这一新的研究分支。最受关注的是 2010 年发现的六角 $YMnO_3$ 中的铁电拓扑畴结构，引发了对铁电材料中各种局域拓扑缺陷态的关注，包括胞状畴、闭合畴、手性涡旋畴、中心畴甚至是铁电斯格明子都陆续被观测到。相关探索也揭示了若干伴随的新效应和新现象。不过，对于非多铁性铁电体系，很可能是因为带隙较大，伴随拓扑畴结构的新效应并不是特别丰富。最近由于铁电半导体和多铁材料的发展，相关铁电拓扑畴结构的研究正在不断深入。我国在这一小领域上位于国际先进水准，虽然在表征技术上存在软肋。

在量子铁电材料层面，主要包括以下几个部分。

（1）量子理论与设计。对大带隙铁电体，空间电荷的高度局域化使得基于对称性破缺的离子极化图像即足以描述极化起源。当带隙减小到 2.0 eV 及更小时，电荷态密度展示了一定的空间延展，电子极化不再可以忽略。铁电的量子理论即基于这一需求而发展起来，成为铁电材料加盟量子物质科学的敲门砖。现在的第一性原理计算理论已能给出离子极化和电子极化的各自贡献，为预测和设计窄带隙铁电材料奠定理论基础。过去二十年，铁电量子理论成功替代经典点电荷模型，成为铁电理论的核心。

（2）材料基因组工程。现代铁电量子理论和从头计算发展至今已有二十年，积累了大量数据和对铁电物理机制的深刻认识，从而给铁电材料的预测与设计拓展了一条新的路径：基于材料基因组工程的铁电材料设计与优化。这一新的分支悄悄兴起，包括深入细致梳理出决定铁电极化、压电、热释电和介电性能的基本材料基因序列，并正在循序渐进地构建大数据库与优化方法论，取得了初步进展。很显然，如果缺少铁电量子理论的支撑，决定铁电性能的材料基因组序列就难以建立起来。如此，这一分支的发展将是不完善的。国际上对铁电材料基因组的研究尚属方兴未艾之势，我国也有若干团队正在开展相关研究工作。

（3）铁电半导体与铁电金属。量子铁电材料的主要类别之一即是铁电半导体。铁电半导体材料并不都是新材料。事实上伴随铁电材料发展的历程，大量铁电半导体材料已经诞生。之所以未能受到关注，是因为按照传统铁电性能要求（带隙、大极化、稳定性和长寿命等），这些材料的价值未被认识到。随着光电技术向纵深发展，同时基于铁电与极性金属交叉研究的推动，铁电半导体概念就如磁性半导体一般显得很自然，电极化给半导体添加了一个不限于内生电场的调控自由度。而铁电量子理论的出现正好催生了铁电半导体材料的成长。当前，铁电半导体的研究主要集中于光电转换效应和半导体载流子输运的调控，处于快速发展阶段。铁电金属的概念在 20 世纪 60 年代就由安德森提出，更多是基于一种理论图像，却对铁电半导体甚至是超导电性有理论上的意义。

（4）二维铁电与超越铁电。量子铁电材料的主要类别之二是近几年兴起的铁电二维材料。经典铁电理论认为铁电尺寸效应不可避免。当铁电材料维度减小到单层二维时，巨大的退极化场将完全压制铁电极化。然而，过去几年已经预测和实验发现若干新颖的二维铁电材料，包括最难以获得的面外铁电极化也被实验观测到，令人印象深刻。这一新的进展使得超越铁电尺寸效应的二维铁电成为量子铁电材料的重要一类，关注点包括：能带结构及其平带化特征、极化稳定性物理、极化翻转动力学、二维铁电量子器件构筑等一系列重要科学问题。更有意义的是由此超越铁电的传统观念，包括演生出铁电极化与量子拓扑结构共存与相互调控、铁电超导电性等新概念、新效应的可能性。而最近的魔角石墨烯物理更是赋予二维铁电以新的启示。

总体而言，我国在铁电材料方向的研究水平已经可以与发达国家齐肩，研究队伍和硬件平台条件已经位居前列，在部分小分支上还实现了引领。但也存在几个很重要的短板：原创性理论成果少，引领性工作少，学科创新能力不强；注重材料工艺和材料学研究，缺乏上游新概念、新理论的工作；注重实验室应用基础研究，下游实际应用之路还较为狭窄。

## 三、铁电材料方向的关键科学技术问题与发展方向

继往开来，在二十年前的同行脑海中，铁电材料方向主要面向应用，包括铁电存储器、压电和高介电材料应用等几大可预见的成长领域。在十年前的同行脑海中，铁电材料方向多了多铁材料这一新分支，使得铁电物理有了以相互作用和电子结构为核心的量子内涵。而到了今天，伴随量子物质科学的展现与快速兴起，能看到铁电材料拥有了更深刻的物理内涵和新的发展空间，并蕴含了更为广阔的应用前景。在物理上，铁电材料演生了多铁性、铁电半导体和二维结构；在功能上，铁电材料展示了更快、更大、更低等电、力、热、光等新效应；在器件上，铁电材料催生了巨压电、柔性智能器件和MEMS 器件，并在铁电存储、阻变、电控磁性原型器件方面有所突破。

仔细梳理与归纳，如果不包括铁电与磁性共存耦合的多铁材料，铁电材料面向未来十年的关键问题和发展方向，可分为如下五个层面。

（1）量子理论新拓展。铁电量子理论和分析方法的必要性，源于极性半导体、极性金属等新的具有自发电极化材料的出现，更源于多铁材料的出现，以满足铁电材料研究快速发展的需求。未来铁电量子理论的拓展包括几个层

面。①通过对电子结构和声子结构的深入探索，寻求极性半导体的铁电和半导体共存、耦合及新物性的物理途径。②极性金属概念的出现极大拓宽了铁电物理领域的宽度，深化了自发电极化存在的范畴，赋予了量子调控铁电材料的新机遇。③顺应多序参量和多场耦合与精细调控的需求，铁电量子理论将进一步深化，以便将这些耦合与调控包括进去，形成具有更普适的铁电量子理论。④鉴于铁电唯象理论在铁电畴及其动力学研究中的重要意义，量子理论与唯象理论之间的对应与联系变得也很重要，这将是未来铁电现代理论追求的一个重要层面，应该给予重视。

（2）低维铁电新效应。早期对低维铁电的关注源于铁电极化的尺寸稳定性考量，随后微纳电子学的兴起也促进对低维铁电材料的深入研究。伴随二维材料兴起，陆续有范德瓦耳斯层状铁电材料出现，最近又有成功制备出单个晶胞厚度的钙钛矿氧化物铁电材料的尝试。

未来低维铁电材料的研究将沿着如下几条路线图发展。①在制备技术上，将发展各种不同的物理化学甚至力学剥离技术，制备维度可控、尺寸可控、特定功能可控的铁电材料，包括单原子层铁电材料、一维铁电链材料和各种维度极限材料。②低维铁电材料中电极化稳定性理论与极化翻转动力学问题，需要有更夯实的物理图像和定量化的理论分析方法。③可能更有物理价值的前沿探索是少数层二维铁电材料的新物理，包括弱耦合层间的平移、旋转、镜面翻转等变形自由度所蕴含的新效应、新理解和潜在应用。④低维材料因为至少一个维度趋于极限，其与其他金属、半导体、磁性、绝缘体组成的各种异质结的界面效应变得极为重要。包括界面调控、界面功能化和界面器件等问题的探索，将为二维铁电功能化和器件应用打下基础。

（3）铁电半导体新挑战。铁电半导体材料可能是传统铁电压电材料之外最有可能找到广泛应用的分支，这主要得益于光电半导体在现代信息社会中占有的主导地位。未来可以预期的铁电半导体研究，将主要关注于几个重大问题。①本征半导体中铁电自发极化稳定性问题：由于半导体载流子输运，实现稳定可控的铁电极化是极为困难的课题，迫切需要探索传统大带隙稳定极化电荷机制之外的新机制，能够对窄带隙体系的极化束缚电荷进行补充和稳定化。②铁电极化与半导体高载流子浓度和迁移率之间是相互排斥的，因此需要为铁电半导体寻求新的应用器件和场景，其中铁电极化如何调控半导体性能是核心和重点问题，如铁电光伏、铁电发光、铁电晶体管和铁电阻变器件等，都是重要的、值得深入探索的新分支。③铁电半导体在神经网络与类脑计算中的应用探索和新的存算一体化研究中，也展示了良好的前景。④铁电半导体付诸集成器件应用所面临的相容性、尺寸效应和界面问题等困难，是走向实际应用必须要加以重视和克服的问题。

（4）铁电量子新材料。量子拓扑材料过去十几年的快速崛起，为凝聚态物理的各个领域注入了量子拓扑的元素。特别是量子磁性拓扑材料，因为反常量子霍尔效应，在未来自旋电子学应用中变得极为重要。遗憾的是，在这一发展进程中，铁电材料扮演了落后的角色，其主要障碍即是铁电极化要求大的能带带隙，使得拓扑表面态（拓扑绝缘体）或者拓扑体态（外尔半金属等）的出现变成小概率事件。而且，除多铁外，铁电材料本身不涉及对电子自旋的利用，这也是铁电量子材料发展的瓶颈。铁电半导体和多铁性材料的出现，使得铁电与量子拓扑共存成为可能。铁电二维材料的出现，可能也使得追求诸如狄拉克半金属态不再是一个梦想。这些重要的观点和期待，使得铁电与量子拓扑联姻成为未来可期的新方向。事实上，铁电极化与超导序、拓扑序等共存与互调控问题，蕴含了深刻的物理。铁电软模还可能诱发超导库珀对形成。因此，铁电超导、铁电拓扑绝缘体、铁电外尔半金属等新材料，将成为构建铁电量子拓扑新材料的重要潜力股。

（5）铁电化学。传统意义下的铁电材料在热力学条件下势必在 $T_c$ 附近存在结构相变，即可通过温度调控实现不同量子态间的转变，且近百年来的研究也主要围绕温度驱动下的铁性结构相变。热力学体系下结构相变的机理主要为位移型和有序－无序型，该结构相变符合朗道唯象理论和居里对称性原理。近年来的研究表明，结构相变还可受压力、组成成分、磁场等外界条件驱动，但由于这些外界驱动条件大多为接触式的破坏性作用，与传统型热力学条件驱动下的铁电体相差甚微。长期以来，铁电体能否实现光学控制一直是科学界苦心钻研的命题。因为光辐射作为一种非接触、非破坏性的远程感应方式，势必将突破传统电场或应变场的限制，真正实现无接触式的无损高效存储。但光驱动的铁电体目前尚未在无机陶瓷及分子铁电体中发现。自 1920 年铁电性在罗息盐中被发现以来，至今尚未开发出可实现光开关的铁电体。值得注意的是，以水杨醛席夫碱为代表，存在一类重要的有机晶态材料在光驱动条件下可表现出光致变色现象。光致变色起因于光诱导的几何异构化，例如，反式–顺式或烯醇式–酮式异构化（图 5-1）。这有望在光驱动的条件下，实现烯醇式–酮式或反式–顺式间的转变，即“0”和“1”量子态间的转变，从而推动采用量子信息方式进行计算、编码和信息传输等。尽管光致变色晶体已引起广泛关注，但人们从未关注铁电性与光致异构化之间的关系。该结构异构化可以导致新的光致结构相变机理，有望在分子铁电体系中实现光驱动。若确保化合物结晶于 10 个极性点群之一，这类材料即可被认为是一种光可开关的铁电体，其极化将通过可逆的结构光异构化进行切换。以亚水杨基苯胺为例，它是一例典型的光致变色材料，同时也是一例光驱动下的分子铁电体。因此，光驱动分子铁电体的设计又可回归于“铁电化学”背景下的分子铁电设计，即通过化学的手段在朗道热力学框架体系下赋予材料极性。其中，采用具有单一手性的化合物可大大提高结晶于 10 个极性点群的概率。人们提出在朗道热力学框架体系下，采用具有单一手性的组分来构筑存在光致异构化现象的化合物，可有的放矢地实现光驱动下分子铁电体的定向设计。从而利用光辐射进行光擦（量子态“0”）和光写（量子态“1”）量子态间的转变。而这一光驱动分子铁电体的问世，将为量子通信、量子计算、量子雷达和量子博弈等领域带来重大突破。

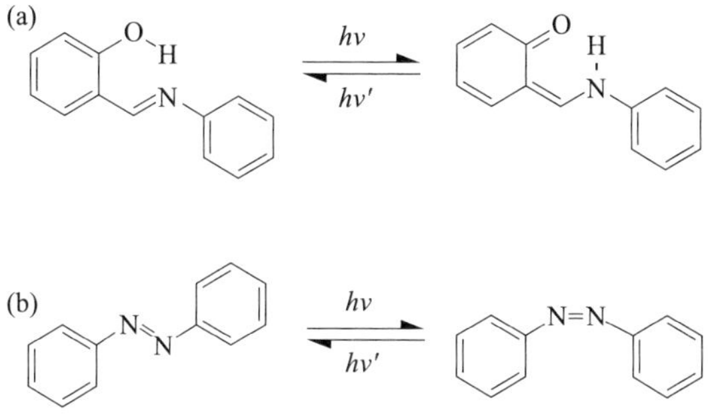

图 5-1　水杨醛席夫碱类（a）、偶氮苯类（b）化合物中的光致异构化

相较于现已成熟使用的蒸汽压缩制冷技术和已投入研究的磁致制冷技术，固态制冷技术具有设备小型化、运作无声化、能效高、环境友好等优势。虽然对于传统的薄膜陶瓷和聚合物铁电材料而言，较大的电热熵变和电热温度变化都可以实现，但它们的应用却依赖于极高的电场，这严重限制了这类材料的实际应用。值得注意的是，对于传统的分子铁电材料而言，在热力学驱

动下，晶体从高度无序态转变为高度有序态。这一量子态间的转变将产生极大的电热熵变，而该巨大熵变对于固态电热制冷是至关重要的。其中，分子铁电体还可实现从对称性最高的立方晶系到对称性最低的三斜晶系的转变，这一相变特性将带来巨大的熵变值，这是无机陶瓷和铁电聚合物所无可比拟的。与此同时，相态间的转变还可能引入量子状态下的涡旋畴结构，这对于量子信息产业是至关重要的。此外，其优异的电热特性还可归因于分子铁电材料所独有的较大的自发极化值、低的居里 – 外斯常数和较低的矫顽场。因此，发展具有大熵变值的分子铁电材料将有望解决固态制冷材料的“卡脖子”难题。

## 四、多铁性材料的科学意义与战略价值

多铁（multiferroics）材料是指材料中包含两种及两种以上铁性（包括铁电、铁磁、铁弹、铁涡）的基本性能。现在通常说的多铁材料，一般特指同时有铁电性和磁性的磁电材料。多铁材料研究的重要性不仅在于这些体系蕴藏丰富的物理，而且它们具有广阔的应用前景。物理上，通常的铁电和铁磁机制是不兼容的，只有特殊的机制才可能实现多种铁性的共存和相互耦合。多铁体系一般同时具有电荷、自旋、轨道、晶格等多个自由度，它们是研究这些自由度之间耦合规律的绝佳平台。应用上，一方面多铁材料多个铁序（如铁磁、铁电）的存在为实现高密度的多态存储提供了新途径。另一方面，多铁体系磁性和铁电之间的耦合（即磁电耦合）可能导致全新功能的器件。特别的是，基于多铁材料可能实现利用电场而不是磁场来控制磁性，在此基础上可以设计出更快、更小、更节能的新型存储和内存器件。此外，多铁材料还在传感器、光伏、光催化、电控自旋波器件、高频滤波器、高频电感器等方面有光明的应用前景。

## 五、多铁性材料的研究背景和现状

多铁材料的研究始于磁电效应。早在1894年居里（P. Curie）就从对称性出发预测自然界中存在磁电效应。1960年科学家们发现了单晶 $Cr_2O_3$ 在

80～330 K 的温度内存在磁电效应，由此引发了寻找磁电效应的热潮。1966 年，人们发现硼酸盐 $Ni_3B_7O_{13}I$ 单晶在低于 60 K 的温度以下同时具备弱铁磁性和铁电有序，并且在这一体系中观察到了磁电耦合效应，这是人类历史上发现的第一个多铁材料。1994 年，瑞士科学家施密德（Schmid）最早明确提出了多铁性材料的概念，指具有两种或两种以上初级铁性体特征的单相化合物。此间被发现具有磁电效应的材料还有 $Ti_2O_3$、$GaFeO_3$、若干磷酸盐和石榴石系列等。但由于实际应用驱动缺乏、低温条件限制、所涉及的耦合机制复杂等，所有相关研究随后步入近 30 年的低谷。

21 世纪初，多铁材料的研究开始复兴。2000 年，希尔（Hill）发表了题为“为什么磁性铁电体如此稀少”的论文，提出磁性和铁电性具有天生的互斥性：即产生磁性需要 d 轨道部分占据的过渡金属离子，而通常铁电性需要 d 轨道全空的过渡金属离子，从而阐明了多铁体系如此匮乏的物理机制。因此，磁性与铁电性在一种材料中共存甚至耦合需要新的物理机制。2003 年发表的两篇文章成为多铁性研究复兴的催化剂。这两项工作之一报道了外延 $BiFeO_3$（BFO）制备与多铁性表征，发现 BFO 外延薄膜具有很大的铁电极化强度，可以媲美传统铁电体。并且，薄膜 BFO 与体相 BFO 不同，它还具有自发磁化。在另一项工作里，东京大学研究组发现正交结构稀土锰氧化物 $TbMnO_3$ 单晶具有磁序诱导的铁电性，并且其铁电极化方向可以在磁场控制下从晶体 $c$ 方向翻转到 $a$ 方向。这两个工作之后，多铁性的研究进入了一个蓬勃发展的新阶段。2005 年以来，在素有材料研究领域“风向标”之称的美国材料研究学会系列会议上，每年大会都将“多铁性与磁电”列为大会的分会之一，吸引了众多研究者参与和关注。

下面分几个方面介绍多铁材料的最新研究进展。

（1）新多铁体系及多铁性新机制研究。霍姆斯基（Khomskii）把多铁材料分为两类。在第Ⅰ类多铁材料中，铁电极化通常源于晶格自发对称破缺，而磁性来源于离子 d 轨道部分填充。两种铁性来源不同，因此铁性耦合较弱。而在第Ⅱ类多铁材料中，铁电性与磁性的来源一致，铁电极化源于特殊磁结构导致的对称性破缺，所以第Ⅱ类多铁材料的磁电耦合效应很强。

目前已发现了多种机制可以导致第Ⅰ类多铁材料的铁电性，被研究最多的多铁材料 BFO 的铁电性即源于 $Bi^{3+}$ 的孤对电子。非本征铁电性是实现铁电和磁性共存的另外一种途径。在非本征铁电体中，铁电模式本身不是失稳的，其铁电性源自非极性模式和铁电模式的耦合。具有非本征铁电性的多铁材料包括六角 $YMnO_3$、六角 $LuFeO_3$、$Ca_3Mn_2O_7$。人们还发现电荷有序的排列方式可能破坏了空间反演对称性，从而导致铁电性。最初具有混合化合价的 $LuFe_2O_4$ 被认为是电荷序导致铁电性的典型多铁材料，不过后来有人对其铁电性提出了质疑。锰氧化物 $Pr_{1-x}Ca_xMnO_3$ 和反式尖晶石型 $Fe_3O_4$ 中的电荷序也可能导致铁电性。

在第Ⅱ类多铁材料 $TbMnO_3$ 中发现磁场翻转铁电极化后，类似物理现象随后在其他正交钙钛矿结构 $RMnO_3$、$RMn_2O_5$、$LiCu_2O_2$、$MnWO_4$ 等诸多氧化物中被广泛观察到，其中南京大学发现的 $CaMn_7O_{12}$ 还具有大的自旋诱导的电极化。目前这一家族成员已有 80 个以上。第Ⅱ类多铁材料中铁电产生机制是多铁性物理的核心问题之一。为了解释非共线磁性诱导的铁电极化，研究人员提出了贾拉辛斯基－守古逆相互作用机制，即体系电荷密度的极性畸变和原子位置极性位移有利于降低体系的 DM 自旋相互作用能量。对于特殊共线磁性导致的铁电性，铁电极化的出现有利于降低体系的自旋对称交换相互作用能量，即所谓的交换收缩机制。除此以外，人们还提出了一种单个磁性离子的“自旋依赖的 p-d 杂化机制”来解释 $BaCo_2Ge_2O_7$ 等多铁体系的铁电性。国内在这方面也做出了贡献，比如复旦大学团队提出了自旋序诱导铁电性的统一极化模型。该模型不仅包含了之前的微观机制，而且进一步推广了之前的模型，使得该模型可以解释之前模型不能理解的实验现象（如三角格子体系的螺旋式非共线磁序导致的铁电性）。

（2）多铁体系畴壁研究。多铁体系存在各种各样的铁电畴、磁畴，这些畴之间的畴壁成为蕴含丰富物理效应之所在。研究多铁体系畴壁的重要性不仅在于磁电耦合最终源于它的单个磁畴和铁电畴之间的耦合，而且多铁畴壁本身可能具有奇异的性质，从而可能被用于实现新的功能器件。在第Ⅰ类多铁 $YMnO_3$ 体系里，基于单畴的对称性分析认为铁电和反铁磁畴之间没有耦合。但出人意料的是，实验发现任何铁电畴壁的出现必然伴随着相同位置反铁磁畴壁的出现。在这类体系里还发现了多铁畴涡旋结构，且这样的涡旋 / 反涡旋总是成对出现、具有拓扑保护性。在 BFO 体系的畴壁也发现了有趣的现象，包括劳伦斯伯克利国家实验室在 BFO 薄膜的 180°和 109°铁电畴壁上观察到了室温导电现象。北京师范大学团队发现 BFO 薄膜的菱形相和四方相之间的畴壁上具有增强的铁磁性，华南师范大学团队则在 BFO 中观测到新奇的拓扑中心畴和畴壁金属导电性通道。

（3）新型元激发及新奇光学性质研究。由于磁电耦合，多铁材料不仅具有优异基态性质，而且可能存在奇特的元激发行为。比如，可能存在一种同晶格自由度（声子）紧密耦合的自旋元激发——电激活的磁振子或电磁振子。最初在多铁性正交 $TbMnO_3$ 和 $GdMnO_3$ 中观察到了电磁振子现象，后来在其他多铁材料和一些非多铁的磁电材料中也观察到了这种现象。多铁体系的新型元激发可能导致体系具有特殊的光学性质。比如，在多铁体系 $Eu_{0.55}Y_{0.45}MnO_3$ 和 $Ba_2CoGe_2O_7$ 发现了非互易方向二向色性，在 $CuFe_{1-x}Ga_xO_2$（$x = 0.035$）体系发现了磁手性二色性。

（4）复相多铁体系研究。当前多铁材料研究的主体是单相多铁材料，但单相多铁性材料仍然不能实现在室温下明显铁电 – 铁磁共存与强耦合。实际上，实现这种室温共存与耦合的一个直接途径是利用复相多铁材料。早在 1972 年，利用界面将压电材料与磁致伸缩材料复合的思路被提出，1994 年发展出了非线性格林函数理论来处理两组铁性参量间的本构方程。磁电复合材料研究的高潮开始于 2001 年。清华大学研究小组预测 Terfenol-D（一种稀土超磁致伸缩材料）与铁电高分子材料或与 PZT 陶瓷的复合材料中会产生巨大的磁电效应，即所谓的复合巨磁电效应。随后美国学者实验上观察到了这种室温巨磁电效应。自此，磁电复合材料及其应用研究得到了迅速发展。

（5）低维多铁体系研究。为了在微电子器件中集成多铁性，需要先获得纳米多铁体系（尤其是二维薄膜多铁体系），因此低维体系的多铁性已成为多铁领域的重要研究课题。目前这方面的研究还主要集中在理论方面。比如华中科技大学、东南大学、复旦大学、南京理工大学等团队预言了一些二维单相多铁材料。加利福尼亚大学伯克利分校设计出基于范德瓦耳斯铁电和铁磁材料的二维复相多铁体系 $In_2Se_3/Cr_2Ge_2Te_6$，预言电场可以通过反转 $In_2Se_3$ 的铁电极化来调控 $Cr_2Ge_2Te_6$ 的磁性。实验方面的进展还不多，最近比较重要的发现包括南京大学团队及合作者发现在二维极限下，自由的 BFO 薄膜还具有可以被电场反转的巨大电极化，表明在纳米尺度下铁电性可以稳定存在，相关磁电效应研究正是研究前沿。

## 六、多铁性材料的关键科学技术问题与发展方向

通过国内外学者的不懈努力，多铁性研究已经取得了很大进展。比如英特尔公司最近提出了基于多铁材料的磁电自旋–轨道（magnetoelectric spin-orbit，MESO）晶体管。这是多年来第一次有人提供了一种可信的、革命性的CMOS替代方案，有望实现人工智能处理能力的巨大飞跃。但是，多铁材料（特别是单相多铁材料）离大规模的实际应用还有较大的距离，其未来发展战略方向主要有三个：新体系（包括室温多铁性新化合物、异质结构）发现，新现象和新机制的探索，新磁电器件的开发与应用。

下面阐述多铁领域亟须解决的重要科学问题。

（1）新室温多铁材料的发现。目前，已发现的室温多铁性化合物种类极其有限，而且磁电耦合弱、损耗大。第Ⅱ类多铁性材料虽被认为具有较大的本征磁电耦合效应，但通常其铁电居里温度远低于室温且电极化太小。如何获得具有强磁电耦合的室温多铁性新化合物是一个重大挑战。

为了实现多铁材料在新型内存等方面的应用，除了在室温下具有强磁电耦合效应以外，它们还必须具备以下优良特性：大的自发磁化，最好只包含便宜的元素，不含有毒元素，能量损耗小，漏电流低，容易大规模合成，在芯片上集成方便，在微纳尺度保持多铁性，铁电极化的翻转电场小于100mV等。寻找高性能多铁材料的可能途径包括：通过应力、合金化等手段设计钙钛矿超晶格体系的多铁性。由于非本征铁电性可以与铁磁性/亚铁磁性兼容，因此可以基于非本征铁电性设计多铁材料。目前已有研究表明有机电荷转移体系或有机–无机杂化体系具有多铁性，通过合适选择有机分子和金属离子有可能获得柔性室温多铁性材料。利用化学无序等方式稳定第Ⅱ类多铁体系的非共线磁序，从而提高铁电居里温度。利用电荷序、轨道序破坏中心反演实现多铁性。发现新的多铁性机制，并在此基础上设计高性能多铁材料。

（2）多铁体系畴及畴壁的调控。理解和调控多铁体系铁电畴/磁畴及畴壁的动力学过程对于多铁器件的设计和优化非常重要。亟须解决的问题包括：多铁体系的铁电畴/磁畴及畴壁在电场/磁场下随时间是如何演化的？电场反转铁电畴的过程中，磁畴经历什么样的动力学过程？基于非本征铁电性的多铁体系的铁电畴反转的机理是什么？电场反转铁电畴的速度极限是什么？能

否在皮秒量级内反转铁电 / 磁序参量，实现基于多铁体系的高速内存？能否基于磁电耦合效应利用电场移动磁畴壁？能否基于多铁体系的畴壁实现新功能器件（如可重构电路）？虽然最近我国科学家利用激光实现了 BFO 中铁电畴的调控，但是多铁体系畴及畴壁的光调控的机理仍不清楚，能否实现多铁体系铁电畴 / 磁畴全光学调控也是非常值得探索的。

（3）复相多铁材料研究。迄今已有许多复相多铁材料表现出了室温巨磁电效应，使得它们已具备实用化的潜力。但在元器件应用研究方面仍处于初期阶段，还有很多基础和技术问题没有解决，离广泛实用化还有一段距离。同时，元器件的发展又对材料提出了新的更高的要求和新问题：①复相多铁材料与元器件的耐久性、温度稳定性等，对于器件的设计、使用和可靠性至关重要。但是目前对这方面知之甚少。②为了进一步提升器件性能，能否找到压磁效应和压电效应更强的材料？③已有磁性材料在应变下可能发生铁磁 – 反铁磁转变，但其温度偏离室温较远。能否找到新磁性材料或通过合金化等手段改性已有体系，使得铁磁 – 反铁磁转变温度接近室温？

（4）多铁体系中的拓扑结构研究。拓扑结构如斯格明子由于受到拓扑保护，其具有较高的稳定性，被广泛认为是一种具有高速度、高密度、低能耗等特点的非易性存储器件中的信息载体。已经在一些具有强 DM 相互作用的金属磁性体系中发现了自旋斯格明子，其中斯格明子的状态可以被电流控制。最近有实验发现绝缘多铁体系 $Cu_2OSeO_3$ 也存在自旋斯格明子。一个很有趣的问题是：能否利用多铁体系的磁电耦合来实现电场调控拓扑结构，从而大大减小之前利用电流驱动自旋斯格明子所需的能耗？另外，还有其他两种途径可能实现利用电场调控拓扑结构。理论上预言了纳米铁电体系的极化涡旋和极化斯格明子态，其中极化涡旋已在 $SrTiO_3/PbTiO_3$ 超晶格中被实验证实。如果能在单相多铁体系得到自旋 – 极化涡旋或自旋 – 极化斯格明子（即一个单独的拓扑结构里同时存在自旋和极化自由度），就可能实现利用电场调控拓扑结构的特征（如拓扑电荷）。另一方面，在铁电 / 磁性异质结中，能否利用电场调控铁电相的电极化，从而调控磁性体系中的自旋斯格明子的行为？这方面最近有华南师范大学团队取得了很好的进展。

（5）理论方法发展方面。虽然基于密度泛函理论的第一性原理方法已经在多铁材料研究方面发挥了巨大的作用，但是由于其计算量过大，需要发展能处理更大体系、模拟更长时间的新方法。一方面，人工智能方法已经在图像处理、语音识别、蛋白质折叠等方面取得了重要突破，可以预期人工智能方法将在多铁材料研究方面做出重要贡献。比如，基于人工智能方法探究多铁体系畴壁在外场（电场、磁场、光场）下的演化行为，或逆向设计出高性能的多铁材料。另一方面，基于第一性原理的有效哈密顿量方法已经在钙钛矿铁电和多铁体系的热力学和动力学性质研究方面取得了重要进展，需要进一步发展适用于所有结构体系的通用方法、同时包括电子自由度（如轨道和电荷）和晶格自由度（包括分子转动）的多尺度方法、计算多铁体系磁电耦合强度（包括动态磁电耦合）的新方法，以及可以描述强场激发下多铁体系中非平衡过程的高效方法。

# 第五节　电子相分离及演生功能

## 一、科学意义与战略价值

近几十年来，关联电子材料是凝聚态物理的研究热点之一，在该类材料中，自旋、电荷、轨道以及晶格自由度有着强烈的耦合，导致各种不同的量子序（如自旋序、电荷序、超导序、轨道序、拓扑序等）在能量上十分接近，相互竞争而呈现出相分离的特性（Dagotto，2005）。例如，铁基超导体中存在电荷序和超导序相互共存，铜基高温超导体中存在着反铁磁序和电荷序共存，庞磁阻锰氧化物和钒氧化物中存在着金属和绝缘相的共存，弛豫型铁电体中存在着弥散性相变等。在这些不同的体系中，电子相分离的空间尺度可以从几个纳米到几个微米，其动力学过程亦是纷繁复杂。理论和实验上都发现，电子相分离现象与关联电子体系中诸多新奇物性和演生量子态产生有紧密的关联，因此对电子相分离的研究极其重要。

由于电子相分离材料中不同量子序之间的能量非常接近，因此，利用光、电、磁、应力等外场可实现磁、电等物性的大幅调控。这一多场调控特性也为新一代电子器件的构筑提供了更多可能。特别是在近几年，以电子相分离的多量子态共存及其相互作用作为载体，可以构造非易失性信息存储、布尔逻辑运算和人工神经网络等多功能原型器件。这些器件往往在功耗、效率、运算速度和器件尺寸等方面具有独特的优势，有望在未来信息技术中发挥核心作用。

## 二、研究背景和现状

由于电子间的强关联相互作用，即便是单晶材料，电子态在空间的分布也常常是不均匀的，并形成具有特征尺度的电子畴。随着技术手段的不断发展，相分离现象在关联电子体系中被普遍地观测到，并对体系的物性理解和机理阐释提供了核心依据。例如，在锰氧化物中，随着稀土元素的不同掺杂，可以观测到一系列不同尺寸的电子相分离现象。最典型的例子就是（$La_{1-y}Pr_y$）$_{1-x}Ca_{3/8}MnO_3$ 中铁磁金属相和电荷有序绝缘相的共存现象，这一现象是体系出现金属－绝缘体相变和庞磁阻效应的根本原因（Uehara et al., 1999）。类似地，铁基、铜基超导、莫特绝缘体钒氧化物、磁性金属合金体系和多铁体系中的多相共存现象对各自体系的宏观物性和物理图像都起着至关重要的作用。

对于电子相分离的调控是近二十年来凝聚态物理的核心方向之一。电子相分离体系中电荷、自旋、轨道和晶格等多自由度紧密关联，使不同相之间的能量相差极小，对任一自由度的微小改变，都可能因为自由度之间的强烈耦合引起其他自由度激烈的非线性响应，达到“牵一发而动全身”的效果。

（1）多场调控：电场、磁场、应力场和光场等外界因素是人工调控电子相分离特性的基本手段，可以实现对不同电荷序和自旋序在时空域的协同调控。人工调控常表现为不同序参量之间的相互转换，例如，金属－绝缘体相变、反铁磁－铁磁相变、莫特相变、结构相变等，进而调控相分离电子畴的相对比例、形状、排布、面积和动力学性质。从宏观性质来看，外场调控可以引起电导率、磁矩、光吸收率、磁电耦合效应等的巨大变化，这些宏观物性的变化是电子相分离体系通往器件应用的重要一环。值得注意的是，外场不仅可以实现不同相之间共存状态的相互转换，还可诱导出新的物相，如光场诱导的稳态金属–绝缘纳米混合相等。这些发现有助于相分离物理机理的理解和对物质中“隐藏量子态”的进一步探索。

（2）空间限域调控：电子之间的相互作用具有一个特征长度，当材料的空间尺寸和维度接近这个特征长度时，其相互作用和物理性质都可能发生根本变化。对相分离体系而言，当把材料的空间尺度缩小到与电子畴的尺度可比拟的时候，其量子涨落、热扰动和边界条件等因素对于体系的相分离现象将变得非常显著，并演生出新奇的量子现象。例如，在庞磁阻锰氧化物纳米线中观测到了双重金属–绝缘体相变、边缘态、隧穿磁阻、磁熵增加、强淬火无序效应；在钒氧化物纳米线中观测到金属–绝缘畴有序间隔排布；在锰氧化物纳米岛中观察到多畴量子态到单畴量子态的演变等现象。这些限域条件下物性为开发新型微纳电子器件提供了物理支持。

（3）超快调控：超短（高强度）激光脉冲可以在超快时间尺度上改变电子相分离材料的宏观特性，越来越多超快时间分辨的实验研究相分离体系从飞秒到纳秒不同时间尺度的动力学过程，及形成瞬态的隐藏相。实验表明，飞秒激光可在顺磁材料中诱导隐藏的铁磁相、在超导材料中诱导瞬态绝缘相等，这些物相在基态中从未出现，展现出与众不同的物理性质。此外，利用超快激光选择性激发晶格振动模式，可以诱导超导、绝缘–金属相变以及抑制磁和电荷有序相。例如，用中红外超快激光直接激发 $Pr_{0.7}Ca_{0.3}MnO_3$ 晶体振动谱中一个 71 meV（17 THz）的声子模式时，材料中观测到一个从稳定的绝缘相变成亚稳定的金属相的超快非平衡电子相变，这个过程中伴随着电阻率五个数量级的减小；在铜氧化物 $La_{1.675}Eu_{0.2}Sr_{0.125}CuO_4$ 中，用波长为 15 μm 的中红外飞秒激光脉冲可以共振激发面内波数近 600 $cm^{-1}$ 的 Cu—O 拉伸振动模式，可以将条纹状有序相为基态的非超导体转化成瞬态的三维超导体。这些研究提供了一个直接通过声子控制相分离物性的新方法。

在协同调控的基础上，基于电子相分离特性的器件构筑已成为量子调控和新一代自旋电子学器件的主流研究方向之一。

（1）在基于电学特性的器件中，其核心思路是利用外界刺激所带来的渗流效应形成局域化的导电通道，通过对局域电阻态的控制来实现存算和人工神经网络等功能。例如，在阻变存储器领域，传统器件主要利用离子迁移效应来实现阻变存储；而利用二氧化钒（$VO_2$）等具有相分离特性的体系则可实现基于金属–绝缘体相变的阻变存储器。这些器件往往可以在小电压下实现几个数量级的电阻率变化，使器件容错率大幅提高；并且，通过电场、光场等多场协同诱导，为阻变调控提供了更多维度；更重要的是，其相变响应速度可达到亚皮秒量级，可大大提高信息处理速度。在存算一体架构的研究方面，利用局域电场可以实现锰氧化物中铁磁金属畴和反铁磁绝缘畴的调制，实现超低电流密度、高速且多比特的存算一体构架。在场效应晶体管领域，在界面二维自由电子气中，可利用原子力显微镜针尖在纳米尺度下实现电场诱导的金属–绝缘体相变，并由此设计了场效应管、双隧道结、单电子晶体管、“水循环”可擦写等器件制备。这些器件应用目前仍在不断发展演变中。

（2）在基于磁学特性的器件中，利用外场对铁磁、反铁磁畴的面积、方向和排布进行调控，可实现概念新颖的自旋电子学器件。例如，在有机自旋阀领域，利用相分离材料 $(La_{2/3}Pr_{1/3})_{5/8}Ca_{3/8}MnO_3$ 作为底电极，可利用磁场调控铁磁相比例，并实现高达 440% 的非易失性磁电阻率，超越了之前 300% 磁电阻率的长期瓶颈；利用 $La_{0.67}Sr_{0.33}MnO_3$ 薄膜的磁畴条纹现象，首次实现了电流驱动的自旋波“开关”器件。这些发现对于利用空间共存的有序电、磁畴的多功能调控和器件制备具有前瞻性的意义。

目前，我国在这一领域的诸多研究中均处于国际前沿地位。特别是在多场调控和空间限域方向上处于世界领先地位，电子相分离体系在低维尺度下的边缘态、磁熵增加、多畴–单畴相变等现象均由我国学者首次发现。在器件研究方面，基于电子相分离特性的存算一体构架、超大磁阻自旋阀、自旋波开关等特性也均为国内原创。相对而言，利用相分离效应构筑新型人工神经网络器件也是国内和国际的研究热点，目前我国仍处于“跟跑”态势。

## 三、关键科学、技术问题与发展方向

尽管我国在电子相分离体系的研究中已取得诸多重要进展，目前仍存在许多关键科学和技术问题急需攻关。这些问题的探索不仅在物理机制层面可以对相分离现象有着更深层次的理解，更可以在器件和应用层面建立“从 0 到 1”的突破。目前，基于相分离特性的“后摩尔时代”电子器件已成为国际上的重要分支。在这一趋势下，我国需要在未来十五年集中力量进行科技攻关，力争在国际上获得领先地位。

（1）电子相分离机制的共性理解。尽管不同材料体系的相分离现象研究已较为成熟，对于相分离机制的探讨仍处于各自为营的阶段。在锰氧化物中，淬火无序性、长程弹性应变和金兹伯格–朗道理论是解释大尺度电子相分离的主流；在钒氧化物中，相分离的出现是否源于莫特绝缘体仍是该领域的核心问题之一；而在高温超导铜氧化物中，其相分离机制以及与超导态、赝能隙的关联仍未达成共识。因此，这些体系的相分离现象是否存在现象和机理上的共通性仍是核心科学问题，并且对相分离体系的演生功能（如调控空间中不同超导区域的相位相干性等）具有前瞻性意义。

这一问题很大程度上来源于相分离尺度和实验手段的适用性。实验上，锰氧化物、钒氧化物的相分离表征主要集中在介观尺度（如磁力显微镜、扫描微波阻抗显微镜等），而铜氧化物则主要在微观尺度上进行（如 STM 等）。因此，对于相分离尺度的调控、结合不同的探测手段以及理论计算将是解决这一科学难题的重要途径。

（2）基于相分离的超快磁性调控。当前磁性存储和逻辑器件都工作在 GHz 频率的磁化翻转速度。为实现更高频率的工作速度，我们需要研究新的磁转化机制和调控技术。而相分离关联材料中，飞秒激光激发电子态之间的相干性，可以瞬间破坏竞争物相间的微妙平衡，实现磁有序结构的超快转换。因此，相分离材料在这一领域有着重要的发展前景。初步实验表明，100～200 fs 的激光可诱导相分离锰氧化物中的反铁磁–铁磁相变，对于非平衡磁性相变而言，百飞秒是一个非常短的时间，在该时间里脉冲激光的极化仍与自旋相互作用。在飞秒激光脉冲时间里发展出来的铁磁相关性表明：在光作用的初始阶段存在量子相干磁性区域，是来自超快量子自旋波动的驱动，与多体电子态的相干叠加有关，是磁性转换的新原理。因此，这一远离平衡态的多体问题包含量子相干，强关联和非线性这三者的相互作用，目前仍缺乏清晰的理解。对这一方向的研究将对量子计算和低能耗快速磁存储等方面起到重要作用。

除此之外，考虑到磁性材料中自旋间的主要相互作用是交换相互作用，通过超快激光控制相分离体系中的交换相互作用可能成为调控自旋最快的途径。另外，由于光和自旋间缺乏一阶相互作用，物质的磁性只能被光间接影响，通常在光激发后的较长时间里自旋结构才会重新排列。有研究提出在初始非易失的时域里直接利用光场相干操控自旋的动力学过程和宏观磁矩，建立光频作为未来相干自旋电子学器件（如自旋晶体管和自旋存储器）运行速度的极限。

（3）基于相分离特性的人工神经网络器件。相分离体系在类脑计算和人工智能领域的应用是一个正蓬勃发展的新领域。传统的冯·诺依曼架构模式受限于存储器与运算器之间的数据传输，而人脑的最基本单元——神经突触是同时进行存储和运算。因此硬件化人工神经网络是近些年来的研究热点。相分离材料的发展则为这一领域提供了新的视角。在低维尺度下，相分离材料中相继发现了电子畴尺度、空间分布的随机性、相变临界涨落现象、电致阻变效应和栅压调控，这已经构成了模拟生物神经元的所有基本要素。由于电子关联效应所产生的演生现象，其晶体结构、化学成分并不发生变化，它既可以用电流脉冲产生随机性较大的阻变，又可以用栅极电压产生随机性较小的阻变。当把两者结合到一起的时候，就可以更好地模拟生物神经元整合多端输入兴奋性的特性，以及节点之间的突触连接的强弱调整，使其能够在纷繁复杂的背景信号中选择有共性的那一部分，共振放大，挑选出最有效的信号。通过对脉冲电流阻变和脉冲电压阻变两者的结合，以及对系统温度、外加磁场的调节，有可能实现对于神经调质以及网络状态调控等的模拟，从而对设计更加灵活、更有适应能力的人工信息处理系统提供有益的启示。目前，基于电子相分离中两相随机相变以及阈值特性所制备的硬件化神经元已经初见端倪，并在数字识别等功能上展现出低能耗、小尺寸等优越特性。

可以预见，这一方向的发展将解决未来信息技术领域中的一些实际难题，并与我国科技规划息息相关。因此，该方向的优先发展将有可能使我国在量子调控和新一代器件领域实现重要突破。

在芯片密度不断提升并引领人类计算力一步步革新的同时，芯片工艺的进一步发展已然遇到了基础物理的瓶颈——原子尺度的芯片不可避免地具有量子物理特性。在此大背景下，量子材料与器件是量子信息科技发展的基础，而电子相分离体系的多自由度耦合特性和对外场调控的超敏响应将在量子器件的发展中扮演重要角色。以多场调控电子相共存特性为核心原理的高速存算一体和人工神经网络器件和集成应是目前我国的优先发展领域。

# 第六节　忆阻材料及其应用

## 一、科学意义与战略价值

忆阻材料（memristive material）是指材料的电阻在外电场作用下可被调节至多个电阻状态，并且在调节过程中具有一定记忆能力的材料。忆阻材料的电阻变化的物理机制可以多种多样，包括氧化还原反应、电化学过程、相变、铁电极化翻转、磁矩转动等，蕴含着丰富的基础科学问题。将忆阻材料的上、下两端制备电极，就构成了忆阻器。忆阻器既可以用于非易失信息存储，又可以实现逻辑运算功能，还可以作为基础器件用来构建具有非冯·诺依曼架构的新型计算系统。相比于传统半导体 CMOS 器件，忆阻器具有快速、高密度、低功耗、非易性以及存储 / 计算于一体等特点。通过制备大规模忆阻器阵列并开发相应的 CMOS 集成工艺与外围控制电路，忆阻器可用于执行具有存算一体特征的神经形态计算、模拟计算、数字逻辑计算、随机计算等功能，并在计算能效和占用面积的表现上优于传统冯·诺依曼架构系统。因此，忆阻材料从底层材料和器件层面为研制高性能计算系统提供了新的硬件途径，有望在新型非易失性存储器、高速和高能效计算、智能传感器和人工智能芯片等领域发挥重要的作用，解决未来信息化、智能化社会所面临的海量非结构化数据处理问题。

## 二、研究背景和现状

忆阻材料的研究与忆阻器的提出与应用密切相关。1971 年，蔡少棠（Leon Chua）等根据电流、电压、电荷和磁通四个基本变量的对称性关系，提出应该存在除电阻、电容和电感之外的第四个基本电路元件，称为忆阻器。1976 年，他们将忆阻器的定义拓展至更广泛的非线性动力学系统，称为忆阻系统。这类系统的典型特征是具有在原点钉扎的电流－电压回滞曲线。2008年，美国惠普实验室发现在具有电致阻变效应的 Pt/$TiO_2$/Pt 阻变存储器的电流－电压特性符合忆阻器的特征，由此引发了国际上对忆阻器的关注。随后，人们进一步意识到，基于硫系化合物晶态－非晶态转变的相变存储器以及基于快离子电解质的电化学离子晶体管等多种存储器件的电阻变化特性，都可以统一地用忆阻器的概念来描述。2010 年，惠普实验室进一步证明忆阻器除了具有存储功能外，还可以进行布尔逻辑运算。同年，美国密歇根州立大学研究人员证明忆阻器的这种存储及计算功能与生物大脑中的神经突触功能相似，可用于研制具有存算一体功能的神经形态计算器件，进而构建具有非冯•诺依曼架构的类脑计算系统。在最近的十年间，基于忆阻器的存内计算研究层出不穷，吸引了各大半导体芯片公司和科研机构的关注，已经从材料和器件的研究逐步延伸至集成、电路、算法、架构和芯片系统等多个层面。例如，台湾清华大学与台湾积体电路制造股份有限公司分别于 2019 年和 2020 年发布了基于 55nm 4Mb 和 22nm 2Mb 忆阻器的存内计算芯片，能效达到 53.19 TOPS/W 和 121 TOPS/W；日本松下半导体于 2018 年发布了基于 40nm 4Mb 忆阻器的存内计算芯片，能效达到 66.5 TOPS/W；佐治亚理工学院与台湾积体电路制造股份有限公司合作于 2021 年发布了基于 40nm 64kb 忆阻器的存内计算芯片，能效达到 56.67 TOPS/W。目前，这些新型存内计算技术受忆阻器的工作能耗、稳定性、可靠性等性能的限制，距离商业化还有一定距离，需要从忆阻材料层面出发，深入理解忆阻物理机制，并结合电路、算法等其他层面的需求协同优化忆阻材料体系和忆阻器的电学特性。

根据阻变物理机理来划分，当前关于忆阻材料和忆阻器的研究主要包括以下四个方面。

（1）氧化还原忆阻器。此类忆阻器涉及的材料主要有两类：一类是基于金属阳离子缺陷（如 $Cu^+$、$Ag^+$ 等）的迁移，常用材料包括 Cu:$SiO_2$、Ag:$SiO_2$、Ag:$Ag_2S$ 等；另一类是基于阴离子缺陷的迁移（如氧空位），常用材料包括 $TiO_x$、$TaO_x$、$HfO_x$ 等。目前基于阳离子缺陷的忆阻器还停留在小规模的阵列阶段；基于阴离子缺陷迁移忆阻器已经实现了基于 14nm FinFet 平台集成的 RRAM 芯片，器件尺寸达到 100 nm，器件密度达到 14.8 Mb/mm$^2$，单元能耗最小可以做到 0.1 pJ 以下，并且实现了 8 层的三维集成验证，被认为是

40 nm 以下嵌入式存储的一个有效的解决方案。

（2）相变忆阻器。此类忆阻器涉及的材料主要是 Ge-Sb-Te 硫系化合物。这类材料体系的晶态和非晶态的电学和光学性能差异很大，并且在电场或热场驱动下具有非常快速（小于 1ns）的晶态－非晶态转变特性，因此可用于制备忆阻器件。目前相变忆阻器的大规模制备已经实现。如英特尔采用 20 nm 工艺制造的相变忆阻器芯片的容量达到 512 Gb，利用 4 层堆叠结构实现海量存储，其速度是 Flash 的 1000 倍，密度是 DRAM 的 4 倍。由于相变忆阻器的擦过程需要熔化材料，目前操作功耗较高，在 10 nJ 量级。

（3）电化学忆阻器。这类忆阻器的结构和工作模式与传统场效应管结构相似，即通过栅极电压来调节晶体管沟道电阻。所不同的是，电化学忆阻器采用含有可动离子的电解质材料（如离子液体、Nafion、LiPON 等）作为栅隔离层，采用可供离子插入/抽出的半导体材料（如 $LiCoO_2$、$MoO_3$、$WO_3$ 等）作为沟道层。在栅电压作用下，可动离子可插入沟道中形成掺杂，使得沟道电阻变化并且具有记忆效应。这种沟道电阻变化来自于沟道离子掺杂浓度的变化，不需要产生导电通道，并且电阻变化不需要经历电形成过程，可控性强，稳定性好，更易于实现电阻状态线性连续调节。此外，数据可以通过栅极写入而通过源极和漏极进行读取，即数据写入势垒和数据保持势垒是分离的，因此可以进一步提高器件电阻，降低工作电流和能耗。目前已证明电化学忆阻器可以在小于 10 nA 的电流下工作，工作能耗达到 50 fJ，接近生物神经突触的水平（10～100 fJ）。电化学忆阻器这种良好的忆阻特性非常适合边缘计算系统，特别是与传感器件结合构成智能感知系统。

（4）铁电忆阻器。利用铁电材料可以制备铁电隧道结（FTJ）和铁电场效应管（FeFET）两类铁电忆阻器件。其中铁电隧道结具有金属 / 铁电材料 / 金属三明治结构，通过铁电极化调节界面肖特基势垒来调节器件的电阻。铁电场效应管是三端结构，利用铁电材料作为栅介质层，通过铁电极化电荷来调节沟道电阻。目前这两种铁电忆阻器件都已经实现了电阻连续可调、高缩放性和低能耗等存内计算的需求。除了传统的 $BaTiO_3$、$PbZrTiO_3$、$SrBiTaO_3$ 等钙钛矿氧化物外，2011 年出现的掺杂氧化铪基铁电材料逐渐成为人们关注的焦点。传统钙钛矿铁电材料由于矫顽场较小，在厚度小于 200 nm 时，铁电性会由于退极化场的作用而衰退或消失，阻碍了铁电忆阻器件的进一步微缩。掺杂氧化铪基铁电材料具有更高的矫顽场（约 MV/cm），并且具有良好的 CMOS 工艺兼容性和可微缩性，在大规模铁电忆阻器件集成方面具有很大的潜力。

我国在忆阻材料、物理机制和忆阻器单元器件性能优化方面起步较早，取得过具有国际影响力的研究成果，但是在 CMOS 兼容的忆阻材料开发和电学性能调控方面缺乏理论指导。忆阻材料的物理机制研究仍然是一个长期挑战。此外，忆阻器件的研究还未能与存内计算技术涉及的算法、架构和系统等层面很好地结合。在大规模忆阻器阵列平面集成和三维集成技术方面，我国处于国际领先水平。例如，中国科学院在 180 ～14 nm 等不同的工艺平台上流片验证了多款基于氧化还原忆阻器和相变忆阻器的大容量非易失存储芯片。国内大规模相变忆阻器制备方面大多采用 180 nm 工艺制备，芯片的容量在 Mb 量级，与国际上还存在较大的差距。同时，由于采用传统 MOS 管作为选通器件，芯片的面积大，存储密度较低。在忆阻器存内计算应用方面，国内研究也在紧追国际研究的步伐，例如，清华大学于 2020 年发布基于 130nm、158.8kb 忆阻器的存内计算芯片，能效达到 78.4TOPS/W。然而，针对忆阻材料的存内计算的终端产出还没有体现，应用场景定位还不是很清晰，尚未为国家经济发展提供充分动力。总体来看，在国际激烈的竞争中，我国在忆阻材料及应用的研究领域优势地位不明显，需要在各个层面进行创新，发挥资源优势，掌握关键核心技术，成为新兴产业和社会进步的支撑。

## 三、关键科学、技术问题与发展方向

随着信息技术的飞速发展，信息处理已由计算密集型向数据密集型转移，而现有的计算系统主要基于存储和计算物理分离的冯 • 诺依曼架构，数据在存储和计算单元之间需要频繁地传输，限制了计算速度和能效的提升，特别是在处理密集海量数据方面尤为明显。与此同时，随着半导体制造技术进入 5 nm 工艺节点，逻辑器件尺寸微缩已趋近其物理极限，依靠增加器件规模来提升计算系统性能的路线也将逐渐放缓。忆阻器的出现为信息技术的提升和开发开拓了新的领域。基于忆阻器的存内计算特性开发以存储为主体的计算方式，建立非冯 • 诺依曼架构的计算系统，有望解决计算速度和能效问题，满足未来智能信息社会对计算能力的需求。

为了实现忆阻器的有效应用，除了加强在计算架构、模型算法和芯片设计等领域的突破步伐以外，仍需要对忆阻材料、器件及其存内计算应用所带来的基础科学问题进行深入而系统的研究，为存内计算技术提供有力的底层材料和器件支撑。这些基础科学问题可以分为忆阻材料物理机制和面向存内计算应用的忆阻器性能优化两个层面。

忆阻材料物理机制的研究包括以下几个方面。

（1）在氧化还原忆阻器中，较为普遍的观点认为是电阻变化不是在材料中整体发生，而是在材料局部形成了导电通道。由于导电通道的尺寸在纳米量级，给实验观察带来一定的困难。构成这种导电通道的原因主要有两类，一类是基于金属阳离子缺陷（如 $Cu^+$、$Ag^+$ 等）的迁移，另一类是基于阴离子缺陷的迁移（如氧空位）。其中，金属阳离子机制在原位透射电子显微镜等先进实验手段帮助下已经得到了证实，而氧空位机制由于氧空位缺陷难以观察，目前还缺少更为直接的证明。无论是哪类导电通道，由于其形成和变化具有一定的随机性，因此忆阻器仍然面临波动性、均一性和可靠性等挑战。如何控制导电通道的形成与演变，最终消除物理随机性，需要从电子结构、原子结构、相结构等不同层次深入研究，建立完善的物理模型，指导忆阻器件性能的优化。

（2）在相变忆阻器中，材料体系的晶态和非晶态的电学和光学性能差异很大，并且在电场或热场驱动下具有非常快速的晶态–非晶态转变特性。关于硫系化合物相变机制的理论仍不完善，需要深入理解相变的快速动力学机制以及相变前后的电学和光学物性差异的来源。由于电阻变化过程涉及晶体结构的变化，因此相变忆阻器中的电阻状态具有一定的弛豫现象，将会制约计算精度和计算结果准确度的提升。需要深入研究电阻弛豫物理机制，从材料设计、微观结构以及器件工艺等角度解决弛豫问题。

（3）铁电忆阻器当前存在的主要问题是氧化铪基铁电性的起源还不是十分清楚，其铁电畴结构、临界尺寸等都还未予澄清。氧化铪基铁电材料通常是以铁电相与非铁电相混合方式存在。随着器件微缩至晶粒尺寸量级，晶粒间的相结构差异以及在电压不断触发下的相结构变化都会导致器件阈值电压的波动。此外，铁电忆阻器的电阻变化耐受性虽然高于FLASH，但相对于

SRAM 还有差距。如何进一步优化界面层微观结构和介电常量，控制界面电荷注入、界面陷阱捕获和界面热电子发射等电输运过程还需要从材料层面进行深入研究。

（4）电化学忆阻器存在的主要问题是离子插入沟道的电化学微观机制及其影响因素还需要进一步澄清，器件的记忆动力学特性与电解质材料和沟道材料的构效关系还不明确。由于涉及离子的移动，电化学忆阻器目前的操作速度相对于其他忆阻器还较慢（微秒量级），需要开发更加快速、稳定以及 CMOS 工艺兼容的电解质材料、沟道材料以及相应的电极材料，改善器件操作速度，进一步降低器件能耗。

在面向存内计算应用的忆阻器性能优化方面，忆阻器已表现出缩放到 2 nm 以及实现超高密度三维集成阵列的潜力，而且集成规模已达到百万个单元，成为未来大规模存内计算芯片的主流技术。但是基于大规模忆阻器阵列的存内计算芯片方面仍然面临各个技术层面的挑战。需要从底层材料和器件角度深入开展的研究包括如下。

（1）忆阻器阻态数量、比率以及阻态变化线性度。忆阻器阻态数量决定了存内计算过程中权重的调节精度。阻态变比率决定了将存内计算中的权重映射到忆阻器件电阻的能力。相对于高、低两阻态变化，当前忆阻器多阻态变化中电阻比率还比较小（$<10$）。电阻调节的线性度是指忆阻器电阻变化与施加的电脉冲次数具有线性、对称的关系。对于存内计算中神经网络的训练而言，需要忆阻器具有良好的电阻调节线性度以保证训练效果，然而实际忆阻器电阻调节一般为非线性，并且电阻升高与降低过程不对称。

（2）忆阻器保持性和耐受性。一般存内计算可分为训练和推理两个过程。权重在训练过程中进行调节并在训练结束后保持下来进行推理。忆阻器的阻态变化的耐受性决定训练过程中权重更新的完成，而阻态的漂移会大大影响训练后的推理精度。因此，忆阻器保持性和耐受性对于存内计算应用至关重要。

（3）忆阻器工作参数与电阻状态的波动性。忆阻器电阻状态写入波动是由于忆阻物理机制（如丝导电通道机制）的本征随机性所导致，而读取波动性主要来自于外界环境（如读取电压、温度变化等）。写入波动和读取波动是存内计算应用面临的重要问题。存内计算中的在线训练过程对忆阻器的波动性有一定的抵抗力，但是线下推理过程受波动性影响较大，使得计算的准确性下降。波动性在二值忆阻器中可以很好地被抑制，但对于多阻态的忆阻器还是挑战。

（4）忆阻器阻态变化能耗。当前氧化还原忆阻器单次操作能耗约 100 fJ～10 pJ，相变忆阻器为 10～100 pJ，高于铁电忆阻器（为 10 fJ～1 pJ）和电化学忆阻器（为 1 fJ～1 pJ）。氧化还原忆阻器和相变忆阻器能耗的挑战来自于固体中离子、缺陷的移动所需要的能量。通过在忆阻材料中引入较低能量的离子和缺陷移动势垒来降低阻变能耗，但会牺牲阻态的保持性。因此，需要深入理解忆阻材料物理机制，并通过材料和器件设计来降低能耗，同时保持连续忆阻器的电阻调节的能力。铁电忆阻器和电化学忆阻器虽然单元器件的能耗较低，但还需要在大规模忆阻器阵列中进一步考量。

从基础科学的角度出发，忆阻材料与应用在未来的优先发展领域和重点关注的方向包括以下几个方面：①忆阻材料的阻变机制、调控规律与物理模型；②发展对忆阻材料中阻变机制的原位原子分辨和高速表征技术；③超低能耗多端忆阻器的材料设计、物理原理及其阵列集成技术；④忆阻材料在机器学习、信号处理、科学计算、随机计算、网络安全中的应用；⑤探索新型忆阻材料，如低维、磁性、拓扑、强关联电子等量子材料中的阻变与忆阻效应。

当前，实现“智能化”已成为各个学科研究的中心主题。而基于忆阻材料的存内计算技术通过非冯・诺依曼架构进行计算，有望实现和人类大脑具有同样能效的机器智能。为实现这一目标，需要围绕忆阻材料物理机制、忆阻器电学特性、忆阻器集成技术、基于忆阻器的计算模型、算法优化以及应用场景定位等关键问题，加强对以高校和研究所为主的研究机构的投入，鼓励忆阻材料研究与微电子、集成电路、计算技术、人工智能等研究队伍之间的学术交流与合作。忆阻材料及应用涉及材料、物理、电路、计算机、人工智能等多学科，具有明显的交叉学科属性，需要全方位发力。建议在高等院校相应的理工科专业，增加对“忆阻材料及应用”等内容的讲授，加大交叉型研究生人才的培养规模，同时引进前沿技术与优质人才，培养一支有国际影响力的忆阻材料研究队伍，提升我国在存内计算领域的自主创新能力和国际地位。考虑到基于忆阻材料的存内计算在人工智能、网络安全等领域的应用潜力，建议深化企业、科研院所和高等学校之间的合作，构建政府部门、创新企业、科研团队和基金共同的交流平台，加大研发资金投入和资源倾斜，提高技术创新能力和创新技术的产品转化，通过创新成果的不断涌现，推动应用技术的进步。

## 第七节　基于神经网络功能实现的新体系

### 一、科学意义与战略价值

当今社会已步入大数据时代，每天产生的海量数据需要快速、高效、智能化处理，以支持经济、民生、国防等领域的发展。然而，数据爆炸式增长下，传统的计算机处理系统面临诸多挑战，很难跟上大数据发展的脚步。

（1）CMOS 晶体管尺寸逼近量子极限，当前工艺下，集成电路摩尔定律式的飞速发展已难以为继，导致传统计算机很难维持进一步的高效信息处理。

（2）传统计算机遵循冯•诺依曼架构，即信息处理单元和存储模块是分开的。两者之间的频繁数据交换带来额外的时延和能耗，被称为“冯•诺依曼瓶颈”。在大数据处理下，该瓶颈问题将益发凸显，使得数据处理能效低下。

（3）传统计算机中，计算任务通过不同软件程序预存的指令顺序执行，需要预判不同条件下的信息处理规则，难以针对应用需求的变化进行自我学习，不利于智能化的数据和信息处理。

因此，在当今大数据时代，随着计算任务向多样化、智能化发展，各种智能应用，如语言翻译、图像 / 语音识别、自动驾驶、智能机器人等，逐渐转变为计算任务的主要载荷。自适应性差的传统计算机问题凸显，面临发展瓶颈，难以满足未来万物互联下智能终端的各种多变应用场景，需要发展替代冯•诺依曼架构的新计算范式。

与传统计算机不同，人脑在约 20 W 低功耗下，即可实现不同环境下的交互式自主学习、记忆，并快速处理复杂信息。因此，模拟人脑，构建基于人工神经网络的新型计算系统，实现高效、智能化信息处理，成为解决上述瓶颈问题的重要途径。

## 二、研究背景和现状

1948 年，图灵就提出“类脑计算”的早期构想。借鉴脑中神经元、突触、网络结构等概念，构建人工神经网络计算系统，从而可以通过训练实现自我学习、演化和计算。21 世纪初开始，随着大数据智能化计算的需求日益旺盛，各国政府、大型公司及研究机构都开始密切关注“类脑计算”的研究。比如，2013 年，欧盟启动“人类大脑工程”（human brain project，HBP），美国政府更是组织美国国立卫生研究院（NIH）、美国国家自然科学基金会（NSF）、美国国防部高级研究计划局（DARPA）开展实施“脑创新计划”（BRAIN initiative）。

实际上，用于人工智能的神经网络算法，也可基于冯·诺依曼架构计算机编程实现。比如激发了整个人类社会对人工智能技术密切关注的谷歌公司开发的 AlphaGo，其关键技术即为深度神经网络训练的软件计算系统。但是，由于软件层次的类脑模拟基于传统计算机系统中大量的串行处理计算，无法高效地模拟神经网络的并行处理机制，因此对冯·诺依曼架构的硬件资源和能源消耗巨大。随着大数据信息处理的复杂性和智能化要求，传统计算机能效已不堪重荷，需要建立起存计算一体的硬件上的类脑信息处理，实现高效执行智能算法的神经网络。

### （一）基于传统 CMOS 器件的神经网络

20 世纪 80 年代，加州理工学院米德（Mead）即提出，可利用集成芯片构建神经形态计算系统。初步地，人们先基于在传统架构，构建了人工神经网络算法加速芯片，如谷歌研制的 TPU、英特尔 的 Nervana、中国科学院计算技术研究所的“寒武纪”、华为的NPU等芯片，通过多级缓存、多核、并行可重构等并行计算技术的应用，对人工神经网络算法的关键操作进行硬件固化或者加速。虽然这些 AI 芯片已获得商用，具有比传统中央处理器（central processing unit，CPU）、图形处理器（graphics processing unit，GPU）速度快、功耗低的优势，但通常仅针对特定场景应用且需大量数据训练神经网络，特别是冯·诺依曼架构下，存算分离依然存在瓶颈问题。

更进一步地，各国“脑计划”的实施，推动了基于CMOS器件的神经形态芯片研究，特别是基于脉冲神经网络的神经形态处理器已初具成果，如IBM的TrueNorth、英特尔的Loihi和高通的Zeroth等芯片，均引起一时轰动。然而，其基本的电子神经元和突触单元基于CMOS数字器件或数模混合器件来搭建。单个神经元或突触器件，由数十个晶体管构成，集成度、功耗、计算精确度都受到限制，并且其数模电路难以切换表现函数，无法适应不同的工作环境。特别是，即使当今工艺条件已缩小至近物理极限，CMOS类脑神经网络的神经元及突触数量（如TrueNorth具有$10^6$个神经元、$2.56\times10^8$个突触）依然远小于人脑的规模（$10^{11}$个神经元、$10^{15}$个突触），基于CMOS构建人脑的复杂度是传统电子工艺器件难以承受的。从底层出发，开发用于神经网络功能实现的神经形态器件新体系，成为必然要求。

## （二）用于神经网络功能实现的神经形态器件新体系

人们虽然至今仍不能解构大脑的实际运算机制，但粗略地已经明白，人脑神经网络中，神经元和突触是核心单元：神经元能基于某种规则，加权整合所接收到的脉冲信号，并在达到阈值时，发放新的脉冲信号，实现信息的传递。突触是不同神经元相连接的枢纽，其连接强度代表突触后神经元接收到前神经元发放的脉冲信号后膜电位的调整量，且突触强度会随着前后神经元脉冲的发放而改变，实现信息的计算和记忆。新型神经形态器件从最底层器件的层面，直接凭借单个器件的内在物理机制建立人脑神经元和突触的功能调控的对应关系，模拟人脑信息处理过程，由其构建神经网络，在能效、集成度等方面具有显著优势，但目前尚处在探索阶段。国内外研究机构已基于阻变存储器、相变存储器、磁隧道结、铁电阻变器件、浮栅晶体管等忆阻器件，实现了模拟突触和神经元的功能，并取得了重要进展，未来有望用于新一代类脑网络中。

### 1. 突触器件

人工突触器件需要同时具备信息存储和计算的功能，是神经网络的主要组成，占据了大部分的面积和功耗，其突触强度的可调节性是类脑计算学习、记忆功能的核心。针对人脑中突触塑性的不同调控规则，例如，通过重复使用以增强长时记忆的长时程突触可塑性（long-term synaptic plasticity）、快速遗忘的短时记忆相关的短时程突触可塑性（short-term synaptic plasticity）、与脉冲时间和频率相关的脉冲时序依赖突触可塑性（spike timing-dependent plasticity）和频率依赖突触可塑性（spike-rate-dependent plasticity），大量的电子突触器件被设计并构筑。核心地，电子突触器件的功能体现在其电导（对应于突触强度）的连续可调性。

作为神经网络中实现学习、记忆、计算等功能的关键环节，人工突触器件需要满足诸多指标要求：速度快（单次调控快至纳秒量级）、能耗低（单次操作飞焦量级）、开关比大（开关比 >100）、线性度高（非对称性 <1）、对称性高（对称度 <1）、权值精度高（电导态 >100）、耐久性高（>$10^9$）、保持特性好（室温保持 >10 年）等要求。另外，为了构建大规模神经网络，人工突触器件还需要具有：可微缩性、一致性等。而基于离子迁移、电子迁移、材料相变、铁磁畴、铁电畴翻转等不同物理机制，相应的人工突触器件在不同的突触塑性功能实现上有着不同的特点和优缺。比如：①基于离子迁移型的突触器件，其电导值调控的精确性受迁移的缺陷类型、界面接触条件等因素影响；②基于材料相变的突触器件，由于材料非晶化过程变化突然，电导变化陡峭，难以较好地实现突触权值连续减小的过程，而且相变所需电流密度较高，不利于能耗降低；③磁隧道结的电导变化通过外加电流产生的磁场或者自旋转移矩进行调控，也面临电流大、能耗高等问题；④铁电突触器件，如铁电场效应管、铁电隧道结，由于铁电畴的本征电压驱动翻转优势，稳定性好、能耗低，但是面临铁电疲劳、耐久差等问题。

至今为止，尚无一种器件可以很好地达到所有的突触器件的指标，因此，研究综合性能更优的电子突触器件对于构建新型神经网络计算芯片具有重大意义。

### 2. 神经元器件

目前利用计算机软件模拟脉冲神经元的行为需要求解微分方程，运算时间慢并且能耗巨大。而在硬件设计中使用 CMOS 电路模拟生物神经元往往需要数十个晶体管，功耗和集成密度都受到极大的限制。

实现新型神经形态芯片的另一重要基本元件是可以模拟神经元功能的

神经形态器件。生物神经元的重要功能是接收并放出脉冲信号，这种神经冲动被称为动作电位或峰值，而确定能够编码相关刺激参数的响应模式是重点。比如，时间编码更接近于生物信号编码方法，包括集成激发模型（leaky integrate-and-fire model）和脉冲响应模型（spike response model）等方式。神经元器件也多基于忆阻器，并结合简单的电路设计实现。因为生物神经元具有多样化的发放行为，相应神经元器件的精准模拟构建难度较大。虽然相比于突触器件的研究，神经元器件的进展缓慢得多，但是国内外也建立起了不同的神经元器件模型，如基于莫特材料忆阻器和传统基本电路元件的霍奇金－赫胥黎（Hodgkin-Huxley）神经元模型，基于相变材料的结晶化过程的随机相变神经元电路，基于铁电极化模拟神经元的兴奋性与抑制性输入实现适用于脉冲神经网络自组织映射学习的聚类算法与赢者通吃的推理算法等。

总之，神经形态突触和神经元器件的引入为构建低功耗、高效的神经网络芯片奠定了基础。一些实验室板级的基于新型神经形态器件的神经形态计算芯片也获得了进展（图 5-2）。2015 年，美国加利福尼亚大学圣芭芭拉分校构建了规模为 12 × 12 的金属氧化物忆阻器阵列，并探讨了单层感知机神经网络算法识别 3 × 3 像素黑白图案的性能表现。2017 年，美国密歇根大学利用规模为 32 × 32 的忆阻器阵列，结合 CMOS 组件集成了原型芯片，实现了稀疏编码及手写体数字识别。基于 1T1R 的结构优势，马萨诸塞大学在 2018 年利用规模达 128 × 64 的忆阻器阵列，成功实现了模拟信号处理和图像压缩处理等功能。2020 年，清华大学集成了 8 个 128 × 16 的忆阻器阵列，构建了首个完全基于忆阻器的卷积神经网络硬件，识别 MNIST 手写体数字有高达 96% 的正确率。但是，明显可以看出，这些芯片规模很小，依然是实验室的展示，仅能执行简单的智能任务。

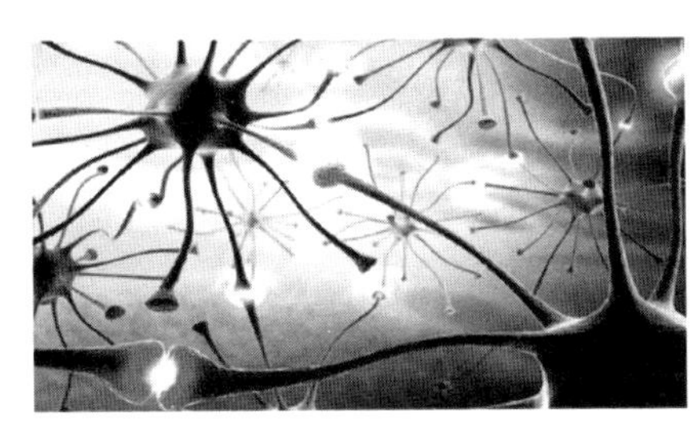
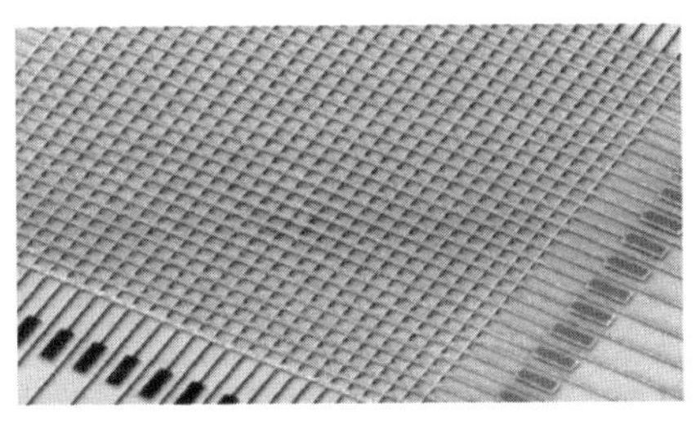

图 5-2　生物脑中神经网络示意图（左）及忆阻器阵列示意图（右）

## 三、关键科学、技术问题与发展方向

在数据爆炸式增长的当代，基于神经网络的人工智能计算系统对我国经济、民生、健康、国防等各个行业的智能化产业升级有着重要的推动力。在基于传统 CMOS 器件的神经形态计算面临原理瓶颈的情况下，构建用于神经网络功能实现的新体系，即通过构建神经元和突触器件，构建类脑神经形态计算，正如火如荼地发展。但是，受限于当前对人脑复杂神经网络系统的认识不够深入，神经形态器件物理不清晰和材料性能不足，相关类脑计算系统的研究仍处于初级阶段，在器件、架构、算法等层面都面临着诸多挑战，必须通过物理系、材料学、脑与神经科学、计算机科学、微电子学等多学科领域更加紧密的交流与合作才能更进一步地推动相关研究。

（1）单元器件：高性能的神经形态器件是类脑计算芯片的重要基石，没有高性能的神经形态器件，神经网络芯片的所有设想都是空中楼阁。然而，相关器件单元的性能还不足以支撑较大规模阵列的构建，这需要从原理、材料、器件设计三个方面实施一体化研究，以做出突破。首先，针对神经形态器件的功能要求，合理选择忆阻器的忆阻机理，并澄清器件电导调控的规则原理，有利于对神经形态器件进行针对性地设计和优化；其次，即使是同样的忆阻原理和机制，不同材料的选择也将直接影响神经形态器件的性能，需要筛选材料并调控其结构、成分，以获得能够支撑高性能神经形态器件的材料；最后，结合不同的电导调控原理及材料，并针对不同神经形态器件功能的场景化需求，需要进一步设计器件的结构和电路结构，使其在单元器件层次和阵列层次的性能都能够达到要求。

（2）仿生功能：生物神经网络中神经元和突触的构造复杂。当前已发现的生物神经元和突触功能的模型构建需要进一步开展。而在此基础上多样化人工神经元和突触的精确仿生还十分不足。当前的电子神经元和突触的仿生功能通常单一，突触局限于单一时程特性的模型，特别是神经元器件的研究进展较慢，更是只实现了简化神经元模型，无法模拟生物神经网络中的区块协同功能，难以协调不同时空位置神经元的连接性。可以想象，具有更为全面的仿生功能的神经形态器件的构建，对设计构筑功能更为强大的类脑计算神经网络有重大推动作用。

（3）集成度：当前的忆阻器阵列神经网络规模仅 128 × 64，不足以完成一般的人工智能任务。比如，仅仅实现用于手写字符识别和分类的 LeNet 神经网络，就需要约 34 万个电子突触器件和 1 万个人工神经元器件，其单层忆阻器阵列规模的要求高达 100 × 1516。而要处理更加复杂的机器视觉、自然语言翻译乃至自动驾驶等任务，硬件阵列的要求将更为庞大。这要求我们在保证单元神经形态器件性能的前提下，提高忆阻器件的集成度，以获得更大规模的忆阻器阵列和神经网络，这是目前将忆阻器投入实际应用的核心技术挑战之一。

（4）系统架构：基于新型神经形态器件的神经网络计算系统，在未来的重要应用方向是应用场景多变物联网终端边缘计算。因此，我们需要改进现有架构中存在的信息表达低效和冗余计算较多等问题，并希望该系统硬件能够根据环境变化实时调整自身参数，实现硬件的可编程性和自学习能力，同时在复杂环境下具有抗干扰、耐高温等强耐久性。即建立可重构系统架构，具备自学习能力、可扩展性、复杂恶劣环境实用性，并支持更加高效的编码和处理方式。

（5）算法层面：当前，人们已经设计了多种基于忆阻器阵列的人工神经网络算法。按神经网络的训练方法区分：①在监督学习方面，已实现了单层感知机、多层感知机、卷积神经网络、长 / 短期记忆网络、循环卷积神经网络等；②在无监督学习方面，已实现了主成分分析、稀疏编码、联想学习、生成对抗网络等；③人们还基于忆阻器阵列实现了强化学习算法。然而，当前脉冲神经网络训练算法的理论发展还不够成熟，特别是适合硬件实现的算法有待开发。我们希望获得可映射到硬件神经网络的高效信息处理算法，为实现神经元群编码、工作记忆、空间导航、预测跟踪等功能提供有效的计算模型和理论基础。另外，众多特定场景的智能任务实际上并不具有大样本的数据集，因此算法要具有小样本和模糊学习能力，以应对数据限制和缺失的应用场景。

（6）脑机融合：神经形态智能芯片与人脑的有机结合和智能交互是当前领域的中长期目标。目前，脑机融合的混合智能研究在基础理论框架、作用机制等方面仍面临很多挑战，需要长时间的探索。这一部分将更加依赖多学科融合交叉。

相关用于神经功能实现新体系的研究对我国来说更为迫切。这是因为我国在传统 CMOS 半导体领域，从基础材料，到信息存储和处理芯片的整个过程都处于被“卡脖子”的状态。而基于新体系构建神经网络功能，给予了我们一个赶超的机遇。但是，由于半导体工业的大规模、高集成特点和我国在相应设备、人才方面的短缺，相应的类脑芯片的构筑必然不会顺理成章。我们需要在原理、材料、器件、架构、算法等多方面实施深入研究，以求突破。

# 第八节　全量子化凝聚态体系

## 一、科学意义与战略价值

目前，在利用量子力学研究具体材料性质的过程中，人们更多关注电子的量子属性，一般基于轨道、电荷和自旋三个物理参数对材料展开量子化调控。而对于原子核运动的描述，往往还停留在经典力学的层面，忽略了原子核的量子效应，或虽引入量子效应但仅进行简单的简谐处理，即在多数情况下，原子核对电子结构的影响是被忽略的。研究发现，位于元素周期表前三周期的轻元素在地球上的丰度高、结构多样。轻元素原子核质量较小，其核量子效应相对重元素更为显著，因此在轻元素材料体系中，有可能观测到原子核与电子的量子化并发以及它们之间的耦合，即全量子化。实现包含原子核的量子化调控，将突破传统量子化调控研究的局限性，为量子材料物性调控引入新自由度，从而开辟全量子化调控的新思路，从根本上改变量子材料的研究范式。

## 二、研究背景和现状

对轻元素体系的核量子效应开展研究，其实验技术和理论方法都有着非常严苛的要求。理论上，必须同时考虑电子和原子核的波函数量子属性，这要求放弃传统研究所依赖的玻恩 – 奥本海默近似经典处理的描述，回归多原子系统最原始的薛定谔方程进行求解。在凝聚态体系中，这一改变会大幅度提高理论计算难度和计算量。实验上，针对核量子效应的探测不仅要求实验设备对电子量子态敏感，还要求其对原子核量子态敏感。而原子核量子态远比电子量子态脆弱，对应能量尺度也小很多，非常容易受到外界局域环境的干扰，因此原子核量子态的探测需要具有比传统量子探测设备更高的灵敏度、分辨率和精度。

虽然核量子效应远比电子的量子效应弱，研究的难度和挑战性更大，但它对于氢键体系、富氢体系和轻元素体系的微观结构、动力学性质甚至宏观物性，却可能产生决定性的影响。因此，克服现有实验技术和理论方法上的障碍，并通过发展新型技术来研究核量子效应，显得尤为重要。以下从富氢体系、轻元素体系和新型探针技术三个方面具体介绍核量子效应研究的背景和发展现状。

### （一）富氢体系表现出显著核量子效应

核量子效应研究中最典型的体系是富氢体系。在该体系中，水和冰由于含有大量的氢原子，会表现出显著的核量子效应，即氢核的量子隧穿效应以及氢核的零点运动引起的对称型氢键。例如，高压下的冰中就存在对称性氢键，这是由于高压下相邻氧原子间距减小，氢核完全离域化。研究发现，水分子之间氢键构型的动力学行为并非随机，而是高度协调，氢键的量子效应会影响其动力学行为。核量子效应对超冷水的性质也有着不可忽视的影响。相对于液态水和固态水，超冷水中最近邻氧 – 氧间距较小，氢核处于离域的状态，因此超冷水表现出过量的平均动能。此外，受限体系中的水也表现出很多与核量子效应相关的反常物理化学性质。例如，通过对绿宝石内的受限水分子的探测研究，发现氢核通过量子隧穿形成了相干离域态，这对应于一种水的全新物态。该研究表明，在受限条件下，水的核量子效应有可能被放大甚至被调控。

高压下的富氢体系是高温超导材料中的一颗新星，具有迄今为止最高的超导转变温度，并且已经接近室温。其主要利用材料本身的金属特性与由氢原子主导的简谐长波声学振动模式强烈耦合，诱导出异常高的超导转变温度。吉林大学团队在高压下富氢材料的超导电性研究方面做出了开创性工作，率先预测了硫氢体系中的高温超导电性，引领并大力推动了相关实验研究的发展。进一步的理论研究发现，氢核的量子涨落效应对富氢体系在高压下的超导转变相图有着重要的影响，对超导相的稳定性有决定作用，而且还可以增强电–声耦合，降低进入超导相所需要的压力。这为实现近常压下的高温超导电性提供了可能的方向。北京高压科学研究中心团队在氢及其同位素氘的高压相图和结构研究中，发现了一系列核量子效应诱导的新物态。结果表明，不同比例的氢与氘混合物在高压低温下可形成一系列分子固溶体。虽然相对于纯的氢和氘，固溶体也经历了类似的高压结构相变，但相变压力显著提高，这揭示了氢体系中独特的量子效应。此外，北京大学团队首次报道了一种奇特物质——全量子化分子模拟中的高压低温液态氢，并且利用理论模拟手段证明这种物质形态的存在根源是氢核自身的核量子效应。

## （二）轻元素体系核量子效应不可忽视

除了氢元素之外，核量子效应还可能表现在氦、锂、硼、碳、氮等其他轻元素体系中。其中一个典型的例子是 $^4$He 的“超固态”，即固体在维持周期性晶格的同时还存在超流现象，这是一种全新的物态。对于常规固体来说，这两种性质相互矛盾，但是在固体 $^4$He 中却可能共存。其根本原因是，$^4$He 具有极大的零点运动，相邻原子之间的波函数有非常大的交叠，形成宏观量子效应，从而可以承载超流。锂的质量仅是氢的 7 倍，如此小的质量也将会产生显著的量子扰动，不仅对金属锂的高压相图产生重要影响，还会极大地影响锂团簇在极低温下的各种物理特性。在二维层状材料石墨烯、氮化硼中，将硼、碳和氮原子部分进行同位素替换，原子核的零点运动会影响层间电荷密度的分布、层间范德瓦耳斯相互作用以及电子学性质。在第Ⅳ主族晶体中，金刚石是最轻的，其核量子效应也是最显著的。低温下，金刚石是一种典型的准谐波晶体，零点振动导致的零温晶格膨胀将是不可忽略的效应。此外，零点振动还可通过电声耦合对准粒子能级和能隙进行重正化，进而对氮化硼晶体的光学性质产生影响。

当隧穿距离比较小、反应势垒比较窄时，碳、氮、氧等其他轻元素也会表现出显著的量子隧穿效应。例如，碳原子的量子隧穿效应，科学家发现其隧穿距离可以达到 0.1 nm。最新研究表明，质量较大的钛元素在浅势阱下也具有量子隧穿行为。该研究在具有高度对称和简单晶胞的六方钙钛矿硫族化合物单晶 $BaTiS_3$ 中观察到了极低的类玻璃热导。理论计算表明，钛原子的浅双势阱中存在一个二能级原子隧穿系统，其具有亚太赫兹频率，可将载热声子散射到室温，从而使得 $BaTiS_3$ 在显著高于低温温度下具有异常的输运特性。

### （三）新型探针技术将研究推向原子尺度

目前，核量子效应的实验研究手段仍局限于光谱、核磁共振、X 射线晶体衍射、X 射线散射、中子散射等谱学和衍射技术，但它们有一个共同的问题——空间分辨能力局限在几百纳米到微米的量级，得到的信息往往是众多原子核叠加在一起之后的平均效应。由于原子核的量子态对于局域环境的影响异常敏感，核量子态与局域环境之间的耦合会导致非常严重的谱线展宽效应，将导致无法对核量子效应进行精确、定量的表征。因此，非常有必要深入到单键 / 单原子层次上对核量子态进行高分辨探测，挖掘核量子效应影响结构和物性的物理根源。

针对这个难题，北京大学团队发展了一套新型 qPlus 探针技术，实现非接触式原子显微术（NC-AFM）和 STM 模式的高效联用，将扫描探针的探测灵敏度推向极限，同时获取飞安（$10^{-15}$ A）级的隧道电流信号和皮牛（$10^{-12}$ N）级的力信号。通过利用 STM 隧穿模式探测原子外层电子与原子核之间的耦合，利用 NC-AFM 模式探测针尖与原子核之间的短程静电作用力，最终实现对氢原子核的高分辨和高灵敏度探测，将核量子效应研究推向了原子尺度。利用该技术可以直接观察到氢核在水团簇内的量子隧穿过程，并确认该隧穿过程由多个氢核协同完成（Meng et al.，2015）。这一发现结束了 20 多年来关于氢核协同隧穿是否存在的争论，为实验上精确、定量描述水的核量子效应开创了研究先河。进一步，在单键水平上，该团队测量了氢核的零点运动对氢键键强的影响，并提出了核量子效应强化强氢键、弱化弱氢键的普适图像，定量回答了“氢键的量子成分有多大”这个物质科学的基本问题（Guo et al.，2016），澄清了学术界对氢键量子本质的长期争论。

## 三、关键科学、技术问题与发展方向

可以看到，核量子效应不只是对经典相互作用的简单修正，其对体现该效应体系的结构、动力学甚至宏观物性均产生显著的影响。由此，核量子效应研究正在成为物理、化学、材料和生物学科交叉的一个新生长点，也是近年来国际上的一个新兴领域。其已经展现出非凡的生命力和广泛的影响力，为理解轻元素体系的微观结构、调控其奇异物性提供了全新的思路，开辟了新的途径。但是，核量子效应非常依赖于局域环境，对于不同体系很难形成统一的微观图像，因此迫切需要原子尺度上的实验表征和理论模拟。

从实验技术和真实材料体系角度来看，随着核量子效应研究的发展，以下几个关键的科学技术问题值得重点关注。

（1）到目前为止，对核量子效应的研究大多集中在原子核本身的量子行为上，核量子化对于电子自由度的影响尚待阐明。因此，在全量子化研究领域，如何突破传统手段的限制，发展出对原子核量子态和电子量子态同时敏感的原创理论和实验技术，在原子尺度上实现对原子核量子态与电子量子态之间耦合的探测和调控，是一个至关重要的问题。

（2）除了空间尺度上的探测和调控，由于原子核的量子运动和量子态演化通常发生在超快的时间尺度（皮秒到飞秒），超短时间尺度上的探测和调控对于核量子效应的研究也十分重要。目前已有技术将超快激光的泵浦–探测技术和 STM 相结合，实时跟踪单量子态的动力学演化过程，可以同时实现原子级的空间分辨和飞秒级的时间分辨。未来可以实现超快激光和原子力显微镜的结合，进一步提升不同材料体系核量子效应探测过程中的空间和时间分辨率。

（3）原子尺度的核量子效应研究目前主要集中在超高真空和低温下的简单模型体系，而大气室温环境下的高分辨表征一直是一个难题。钻石中的氮空位色心（NV center）是原子尺度上的固态量子探针，具有稳定的量子态且易于对其进行相干操控。NV 探针显微技术可以在大气室温环境下对样品进行非破坏式探测，并且兼容生物体系等多种体系，具备超高的磁探测灵敏度（可探测单个核自旋产生的磁场）。将 NV 探针集成在扫描探针系统中，用以实现原子 / 分子级别的核自旋探测，有望在大气和溶液环境中实现高灵敏度、高分辨率的核量子效应研究。

（4）核量子效应在催化反应中的作用一直以来被忽视。考虑到水是最常见的溶剂和重要的反应物，质子在化学、能源和生物体系中无处不在，与催化相关的轻元素体系在核量子效应方面的研究还需得到重视。

（5）氢之外的其他轻元素具有核量子效应，这些元素对应的材料体系为核量子化相关新奇量子物性的观测与调控提供了极大空间。随着质量逐渐增大，核量子效应会大大减弱。因此，如何通过原子精度的材料设计和调控，增强其他轻元素材料的核量子效应，将该效应的研究拓展到其他轻元素体系，也是这个领域在未来需要重点关注的问题。

（6）关联电子物理是凝聚态物理领域的圣杯，可以诱导非常丰富的反常物理特性。和电子一样，当原子核出现量子离域以后，原子核之间由于存在库仑排斥力，也将可能产生关联量子效应。如果能在真实的轻元素材料中，实现原子核之间的量子关联，并进一步通过电子与原子核之间的耦合，将很可能催生出全新的未知量子物态。

按照传统第一性原理的凝聚态计算学科的发展方向，全量子化研究趋势和关键问题在理论层面可归结为三个方面的内容。

（1）在核量子效应模拟手段的发展上，除了在统计层面将路径积分数值方法与更为精确的电子结构计算结合、将路径积分数值方法与更多的分子模拟手段（比如热力学积分、增强取样方法等）结合，在动力学性质的理论描述上，借鉴波函数表象与路径积分表象各自优点，发展适合描述凝聚态体系相干效应的动力学方法，无疑也是一个基本问题。

（2）在非绝热动力学方法的发展方面，继续以密度泛函理论与含时密度泛函理论为基础，针对实际大分子与凝聚态体系，利用第一性原理方法针对表面电子激发诱导的微观物理化学过程进行研究，毫无疑问就严谨性与计算的高效性而言都是最为明智的选择。在此基础上，人们还应该重点关注如何与分子动力学方法结合（模拟中不光考虑电子动力学部分，也考虑原子核动力学），并将此模拟手段推广至真实材料体系。

（3）在第一性原理电子结构计算的理论框架下，如何将非绝热效应与核量子效应有效耦合，并将其应用至凝聚态体系的电子结构、光学性质计算模拟中，也是此领域理论模拟方法发展的一个关键科学问题。

相对于凝聚态物理传统研究领域，全量子化物理的研究还处在起步阶段。目前，该领域主要以理论模拟为主，实验上多依赖同位素替换、高压，并往往受限于传统谱学手段，整体理论多于实验，而且理论研究与实验脱节的现象也比较严重。研究重点大多集中在氢键或纯氢体系，专注于气相分子反应或表面反应过程，对其他轻元素、凝聚态体系中的核量子效应的关注还相对较少。

未来十五年内，需要认识到全量子化调控方向在凝聚态物质科学及其交叉科学前沿研究中的重要位置，并结合学科特点重点资助基础理论与计算方法的发展、实验手段的提出与改进方面的研究，研发适用于真实材料体系和复杂环境的超高空间分辨和时间分辨实验表征技术，发展精细、快速、准确的全量子化模拟手段，在理论预测的指导下研究高效的实验合成手段，实现轻元素凝聚态体系的原子精度表征和物性调控。

## 第六章

# 极端条件下的新奇量子物态

极端条件是研究量子物态的一个重要工具。人们在通过发展极端条件实验技术而拓展参数空间的努力中，曾收获了许多的惊喜。超导、超流、(分数)量子霍尔效应等量子现象都是在足够低的温度下被意外观测到的。同时，理论也曾频频提出利用极端条件探索新物理的思路，例如，极端的高压条件可以调控电子材料的能带结构，以实现人们期待的量子相变。

极端条件下的探索，不仅在过去带来意外的量子现象，还将继续帮助人们认知物理世界。首先，极端条件是调控已知量子物态的便利手段，理论研究可以通过极端条件帮助人们认识和理解新物理规律，为实验研究指明方向。其次，在凝聚态物理中，大量有相互作用的粒子的行为无法简单依据少数粒子的性质进行理论预测，多体问题中的许多未知还有待极端条件实验在新参数空间中探索。极端条件下对新奇量子物态的探索虽然难度大、周期长，却是一个明确可行、有望获得未知物理现象的努力方向。

对于新奇量子物态的研究，所谓的极端条件指的是当今实验上的参数边界。对于理论分析和计算，现有的极端条件在多数情况下并不超出分析和计算的能力范围。以凝聚态体系的高压相图研究为例，1 GPa 压力下的计算和 300 GPa 压力下的计算并没有对计算能力的需求有本质上的区别。就准确度而言，所依赖理论方法到底是在低压还是在高压下更准确，也并没有一个普适的结论，完全取决于具体系统。可是对于样品空间不太受限的静水压压力实验技术，通常能提供的压力低于 3 GPa。对于能提供更高压力的金刚石对顶砧技术，则样品空间有限制，通常尺度在 100 μm 以下。新极端条件下对量子物态的研究，需要受限于实验对新参数空间和新实验方法的开拓能力。

极端实验条件，是已知与未知之间的边界，只有小部分课题组具备。尽管一些极端条件可以由商业化设备提供，但是极端实验条件的突破更常见于科研人员的自行研发，而不是完全基于商业化设备。因为极端条件的实现常常意味着对现有极限的突破，所以这类研究通常难度大、周期长、注重经验传承、注重知识积累。对于新奇量子物态的研究，极端实验条件与常规实验条件是相对的。曾经的极端条件，可以随着技术进步和技术普及成为常规条件。百年前意外发现超导现象的液氦温区，现在已经是研究中非常容易获得的低温环境了。如今科研分工日渐严密，人们常在商业化仪器实现部分支撑的情况下开展极端条件下的研究和参数突破。

得益于我国经济实力和科技实力的迅速提升，极端条件下的新奇量子物态的研究也取得了明显的进步。随着金刚石对顶砧高压技术的推广，国内已有多家科研院所建立了高压研究团队，搭建了先进的高压综合极端环境研究平台，这些团队在一系列前沿研究方向取得了重要进展。随着我国对强磁场科技基础设施的投入和建设，国内已经初步建成了集中的强磁场实验装置，在强磁场下的拓扑材料研究上贡献显著，国际上已有一定的知名度。在极低温方向，我国搭建了世界最低温度的干式制冷机，可获得 0.09 mK 的低温环境。在超快时间分辨技术对量子物态的探测和调控上，我国在光诱导新奇量子物态方面已经做出了一系列有显示度的工作。然而，整体而言，因为受限于技术积累和人才储备，我国的极端条件实验研发相对于西方国家起步较晚，对前沿科学发展的贡献还相对较少。

极端条件下对新奇量子物态的研究已经体现出明确的价值，并且针对部分关键科学问题形成了较为集中的研究方向。强磁场下的拓扑材料、重费米子材料、非常规超导体、半导体材料以及磁学与磁性量子材料都是随着量子材料研究的不断深入和强磁场装置的不断发展而繁荣的方向。在强场激光和超快领域，也有一系列如光诱导的高温超导电性、光诱导的超快相变和调控、强场激光对磁性材料的调控、强场激光对拓扑材料的调控、强光场和微纳结构的强耦合效应等前沿热点问题。超冷原子（分子）系统可以用来模拟复杂的量子多体模型并用显微学的方法研究其物理性质，理解凝聚态物理和量子场论中仍然悬而未决的物理问题，并为精密测量和量子计算等领域提供高精度的量子测控技术。多种不同极端条件的结合也为现有科学问题的深入理解提供了有价值、有潜力的研究方法。

除了服务于人们较为关注的已有关键问题，极端条件下对新奇量子物态的研究还因为自身探索未知的职能而具有独特的发展思路。例如，针对高压实验结果离散性强和偏差大的问题，应该制定高压测试的标准规范以形成数据汇交和比较机制，建立高压结构和物性数据库。此外，目前提供极端实验条件的高端设备依赖进口，核心技术不完全自主化。尽管我们很多课题组受益于国家经济发展而获得了商业化设备的支撑，然而最前沿的技术革新和最极限的参数突破终归需要专业人才自行研发。受限于我国原有的实验基础，极端条件下的参数拓荒和技术革新缺乏一些知识传承和经验积累，一部分科研人员暂时只是前沿设备和先进技术的用户，而不具备扩展参数边界的能力。创新是一个民族进步的灵魂，是一个国家兴旺发达的不竭动力，利用极端条件探索未知是百年来物理学创新的核心支撑之一。极端条件属于对学科整体发展、持续创新有支撑价值的特殊方向，因此，该领域的后备青年人才培养也是需要特殊重视的发展目标。

# 第一节　高压下的新奇量子物态

## 一、科学意义与战略价值

温度和压力是决定物质状态的基本物理参量。据统计，绝大多数物质在百万大气压下平均会经历 5 次相变，因此，高压会扩大物态相空间、拓展物质科学研究的范围。对凝聚态物质施加高压已成为调控并探索新奇量子物态的重要手段。特别是对于电荷、自旋、轨道、晶格等量子自由度强烈耦合的复杂关联电子体系，高压可以有效缩短原子间距，增加电子轨道重叠，改变自旋间交换作用，影响化学键和电荷分布，从而有效调控量子自由度之间的耦合与相互作用，增加了一个探究新奇量子物态和关联演生现象的新维度。此外，高压还可以诱导晶体结构或电子结构的转变，有助于发现更多新物态、新性质、新现象，进而建立新认识、新规律和新理论。这对理解高温超导机理、强关联电子物理、量子相变等现代凝聚态物理的前沿基础科学问题具有重要意义。由于原位高压下的物性调控原则上不引入晶格无序和额外的电荷载流子，而且能够实现准连续的调控，被认为是一种“干净且精细”的调控手段。特别是在高压－低温－磁场相结合的综合极端条件下的物性测量可以更加有效地探索并深入认知凝聚态物质中的新奇量子物态和综合调控规律，在此基础上建立的系统认识和数据库还可以为未来新型量子功能材料在极端环境下的服役性能提供重要的基础和数据支撑，具有一定的战略意义。

## 二、研究背景和现状

高压科学是一门涵盖物理、化学、材料、生物、地学等多学科领域的强烈依赖高压技术的前沿交叉学科。20 世纪之前的高压技术能达到的最高压强不超过 3000 atm①，通过对气体压缩过程的研究，人们逐步建立了气体的状态方程，这直接推动了气体液化技术的进步和低温科学的发展，促进了低温下物质奇异物性的发现和研究，最典型的例子是氦液化的实现以及随后超导电性的发现。进入 20 世纪后，高压技术得到快速发展，基于大体积支撑原理的对顶砧技术使压强极限突破 10 GPa②，科学家对单质元素及简单化合物开展了系统的高压物性研究，发现了大量的高压新物相和新性质。之后，金刚石压砧的引入大幅提高了对顶砧技术的压力极限，目前已可以达到超过 400 GPa 的静高压，在地球科学、材料和物理学领域得到广泛应用，促进了更多新物相的发现和丰富相图的建立。此外，20 世纪 50～60 年代高温高压下人造金刚石的成功合成，还极大地带动了大腔体高压技术的发展，相继发展了多种一级和二级推进的多砧（四面 / 六面 / 八面砧）高压技术，目前已可以在毫米体积下实现近

① 1 atm = 1.013 × $10^5$ Pa。

② 1 GPa ≈ 10000 atm。

100 GPa 的静高压。除了在地学领域的应用，这也极大地推动了高压固态化学和材料科学的迅猛发展。除了合成以 B-C-N 等轻元素共价化合物为代表的超硬材料之外，高压合成也被广泛应用于探索新型的量子功能材料体系。通过高压拓展物质相空间，人们在高压和高温条件下制备了大量常压下无法获得的亚稳相新材料体系，并发现了诸多新结构、新现象和新效应。目前，极端高压条件下的材料合成已成为凝聚态物理、材料科学和固态化学领域探索新型量子功能材料和新奇量子物态的重要手段之一。

自 20 世纪 70～80 年代以来，以稀土和过渡金属化合物为代表的强关联电子体系成为凝聚态物理和材料科学的核心研究内容之一，其中电荷、自旋、轨道和晶格等量子自由度强烈耦合并存在复杂的多体相互作用，导致了丰富奇特的量子有序态和关联演生现象。原位高压下的物性测量在调控这些量子自由度之间的耦合与竞争、发现新奇量子物态并揭示其物理机理等方面发挥了关键作用。利用高压调控关联量子体系的典型应用可以概括为如下几个方面：①高压调控竞争电子序，实现迥异的量子有序基态。例如，在重费米子、巡游电子磁体、铁基非常规超导体等体系中，通过高压抑制长程反铁磁序，可以实现磁性量子临界点，在其附近存在的强烈量子临界涨落会导致非费米液体行为和非常规超导电性等奇异物理现象。这些现象挑战了现有的基于朗道费米液体的理论框架，推动了量子相变、非费米液体行为和非常规超导机理的研究。在此基础上，通过高压调控实现反铁磁量子临界点也成为探索新型非常规超导体的典型指导思路之一。②通过改变电 – 声耦合强度和电子能带宽度，高压通常可以有效抑制电荷密度波序，进而可能诱导超导或者提高超导转变温度，体现了电荷密度波与超导的竞争关系。通过调控竞争电子序、研究超导临界温度的压力效应，不仅可以理解高温超导机理，而且有助于揭示影响超导临界温度的关键因素，指导新超导体系的设计合成。③高压通常可以增加电子轨道重叠而展宽电子能带，在电子关联导致的莫特绝缘体、能带绝缘体、近藤绝缘体中实现带宽调控的绝缘体 – 金属化转变，这为研究局域 – 巡游渡跃区的奇异电子态行为提供了理想平台。此外，高压还可以通过融化电荷序、轨道序等实现绝缘体 – 金属转变。④通过高压诱导晶体结构相变发现新的高压物相，尤其是体积坍缩的高压相，往往伴随电子结构和物性的突变，这可以极大拓展物态相空间，带来新结构、新性质和新规律，为深入揭示量子物质的构–效关系提供研究平台。⑤在不存在压致结构相变的情况下，高压可以调控拓扑电子材料的能带结构，实现拓扑量子相变；高压还可以连续调控微观相互作用强度，验证理论模型。总之，在凝聚态物理过去三十多年的研究中，高压物性测量在发现以及调控新奇量子物态方面发挥了重要作用。

近年来，随着我国科技投入和实力的大幅提升，国内在凝聚态物理相关的高压实验研究方面发展迅速，特别是商业化金刚石对顶砧高压技术的推广应用。国内已有多家高校和科研院所建立了高压研究团队，搭建了先进的高压与极低温和强磁场等综合极端环境相结合的研究平台，在发现新超导体系、压致量子相变和拓扑电子相变、调控并揭示重费米子和铁基超导体中的新奇量子临界行为和超导机理等方面取得了重要进展，在国际上已步入高压研究的前列。

## 三、关键科学、技术问题与发展方向

随着高压技术在物质科学研究领域的广泛应用，人们积累了大量的高压实验结果并发现了许多新奇的物理现象。但是，对高压调控机制仍然缺乏系统性和规律性的认识，包括高压诱导结构相变和新奇量子物态的内在驱动力、普适性规律、微观机制等，这些都是迫切需要解决的关键科学问题。目前研究现状的造成主要归因于两个因素：一方面是高压技术具有较大的难度，对实验研究提出了较大挑战，使得高压下的研究以离散的实验探索为主，缺乏系统性研究，而且高压测量以宏观物性为主，对自旋、电荷和能带结构等微观性质尚缺乏直接的探测手段；另一方面是高压调控会协同改变原子间距、电子能带结构、自旋交换作用、化学键等决定物理性质的多个自由度，如何厘清其中的关键变量或协同效应又需要通过多变量研究和微观性质探测手段，二者相互制约。

不同于温度、电场、磁场、光场等外场调控手段，高压调控对样品尺寸、压力环境还提出了很多制约条件，更具挑战性，特别是压力环境的差异造成了文献报道的许多实验结果的可重复性存在偏差。这方面最典型的问题是压力分布不均匀或者存在剪切应力等非静水压环境，引入非本征的高压效应，这不仅会造成高压 X 射线衍射峰展宽，从而阻碍准确解析高压相的晶体结构，而且在物性测量时还会掩盖一些温度驱动的二级相变。不同于非接触式的高压 X 射线衍射测量，对于需要电极引线的接触式物性测量，如电阻率，获得物质的本征高压效应对高压技术提出了更高的要求。目前最常用的高压技术各有利弊：活塞 – 圆筒压腔将样品放置在装满液体传压介质的密闭容器中，样品空间较大，静水压较好，但是压力范围较低（通常低于 3 GPa），不能满足很多量子材料的高压研究需求；金刚石对顶砧的压力范围很大，但样品空间非常受限（通常在 100 μm 以下），在进行电输运测量时多采用固体传压介质，造成的非静水压环境会极大影响样品本征的高压效应。

针对这些关键科学和技术问题，在未来的高压研究中迫切要求改变高压研究的范式并发展更多高压技术和有效的微观性质探测手段。

针对高压实验结果离散性强和偏差大的问题，应制定高压测试的标准规范，形成数据汇交和比较机制；针对有重要科学意义的量子材料体系，详细表征测试样品的品质，明确高压技术和测试条件，量化压力分布或静水压程度，开展系统性、高准确度的高压实验研究，全面获得晶体结构和物理性质的高压演化规律，建立量子材料高压结构和物性数据库。

结合高压数据库，发展适用于二元甚至多元化合物的高压结构和物性预测的高通量理论计算或机器学习方法，针对特定的功能属性进行性能预测与材料筛选。

拓展现有高压技术或者发展新的能够提供良好静水压环境的大腔体高压技术。例如，采用三轴加压和液体传压介质的六面砧，可以作为活塞 – 圆筒和金刚石对顶砧技术的有益补充，实现 10 GPa 量级准静水压下的精确物性测试，是研究强关联电子体系强有力的高压手段。在此基础上，通过发展二级推进的多砧高压技术，力争突破 20 GPa 的准静水压将带来更多应用，同时可以进一步发展高压受限环境下探测微观性质的新方法，例如，固态核磁共振、量子振荡、点接触谱等。

针对具有各向异性压缩率的二维或低维材料体系，发展单轴或各向异性高压环境的高压技术，有目的地开展单轴或各向异性压力下的物性测量，将有助于厘清压力调控的关键变量。例如，对范德瓦耳斯二维材料施加单轴压力可以有效调控层间耦合强度，验证理论预测并探索新奇现象，目前这方面的实验研究还非常有限。

通过高压研究范式的改变和高压技术的提高，未来5～10年应优先发展并解决凝聚态物理和材料科学领域中的重要科学问题，包括关联演生物理现象、非常规超导机理、量子临界与量子相变、拓扑物态与拓扑相变、物态调控规律与微观机制等。

为此，我们需要制定高压研究标准，加强以建立核心数据库和规律性认识为目的的系统性强、准确度高的高压实验研究，避免同质化、重复性的高压研究，在国际上率先分类建立量子物质高压结构和物性数据库；鼓励发展新的高压实验装置和相应的微观性质测量技术，尤其是探测自旋、电荷和能带结构相关的实验技术；重点支持强关联电子物态及调控、非常规超导体、量子临界性、拓扑物态及调控等前沿领域的高压研究。

# 第二节　强磁场下的新奇量子物态

## 一、科学意义与战略价值

自量子力学被建立百余年来，新奇量子物态的观测与研究离不开低温、强磁场等极端实验条件。作为重要的热力学参量，强磁场能有效控制物质的内部能量，在发现和认识新奇量子现象，揭示新规律，探索新材料，催生新技术等方面具有不可替代的作用。例如，在强磁场条件下发现的整数和分数量子霍尔效应为新奇量子物态的研究开辟了全新的方向。

由于强磁场下新奇量子物态的研究成果有望在量子计算机、无耗散和高速电子器件、低功耗集成电路、能源及太空技术等领域产生重要应用，近年来受到了欧、美、日、中等的高度重视：一方面不断发展具有更高磁场强度的强磁场装置以及与之配套的高场测量技术，为多学科研究提供平台；另一方面组织团队持续开展强磁场极端条件下的量子物态研究。经过多年探索，拓扑材料、高温超导体、强关联电子体系、磁性材料、低维材料、多铁材料、半导体与半金属材料等方向在强磁场下频频有重要的新发现。这一领域正在成为量子研究的重要分支，相关研究成果不仅为人们深入理解量子世界提供了全新的窗口，更为量子计算等未来技术的发展提供了坚实的基础。

## 二、研究背景和现状

强磁场在量子材料的研究历史上一直扮演着举足轻重的角色，下面将按照不同领域概述强磁场研究的发展现状。

在磁学与磁性材料领域，与强磁场紧密相关的研究内容主要包括量子磁性现象、变磁转变、拓扑磁性等。当磁场强度达到一定程度时，所产生的塞曼能足以与体系中的交换作用、热涨落或量子涨落竞争，因而成为驱动和调控低维磁体新奇量子物态的有力手段。磁场诱发的不同基态的竞争和演化往往伴随着物理性质的显著变化，如金属－绝缘体相变、庞磁电阻效应、巨磁热效应、大磁致伸缩等。这些物理效应不仅具有潜在的应用价值，而且对于澄清相关基础科学问题意义重大。强磁场诱导的变磁转变往往伴随着大的磁熵变或者形变，因而可用于磁制冷或形状记忆材料。拓扑磁性作为凝聚态物理中拓扑现象的一个新分支，正成为一个引人注目的前沿领域，拓扑自旋态在强磁场下的行为以及由拓扑特性演生的新物理效应，如量子反常霍尔效应的研究，都在如火如荼地开展中。

在半导体领域，强磁场下呈现的最典型的量子现象是整数和分数量子霍尔效应，对它们的理解是过去几十年研究的重点内容。由于可以精确量化，整数量子霍尔效应已用作电阻标准。分数量子霍尔效应导致新的集体激发类型，由于电子和电子相互作用而产生介于玻色子和费米子中间状态的量子态，被认为具有非局域隐藏自由度的粒子，其中特定的量子态能导致“非阿贝尔统计”现象，可以应用到量子计算中。另外，强磁场可以显著地影响半导体材料的能带结构以及载流子行为，通过发展强磁场技术并与半导体材料的光谱学和波谱学研究相结合，可以使我们更深刻地理解半导体中的物理现象及其本质。

在半金属领域，由于其往往具有低费米能（$E_F$）和长平均自由程，低温和磁场下的电子回旋能量可超过其费米能和热涨落能量从而进入量子极限，导致电子相互作用增强进而诱导出系列奇异的新量子物态。例如，在传统的半金属石墨中，强磁场可诱导出激子的玻色–爱因斯坦凝聚态，即激子绝缘态；在半金属铋中，40 T 左右的磁场可清空其狄拉克电子口袋从而导致磁阻突降；在拓扑半金属 $Na_3Bi$、TaAs、$Cd_3As_2$、$ZrTe_5$ 中发现了与手性反常相关的纵向负磁阻行为。在 $Cd_3As_2$ 中发现了基于外尔轨道的三维量子霍尔效应和巨大的纵向以及横向热电效应；在狄拉克半金属 $ZrTe_5$ 中首次发现了由强磁场诱导出的第三类量子振荡（对数量子振荡）和在量子极限之上的反常热电效应；在 TaP 中观测到外尔费米子在强磁场下的湮灭；在磁性外尔半金属 $Co_3Sn_2S_2$ 中发现了巨大的反常霍尔效应，并揭示出基于磁场下拓扑磁性材料的反常横向热电效应器件所展现的优越性。这些强磁场下的发现都极大地推动了新奇量子物态研究，并且成为该领域的研究热点。

在超导领域，强磁场下非常规超导体的研究主要涉及高温超导体、重费米子超导体、有机超导体、拓扑超导体以及磁性超导体等体系。例如，利用强磁场抑制超导电性揭示了铜基高温超导体在低温强磁场下的金属–绝缘体量子相变；通过强磁场下的量子振荡实验首次在 YBCO 超导体中观察到封闭的电子口袋；通过强磁场下的核磁共振实验率先在 YBCO 中发现磁场诱导的电荷有序，从而激发了人们对高温超导体中电荷有序现象的广泛研究；利用脉冲磁场下的光学实验又再次验证了磁场诱导的电荷有序现象，并第一次将强磁场下的自由电子激光器应用到非常规超导研究领域，开辟了一个全新的研究方向。上述强磁场下的发现都极大地推动了非常规超导的机理研究。

在重费米子领域，随着强磁场、高压和低温等极端条件下物性研究手段的不断完善，人们在重费米子材料中发现了异常丰富的物理现象，包括磁有序、多极矩序、自旋液体、非费米液体、非常规超导等。探索重费米子在强磁场等极端条件下的新颖量子物态及其规律、实现量子态调控，对认识非常规超导与其他竞争序的关系、揭示高温超导机理、建立量子相变和非费米液体理论等前沿科学问题具有独特的优势。

在拓扑材料领域，许多以前未曾关注的奇异输运性质往往需要通过外加磁场的调制才能显现出来，已成为物理学领域最激动人心的研究前沿之一。例如，在量子极限之上，强磁场可诱导出三维量子霍尔效应、金属–绝缘体转变、湮灭 / 清空拓扑半金属中的拓扑能带，还可以引起第三类量子振荡（即对数量子振荡），引发特殊克莱因（Klein）隧穿等效应。在拓扑磁性材料中，强磁场下还发现了轴子绝缘体等。强磁场下拓扑量子材料相关的研究已然成为凝聚态物理研究中最为重要的分支之一。

上述领域中列举的实验研究大都集中在一些具有大型强磁场设施的国家实验室，包括美国国家强磁场实验室和欧洲强磁场实验室。这些实验室吸引了一大批世界顶尖科学家开展强磁场下的新奇量子物态研究，并且不断涌现出重大发现。美国现有 100.8 T 脉冲磁体和 45 T 稳态磁体，正准备发展 130 T 脉冲磁体和 60 T 稳态磁体。通过长期的努力和坚持，我国在量子材料领域已经积累了非常好的研究基础，并取得了一系列的重要成果。国内强磁场实验装置的建成为我国科学家提供了开展强磁场下新奇量子物态研究的硬件设施，在近年拓扑材料强磁场下的新奇量子物态研究中做出了突出贡献。随着强磁场技术和实验测量技术的不断提高，强磁场下的新奇量子物态研究将会带来更多意想不到的新发现，具有非常大的发展潜力。

## 三、关键科学、技术问题与发展方向

强磁场极端条件下的新奇量子物态研究是凝聚态物理的核心研究内容之一，也是量子科技创新的重要驱动力。随着新型量子材料的不断发现、研究的不断深入以及强磁场装置的不断发展，这一研究领域呈现出持续深化的繁荣景象。下面将从几个研究子领域阐述其科学问题与发展方向。

在磁学与磁性量子材料方面，①研究强磁场诱导的新奇磁有序、电子序及其演化、巡游电子变磁性、自旋态转变、低维磁阻挫体系中的自旋液体和自旋冰、量子临界现象和量子相变；研究复杂非共线磁结构和拓扑序在强磁场下的演化与相变，揭示强磁场下新物态和新现象的微观起源和物理机制，建立相关科学理论体系。②研究强磁场下的多自由度关联和演生现象，通过调控自旋、轨道、电荷与晶格之间的相互关联与耦合研究新奇丰富的物理效应和复杂的磁电相图；研究强磁场作用下磁有序和铁电序、弹性序的共存和磁电耦合，人工异质结构界面处在强磁场下增强的演生现象。

在半导体材料方面，①探索强磁场下半导体材料的新奇物理现象，研究低维量子体系中奇异量子现象，如量子相变，与拓扑绝缘体、拓扑半金属有关的研究，受限制体系的磁相变、能带结构和输运行为研究等；②开展强磁场下半导体光谱学和波谱学研究，发展与强磁场相匹配的实验测量手段，开展半导体特别是半导体低维体系中与朗道能级结构、能级分裂、态密度函数等相关的研究。

在非常规超导体方面，未来将主要集中在超导机理这一世界性的难题。近年来，随着强磁场技术的发展，越来越多关于非常规超导体的突破性实验进展都与强磁场密不可分，如铜基高温超导体中费米口袋以及电荷序的发现。对于铜基超导体欠掺杂和过掺杂区域的费米面，在现有强磁场强度下，铜基超导体欠掺杂和过掺杂区域的费米面都已经被详细研究过。目前各国都在争相增强磁场强度以研究最佳掺杂处（其上临界场可超 100 T）的费米面从而确定费米面在全掺杂空间的相图，期望揭开高温超导机理。此外，非常规超导体的重大基础问题还包括：①新型二维超导材料的探索，比如上临界场远超泡利（Pauli）顺磁极限的伊辛超导；②超导配对对称性；③赝能隙以及其他的竞争序；④量子相变以及量子临界；⑤非常规超导体的磁通动力学等。

在重费米子材料方面，①研究重费米子体系的电子结构随外磁场的变化，理解这些体系中的电子属性，完善相关的理论模型。②研究重费米子超导体中的新奇配对机制。与铜基和铁基等非常规超导体系相比，重费米子超导体系呈现出更加丰富的性质，如 URhGe 的超导再入现象，$CeCoIn_5$ 中的磁场诱导的 FFLO 超导态，$UTe_2$ 中 60 T 依然存在超导电性（上临界磁场远高于泡利顺磁极限）等。研究重费米子在强磁场下的超导特性对揭示非常规超导机理至关重要。③研究重费米子在强磁场下的量子相变及其标度行为。利用强磁场调控重费米子材料的量子相变，通过测量其在不同量子临界点处的标度行为、费米面拓扑结构的变化以及霍尔系数的改变，可以获取重费米子材料多参量空间的物理相图，为完善和建立强关联电子的量子相变理论提供实验依据。④研究强磁场下重费米子材料的拓扑性质。重费米子半导体或绝缘体在强磁场条件下有着迥异于传统能带半导体的物性，如 $Ce_3Bi_4Pt_3$、$SmB_6$ 和 $YbB_{12}$ 等材料在强磁场下的半导体 – 金属相变，并发现其中存在着绝缘态下的量子振荡。由于存在较强的自旋 – 轨道耦合作用，这些材料还可能存在新颖的强关联拓扑性质。

在拓扑材料研究方面，①当外加磁场足够强时，电子最终都会落在最低的朗道能级上，材料进入量子极限态。在这种情况下，拓扑材料特殊的能带结构会导致它们在量子极限之上表现出一些新奇的量子现象（例如，对数量子振荡、金属–绝缘体转变、三维量子霍尔效应等）。目前对这些现象的研究和表征大多集中于电学性质的测量。然而，由于强磁场下电子散射效应较强，仅通过现有的电阻测量仍存有较大争议。通过发展更多强磁场下的测量手段有望澄清这些高场奇异量子现象的形成机理。②由于拓扑材料都包含一些能带结构的奇点，通过改变这些奇点可以实现对材料拓扑性的调控。对一些处于拓扑相变临界点的材料，在强磁场下往往会表现出各种不同的奇异量子态。虽然大量理论研究结果表明拓扑材料在强磁场下的奇异电子态与它们本身能带拓扑性有关，然而实验上却少有研究。在今后的研究中可以尝试通过外加电场、压力等方式对拓扑材料高场量子态进行调控，进而为拓扑量子器件的设计提供新思路。③费米弧是拓扑半金属的一个重要特性，拓扑材料在无损耗传输等领域的应用往往都与这一特性有关。由于材料的输运性质主要由其体能带特质来决定，因此，费米弧这种二维的表面态往往难以通过输运性质直接测量。最近的一些实验和理论研究表明在强磁场下通过研究拓扑材料一些特定的介观器件，有可能直接观测到费米弧表面态导致的输运特性。

基于该领域国内外的研究现状、存在的关键科学问题和发展态势，我们提出以下建议。

加大强磁场科技基础设施投入和建设。虽然我国已初步建成了稳态和脉冲强磁场实验装置，为我国强磁场下的科学前沿研究提供了良好的支撑平台，但目前的磁场强度与表征技术手段跟国外最高水平仍有差距，不能满足我国科学家在量子物态研究领域实现重大科学突破的需求。这需要发展强磁场技术以进一步提高磁场强度，提升强磁场下现有表征技术测量精度，加强强磁场与极低温、超高压、超快、强栅极电场等其他极端物理条件的集成，开展更多维度下的新量子物态探索，大力发展强磁场下各种尖端物性表征技术以及精密测量技术，加强强磁场与中子散射、X 射线光源、自由电子激光、显微探针、超快光学、介电 / 共振波谱等技术的结合，极大地提高探索新奇量子物态的能力。

加大对强磁场下非常规超导、量子磁性、拓扑和低维量子体系、半导体和半金属、重费米子等量子材料研究的支持力度。有针对性地瞄准一些重大基础问题开展前瞻性研究，集中力量攻关，避免盲目的重复性研究。

# 第三节 极低温下的新奇量子物态

## 一、科学意义与战略价值

在超导物理的研究中，人们追求更高的超导转变温度，以期获得更靠近室温条件的超导材料，但是科学家们从未停止过向极限低温世界的探索。在接近绝对零温的情况下，原子、分子等微观粒子系综中的热涨落对系统物理性质的影响变得可忽略，其量子涨落和粒子之间的相互作用成为决定体系各种物理性质的主要因素。在低温环境下，人们相继发现多种量子物态（图 6-1）。

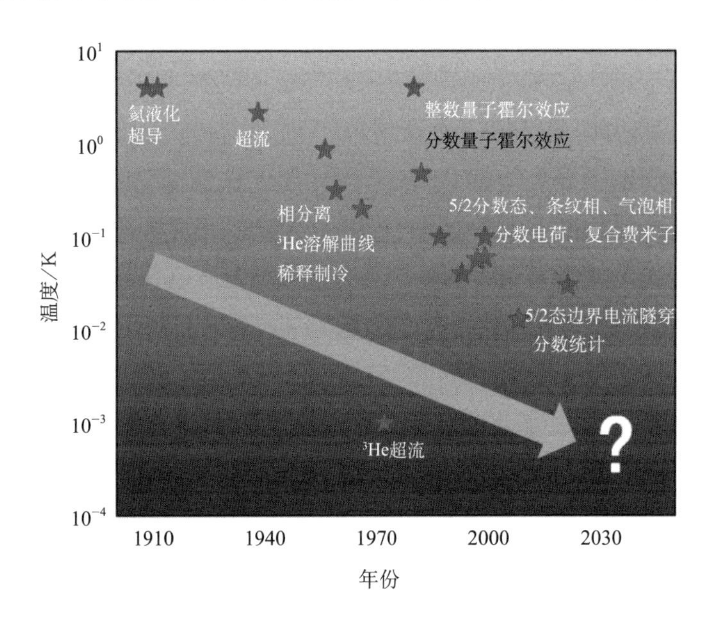


图 6-1 量子物态研究的突破与低温环境需求

注：图中的 5/2 分数态指填充数为 5/2 的分数量子霍尔态，这是第一个被发现的偶数分母分数量子霍尔态，它无法直接用复合费米子图像理解，允许具有非阿贝尔统计性质

在 1908 年，$^4$He 液化成功，人们在实验室里获得了 4.12 K 的温度，这开

启了低温实验物理发展的序幕。氦（He）是最典型的量子液体，其具有独有的量子特性，即在所有物质中它的沸点最低，并且即使到绝对零度仍然保持液相。氦的超流特性是最重要的宏观量子现象之一，氦超流现象的研究对于超导等其他强关联领域的研究具有重要的借鉴意义。同时，氦也是实现极低温条件所必需的制冷剂，实现77 K以下低温环境的主流技术均依赖于氦元素，因此氦物理研究有助于我国在低温领域的自主技术研发，有助于摆脱目前中国对国外低温设备进口依赖的局面。

20世纪70年代以来，在激光和精密光谱学技术突飞猛进的背景下，激光冷却方法的提出推动了极低温的获得和各种新奇量子物态的研究。类似于固体材料中电子的超导电性，微观粒子系综的状态在纳开尔文级别的低温下趋向其量子多体基态，形成玻色–爱因斯坦凝聚体或简并费米气体，并具备超流动性。科学家们发展和掌握了更强的量子调控和测量能力，尤其是对大量相互作用的原子、分子的单量子测控能力。

在单量子水平的微观精确控制技术和测量技术的支持之下，人们以单个原子为原料组装人工量子材料并用显微镜观测其量子状态。这使得超冷原子（分子）系统可以用来模拟复杂的量子多体模型并用显微学的方法研究其物理性质，有望给出可能的高温超导物理机制，形成如自旋液体等具有拓扑性质的强关联量子材料，并可用来模拟研究高能物理中的量子场论方程；超冷原子系综为测量原子跃迁频率及与此相关的电磁场强度、引力效应等提供了目前已知的最精确和灵敏的实验手段，在检验基础物理理论、开发高灵敏度量子探测器方面有重大的应用前景；低温的超冷原子可以被用作量子比特，成为量子信息处理研究中的主要物理体系。

所以，极低温度量子物态研究的主要目的是解决经典计算无法处理的强关联量子多体问题，理解凝聚态物理和量子场论中仍然悬而未决的物理问题，并为精密测量和量子计算等领域提供高精度的量子测控技术。

## 二、研究现状及其形成

本节从以下几方面介绍极低温量子物态研究的发展脉络和研究现状：氦的液化和超流动性的发现；二维超流动性、别列津斯基–科斯特利茨–索利斯（Berezinskii-Kosterlitz-Thouless，BKT）相变理论和超固态；激光冷却与极低温的获得；超冷原子量子模拟；国际竞争现状。

### （一）氦的液化和超流动性的发现

1908 年，人们第一次实现了氦（$^4$He）的液化，达到了 4.2 K 的低温环境，这开启了低温实验物理发展的序幕。随后，人们发现液氦的黏滞系数在 2.17 K 以下完全消失，液体可以毫无阻力地流动，这一现象被称为超流，是最早被发现的宏观量子现象。作为氦的另一种同位素，$^3$He 是费米子并且其液相符合费米液体理论，在低于 2 mK 的超低温条件下也能产生超流现象。关于液氦超流的研究先后四次获得诺贝尔物理学奖。

氦物理研究的影响远远超出了该领域本身，已经辐射至其他物理领域。例如，超流现象与超导在数学形式上类似，许多现象和机理可以一一对应。特别是作为费米子的 $^3$He 通过配对形成的超流态是目前唯一被确认的 p 波配对态，并可能存在拓扑表面态，这为当前广受瞩目的拓扑量子计算、拓扑绝缘体、拓扑半金属、拓扑超导体等研究领域提供了非常合适的研究参考。

### （二）二维超流动性、BKT 相变理论和超固态

除三维超流体之外，附着在固体表面原子层级别的液氦薄膜也能产生超流现象。基于该现象发展起来的 BKT 相变理论如今已被广泛应用于二维超导研究。氦物理的研究领域还发展出固体氦超流态（超固态）、量子湍流等众多前沿方向。其中，超固态在 20 世纪 60 年代由安德列也夫（Andreev）、利夫希兹（Liftshitz）和莱格特（Leggett）等从理论上提出，在之后的几十年中，不断有研究者从实验上寻找超固态存在的证据，尤其是近年来激光冷却技术和超冷原子物理的发展，推动了超固态物理的研究。

### （三）激光冷却与极低温的获得

20 世纪 70 年代，随着激光技术与精密光谱学的发展，亨施（Hansch）等提出了激光冷却的方法，菲利普斯（Phillips）、朱棣文和科恩–塔诺季（Cohen-Tannoudji）等开发实验技术将 Rb 和 Na 原子冷却到约 100 μK 的温度，并因此获得了 1997 年的诺贝尔物理学奖；此后，超冷原子蒸发冷却的方法被提出，

康奈尔（Cornell）、克特勒（Ketterle）和威曼（Wieman）等实现了由冷原子气体到玻色–爱因斯坦凝聚体的跨越，获得了2001年的诺贝尔物理学奖。在此之后，金秀兰（Deborah Jin）等获得了Li原子简并费米气体。在极低温度的探索中，克特勒等于2003年在钠原子BEC中获得了450 pK的温度，这比自然界的最低温度低了近十个数量级。目前，实现激光冷却的原子种类包括Li、Na、K、Rb、Cs等碱金属原子，Be、Mg、Ca、Sr等碱土金属原子，处在亚稳态的He、Ne、Ar、Kr、Xe等惰性气体原子，以及Al、Cr、Dy、Ho、Er、Yb、Hg等其他族金属原子。随着美国实验天体物理联合研究所（Joint Institute for Laboratory Astrophysics，JILA）实验室实现NaRb分子的量子简并气体，其他双原子分子、多原子分子乃至纳米到微米尺度的颗粒材料也逐渐成为激光冷却的研究对象。

### （四）超冷原子量子模拟

激光操控超冷原子的技术日臻精密成熟，为构建人工量子材料模拟强关联量子多体物理问题奠定了基础。处在电磁场中的超冷原子，其动力学规律可以用来模拟处在强磁场中电子的行为，美国国家标准局、中国科学技术大学、山西大学等在超冷原子气体中实现了人工规范场的模拟，构建了一维、二维、三维自旋–轨道耦合系统，这有助于研究量子霍尔效应。因斯布鲁克大学和加州理工的研究人员提出了调控原子相互作用实现哈伯德模型和磁性模型的方案，人们通过微波、磁场、激光等实现了对原子间相互作用的准确调控，尤其是在2000年前后，马克斯·普朗克量子光学研究所将超冷原子装载到光晶格中，构建了人工量子材料，掌握了模拟哈伯德模型的实验能力。人们首先观测到了超流–莫特绝缘态相变，并在光晶格中实现了拓扑量子物态。马克斯·普朗克量子光学研究所、汉堡大学、苏黎世联邦理工学院、因斯布鲁克大学、哈佛大学、麻省理工学院等成为操控晶格中的超冷原子开展凝聚态模型研究的高水平研究机构。尤其是马克斯·普朗克研究所、哈佛大学在2010年相继成功开发出量子气体显微镜，推动了强关联量子气体的显微学研究。在掺杂的费米–哈伯德模型中，其基态是否为d波超导态是该领域关注的开放问题。中国科学技术大学近年来在光晶格超冷原子研究中取得了颇具特色的进展，他们开发了交错浸润冷却的方法，在量子气体中获得了前所未有的低熵，制备了大量原子的纠缠对，是目前国际上唯一实现四体相互作用调控的研究组，并对一维规范场理论施温格方程展开了模拟研究。

### （五）国际竞争现状

从 20 世纪初的氦物理发展到世纪末的激光冷却超冷原子，欧洲和美国的科学家一直都走在世界的前列。通过对冷原子的量子调控，人们研究了 p 波配对超流态、超流和绝缘态相变、二维拓扑态、安德森局域化、量子磁性、非平衡态多体动力学等一系列的凝聚态物理问题。在氦物理研究方面，欧洲 2014 年成立了“欧洲极低温实验平台”（European microKelvin platform），联合了 17 家机构的极低温实验条件。过去二十年来，我国氦物理的研究却主要集中在理论方面，随着极低温设备逐渐进入我国大学和科研院所，有个别研究组开始了氦物理实验研究，并取得了受到国际同行关注的成果，但研究规模仍然非常小。不论是现在的前沿凝聚态实验，还是超导比特等多种量子计算方案，均需要和缺乏优秀的低温技术人才。

在激光冷却超冷原子的研究中，马克斯·普朗克量子光学研究所、因斯布鲁克大学、哈佛大学、麻省理工学院、JILA 等是此方向的领导者。受亨施等工作的启发，中国科学院上海光学精密机械研究所的研究人员于 1979 年提出了基于光散射和交流斯塔克效应的激光冷却方案，并在 2003 年实现了我国的第一个玻色爱因斯坦凝聚体。2010 年之后，我国的超冷原子物理研究进入快速发展阶段，中国科学技术大学、清华大学、华东师范大学、山西大学、北京大学等在冷原子自旋 – 轨道耦合、原子纠缠、强关联量子多体系统模拟等方面取得了国际领先的研究工作。我国的超冷原子物理研究从 2010 年之前跟踪国际前沿，经过十年左右的发展，目前少数研究方向已经达到了国际“并跑”，极少数方向取得重要进展并已出现了“领跑”的态势。

## 三、关键科学、技术问题与发展方向

如前文所述，极低温度量子物态研究的主要目的是解决经典计算无法处理的强关联量子多体问题。其基本思路是制备强关联人工量子物态，开发一系列的局域和全局量子测控手段，获得强关联量子物态的量子相变行为、关联特性、动力学过程、拓扑结构、规范对称性等物理属性。围绕这样的主题，有如下关键科学和技术问题值得优先发展。

### 1. 量子模拟——原子分子光学与凝聚态物理之间的桥梁

基于光与冷原子的相互作用，人们制备了人工强关联量子物态，开发了量子模拟的方法，从而建立起了原子分子光学与凝聚态物理研究之间的桥梁（Schäfer et al.，2020）。这有助于回答微观尺度上的相互作用是如何演生出凝聚态体系中的物理规律。更重要的是，这个新领域里发展起来的主动量子调控和量子气体显微镜等方法，使我们进入了人工制备强关联量子材料并进行显微学研究的时代。这是对凝聚态科学研究手段的重要发展，也是探测量子关联和相干操控量子态的全新工具。使用这些工具，可以实现多种原子组分的、多层的、复杂掺杂的、单原子级别的强关联量子材料组装，探索高温超导可能的物理机制，研究系统的拓扑结构和非平衡动力学过程。另外，用 $^4$He 固体及其超流态进行对照研究，有助于厘清超固态的物理本质。

### 2. 量子场论模型的模拟

规范场理论是目前最精密的物理学理论——标准模型的基础，科学家们求解规范场问题时往往碰到数值发散问题，一个解决问题的思路是把连续时空中的规范场问题转化为晶格上的分立化数值问题，由此发展出了格点规范场理论。但是，这种方法对数值计算的算力形成了巨大挑战，超冷原子量子模拟为求解此问题提供了新的手段。使用囚禁在光晶格中的超冷原子，通过精确控制格点上原子的隧穿强度和原子之间的相互作用，形成具有特定规范对称性的哈密顿量，进而模拟相应的规范场理论模型。量子模拟方法也为理解量子场论与凝聚态系统之间的关系提供了新的视角。

### 3. 量子模拟方法的优越性演示

对于强关联量子多体系统，没有系统的、程式化的理论方法求解，而哈密顿矩阵严格对角化方法的计算复杂度太高，仅适用于处理少体系统。所以，使用量子模拟方法求解超越经典计算能力的复杂物理模型是该领域学者关注的问题。尽管过去二十年来量子模拟研究取得了高速的发展，但是至今仍然没有一个严格的对比实验表明量子模拟方法在处理某个特定物理问题时超越了经典超级计算机求解的能力。所以，明确定义一类计算复杂度随体系尺寸指数上升的强关联量子多体问题，使用超冷原子体系建模实现此类问题，并演示其量子优越性，是未来几年优先突破的研究方向。

### 4. 量子多体系统中熵的测控

对于极低温的量子多体系统，其热力学熵与体系的信息熵直接关联，这需要更精准的量子调控手段来测控体系的熵，有助于理解其中的量子多体纠缠性质，将被用来模拟黑洞和宇宙学模型的动力学演化过程。此时，量子信息处理的主旋律是对熵的精确调控，更先进的制冷技术是未来超冷原子物理研究中的重要内容。

### 5. 磁性原子、分子及微纳颗粒的激光冷却

随着激光冷却技术的发展，对于其他类型微观粒子的冷却，可产生更复杂的多体相互作用，制备更多的强关联量子物态。如冷却具备较大磁矩的原子、双原子分子，有助于实现远程相互作用，用来模拟扩展哈伯德模型，研究量子磁性、超固态等物相。

### 6. 量子固体的缺陷运动与塑性形变

现有研究已经观察到固体氦在应力作用下产生的位错线雪崩现象和由此产生的声学激发效应，并指出声子谱学是研究缺陷运动的有效手段。后续研究可以构造声学探测器阵列，研究由位错线运动引起的声学激发信号在空间和频率上的分布。进一步可以研究固体 $^3$He 在体心立方（bcc）和紧密堆垛（hcp）两种晶体相中的声学激发现象。通过比较 $^4$He 与 $^3$He 两种满足不同量子统计的同位素，以及 $^3$He 的两种不同晶体结构，充分研究位错线运动的量子效应。

### 7. 液氦表面电子系统的研究以及潜在应用

电子可以在超流液氦表面形成束缚态，可形成二维电子系统。由于不存在晶格结构和能带对电子的影响，该二维电子系统具有电子密度高度可调、迁移率极高等特点，是目前已知的最高迁移率材料。对于多电子系统来说，通过在大范围内连续调节电子密度，可以人为控制电子之间的相互作用强度，研究一系列低维电子系统中的新奇量子态，还可以通过栅极调控的方法构造

量子器件，人为操控少数电子或单电子的量子态，构筑量子比特，为发展基于此系统的量子计算技术打下基础。

8. 极低温量子物质中的关键技术

量子模拟需要更低的原子温度、更长的退相干时间、更强的量子测控能力，应开发以下关键技术：新的冷却技术——在目前的超冷原子量子多体系统中，温度过高仍然是限制科研人员观测到很多重要量子物相的主要问题；低温真空腔技术——在 $10^{-11}$ mbar① 的超高真空环境中的背景气体原子与光阱中的超冷原子散射，造成原子损失，限制了体系的寿命和量子态的相干时间，低温真空腔技术可以有效地优化背景真空，提升量子多体系统寿命；激光光镊原子阵列和里德伯激发技术——使用空间光调制技术，制备束缚在微阱中的原子阵列，结合里德伯激发技术，产生原子之间的相互作用，具备易扩展升级和测控能力强等优点；应用技术——发展超冷原子精密时频测量技术、空间站超冷原子测控技术等。

## 第四节　光诱导的新奇量子物态及超快现象

### 一、科学意义与战略价值

近年来超短超强脉冲激光技术发展迅速。由于超短激光脉冲具有很高的瞬时电场，基于此发展起来的超快时间分辨实验技术正在成为调控和探测量子物态的先进手段之一。

量子材料在超短脉冲激光的激发下会迅速处于一个高度非平衡态，即电子、晶格、自旋等自由度各自远离平衡状态，然后通过相互作用往激发之前的平衡状态弛豫。通常量子材料，特别是强关联电子体系内部复杂的相互作用导致对其平衡态物理性质的理解异常困难。基于超快激光的非平衡探测手

① 1 bar=$10^5$ Pa。

段可以从弛豫过程中将各种相互作用退耦合，从而为理解平衡态的性质提供帮助。另外，超短脉冲激光可以激发材料系统晶格的相干振动或自旋的相干进动，结合不同超快时间分辨探测技术可以实现电子结构调制和晶格结构调制的锁定测量，能提供平衡态探测技术完全不能给出的信息，并进而解析电子与晶格（或其他自由度）之间的关联和相互作用强度。更进一步，增加激光的场强则可实现从超快时间分辨测量过渡到调控。超短脉冲激光因为其在飞秒量级的时间尺度内提供与材料内部自由度相互作用可比拟的电场使得超快时间尺度和非绝热调控成为可能，这是现有改变压力、磁场和温度所无法实现的调控手段。超快调控作为量子调控的崭新手段，对发现新现象、新效应有着特殊的重要意义。

从应用层面，随着信息技术的发展，目前阶段计算机处理器的集成度已经趋近于极限，与此同时，数据的读写速度也受到了极大的限制，因此结合量子材料和强场激光来实现信息的超高速读写为未来发展超越电子学信息存储模式提供了可能性。线性和非线性光谱学技术在其他学科（如生物医学成像方面）也发挥了重要作用，例如，超分辨光学成像和双光子、多光子成像技术等。可以预期，在未来，基于激光的光学成像技术在安检、医学等领域将发挥更重要的作用。

## 二、研究现状及其形成

1960 年，梅曼（T. Maiman）实现了第一台光学激光器，此后制造更高通量、更短脉宽、更高场强的激光器驱动着科学家不断发展和完善激光技术。特别是啁啾放大技术的发明大幅度提升了激光器的单脉冲能量，这使超强超快激光得到前所未有的广泛应用。法国科学家莫罗（G. Mourou）和加拿大科学家斯特里克兰（D. Strickland）凭借该项技术与光镊发明者阿什金（A. Ashkin）共同获得了 2018 年诺贝尔物理学奖。随着激光器的单脉冲能量不断提高，新的实验技术和物理现象也随之出现，如在实验室实现高能量密度物理、利用激光尾波进行电子加速、质子加速等。利用超短脉冲激光的时间分辨率，科学家逐渐发展出所见即所得的实验技术，致力于利用超快激光光谱技术去探测化学反应、分子振动、电子运动及相关弛豫过程。泽韦尔（A. H. Zewail）

利用超快光学技术研究化学反应过程中的动力学问题，获得了1999年诺贝尔化学奖。激光科学发展历史上另一个重要的里程碑是利用飞秒激光脉冲作用于惰性气体产生高次谐波，获得了阿秒时间尺度的脉冲激光，这为研究物质科学中极端超快运动过程开辟了新的空间和可能性。目前实验室中能够达到的最短激光脉冲为43 as。由于基于气体高次谐波的阿秒脉冲的能量位于深紫外和X射线波段，在固体物理中应用有较多限制。近年来，光参量啁啾放大技术以及相干合成技术在中红外、近红外波段的超短脉冲激光方面发挥了重要作用，利用三束或者四束超短飞秒激光（<10 fs）进行相干合成可以得到900 as脉宽的近红外线，利用此波段的阿秒脉冲德国马克斯·普朗克量子光学研究所研究人员研究了固体材料$SiO_2$的高次谐波和载波相位稳定的光电流。

在光学激光器发明的第二年，非线性光学随之诞生，从此利用激光研究光与物质相互作用逐渐成为重要科学前沿。当激光的脉宽被压缩至数十飞秒量级时，在千赫兹重复频率下，激光的加热效应可以忽略，同时超强的峰值电场效应得以体现。当激光电场的强度和量子材料内部自由度相互作用相比拟的时候，激光脉冲将改变量子材料的势能面，进而诱导出新奇的量子物态。近十多年来利用激光脉冲对凝聚态物质量子性质进行调控逐渐成为前沿研究热点。

当前利用激光脉冲对量子材料的调控可分为非相干调控和相干调控两类。在非相干调控中，激光脉冲直接激发大量跨过费米能级的热载流子，并在比弛豫过程特征时间更短的时间窗口内由非绝热方式将能量分布在不同自由度，由此使得材料整体性能发生突然变化，诱导材料进入新的量子物相。而在半导体或绝缘体中，如激发光子的能量小于能隙，当激光电场足够强时，会发生齐纳隧穿进而诱导相变。当前由超短脉冲激光诱导的各种量子材料超快时间尺度结构和量子物态的变化已经成为该领域最引人注目的研究前沿（Orenstein，2012；de la Torre et al.，2021）。针对具体的实际体系，一些材料诱导的是瞬态相变，即脉冲过去后体系将在很短的时间尺度上（皮秒，纳秒）恢复至初始平衡态，比如文献报道的光诱导瞬态超导现象、光诱导$VO_2$绝缘体到金属的变化、光诱导准一维电荷密度波（CDW）材料$K_{0.3}MoO_3$中从电荷密度波绝缘态向金属态的超快转变；而有不少材料体系由强场激光所诱导的相变则是长寿命的或者说是热力学稳定物相，比如强关联过渡金属锰氧化物、电荷密度波材料 1T-$TaS_2$、激子绝缘体 $Ta_2NiSe_5$ 等。在光诱导的热力学稳定物相中又会表现出可逆相变和非可逆相变，其中可逆相变是指可通过一定途径恢复到初始平衡态，比如通过加热、加压（应力）等手段；非可逆相变则以新物相形式稳定存在，无法通过外场激励回到初始平衡态。

脉冲激光还可以对量子材料性质和行为进行相干调控或操纵。实验表明，超短激光脉冲可以相干激发量子材料中一些晶格或自旋集体激发模式，即诱导出现相干声子或相干磁振子。这里相干激发意味着样品相关格点位置的振动或自旋进动具有完全相同的相位。伴随这种相干激发，量子材料的电子结构和物理性质会出现相应的周期性调制和变化。这方面的一个代表性例子是斯坦福大学对铁基超导体 FeSe 用脉冲激光激发了 Se 原子相对 Fe 原子平面距离发生变化的相干声子模式，实验同时揭示费米能级附近的能带结构随这种位置变化出现调制变化。

在脉冲激光对量子材料物态调控研究中，激光的能量可以远高于体系相关集体激发模式（如声子、磁振子等）对应的能量尺度，这种激发是非共振的激发。而不少情况下人们利用各种光学手段将激光的能量调至与声子、磁振子或其他集体激发模式相近的能量，实现所谓与集体模式能量共振的激光激发，以研究共振激发和非共振激发对材料性质调控的差别。此外，在利用低能强场激光对量子材料进行调控中，为了进一步增强光与物质相互作用的强度，实验学家也将光学微腔的技术和量子材料结合，利用不同的光学微腔或超材料结构来共振增强强场激光与量子材料相互作用。

在桌面超强超快激光系统发展的同时，基于加速器技术基础上的自由电子激光技术也在快速发展。由于自由电子激光具有峰值功率高、频率连续可调等优点，其在研究光与物质相互作用、量子物态超快调控方面有广阔的应用前景，并已发挥了重要的作用。在过去 30 年里美国、欧洲以及日本和韩国主要的科研机构相继建设了一系列自由电子激光和高亮度激光光源，如美国 SLAC 国家加速器实验室的直线加速器相干光源 LCLS、LCLS Ⅱ和 LCLS HE、美国阿贡国家实验室的 X 射线自由电子激光装置（X-ray free electron laser，XFEL）、德国电子同步加速器研究所 DESY 的 XFEL、瑞士保罗谢勒研究所的 XFEL、日本大型同步辐射光源 Spring-8 的自由电子激光装置（free electron laser，FEL）等等，并配有基于超快激光泵浦－探测技术基础上的各种时间分辨谱学测量系统实验站，包括时间分辨的太赫兹、ARPES、电子衍射、弹性或非弹性 X 射线散射等。国内在此方向起步较晚，目前还处在建设和发展之中。虽然从低能太赫兹、中红外和紫外波段的小型自由电子激光装置到高能硬 X 射线能量区域的自由电子激光装置都有布局和建设，但配套的谱学探测系统和用户实验站则显得尤为缺乏。

## 三、关键科学、技术问题与发展方向

对于激光诱导的新奇量子现象和量子物态的超快操纵目前还处于大发展阶段。在这方面尖端仪器的创新和应用扮演着重要角色。随着脉冲激光技术的进步和在量子材料系统的广泛应用，一定会有更多新现象和新效应被发现和揭示出来。

当前在量子材料奇异物态探测、量子态调控、光诱导的相变等研究方向已经有一系列前沿热点问题，下面列举一些重要发展方向。

（1）光诱导高温超导电性问题。室温超导电性的实现一直以来都是超导研究中的皇冠。自 2011 年开始，德国汉堡马克斯·普朗克研究所科学家陆续在铜基不同家族样品、K 掺杂 $C_{60}$ 和有机电荷转移盐样品中报道了用光所诱导的瞬态超导电性，尤其是在欠掺杂 YBCO 样品中，该课题组宣称发现了激光诱导的瞬态室温超导电性。虽然他们声称在不同体系均观察到光诱导的高温超导，但不同体系瞬态超导的判据各不相同。这些实验结果到目前为止仍存在很大争议，但是他们的结果对超导电性的调控和提升超导转变温度提供了一个新的思路，引起人们广泛关注以及相关的理论研究。这方面的研究还需要另辟蹊径以获得确凿可靠结果。

（2）光诱导超快相变和调控。这方面重点可放在关联电子材料和有各种竞争序的材料系统，如过渡金属氧化物、重费米子体系、低维材料、随温度压力等参量变化容易出现结构变化、密度波失稳或金属－绝缘体相变的材料等体系。利用超短脉冲实现对量子物态的超快调控，对发展超快时间尺度的信息技术有潜在重大影响。应结合多种超快时间分辨的探测技术揭示光诱导的晶体结构和电子结构变化之间的联系，相关结果对理解热平衡状态下的相变过程也会提供重要信息。

（3）强场激光对磁性材料进行调控。从20世纪90年代发现脉冲激光在Ni薄膜中引起超快退磁相现象开始，基于超短脉冲激光的超快磁性调控成为超快信息存储的一个重要研究方向。中子是传统的研究量子磁性材料自旋自由度的强有力手段。但是延伸到超快时间分辨领域，由于技术限制，光学成为同时测量电荷和自旋自由度非平衡态性质的唯一选择。电磁波有电场和磁场两个自由度，其电场自由度能够和材料系统的电荷、声子等耦合，其磁场自由度能和材料的自旋激发耦合，同时磁光克尔效应使得光学能够对铁磁材料的自旋态进行有效探测。采用时间分辨光谱、克尔效应、二次谐波对量子材料的电荷和自旋自由度进行探测，在弛豫时间上将电荷、自旋自由度退耦合，从而理解不同自由度对基态性质的影响。对多铁性材料磁结构的调控可以实现同时对磁性和电极化的调控。

（4）强场激光对拓扑材料进行调控。拓扑材料是近十年来凝聚态物理最活跃的前沿领域之一，我国科学家在此领域做出了引领性的工作。近期美国和我国科学家分别在$WTe_2$和$MoTe_2$材料中发现了光诱导结构相变，因而预期能够对这两类材料的拓扑性质进行调控。非线性光谱技术在拓扑绝缘体和中心反演破缺的外尔半金属的探测方面发挥了重要作用。通过高次谐波测量有可能探测拓扑材料的贝里相位，进而直接探测材料的拓扑性质。发展时间分辨的高次谐波和角分辨光电子能谱测量对拓扑材料的贝里相位和能带结构进行监测，将在拓扑量子材料研究方面产生广泛应用。

（5）强光场和微纳结构的强耦合效应。在传统半导体和铁磁材料的研究中，为增强电磁波与材料的相互作用，实验学家将半导体异质结或者铁磁材料放置于光学微腔中，从而实现了材料中集体激发模式与光场的强耦合效应，如观察到声子极化激元和磁振子极化激元。近些年来，有理论工作预测将超导体、量子顺电材料和反铁磁材料放置到合适的光学微腔中，利用强场太赫兹或者中红外激光激发此微腔结构，能够实现超导增强、顺电–铁电相变和磁矩翻转等现象。

基于超短脉冲激光发展起来的超快时间分辨实验技术正成为探测和调控量子物态的重要手段之一，弱场激发下可利用超快谱学技术探测材料在激发后由非平衡态到平衡态的动力学弛豫过程，而强场激光脉冲激发则可能驱动量子材料发生超快时间尺度的相变，实现对量子物态的超快调控。我国在光诱导新奇量子物态方面已经做出了一系列有显示度的工作，同时也有一批年轻的学者继续在此方面努力开拓。但是由于相对于西方国家起步较晚，对前沿科学发展的贡献还相对较少。早期开展的工作以弱场泵浦下激发载流子的弛豫动力学行为表征相对较多，近年来随着国家在研发方面的持续投入，我国在利用超强超快激光探测和调控量子材料物性方面进展加快，更多优秀工作开始涌现。根据目前关联电子材料超短脉冲激光探测和调控的发展趋势，我们需要进一步凝聚力量，尤其是发展强场激光器技术的课题组和使用激光器进行物态调控研究的课题组需要加大合作力度，通过仪器创新和发展独具特色的测量系统，对一些重大问题进行合力攻关，力争做出更多有影响力的原创性工作。

## 第七章

# 量子物质的探索与合成

量子是物理中各种基本场的最小单位激发。量子物质，顾名思义，是能够显现出这种最小激发的物质，有量子化磁通线的第二类超导体，这种量子现象不受材料尺寸限制，可以在任意宏观尺寸下存在；还有一些材料由于小尺寸限制使得其功能需要电子的波动性来解释，也就是要迈入量子力学的理论框架，同样属于量子物质的范畴。显著的量子效应常常和新材料的设计、发现和生长密切相关（Samarth，2017），量子物质探索与生长技术的发展将会成为基础科学持续进步的基石，并在生物医疗、照明、移动设备、新能源、科研精密仪器设备、通信技术等行业发挥巨大价值。

量子材料按尺寸可分为块体和薄膜。第一节具体介绍了块体合成方法和技术原理，包括固相熔融结晶、气相输运、水热法、助溶剂法以及高压合成。在合成和生长“多元”无机化合物时，其每个位置的适用元素平均约 75 种。每增加“一元”，化合物的种类就要增加近百倍，可以估算能够组合的四元化合物种类有几百万种之多。已知的无机化合物晶体结构数据库中有超过 25 万个条目，如何在其中筛选出有研究价值的量子材料？在未曾探索的材料区间，该如何前行？

大多数量子材料体系具有内禀复杂性，很难进行有效的理论预言，经常出现“机缘巧合”式的重大新发现。例如，早先在铜氧化合物中寻找具有强电子–声子相互作用的杨–泰勒极化子时，却意外发现了铜基高温超导体。

同样，采用半导体组分调制掺杂的初衷是降低二维电子气中施主的电子散射，然而巧妙的实验方案直接促成了分数量子霍尔效应的实验发现。此类发现往往对相关学科领域的发展具有开创性的意义，并可能产生颠覆性的技术应用。本章第一节指出理论与计算发展推动材料设计，而材料合成思路包括单一目标指向、物理模型驱动、探索全新材料（传统方法和材料基因技术），最终实现材料设计和材料合成的有机结合。

第二节是量子薄膜材料介绍。区别于块体材料，薄膜材料具有低维度和异质界面等特点，可以针对量子约束、量子相干、量子涨落、拓扑电子态、电子–电子相互作用、自旋–轨道耦合以及对称性破缺等物理问题进行人工结构设计和多场调控。近几十年来，薄膜制备技术突飞猛进，以分子束外延、脉冲激光沉积、磁控溅射等为代表的薄膜制备方法不仅能够合成高熔点、多组分和确定化学计量比的单晶薄膜材料，而且可以将不同物性的量子材料堆叠成量子阱、量子线、量子点、异质结构或者超晶格，为量子材料研究提供新的平台。例如，在单层 FeSe 薄膜中观测到超导电性的显著提升、在磁性掺杂的拓扑绝缘体薄膜中测量到量子反常霍尔效应、基于超导薄膜的全固态量子芯片、基于可容纳马约拉纳编织态的超导体 / 半导体异质结构的拓扑量子计算以及具有多自由度高效耦合的多铁性薄膜和异质结的逻辑存储和运算等。

新颖异质界面的构筑与奇异效应研究、基于电子能带的多物态调控研究、原位薄膜生长与物性表征的关键技术研究、微纳尺度的低功耗优性能器件研究等已逐渐成长为未来十年里广受关注甚至是重点发展的课题，同时与量子薄膜生长、测量和器件等密切相关的基础科学与技术问题也亟待深入而系统的研究。

第三节介绍了正在兴起的材料基因设计与合成技术。传统的材料研发模式难以应对呈几何级数增长的研究工作量，因此迫切需要寻找更加高效的模式。材料基因组是材料研发的最新理念，其通过高通量计算缩小尝试范围，利用基于并行和组合思想的方法加速实验流程，借助机器学习寻找海量数据库中潜藏的规律，并回过头来修正理论模型，指导材料设计。经过半个多世纪的发展，材料基因的高通量合成技术日趋成熟，高通量实验方法本身突飞猛进，我国的高通量实验技术虽然起步晚，但迅速在非晶材料和超导材料研究方面走在了世界前列。例如，我国科学家利用共磁控溅射高通量实验技术实现了非晶合金的快速筛选，研制出国际上玻璃转变温度最高、强度最高、具有良好热塑成形性能的新型高温块体金属玻璃 Ir-Ni-Ta-(B)；利用组合激光分子束外延技术在厘米尺寸单晶衬底上成功生长出组分跨度非常大的单晶品质超导高通量薄膜，并首次报道了高温超导电性与奇异金属态间的量化关系。

未来的布局将围绕先进高通量实验技术和仪器、高通量计算、数据库及人工智能系统等多环节，针对量子材料建立从基础研究到应用开发的全链条高效率研发流程。量子材料的高通量制备需要关注非均匀条件下的晶体生长动力学、空间分辨的材料成相控制技术等，同时发展匹配的跨尺度多参量表征技术，快速建立量子材料实验数据库；构建完备的、具有自主知识产权的高通量计算工作流系统，使材料计算过程标准化、自动化；计算模拟材料多方面的物性，全面覆盖材料相空间，与高通量实验数据产生关联并融合人工智能进行材料物性预测。

第四节介绍了人工带隙材料及其应用。在这类材料体系内，光波、声波和其他准粒子能够像晶体中的电子一样形成相应的能带结构，从而被按需设计，实现结构可调、性能可控。作为量子和物态调控不可或缺的一环，人工带隙材料在信息技术的革新、基础学科的拓展等方面均已展示出重要影响。

当前，人工带隙材料已形成以功能基元加序构的研究范式和发展路线，可以精准地预测、设计、运用其独特的物理性质，并逐步发展成为一个研究多物理特性的绝佳平台。首先，人工带隙材料系统更为干净，易于排除干扰因素，对某一物性进行深入精研；其次，得益于半导体工艺的发展以及材料制备手段与测量技术的成熟，研究者可按需设计制备各类多尺度结构，极大地加快了基础研发的进程；最后可人工构建一些自然界中难以得到的结构，进而实现一些在电子系统中理论预言却又难以实验观察到的现象和效应，有望产生全新的基础研究成果。

# 第一节　量子块体物质的探索和合成方法

## 一、科学意义与战略价值

量子材料体系传统上包括非常规超导体、量子自旋液体等各种关联电子体系。近年来人们将量子材料范围扩大到非平庸拓扑态量子物质、二维电子材料及其相关器件等新体系，这使得当前量子材料的相关研究呈现出蓬勃发展的态势。

显著的量子效应常常和新材料的设计、发现和生长密切相关，因此材料制备在一定程度上决定了量子材料相关科学和技术的产生、发展和应用。大多数量子材料体系具有内禀复杂性，很难进行有效的理论预言，经常出现“机缘巧合”式的重大新发现。此类发现往往对相关学科领域的发展具有开创性的意义，并可能产生颠覆性的技术应用。因此，新型量子材料的探索合成可能是研究的突破口，并对相关科学技术起到关键作用。此外需要说明的是，不同类型的量子材料体系往往需要特别的制备手段，因此进一步发展量子材料制备技术意义重大。

回顾以往对各种量子材料的研究，人们往往易于认识到这些材料为什么会显现量子效应，而对预测下一个关键材料缺乏把握。从事材料合成的实验物理学家发现，通过合理的材料设计能够提高发现新型量子材料的概率。量子材料合成逐渐发展出了独特的研究手段和思路，从一项实验技术变为凝聚态物理研究的一个重要方向。下面将从研究现状、思路以及发展趋势三个方面介绍这一方向。

## 二、研究现状

目前凝聚态物理中研究的体材料可以分为单晶和多晶，其区别在于晶体的尺寸。不同的物理测量手段对晶体的尺寸要求不尽相同。如透射电子显微镜、STM 和角分辨光电子能谱需要毫米大小的单晶；而非弹性中子散射测量往往需要厘米尺寸的单晶。在量子材料的合成工作中得到一种化合物的单晶是非常重要的，但是有时只能退而求其次，得到多晶形式的纯相。这些合成工作的难易在很大程度上取决于化合物相图的细节。

### （一）固相熔融结晶

一般来说，化合物在相图上可以分为一致熔融和不一致熔融两类。一致熔融的化合物往往可以通过冷却该化合物的等化学计量熔体，使其在一个确定的温度下形成相同成分的晶体，因此相对易于合成。在很多情况下我们可以使用氩弧熔炼炉来快速制备多晶样品，这种方法适用于绝大多数的过渡族金属与一部分主族金属的合金。

当缓慢冷却等化学计量熔体时控制成核，就可能得到一致熔融物的单晶。韦尔纳伊（Verneuil）、柴可拉斯基（Czochralski）和布里奇曼（Bridgman）在一百多年前设计了不同的方法，有效建立了样品的温度梯度，使一致熔融物的固液相相互接触，达到生长单晶的目的。焰熔法和直拉法在坩埚外产生晶体；而布里奇曼法则将晶体限制在坩埚内。这些技术经过改进，发展出了浮区熔炼法，即用电子束和高频线圈加热部分样品，并使样品逐步通过加热区得到单晶。光学浮区装置的应用是量子材料合成领域的一项重要发展。由于光学浮区装置使用强光源加热样品，样品不与坩埚发生接触，因此特别适合生长高纯度的氧化物单晶材料。

以上方法一般都适用于一致熔融的化合物。不一致熔融化合物的合成和生长更加复杂。如果从等化学计量的原料开始合成，这类化合物一般需要在略低于其分解温度下进行较长时间的固相反应。这种方法适用的种类广，条件丰富多样，经常被用于制备熔点非常高的一致熔融化合物以及含有高蒸气压元素的化合物。由于温度控制精确，这种方法对于探索新物相、合成样品具有很重要的价值。

生长一致熔融化合物的单晶在实际操作中可能会遇到以下三个困难。第一个困难是目标化合物熔点过高。熔点超过 1200℃的化合物非常普遍。目前市面上工作温度低于 1200℃的电炉容易获得，而且在该温度下可以使用石英管将化合物与空气隔离。在更高温度下的生长需要使用不同的加热手段以及不同的隔绝空气的方法，这两方面的成本都随着温度的升高急剧增加。第二个困难是化合物中可能含有高蒸气压的元素，这往往导致使用石英管密封原材料进行反应时由于蒸气压过高而失败。第三个困难是在生长过程中由于冷却速率过快或者无法控制成核，不能很好地生长较大尺寸的单晶。

以下的三个方法有意偏离了化学计量比，或者引入了其他物质，以此达到控制成核和降低生长温度的目的。这三个方法原则上既适用于一致熔融化合物，也适用于不一致熔融化合物。

## （二）气相输运法

气相输运法是利用含有化合物组成部分的气体在温度梯度上的运动达到生长单晶的目的。在使用这种方法进行晶体生长的过程中，需要经历一系列的化学反应。这种方法通常利用少量的运输剂，一般为碘、氯或相关的挥发性元素和化合物，作为传输媒介，将成分从源区转移到生长区。气相输运法需要一定的温度梯度来驱使传输气在封闭系统中循环起来，并将原材料从源区带至结晶端结晶。

在气相输运法生长晶体的过程中，传输介质的选择尤为重要。一般来说，经常使用的传输介质有 $I_2$、$AlCl_3$、$CrCl_3$、$PbCl_2$、$SeCl_4$、$TeTe_4$ 以及 $SeBr_4$ 等。这些材料均有一个共同的特点，就是常温下为固态粉末或颗粒状，而在高温下就变成可流动的气态物质。在选用传输介质时应当注意以下几点：①传输介质的沸点或者升华点应比较低，在加热过程中能够充当搬运工的角色。②它应具备一定的化学活泼性，能够与原材料发生化学反应。③最好选用含有与原材料中某些元素相同的化合物，比如生长 $PbTaSe_2$ 选用 $PbCl_2$ 作为传输介质，生长 $HgCr_2Se_4$ 可采用 $CrCl_3$ 作为传输介质等。④我们应充分了解传输介质的蒸气压，以避免放入过多而导致石英管爆炸，同时也要避免放入量过少而影响单晶生长效率。

气相输运法对含有高蒸气压元素的材料的单晶生长有独特的优势，它的困难在于确定一种传输媒介以及温度梯度和气体浓度。此外这种方法的生长速度较慢，即使达到理想的生长条件，获得较大尺寸的单晶也往往需要数周或数月时间。

## （三）水热法

水热法是指在高蒸气压下，从高温溶液环境中合成材料的技术。因其对实验环境条件要求低，合成效率高，通常在大多数化学实验室里都能够看到。其中“水热”一词，源于地质学。地球上，有很多矿物质是在地壳内部的高温高压液态环境下形成的。为了研究矿物的形成过程，自 20 世纪以来，地质科学家对地壳中热液相平衡进行了大量的研究。这些研究成果为现在在高温液态下进行温度和压力的调控奠定了基础；同时，该技术也是人们探索合成新物质、新物相的常用方法。水热法合成物质的基本原理是在高温高压条件下，物质能够溶解在特定溶液中，并通过降温析出得到期望的物质。因此，水热法的适用性取决于矿物质在高压下的热水中的溶解度。与其他方法相比，水热法的优势是能够合成在熔点附近不稳定的材料，利用高压溶液在相对低的温度下，使得反应物质溶解在溶液中，进而促进化学反应的发生。另外，由于它需要高温高压的实验条件，该方法也存在一定的危险性。

水热法合成单晶主要有温差法、降温析出法和亚稳相法三种途径。温差法是一种使用最广泛的方法。该方法是利用水热釜两端温度不同，使得期望得到的材料在高温端溶解，然后在低温端实现过饱和，析出需要的单晶。降温析出法区别于温差法最大的特征是水热釜两端设有温度梯度。该方法首先在高温下将反应物溶解，然后通过缓慢降温的方法来实现过饱和。该方法对设备的要求简单，制备方便，调节的范围大，但由于溶液内部存在热扰动，所以晶体生长不受控制，往往具有一定的随机性。第三种方法是亚稳相法，该技术利用亚稳相超过稳定相的溶解度这一特征，来合成纯净的稳定相材料。在量子材料的合成中，水热法一般用于氧化物、卤族化合物等材料的生长。它曾被成功运用于量子自旋液体氯羟锌铜石 $Cu_3Zn(OH)_6Cl_2$ 的生长。然而熟悉水热反应的物理研究者相对较少，目前它还未被量子材料合成领域广泛采用，很多可能的反应有待进一步探索。

### （四）助熔剂法

助熔剂法是目前量子材料单晶合成中使用最为广泛的方法之一。这种方法的主要原理是将所要生长的单晶中的原材料在高温下熔解到一些低熔点材料（一般为单质或者简单化合物作为熔体）的液态中去，然后通过降温等手段使得熔融液体中的熔质处于过饱和状态，产生单晶生长的驱动力，进而析出晶体。和其他生长方法相比，它的适用性较广而且实现的温度较低，可以用来生长许多高熔点化合物、含有高蒸气压材料的化合物以及不一致熔融化合物的单晶。这种方法的优势在于，可以使得目标晶体在远低于其熔点的温度区间内生长。这样就避免了高温操作的危险性，降低了设备使用难度。此外，熔体中的晶体生长过程具有很高的自由度，能够生长出自然晶面，一般比较容易生长出尺寸较大，均一性好，具有比较好外形的晶体。对于金属间化合物的晶体生长，高温助熔剂法是最常用的一种方法。用这种方法生长出的晶体还有热应力小、均匀完整等优点。助熔剂生长所需设备简单，一般只需要坩埚及可以测温和控温的井式电炉。

高温助熔剂法的核心在于助熔剂的选择。一种合适的助熔剂可以是目标化合物的某种低熔点组成部分，也可以是熔点较低的金属，如锡、铋、锌等，也可以是一些盐类如氯化钠等。坎菲尔德（P. C. Canfield）等在 1992 年论述了从金属助熔剂中生长单晶的方法。该文章综述了几种金属间化合物所需的助熔剂以及生长温度条件。帮助我们选取助熔剂的重要工具便是相图，如何选择助熔剂以及晶体生长温度主要取决于它和目标化合物组成元素的相图。目前为止，相图数据库中的二元相图占了绝大部分，能够帮助我们找到用来降低金属或者化合物熔点的助熔剂。通常情况下，目标化合物的组成部分会在高温状态下溶解于助熔剂液体中，随着温度的缓慢降低，目标化合物逐渐析出晶体，这个降温过程相对较长。当晶体生长完成后，可以采取几种方法将晶体从助熔剂中取出，比如在助熔剂熔点以上的温度利用离心机分离晶体、利用水溶解氯化钠或者用酸去除等。

### （五）高压合成

压力是重要的热力学基本参数之一。在高压力的条件下，物质的原子间距缩短，相邻电子轨道重叠增加，这可能改变物质原子的排列方式以及电子结构，从而形成常压下难以形成的晶体结构和氧化价态。高压合成的新物质可能具有新颖的物理和化学性质，这为发现功能性的新量子材料提供了丰富的来源，如新的磁电多功能材料、超导材料以及超硬材料等。1955 年美国通用电气公司研究实验室首次利用高压手段合成了人工金刚石。1957 年美国通用电器公司使用高压高温的方法合成了硬度仅次于金刚石的立方氮化硼。利用高压条件还可以合成具有“可燃冰”笼状晶体结构的超导材料，如 $Ba_8Si_{46}$。这些成果表明高压合成是探索制备新量子材料的重要手段。

在高压合成中，压力一般是利用外界机械加载的方式，通过缓慢地增加负荷，利用传压介质使试样所受的压力逐渐增大。通常以合成新材料为目的的压机都采用大腔体的高压装置，同时对试样施加高压和高温环境，因为这样更有利于样品的生长。通过接通大电流的方式可以在试样中产生高达 2000 K 的高温环境。这种高压和高温的合成方法可以制备常压下亚稳定的高压相，即材料经卸压和降温后依然保持高温高压下所形成的晶体结构。利用高压高温合成也可以制备高质量的单晶样品，例如，具有金属绝缘体转变的 $NaOsO_3$ 单晶材料和表现出类似铁电结构转变的金属性材料 $LiOsO_3$ 的单晶都只能在高压高温的条件下才可成相。同常压合成方法相比，高压合成试样的量和体积都较小，所制备的单晶一般相对较小。此外，通过高压和高温合成，可以制备出只有在高压条件下才能得到的某些高价态离子氧化物，如具有 $Fe^{4+}$ 的 $CaFeO_3$ 等。

金刚石对顶砧高压装置的压力范围可达几十 GPa 到几百 GPa，同时可以利用同步辐射光源、拉曼散射等测试手段开展高压条件下的合成、物质相变的原位测试。例如，近几年人们通过这种方法制备的富氢化合物不断刷新最高超导温度的世界纪录。但有些高压制备的材料在高压卸掉以后会发生结构变化，失去高压状态的晶体结构和性质。

一种量子材料有可能通过一种或几种方法生长单晶，也有可能迄今为止尚无法得到单晶。找到一种合适的方法，往往需要研究者花费大量时间试错。在量子材料合成领域中，研究者在发表的论文中应该对于晶体生长方法有详细的描述以及恰当的引用，这样有利于形成一种公开透明的学术环境，促进这一领域的健康发展。

## 三、研究思路

无机化合物晶体结构数据库目前有超过 250 000 个条目，如何确定这些化合物中哪些是有研究价值的量子材料？如何确定哪些元素组成可能有新的、尚未被发现的量子材料？这两个问题的答案通常是随着对某一类化合物或者某种物理现象研究的不断深入而变化的，这也是量子材料合成方向有别于一门实验技术的所在。这里概括了研究中出现的四种思路，即单一目标指向、物理模型驱动和探索全新材料，以及尚处于起步阶段的材料基因工程。在实践中这些研究思路并不是完全独立的，而是相互促进与发展的。

（1）单一目标指向。制备某个特定量子材料化合物的需求有时是由于在多晶样品中发现了新奇的量子态，譬如 20 世纪 80 年代的铜基超导体和 2008 年的铁基超导体等；有时是由于计算预测了某种新物态，例如 2015 年第一种外尔半金属 TaAs 的发现就是以计算预测作为研究开端的。在这种单一目标指向的驱动下，我们经常在材料生长过程中进行掺杂调控，探索该量子态的相图，这对凝聚态物理研究链上的其他环节至关重要。此外我们还可以通过探索化合物家族或具有相同结构基元的化合物，发现新的量子材料。

（2）物理模型驱动。凝聚态的理论研究通常会从一种简化的模型出发，对某种量子现象进行解释和预测。这催生了一种实验研究的思路，即基于某种特定的物理模型所描述的基态或相变进行材料的设计、表征和调控。我们经常会关注某种特定的元素组成的化合物，比如在含有铈和镱的金属间化合物中寻找重费米子体系。由于这两种元素中的 f 电子能量接近费米能级，可能会发生 f 电子与导带电子的杂化作用，从而导致含有它们的化合物出现重费米子等强关联电子效应。此时可以对一系列的同结构稀土化合物进行合成和表征，比较重费米子体系与局域磁矩或非磁性原子构成的化合物之间的物性差异，更好地理解这一强关联电子效应。此外我们还会关注拥有某种特定对称性晶格的化合物。例如理论计算表明由磁性原子组成的笼目晶格、三角晶格和蜂窝晶格，可能由于磁性几何阻挫等作用产生陈数能隙绝缘体、平带以及量子自旋液体等新奇的量子态。然而由于电子的关联作用，目前对其进行准确的计算预测仍然是十分困难的。因此在含有此类晶格的磁性材料中寻找有趣的量子体系成为新量子材料研究的一个方向。近期研究者通过实验发现 $TbMn_6Sn_6$ 等笼目磁体具有陈数能隙，这表明通过这种思路寻找量子磁体是一个切实可行的方法。

（3）探索全新材料。在以上两个研究思路中，我们对可能发现的量子材料或多或少有一些预见性，然而有时我们也会探索一些完全未知的材料。虽然在大多数情况下这些探索以失败告终，但是偶尔也会带来一些出人意料的结果。最好的例子是包括 $MgB_2$ 和铁基超导体在内的几种高温超导材料的发现，都不是以发现新超导体为研究驱动而开始的。未知材料可能是化学上新发现的化合物，或者之前未曾研究的亚稳相。例如在相图上常常存在一些非一致熔融化合物，它们可能在远低于液相线的温度发生包晶分解。这些化合物往往从未被报道或系统研究过，而助熔剂法等手段恰好是合成它们的有效方法。即使我们掌握了大多数纯化合物的性质，还需要考虑它们的混合状态，即由两种相似结构化合物形成的合金相。通常情况下，研究者可以考虑这两种纯化合物的电子数和晶格尺寸的不同，预测合金相的性质变化。然而在量子材料中，这些合金相常常会发生磁序、电荷序和轨道序等出乎意料的变化，对其物理性质产生重大影响。对这种合金相的探索极大地丰富了新量子材料的研究。

（4）材料基因工程。如前所述，现代凝聚态物理对于材料的质量、尺寸、种类等都具备更高的需求，而材料基因工程是近些年兴起的材料研究新理念和新方法。这个构思实际上是借鉴了人类基因组计划，用以探究材料结构以及材料性质变化的关系。调整材料的原子、化学计量比、堆积方式等，结合不同的制备工艺，有可能得到具备特定功能的新材料。材料基因工程通过融合多个学科的研究手段实现了高通量材料的设计与实验。其核心思想就是通过“高通量计算–实验–大数据分析”来加速材料“发现–研究–生产–应用”的全过程，缩短材料研发周期并降低研发成本。

## 四、发展趋势

大多数量子材料是多元的、结构相对复杂的无机化合物或合金。理论上，由多元素以各种比例形成的可能化合物（结构）的数目十分巨大，因此一方面在实验上不可能穷尽所有的可能性，另一方面也为发现新型量子材料提供了广阔的空间。量子材料合成主要涉及如何制备具有特定新奇物性的复杂材料。随着相关学科的发展以及各学科的交叉融合，量子材料合成已经在一定程度上摆脱了早年以“试错”为主要方法的研究范式。但与此同时，由于量子材料本身的复杂性，目前尚不能够实现从材料设计到材料合成的、比较普适的一体化研究路径。如何将材料设计与材料合成有机结合将是未来的发展目标之一。

近年来物理理论和计算的发展给量子材料的研究者们带来了新的机遇和挑战。一方面，第一性原理计算可以在相当程度上预测新材料的物性；多种电子能带库的出现极大地方便了材料的筛选工作；而电子拓扑等理论极大丰富了量子物质研究的范畴。另一方面，与拓扑相关的物性测量往往需要新的表征手段和高质量的单晶，这对量子材料合成工作提出了更高的要求。在材料基因工程提出之前，新材料从研发到应用是一个漫长的过程，现在材料基因工程以强大的计算分析和大数据技术为基础，将显著地减少这一过程的烦琐性以及耗时，从而大幅度缩减应用周期，可以称得上是一种颠覆性的技术。

新型材料的探索和合成可以更好地为量子物质科学的发展服务。借助比以往更加全面的合成手段，研究者可以通过对材料的调控研究晶体结构、磁结构与拓扑物性之间的关系，这也是拓扑系统中量子调控的重要环节。此外研究者还可以借助易于获得的体材料单晶，构建各种新的电子器件。最后，新材料探索将是未来量子材料合成中最重要的一环，许多具有重大理论意义和应用价值的新量子材料还有待实验发现。

## 第二节 量子薄膜材料生长

### 一、科学意义与战略价值

近年来，量子材料因其电子态独特的量子特性与奇异物理效应被人们广泛关注。区别于块体材料，薄膜材料具有低维度和异质界面等特点，可以针对量子约束、量子相干、量子涨落、拓扑电子态、电子 – 电子相互作用、自旋 – 轨道耦合以及对称性破缺等物理问题进行人工结构设计和多场调控。随着薄膜技术的精进和飞速发展，科学家们已经实现了单原胞层薄膜的精确制备和确定化学计量比的控制，做出了一系列具有重要影响力的工作。例如，在单层 FeSe 薄膜中观测到高温超导电性、在磁性掺杂的拓扑绝缘体薄膜中测量到量子反常霍尔效应以及在过渡金属氧化物界面处观测到铁磁相与超导相共存、高迁移率二维电子气和多铁性等。充分发挥薄膜材料的优势为探索量子材料的物性起源和新奇效应提供了丰富的载体，引领科学家突破对现有材料的认知，拓展现代物理的框架。同时，量子薄膜材料的发展也将为未来量子信息和量子计算提供可靠的材料基础，甚至突破目前材料体系的壁垒，有望在上述领域产生深远的影响。目前，基于超导薄膜的全固态量子芯片、基于可容纳马约拉纳编织态的超导体 / 半导体异质结构的拓扑量子计算以及具有多自由度高效耦合的多铁性薄膜和异质结的逻辑存储和运算等，都将突破现有的经典模式，简化多功能器件的构型，适应高密度、低功耗、高速的信息收集和处理，对未来人们的生产和生活方式带来变革性发展。

## 二、量子薄膜材料的背景和现状

发现新的量子现象一直是推动凝聚态物理学和材料科学发展的源动力。在量子材料发展的初期阶段，科学家们有时依赖经验甚至直觉来合成新型块体材料进而发现新物性，挖掘前所未有的量子特性。例如，早先在铜氧化合物中寻找具有强电子–声子相互作用的杨–泰勒极化子时，却意外发现了铜基高温超导体。同样，采用半导体组分调制掺杂的初衷是降低二维电子气中施主的电子散射，然而这一巧妙的方案直接促成了分数量子霍尔效应的实验发现。近几十年来，薄膜制备技术突飞猛进，以分子束外延、脉冲激光沉积、磁控溅射等为代表的薄膜制备方法不仅能够合成高熔点、多组分和确定化学计量比的单晶薄膜材料，而且还可以将不同物性的量子材料堆叠成量子阱、量子线、量子点、异质结构或者超晶格，为量子材料研究提供了新的平台。通过精确控制薄膜材料的化学组分、厚度、晶格失配应力、结构对称性等关键生长参数可以实现量子约束、拓扑序、界面耦合等一系列低维体系中独有的特性，促进了新奇量子效应的不断发现，掀起了量子薄膜材料研究的新热潮。

从量子薄膜生长方面来看，相关研究大致上可分为以下几个方面。

（1）量子限域效应。自 20 世纪 80 年代以来，研究者们利用分子束外延技术实现了薄膜样品的厚度、应变和组分等生长因素的精准控制，在电子或者空穴的德布罗意波波长相近的空间尺度进行量子尺寸约束，从而对薄膜材料的宏观物理特性进行量子工程设计。最为典型的例子是半导体量子阱。由两种不同类型的半导体材料相间排列构成势阱。受到量子阱宽度的限制，载流子波函数在一维方向上高度局域化。量子阱中的电子和空穴的态密度与能量的关系呈台阶状，这与三维体材料中的抛物线型大不相同。与量子阱类似的低维材料还包括量子线、量子点和超晶格等。这些材料中的电子态、声子态和其他元激发过程以及它们之间的相互作用同样有别于体材料，为人们深入了解微观世界的物理规律提供了载体。同时，大多数强关联电子材料随着薄膜厚度不断减小会发生金属–绝缘体相变，这也促使科学家们深入探索了包括界面电荷转移、表面电荷吸附、晶体结构畸变、离子迁移等在内的一系列复杂多样的物理现象。

（2）化学计量比的精准调控。高质量量子薄膜的实现离不开在生长过程中对其结构、缺陷类型和密度、电子态等因素的严格控制。其中，生长过程中改变组成薄膜元素的比例、反应气体的压强和气氛比例等是调控薄膜化学计量比的有效途径，同时可以改善薄膜的缺陷密度，从而改变材料的载流子浓度和迁移率等宏观物理量。例如，科学家们发现通过改变氧气压强就能够将锰氧化物薄膜的电阻值改变五个数量级，其电子态从金属转变为绝缘体。同样地，对薄膜进行大幅度化学计量比调控，也可以得到该材料详细的组分相图，使研究者们对其物理图像有更清晰的认识，指导实际应用中的材料选择。再以三维拓扑绝缘体研究为例，科学家们首先建立了 $Bi_2Se_3$ 家族三维拓扑绝缘体薄膜的生长动力学，实现了厚度均一、化学组分可控的高质量（磁性）外延薄膜生长；进一步通过对生长动力学参数的精确控制，大幅度减少了材料的缺陷密度，降低了体载流子浓度；同时利用薄膜厚度、表面/界面的化学环境、栅极电压等手段有效地调控了薄膜的电子结构和化学势，并研究其中的拓扑量子现象。在这里，高结晶质量和准确化学计量比的拓扑绝缘体薄膜样品的获得是实现其新奇物理性质的重要前提。

（3）发现亚稳态结构。量子薄膜通常是在非平衡的极端环境下合成的。许多材料的单晶块材极难合成，但是在衬底上却可以形成高结晶质量和严格晶体取向的单晶薄膜。例如，在高温和高压条件下，过渡金属氮化物（TiN、CrN 等）和部分稀土族氧化物（$LuFeO_3$ 等）极难生成大尺寸单晶块材，然而利用分子束外延或者脉冲激光沉积技术可以制备高质量的单晶薄膜，为研究这些材料的本征物性提供了平台。具有无限层结构的 $Sr_{1-x}Ln_xCuO_2$ 化合物是为数不多的一类电子型铜氧化物超导体，也是唯一能够通过外延薄膜生长获得以铜氧面为自然终止面的铜氧化物超导体。但其单晶样品多为亚稳相，且高质量薄膜生长极具挑战性。因此，实现基于铜氧面直接探测的高质量铜氧化物薄膜的制备，对研究铜氧化物的电子结构和高温超导机理具有重要价值。近两年镍基氧化物的超导电性再一次掀起了研究热潮。目前，仅有能通过氢化还原确定化学计量比的 (Nd, Sr)$NiO_3$ 薄膜，才能得到转变温度大约为 10 K 的超导薄膜，说明了量子薄膜材料对于稳定亚稳态晶体结构起到了无可替代的作用。另外，通过单晶衬底施加晶格失配应力可以大幅度提升材料的物性甚至出现新颖的量子物态。例如，在大于 4% 的压应力下，室温多铁性 $BiFeO_3$ 将会出现四方相，该新结构的饱和极化强度与其母相相比增加了 30%。在微弱的张应力或压应力下，母体为反铁磁性的 $EuTiO_3$ 薄膜表现出反常的铁磁相与铁电相共存。这些仅在量子薄膜中才出现的新颖物性无疑进一步加深了我们对新材料的认识和物理机理的探索。

（4）拓扑序的构建。近十年来，量子材料的拓扑序成为科学家们重点关注的对象之一。拓扑材料中的电子从形态各异却都受到拓扑保护的边缘态中流过而几乎没有能量耗散，在下一代低能耗电子学器件方面展现出绝佳的应用前景。与理论物理学家们热衷于从电子能带结构出发寻找不同拓扑不变性特征的量子物态不同，实验物理学家们通常习惯利用先进的谱学和电输运手段在块材和薄膜材料中寻找新的拓扑物态。例如，在以 HgTe、InAs/GaSb 两种量子阱体系为代表的二维拓扑绝缘体中观察到了和量子自旋霍尔效应相符合的实验证据；在以 $Bi_2Se_3$ 家族材料为代表的三维拓扑绝缘体薄膜中观测到了拓扑表面态背散射缺失、朗道量子化等性质；在不同磁性元素掺杂的 $(Bi,Sb)_2Te_3$ 薄膜、$MnBi_2Te_4$ 磁性拓扑绝缘体甚至在魔角石墨烯体系中均观察到量子反常霍尔效应。其中，$MnBi_2Te_4$ 中有序的磁性原子排列、巨大的磁能隙以及所蕴含的拓扑相使其成为理想的磁性拓扑绝缘体系统之一，为提高量子反常霍尔效应的转变温度指出了一条新的道路。同时，它还可以作为多种拓扑物态和量子效应的研究平台，用于探索维度、磁性、对称性与拓扑之间的相互作用以及由此演生出的新物理和新应用。

（5）量子薄膜异质界面的新颖物性。自半导体二维电子气被发现以来，科学家们就意识到将两种不同物性的材料通过薄膜制备技术异质外延，就有可能在界面处产生丰富的量子现象。当铁磁材料与常规金属、石墨烯或拓扑绝缘体靠近时，这些材料中将会由近邻效应产生磁有序。更令人称奇的是，科学家们在两个宽禁带氧化物绝缘体 $SrTiO_3$ 和 $LaAlO_3$ 的界面处观测到高迁移率的二维电子气。同样在这个界面中，超导电性和铁磁性甚至可以发生相分离而共存，突破了人们对于经典物理图像的认识。普遍认为，薄膜外延生长时的精确控制起到了至关重要的作用。近年来，铁电氧化物薄膜由于其较大的自发极化强度和较小的矫顽电场受到了广泛关注。通过将两种铁电和介电氧化物生长为超晶格，研究者们惊奇地发现了具有拓扑手性的铁电涡旋结构。通过铁电薄膜的量子限域效应，这种电极化涡旋结构甚至可以减少到单个畴。这种类似于斯格明子的纳米尺寸极化子不仅丰富了凝聚态物理中的拓扑物态，也能够在铁电负电容等领域发挥潜在的应用。基于异质外延薄膜界面超导体系的设计和研究对探究非常规高温超导的微观机理和寻找具有更高转变温度的超导材料同样具有重要意义。在单层 $FeSe/SrTiO_3$ 体系中发现的界面增强的高温超导电性研究工作，为高温超导机理研究和发现新型超导材料提供了全新的思路。同时，相对于体单晶，二维界面超导体系常常蕴含丰富的竞争序，如电荷密度波、自旋序和拓扑序等，是发现新奇量子物理现象最为理想的平台。

## 三、关键科学、技术问题与发展方向

三十多年来，伴随着薄膜技术日新月异的发展，量子薄膜材料在量子限域效应、拓扑物理、量子涨落、量子相干以及多自由度耦合等方面取得了一系列重要进展。与此同时，科学家们不断地探索薄膜的生长规律，进一步在量子薄膜材料中发现更多有趣的新奇效应和物理规律，发掘具有重大应用潜力的薄膜材料。以下几个研究方向已逐渐成长为未来十年里广受关注甚至是重点发展的课题。

### 1. 新颖异质界面的构筑与奇异效应研究

在量子异质界面方面，大多数研究都集中在强关联氧化物异质界面或者范德瓦耳斯异质界面。然而，针对二维材料与关联电子材料构成异质界面的研究相对较少。一方面是由于不同的薄膜生长技术很难结合，另一方面在于多数二维材料对环境较为敏感，因此制备这类新型异质结构相对困难。近些年，科学家发现了一种水溶性氧化物材料，过渡金属氧化物薄膜可以在制备以后从衬底完整剥离，利用这种方法可以大大促进二维材料 / 关联电子材料异质结的研究。不同晶体取向的量子薄膜具有不同的极性截止层，如 $ABO_3$ 钙钛矿型氧化物材料沿着〈111〉晶相观察具有更强的极性原子层，同时其面内结构呈六角形，这非常适用于蜂窝状的二维材料或体心/面心立方的金属薄膜的生长。此外，针对不同电负性材料的异质界面的研究也可能是未来重点关注的对象。通过开展氧化物/硫化物、氧化物/氮化物等界面的研究，有可能促使人们认识强关联电子在强各向异性化学键、非对称晶体场中的物理规律，预测一些奇异的多体量子现象。

### 2. 基于电子能带的多物态调控研究

长久以来，研究者们根据固体能带理论来研究量子材料中的各类新奇效应，并提出合理自洽的物理解释。其中在量子薄膜生长过程中进行多离子掺杂来增加杂质能级，是改变电子能带的有效途径之一。过去，在薄膜材料中进行阳离子掺杂主要是依靠蒸发源或者溅射靶材中的组分变化来实现的。对于阴离子含量和种类的调控研究相对较少。通过构建射频离子源或化学后处理等方式，研究在薄膜生长过程中的原位 $H^-$、$F^-$、$S^{2-}$、$N^{3-}$等轻离子掺杂、替代或者部分替代材料中的氧离子，形成新型量子薄膜材料。这类全新的阴离子掺杂化合物不仅改变晶格结构和载流子掺杂类型，还将引起材料的本征能带结构的变化，很可能展现出许多异于母体的新颖物理特性。在不同应力、晶相等晶体参数下，阴离子还可能发生规则有序的排列，这将成为一个全新的量子调控手段。此外，针对窄能带体系中的丰富物态和层展现象，构筑具有新奇物性的窄能带体系，并结合电场、磁场、高压、低温等极端环境和调控手段，获得多物态转变的相图，揭示轨道、晶格、电荷、自旋等微观自由度的演化规律，理解新奇物性产生的微观机理也将是未来重点发展方向之一。

### 3. 原位薄膜生长与物性表征的关键技术研究

包含量子薄膜材料的低维量子物质是物理学中涉及研究内容最丰富的科学领域之一。前面提到的半导体异质结界面的二维电子气、石墨烯、铜基和铁基超导体、拓扑绝缘体、氧化物界面以及过渡金属硫族化物层状材料等都属于这类体系。这些体系展现了自然界中最丰富最神奇的量子态，涉及凝聚态物理主要的重大科学问题（高温超导机理、分数电荷态和马约拉纳态等），也是揭示低维体系最具挑战的强电子关联问题的关键材料，它们很有可能还是导致未来信息、清洁能源、电力和精密测量等技术的革命和重大革新的一类体系。对这类体系要开展研究，不但需要高精密的实验手段，更加重要的是由于这些材料均可以从物理上提炼抽象为一到几个原子层 / 单位原胞的体系，一般情况下无法在空气环境下直接研究，所以原位监控的材料生长、原位的性质表征和原位的输运测量是目前最急迫发展的实验技术。过去一百多年来，各种实验技术的发展一般都是独立进行的。最近，物理和材料学的研究现状和趋势均表明，除了新原理实验技术的发明外，不同技术手段在同一个系统中实现将是实验技术在今后很长一段时间内的重要发展趋势。另外，超高的空间、时间、能量和动量分辨本领一直是实验技术发展追求的目标，如果能在一个体系中同时实现这些功能，将会极大地提高对量子物质世界的认识。

### 4. 微纳尺度的低功耗优性能器件研究

在过去几十年的基础研究中，拓扑量子材料、新型超导材料和强关联电子材料等量子材料的研究获得巨大进展，但基于量子材料的低功耗、高密度、优性能的多功能器件的研究却进展相对缓慢，出现了在电子、微电子、芯片行业中常见的“卡脖子”现象，即科研与产业的严重脱节。如果能在量子材料和功能器件之间建立桥梁，形成相互促进、共同发展的局面，将会进一步推动量子材料领域的重大科学发现，抢占世界学术的前沿阵地；同时将量子材料的基础研究真正成为解决国家“卡脖子”问题的利器，为解决国家的重大应用需求提供知识储备和技术保障。

寻找和构建具有奇特物性的量子（薄膜）材料是当前凝聚态物理领域的核心问题之一。然而，想要实现从材料和表征过渡到效应和技术，关键还在于将不同的研究手段和技术紧密结合。在以往的凝聚态物理研究中，超高真空环境下的分子束外延、纳米科学与技术、低温物性测量等分属不同的领域，为了实现一些非常具有挑战的研究目标，研究者们还需要长期、稳定、紧密的合作，形成将样品生长、器件加工、物性测量紧密结合的研究方式。这种多种技术密切结合的研究方式已成为量子材料及其新奇物性研究的新范式。目前，我国科学家在量子薄膜材料研究领域在理论、材料预测、材料制备、材料表征、量子现象观测方面都做出了重要的贡献，在许多方面处于世界领先水平。如果接下来我们能集中力量，使这些不同技术专长的人员组成紧密合作的研究团队，或鼓励一些研究组通过招收不同领域的研究人员形成具有完整技术链条的研究团队，未来有可能在关键的量子效应实现和技术开发方面取得突破。

# 第三节　材料基因工程

量子材料的性质由电荷、轨道、晶格、自旋和拓扑序多个自由度综合决定，对量子材料全面深入的机理研究及以应用为目的的探索和优化都需要能从多自由度 / 复杂耦合的系统中提取关键的参量。随着材料体系复杂化，目前的材料研发模式难以应对呈几何级数增长的研究工作量，因此迫切需要寻找更加高效的模式。材料基因组是材料研发的最新理念，其通过高通量计算缩小尝试范围，利用基于并行和组合思想的方法加速实验流程，借助机器学习寻找海量数据库中潜藏的规律，并回过头来修正理论模型，指导材料设计。这种材料领域新的研发模式，全面加速了材料研发链条上的每个环节。实现按需设计，从量变到质变，快速低耗地创新发展新材料，这对于发展高端制造业，升级产业结构，提升国家安全都是至关重要的。

## 一、国内外研究和发展现状

新材料是发展高端制造业的物质基础，是高新技术发展的先导。以试错为特征的传统材料研究方法耗时费力，制约了材料创新的速度，材料科学领域因而不断在寻找更高效率的实验方法。20 世纪 70 年代初期，哈纳克（Hanak）在研究超导材料时采用共溅射方法一次性合成完整的二元、三元组分样品库，并首先提出了旨在提高实验通量的组合材料实验概念，但受需求和技术的限制，该思想并没有广泛实施。20 世纪 90 年代中期，受到集成电路芯片和生物基因芯片技术的启发，美国劳伦斯伯克利国家实验室发展出一套较为成熟的组合材料芯片制备方法，展示了高通量实验的巨大潜力。在其后20年时间，更多的组合材料实验方法得到了发展和广泛的应用，包括同步辐射装置、中子源以及自由电子激光等大科学装置也被用以实现商业化设备无法实施的高通量材料结构与性能测试。在金属、陶瓷、无机化合物、高分子等材料的研发与产业化上有了一系列成功案例，如通过材料基因方法发现了世界上性能最好的镁离子电池正极材料 $TiS_2$。得益于20世纪末21世纪初自动化和信息化技术的发展，高通量实验方法本身突飞猛进，除此之外各种材料数据的计算工具和数据库等也得以迅速发展。日本物质材料研究所建立了超导材料数据库“SuperCon”包含了12000多条实验数据，中国科学院物理研究所和南京大学发展出了一套自动计算材料拓扑性质的新方法，在近4万种材料中找出了8000余种可能的拓扑材料，十几倍于过去十几年间人们找到的拓扑材料的总和，并据此建立了拓扑电子材料的数据库。

理论计算、高通量实验和数据库之间并不是孤立的发展，例如，理论结合高通量组合技术发现新的超导材料 $FeB_4$。美国马里兰大学和美国国家标准与技术研究所联合开发的CAMEO系统（closed-loop autonomous system for materials exploration and optimization），紧密贯通高通量技术与机器学习以用于加速探索和研发新型材料；通过基于物理机制的机器学习，不仅专注于高通量优化材料性能，还能映射出材料的基本组成–结构–性能关系，显著加速了材料研发，是世界上首个实时工作的闭环自主实验（而非模拟）系统；在运用于锗锑碲（Ge-Sb-Te）相变材料时，CAMEO提供了177种潜在材料对象，涵盖极其大量的元素配比，在比常规测试时间缩短十倍的条件下完成了19次不同的实体实验，最终发现了适合相变应用的最佳材料配比GST467。同时，随着计算/实验效率的提高，数据量的急剧增加，大数据驱动的人工智能在材料科学领域有了用武之地。科学家可以在微观机理尚不明确的情况下，直接利用机器学习去挖掘材料性能内在的规律，帮助建立物理模型，进而指导新材料的设计。

将高通量计算、实验、数据库、分析等结合在一起的研发模式不同于试错式的探索，实际上是按照需求进行材料开发，这对于加速实用化至关重要，因而受到了欧、美、日、韩等国家与地区的重视，纷纷推出了相关的国家战略。2011年美国宣布启动“材料基因组计划”（materials genome initiative,

MGI），试图把新材料的开发周期缩短一半，打造全新“环形”开发流程，推动材料科学家重视制造环节，并通过搜集众多实验团队以及企业有关新材料的数据、代码、计算工具等，构建专门的数据库实现共享，致力于攻克材料R&D过程中研究与应用的脱节以及转化效率低等问题。2014年美国将“材料基因组计划”提升为“国家战略”，之后设立了45个材料基因组创新平台的建设项目，每个平台政府投资0.7亿～1.2亿美元，建设周期为5～7年。在美国启动MGI的同时，欧盟以轻量、高温、高温超导、热电、磁性及热磁和相变记忆存储六类高性能合金材料需求为牵引，推出了ACCMET（accelerated metallurgy）计划。联合需求企业、仪器设备商、政府机构、大学、大科学装置（如欧洲同步辐射光源ESRF），共同开发以激光沉积技术为基础的适用于块体合金材料研发的高通量组合材料制备与表征方法，旨在将合金配方研发周期由传统冶金学方法所需的5～6年缩短至1年以内。俄罗斯、日本等国也启动了类似的科学计划，如日本推动建立玻璃、陶瓷、合金钢等领域材料数据库。

中国工程院和科学院开展了广泛的咨询和深入的调研，并由科技部于2015年启动了“材料基因工程关键技术与支撑平台”重点专项。至今，地方和部门投入超过30亿元用于研究和发展材料科技领域前沿共性关键技术，推动“材料基因工程”新理念和新方法的形成。我国科学家应用材料基因工程的方法和技术在新材料前沿基础研究方面取得显著进展，例如利用高通量实验技术实现了非晶合金的快速筛选，研制出国际上玻璃转变温度最高（1162 K）、强度最高（1000 K时达3.7 GPa）、具有良好热塑成形性能的新型高温块体金属玻璃Ir-Ni-Ta-(B)；采用高通量物性计算和数据驱动的机器学习，以及高通量单晶和薄膜生长及光电测试技术，研发出更有效、更稳定的有机无机杂化平面结构钙钛矿太阳能电池，转换效率达23.2%，连续两年居全球同类电池中最高效率；开发出了材料高通量并发式计算和多尺度计算软件，实现了万量级（$10^4$级）高通量并发式计算。但是因为在很多关键技术和材料上受制于人，缺乏自主知识产权，创新体系不完善，综合竞争力不强，所以我国的材料研究多以跟踪为主，虽然偶有技术和工艺上的原创，但是集计算预测、快速制备、测试表征、开发优化等多个过程于一体的高速、立体化的材料研发模式尚未形成。例如，我国目前还没有一条专门用于高通量组合材料测量的同步辐射线站；在材料设计方面，我国目前已有一些采用材料基因手段，如融合信息学、统计学和第一性原理计算的工作，但严重依赖国外的材料科学数据库，缺乏原创材料科学数据生产、收集、分享的基础技术。

## 二、发展趋势和科学问题

材料基因组计划是材料科学领域的一次革命。它旨在通过综合利用现代化的信息、自动化、精密测量等技术将材料的研发过程系统化、工程化，从而大幅缩短材料的研发周期，降低研发成本，以满足社会发展日益增长的对各种各样材料的需求。从 20 世纪 90 年代中期组合芯片技术被发明，人们开始意识到高通量实验技术在加速材料研发中的巨大潜力，到现在不到三十年的时间。虽然经过不断的发展，材料基因组技术的观念仍属新鲜事物，还未得到材料业界的广泛接受与认可。原因在于高通量实验和计算并不是传统实验设备和研究人员的简单叠加，材料基因技术在不同材料领域的应用需要针对材料的特点选择适用的高通量制备和表征设备，甚至对应的计算工具，而目前商业化的产品还不能满足大部分高通量材料研发的需求。因此，发展不同的高通量制备、表征、计算技术是目前材料基因组领域发展的首要任务。

材料研发的周期包含着多个环节，想充分地加速这个过程，需要提速中间的每一个关键环节，并保证各节点之间进行高效的连接和反馈，形成一个集“设计 – 实验 – 数据库 – 分析 – 应用”于一体的宽高速复连通道。因此建立一体化的高通量材料基因研发平台，摸索更加高效的研究模式，也是各国在新材料领域发展的重要趋势。

材料基因组计划是材料研究方法的变革，是思维和理念的转变，其内容涉及计算建模、仿真、高通量实验、数据处理、可视化和数据库管理，是典型的跨专业、跨领域的交叉学科。因此培养具有新思想和新理念的材料研发人员也是目前各国材料基因组战略中的重要趋势之一。

材料基因技术在不同材料体系的发展应用中有着不同的科学问题。量子材料是由于构成电子的量子特性，如量子相干、量子涨落、波函数拓扑性和相对论下的自旋轨道耦合等，而展现了奇异物理性质，如高温超导电性、整/分数量子霍尔效应、拓扑绝缘体中的量子自旋霍尔和量子反常霍尔效应等，其研究中的一个共同线索是演生的概念。因此对于量子材料研究而言，材料基因组思想的实施所面临的科学问题如下。

（1）高质量原胞级别的组合制备。大块晶体、薄膜和纳米结构的合成在扩展量子材料的前沿方面发挥了重要作用。利用量子波函数和维度、拓扑结构、库仑相互作用和对称性等在内的各种因素之间复杂的相互作用可以诱导出奇异的物性。如何通过控制生长条件实现材料中电子的电荷、自旋、轨道等自由度的调控并形成空间分布是开展量子材料高通量制备的关键。不同于传统的合金材料，量子材料中电子的自由度和有序度不仅与参与的原子种类和配比有关，还与原子的空间构型（晶体结构和微结构）密切相关。因此量子材料的高通量制备需要在空间上精确地控制材料中原子的配比和排列方式，也就是在原胞级别上的组合。这也将引出一系列新的科学和技术问题：如非均匀条件下的晶体生长动力学、空间分辨的材料成相控制技术等。

（2）跨尺度的多参量表征。通过组合制备技术生长得到的样品其成分、结构和物性随空间位置而变化，因此具备空间分辨能力是对表征手段基本的要求。而量子材料的电子之间相互关联在材料内部形成了不同的序。不同的序具有不同的特征长度，在不同的序相互转换的临界点附近，特征的参量的行为通常满足标度律。因此对临界点附近的研究要求表征手段的空间分辨能力能够跨越几个量级。同时量子材料的电子具有多重自由度，这些自由度之间相互耦合也可能是材料新奇物性的起源。对量子材料的研究也往往需要对材料的结构形貌、电学、光学和力学等多个物理化学参数进行表征，才能提取出决定物性的关键变量，进而厘清材料的构效关系，为建立定量化物理模型和设计目标功能材料打下基础。可见发展跨尺度的多参量表征技术，是通过材料基因技术开展量子材料研究需要解决的关键问题。

（3）数据库是材料基因工程的重要支撑，传统的材料数据库大多是针对特殊应用和领域，一般数据量小，数据结构关系简单，数据维度小，多数情况下只能被称作数据集。材料基因工程理念的数据库不同于传统的数据库，它应该可实现海量（10 万材料级别）标准化数据收集、存储和积累的功能；可通过材料的共性（如原子结构）将计算数据、实验数据联系在一起，具有支撑 / 服务于高通量计算、高通量实验等多维度数据的能力；可通过信息化技术（互联网）实现海量数据分享、查询、筛选；可借助人工智能等数据科学方法（机器学习、深度学习）分类、提取材料参数间的隐含关联，建立材料性质快速预测模型，加速新材料优化、发现过程。

（4）材料计算模拟方法，如第一性原理计算，已成为一项可以低成本、快速地推测部分材料物性的成熟方法。材料基因工程在计算技术方面尚需构建完备的、具有自主知识产权的高通量计算工作流系统，使材料计算过程标准化、自动化。尚需建立可支持 $10^4$ 个以上作业级别的高通量计算系统，以支持高精度的先进密度泛函计算、多方面材料物性的计算模拟，并与高通量实验数据产生关联，融合人工智能等提升材料物性的预测能力。

（5）相变材料功能原胞的临界本征特性对宏观物性的影响及其调控机理，明确铁电畴、铁磁畴、孪晶、低维量子材料等在功能原胞的界定标准及与相变材料的力热电磁宏观性能之间的影响规律及其量化描述，发展关键功能原胞特性控制过程和宏观性能使役评价技术。

材料高通量计算、高通量实验和大数据技术构成材料基因工程的基础技术体系。通过材料高通量计算和高通量实验，可实现新材料的快速筛选和材料数据的快速积累；通过大数据和人工智能技术的应用，可实现材料成分和工艺的全局优化、材料性能的提升；通过创新平台，实现材料基因工程关键技术的深度融合和协同创新。材料基因工程关键技术的应用，将材料传统顺序迭代试错法的研发模式，变革成全过程关联并行的研发模式，全面加速材料发现、开发、生产、应用等进程，促进新材料研发和工程化应用。

## 三、优先支持的研究方向和建议

（1）基于材料基因技术发展量子材料的新的研究模式：将原胞尺度的组合制备、跨尺度的结构性能表征、关键制备表征参量数据库建设、理论计算与机器学习寻优形成完整的链条。以具有代表性的高温超导、能源、相变材料或拓扑材料为例开展系统的研究工作，解决一到两个相关机理研究中关键的科学问题，形成示范性研究案例。

（2）发展适合量子材料研究的实验技术和仪器：在原胞尺度精确控制的材料制备技术；跨尺度的结构性能表征技术，包括与大科学装置紧密结合的原位、实时的材料高通量表征技术与设备；相变特性高通量表征与服役行为在线快速评价技术。

（3）发展高通量计算、数据库及人工智能系统：发展可有效处理关联电子体系的理论方法，进而提高量子材料性质计算的准确度；通过驱动高通量计算、实验等方式，建立材料结构、组分与物性的材料基因组数据库；借助数据科学技术，提升材料科学中的大数据处理和预测能力，提升研发效率。

（4）针对量子材料建立从基础研究到应用开发的全链条研发流程：选择关系国家战略发展的一到两种实用量子材料，支持利用材料基因技术解决其实用化过程中的关键材料和技术问题，树立利用材料基因技术促进量子材料实用化的案例（图 7-1）。

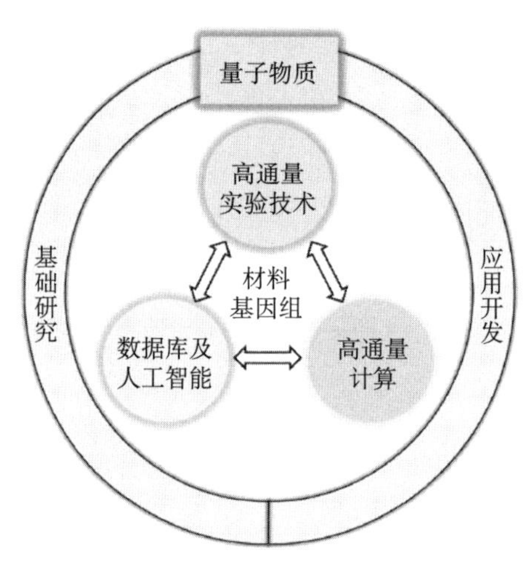


图 7-1　量子物质的高通量研究范式

注：材料基因组示意图，以高通量实验技术、高通量计算、数据库及人工智能为核心，三个构成部分相互依托、环环相扣，可极大加速对量子物质的认知过程，建立起从基础研究到应用开发的全链条、高效率研发流程

## 第四节　人工带隙材料与应用

人工带隙材料是指将各类功能基元材料视为人造原子，以一定的人工结

构排布的人工材料；光波、声波和其他准粒子在其中的传播像晶体中的电子那样形成相应的能带结构，从而被按需设计、结构可调、性能可控。其历史可以追溯到 20 世纪末提出的光 / 声子晶体以及随后发展起来的超构材料和超构表面等概念。这一研究领域历经 30 多年的发展，已形成一门种类丰富、现象多样、渗透到各个物理学科的综合学科。从物理特性上，它涵盖光、声、力、热、电、磁等性能；以空间尺度划分，包括从微纳尺度到宏观尺寸，频率覆盖几赫兹到微波、太赫兹、可见光甚至紫外；从研究维度上，分为体块材料和表面材料等；从性能特征上，它涉及量子、动态、非线性、非互易、非厄米、非阿贝尔、拓扑等新颖物质特性，均是近年来物理学科和材料学科研究的热点问题。当前，人工带隙材料已形成以功能基元加序构的研究范式和发展路线，可以精准地预测、设计、运用其独特的物理性质，并逐步发展成为一个研究多物理特性的绝佳平台。作为量子物态调控中不可或缺的一环，对信息技术的革新、基础学科的拓展等方面均已展示出重大影响。

## 一、光子晶体

### （一）科学意义与战略价值

当电子在周期性的势场中传播时，由于电子受到周期性势场的布拉格散射，会形成电子的能带结构，电子能带间存在带隙。在带隙能量范围内的电子，传播是被禁止的，而电子在材料中的输运过程可被电子能带和带隙中的缺陷能级所操控。可以说，对固体材料，特别是半导体材料中的电子能带结构的深刻理解和能带结构的精确调控，使人类进入了以微电子器件为标志的信息社会。

当前，世界范围内科技和经济都进入了新旧动能转换的关键时期。人工智能、大数据和 5G 等新技术的涌现正催生大量新产业从微电子向光电子技术加速发展。光和电磁波作为当前几乎所有信息传播的媒介和清洁能源的重要形式，对其实现多自由度的按需调控显得尤为重要。光子晶体作为由人工“原子”结构排列而成的新人工物态，具有可自由设计的光子能带结构。光子在光子晶体中的运动类似于电子在半导体中的运动，人们可以通过对光子能带的设计来达到调节和操控光子运动的目的。基于光子晶体这类新物态调控原理的研究、新机制的探索和新器件的开发，不仅直接决定了未来我国在信息收集处理、传输的速率和能耗、先进制造的精度和效率、清洁能源的利用以及国防科技的先进性，而且将造就一批具有物理、材料、信息和工程科学交叉优势，从而具有核心竞争力的研发科技人员。

### （二）研究背景和现状

不论任何波、粒子或准粒子，只要其受到周期性的调制，都将具有类似于电子的能带结构，同样也都会出现禁止相应频率传播的带隙。1987 年亚布洛诺维奇（E. Yablonovitch）在讨论如何抑制发光物质自发辐射时提出了光子晶体这一新概念（Yablonovitch，1987）。同时，约翰（S. John）在讨论光子局域时也独立提出了相似的概念。如果将具有不同介电常数的材料组成周期性结构，电磁波在其中传播时，由于布拉格散射的存在，电磁波将会受到结构的调制从而形成能带结构，这种能带叫作光子能带。光子能带之间会出现光子带隙。上述具有光子能带结构的周期性结构就被称为光子晶体。30 多年来，光子晶体的研究可以分为以下三个阶段：光子带隙、光子能带调控和光子能带拓扑结构阶段。

对于光子带隙，由于带隙中没有任何光子态存在，频率在带隙中的电磁波是禁止在光子晶体中传播的。光子带隙的一个重要物理效应就是抑制物质的自发辐射。自发辐射由爱因斯坦于 1905 年首先提出，对许多物理过程和实际应用有着重要的影响。20 世纪 80 年代以前，人们一直认为自发辐射过程是不受控制的。实际上，珀塞尔（Purcell）在 1946 年就提出自发辐射可以人为改变的结论，但由于实验技术受限没有受到应有的重视。直到光子晶体的提出才改变了这种观点。频率落在光子带隙中的自发辐射现象将被完全抑制，反之，通过缺陷在光子带隙中引入态密度很高的缺陷态，可实现增强的自发辐射过程。利用全带隙这样一个光子态的“真空”，在其中设计“掺杂”缺陷，可以在极小尺度下自由操控光的流动和光子的寿命，即光子晶体波导、光子晶体光纤和光子晶体微腔。光子晶体波导可以实现波长尺寸下高效率的光转弯。光子晶体光纤可以实现在空气中的光纤波导模式，彻底避免了非线性和吸收导致的光损耗。只有波长量级体积的光子晶体微腔，品质因子却可以高达 $10^8$ 以上。高性能的波导和微腔，再加上可调控的光物质相互作用平台，使光子晶体在集成光学方面具有独特的优势。

光子能带决定了电磁波在光子晶体中的传播行为。通过设计光子晶体结构，调控光子能带，可以实现对光的反射、折射和衍射等基本效应的操控。用光子晶体制成的棱镜对波长相近的电磁波的色散能力比普通棱镜高百倍甚至千倍，而且体积却仅仅是普通棱镜的百分之一大小，即超棱镜效应。通过设计合适的光子能带和等频率图，在光子晶体中传播的高斯光束，可以实现传播 $10^4$ 倍波长距离仍无衍射，即自准直效应。通过调控光子晶体光子能带模式的等效增益和等效损耗，光子晶体的光子能带中也富含非厄米物理。从相干完美吸收到单模单向低阈值激光，从时间－反演相变临界点的单向模式转换到狄拉克点附近由于邻域模式耦合实现的本征值实部简并环，都先后被设计和发现。

拓扑的概念帮助物理学家从新的视角认识物质和设计物质。对于光子晶体而言，拓扑可以看成是除频率、波矢、强度、相位和偏振外全新的自由度。由于拓扑性是体系全局性质的表现，人们可以跳出细节从整体上考虑具有鲁棒性的系统性质。为了实现拓扑光子晶体，人们首先将光子晶体与磁场下的半导体材料相类比。利用铁磁共振附近材料强响应的磁场或者利用时域或空间的人工自旋轨道耦合和色散诱发的类磁场的规范场来破坏体系的时间反演对称性，从而实现类量子霍尔效应，实现了一系列单向传输的对缺陷免疫的边界态。同时，伴随着受时间反演对称性保护的拓扑绝缘体逐渐受到关注，尽管光子体系和电子体系具有完全不同的简并特性，但在引入新的人工自旋和类费米子时间反演对称操作下，光子的拓扑绝缘体也被成功设计制备。不仅在二维下，三维体系中光外尔点和费米弧也在理论和实验上被实现。随着对拓扑概念的理解深入，除了基于陈数和贝里曲率等概念下的拓扑性，基于更多紧致矢量而定义的拓扑性质也逐渐受到关注，形成新的研究热点，包括：参数空间中的外尔点，反射系数在复空间中的涡旋，以及实验上观测到了偏振态矢量在动量空间光子能带中的涡旋奇点，连续谱中束缚态和奇点间的演化等等。

尽管其性质与体系的结构和对称性等息息相关，但归根结底光子晶体是由一个个具体材料构成的。材料中固有的性质必将直接影响光子晶体的性质，同时光子晶体的引入也可以有效调制微观材料的性质。因此，从最初为实现控制自发辐射而提出光子晶体概念，到以光子晶体为光和物质相互作用的调控平台，这一认识也一直贯穿在光子晶体的研究历程之中。

晶体中的非线性效应由于难以实现动量匹配，尽管其在量子光学中具有重要应用，但依旧受到效率的限制。通过慢光甚至引入非线性光子晶体的概念，即非线性系数在空间中的周期性或准周期啁啾分布，高效率的非线性过程被设计实现，并被证明在波长转换器件和量子光源等方面具有重要应用前景。除了常规非线性效应，由于基于光子晶体的光学腔模的品质因子逐渐提高，单量子点和原子与光子晶体中光学态的弱到强相互作用被一一实现。控制物质辐射、激子的玻色–爱因斯坦凝聚、单光子的非线性效应、光机械耦合等被提出，拓宽了光子晶体的应用领域。此外，物质自身的动力学性质也被用于调控光子晶体的性质。基于不同物质的动力学过程特征，利用飞秒超快技术，在不同时间尺度可以对光子晶体实现超快控制。

我国对此方向的重视从21世纪初一直延续至今。科技部等科技管理部门围绕此方向并结合我国实际启动了一批相关研究项目。中国科学院物理研究所、中国科学院半导体研究所、中国科学院上海光学精密机械研究所、中国科学院长春光学精密机械与物理研究所、中国科学技术大学、北京大学、南京大学、南开大学、浙江大学、中山大学等研究组进一步发展多种实验方法和技术，制备出各类功能型光子晶体微结构，并在此基础上对相关调控效应展开研究。如中国科学院物理研究所利用光子晶体微腔和量子点中多激子的耦合系统实现了双光子拉比劈裂，此多光子过程为多量子比特的操控提供了手段；中国科学院半导体研究所系统提出了半导体光子晶体激光器的技术方案。南京大学突破了非线性光子晶体的维度限制，利用激光获得了三维非线性铌酸锂光子晶体，成功在三维调控了非线性过程。在光子能带新自由度设计等方向，中国科学院物理研究所、南京大学、南开大学、同济大学、中山大学、浙江大学、武汉大学、复旦大学和香港科技大学等已有深厚的技术积累。例如，中国科学院物理研究所实现了光子的节链，在动量空间中构筑并操控了复杂的拓扑特征；复旦大学发展了动量空间的成像表征技术，为可见和通信波段光子能带的设计提供了平台，观测到了动量空间中的偏振场涡旋结构，并实现了一系列无须光学对准的调控光束波前偏振、相位和强度分布的光学元件；南京大学、武汉大学和香港科技大学将光子能带结构中的拓扑概念引入到人工合成空间，极大地扩展了人们对拓扑的理解，也为对光波的控制提供了新的思路。苏州大学利用所设计的具有空间色散的人工光子结构实现了广角度宽谱的电磁波减反器件。中山大学利用对金属等离激元的调控，克服了光子侧向和背向泄漏，实现了收集效率超过 90% 的量子点光源等。总体而言，我国在光子晶体的研究处于国际上“并跑”，甚至在部分方向“领跑”，在理论和实验两方面均处于国际上第一梯队。

## （三）关键科学、技术问题与发展方向

光子晶体概念起源于对半导体等凝聚态电子体系的模拟和外延拓展，但有远超电子体系的人工可设计自由度，因此领域的发展具有自身独特的内在驱动。由于信息和移动互联时代的加速发展，以电磁波为最基本操控对象的光子晶体领域始终与实际应用技术和需求紧密相连，这既是机遇也是极大的挑战。

### 1. 光子晶体物态调控的机制挖掘与基础极限问题的研究

光子晶体物态调控的新机制挖掘是光子晶体发展的基础。建议从以下两个角度加以考虑：第一，从人工“原子”基元和其在空间构形中的排布角度，即从实空间角度思考光子晶体的调控自由度；第二，从光子能带及其能带中所隐藏的偏振态、相位分布和拓扑角度，即从动量空间角度思考光子晶体的调控自由度。对于实空间角度，光子晶体实空间的基元组分构成和空间构型关系着结构内部的相互关系的作用机理。在人工“原子”的设计和基础材料的使用上，需要进一步开拓思路，探索材料中的微结构，如铁电畴、铁磁畴、孪晶、异质结构等对能带结构的影响。在空间构型方面，可以是周期、准周期直至非晶和无序结构，也可以突破传统晶体学对称性对点群和空间群数量的约束。人工“原子”基元之间所特有的界面、耦合、关联和协同等相互作用，都是人工物态调控中可设计的自由度。对于动量空间角度，光子能带结构描述的是频率和动量之间的关系，存在于光子晶体的动量空间之中。除了光子能带，动量空间光场的偏振态和相位信息也至关重要，为操控光提供了额外的重要自由度。为实现光子晶体对光场的高自由度调控能力，需要对“频率 + 动量 + 偏振态 + 相位”的多维度调控机制进行探索。由于动量空间与实空间的共轭特性，动量空间调控机制的挖掘与实空间中光子晶体结构的调

控设计紧密相连，相辅相成。在实空间到动量空间的思路切换中，光子晶体在实空间无须复杂结构等优势就能得以充分发挥。总之，如何通过人工“原子”的设计并调控其空间分布，从而挖掘光子晶体动量空间中的调控自由度，实现材料新奇宏观物性是今后光子晶体研究中最基本的科学问题之一。

同时，在总结机制规律和发现新调控手段的过程中，应重视研究调控极限情况下光子晶体物性的上下界。这需要进一步发展光子晶体的唯象理论模型，既包括基于频域的时域耦合模理论，也包括基于动量域的空间耦合模理论。充分理解光子晶体可调控物态性质的上下界，不仅是为了大幅减少盲目的实验，更是为了在理解上下界出现的前提条件的基础上，使突破上下界限制有明确的努力方向。

#### 2. 复杂多物理场耦合的光子晶体研究

多（跨）尺度、多维度、多物理场理论是一个宏观的理论架构，是基于天然材料中原子加空间结构研究范式的拓展。在功能基元层面，单元的力、热、声、光、电、磁等性质在物理上都是“常规”的，而由这些基元空间分布导致的多种物理过程的耦合、关联、协同等相互作用，给光子晶体带来了丰富的物性和新奇的效应。为了利用光子晶体突破传统物态的架构范式，演生出更多超越自身材料属性的新物态，需要充分考虑材料分子、原子级别的物性与人工“原子”中功能基元的本征物性，包括各类元激发和非线性等。这需要从跨尺度、多维度、多界面的视角理解由于跨尺度而演生出的物理现象及综合性能。人工结构的物态调控的设计理念涉及多物理场耦合，体现了基础研究多学科交叉。因此，应加强对基于光子晶体的光–物质相互作用、多物理过程中的复杂物态模拟、人工带隙结构中的非线性甚至非微扰情况下的非线性效应、超快时间过程中人工带隙结构的时域调控等方向的研究。

#### 3. 面向需求的人工带隙结构的物态设计与开发

光子晶体物态调控的研究主要依赖于新机理、新方法、新功能、新加工技术的提出与实现。这些“新”不仅体现在基础科学价值的新意，更体现在满足和优化在重大工程和国防有重大需求的器件、装备上。建立产学研深度交流的平台，结合需求，从中凝练科学问题。在5G，激光雷达、中红外探测，片上集成光学等方面，发展高集成、低功耗、弱光响应、低暗电流、宽带宽、超快响应等颠覆性技术。

光子晶体的物态设计应参考材料基因组计划，开发以需求为导向的优化算法。现有的光子晶体设计思路基于研究人员的物理直觉和经验积累，往往只能提供设计方向而无法直接得到满足需求的最佳光子晶体参数。随着制备技术的发展，可调自由度越来越多以及具体应用所需求的光子能带越来越复杂，光子晶体诸多可调自由度参数的优化挑战越来越大。因此，发展出从需求出发，普适的光子晶体结构逆向设计原理，将成为光子晶体从基础研究到最终应用这个必经之路中的关键环节。可能的研究思路是，从光子晶体的正向问题的数值求解方法出发，将微分的反向传播算法引入到正向问题的算法中，实现由设计目标到设计参数间的微分自动求解，使在高维度、大尺度范围下求解空间中的光子晶体设计成为可能。

#### 4. 相关加工、表征能力的技术储备与手段创新

加工与制备技术对光子晶体调控物态技术的实现至关重要。不同功能的光子晶体的加工及制备技术差别很大，尺度跨越纳米到宏观量级，最终加工手段涉及多种复合材料的三维跨尺度可控精密加工等技术问题。现阶段，特别是考虑当前发达国家对我国的技术封锁，发展创新的制备方法与技术意义重大。同时，表征手段也是研究光子晶体物态调控的必要条件。发展适合光子晶体的基于实空间、动量空间、频域空间和时域分辨的全参数表征技术也应是此研究领域的支持方向。

## 二、声子晶体

### （一）科学意义与战略价值

声子晶体是指声速、体模量或质量密度等参数呈周期性变化的一类人工带隙材料。声波（包括流体声波、弹性声波和声子）在其中传播时，声子晶体所具有的周期结构将会导致波的相干或相消散射，形成声子色散，产生能带结构以及带隙。通过对能带进行人工设计，可精确地控制声波传输，具有广泛且重要的应用前景。这一领域自其创建以来即成为材料学、声学、凝聚态物理学中持续广泛关注的热点问题。基于声子带隙材料能够实现声波的亚

波长聚焦、负折射、准直、定向传播等波束调控机制，应用于设计新型的人工结构声学器件，如声辐射器件、声隐身、声传感器、声屏障等，在超声无损检测、减振降噪、超声成像、声学元件设计和声通信等领域，具有重要的实用价值。随着微纳加工技术的发展，声子晶体的尺度逐渐向微米乃至纳米尺度发展，可用于声表面波滤波器、延时器等电声集成器件设计，以及材料热学性质调控即热声子调控。由于其人工设计和宏观可调等优势，声子晶体还为当前拓扑物态和非厄米物理等前沿基础物理研究提供了平台，发展出了一系列重要原型器件，如拓扑波导、单向声环路器、分路器和谐振器等。

## （二）研究背景和现状

与声学相关的材料参数（声速、密度、弹性常数、压电、压磁系数等）在空间上具有周期性排布，构成的人工复合结构材料即可以被称为声子晶体。30 多年的发展使声子晶体体系具有丰富的展现形式。随着微纳结构制备工艺与表征技术的进步，目前可以制造结构周期从纳米尺度到宏观尺度的声子晶体，这些尺寸各异的声子晶体极大地拓宽了可控制声波的频谱范围，从低频地震波到太赫兹声子跨越了 10 余个数量级。不同的声波频段虽然在样品制备以及声波产生与探测等技术细节上都有所不同，但其物理机制都是类似的。声子晶体研究发展至今，大体上可以分为三个发展阶段。

第一阶段为“声子晶体的提出和实现”，始于 20 世纪 90 年代。受晶体中电子能带理论和光子晶体的启发，出于减振降噪方面的应用需求，声子晶体的研究最初主要集中在能带结构及其产生机制方面。这一阶段主要是通过各类具有周期性声学参数的材料验证所存在的声子能带结构和带隙。例如，首次在二维周期性弹性体中验证声子带隙的存在；在微尺度集成体系实现超声频段的声子晶体；局域共振型声子晶体的发现；弹性体板波声子晶体的发现；表面波体系声子晶体的发现等。在带隙所处的频率范围，声波的传播被抑制，而在其他频率范围，声波则能在色散关系作用下高效传播透射。声子晶体中声子带隙的存在使得人们可以设计各类人工结构来控制波的传播，比如隔振器、声滤波器、声波导、声共振腔等。为了更好地设计声子晶体以满足特定需求，研究人员发展了一系列模拟计算方法，包括平面波展开方法、传输矩阵方法、多重散射理论方法、时域有限差分方法以及有限元方法等。

21 世纪前十年，声子晶体的研究进入第二个阶段，主要通过能带工程以实现声子晶体对入射声波能流、相位的调制与操纵，并逐步向工程化、器件化的方向进行各类应用性延伸。例如，利用渐变声子晶体实现声学聚焦；声子晶体中的负折射效应及其对应的超分辨成像；利用声子晶体结构的带隙特性实现能量采集，比如利用点缺陷声子晶体和压电材料构成振动能量采集装置；利用声子晶体实现声能量的单向传输，一般而言这类声二极管在空间结构上呈现非对称性，一端为声子晶体以实现频率的滤波选择，另一端为能够实现频率或者波矢转变的声学结构或非线性声学材料；以及利用声子晶体实现声学准直器等。同时，研究还涉及了压电、压磁系数等具有周期性分布的声子晶体以及主动式、能带可调的声子晶体等。此外，研究人员利用声子晶体的简并狄拉克实现了零折射率现象，并观测到了由零折射率引起的相速度无限大、声波隐身、声任意波导弯曲现象等奇异效应。声波是一种经典的波动形式，是一种重要的信息载体，通过实现对声波传播的调控，能够在无损检测、超声成像、声波通信、声信息技术等方面具有重要的应用。

现阶段，随着人们对声子晶体研究的逐渐成熟及完备，其研究热点已逐步扩散，并呈现出面向并结合多领域、多学科的发展趋势。例如，利用声子晶体调控热（声子）控制热流传输并降低材料的热导率；利用声子晶体实现具有高灵敏度的各类环境传感器等。声子晶体的材料尺度开始趋向尺寸更小、更易集成化的微尺度，以实现面向光声、声电或是微流体领域的应用。在微纳米尺度下，同一个周期介质可以同时操控相似波长的光子和声子，这种同时具有声子 / 光子带隙的人工周期结构被称为声光子晶体，通过将光波和声波同时局域在微腔缺陷中，可以实现较强的声光耦合作用。声表面波作为一种在固体表面传播的弹性波，被广泛地应用在当今世界的无线电通信、个人消费类电子、环境监测、医疗 / 生物传感等诸多领域。二维声子晶体能够更好地调控声表面波的传播特性，可开发基于声表面波声子晶体的新型电声集成器件。

由于周期结构中波动行为的相似性，一些量子波动效应也相继在声子晶体体系中被发现，如安德森局域化和布洛赫振荡等。凝聚态物质拓扑相的发现，打破了传统的对凝聚态物质相的自发连续对称破缺描述范式，为许多具有新奇效应的物理器件提供基础。鉴于人工晶体的宏观特性，结构单元和耦合强度灵活可控，近年来声子晶体也被视为实现拓扑相的精准可控的研究平台，可以完成电子系统中无法或难以实现的一些现象进行实验验证。在声子体系模拟电子的拓扑行为具有重要的科学研究价值；同时，从应用方面来看，这些更具鲁棒性的声学拓扑态可用于构造一系列缺陷不敏感的传输器件和声学功能集成器件。

我国在声子晶体的研究领域已经形成了一支实力强、有较高国际影响的研究队伍，这其中包括南京大学、武汉大学、同济大学、香港科技大学、国防科技大学、北京理工大学、华南理工大学、天津大学等高校的研究团队，在声子晶体的理论和应用研究方面取得了突出科研成果，特别是最近几年在声学功能器件、声拓扑材料、集成声子器件等方面取得了国际一流的成果。

### （三）关键科学、技术问题与发展方向

对于声子晶体这类人工带隙材料，从基础型研究到应用型研究，未来5～15年的发展趋势将集中在以下几个方面。

寻求可集成、具有应用优势的材料及结构体系，比如推进片上集成声子回路器件的研究。声子作为信息载体，可用于信息的存储、缓存和延时等方面，对于光子集成器件，进行存储和调整的光缓存器件是不可或缺的一部分。然而基于慢光效应所实现的缓存时间较为有限。与光子相比，声子具有更短的波长、更慢的传播速度和更长的相干时间。如果将光子转换成声子再进行处理，就能够实现对信息有效存储和缓存。因此，集成声子回路器件可以部分替代光子集成器件，对于片上信息处理有重要的应用价值。为了实现声子的稳定传输，需要构造固体声波的波导结构。近些年，声学拓扑相的研究取得了重要进展，将声学拓扑相的概念引入到声子回路器件的设计中，实现具有抗反射和缺陷免疫特性的声子拓扑波导，并基于此开发固体声波传输线、固体声波分路器、固体声波谐振腔等，对于片上集成声子回路器件有重要的研究意义。声子器件在量子信息处理中也有着广泛的应用潜力，利用声子波导可以作为数据总线来耦合不同的量子比特，或者利用声波可以实现单个比特的独立操控，比如声表面波可以实现对金刚石氮缺陷色心电子自旋的操纵。

将声子晶体结构应用于声表面波谐振器、薄膜体声波谐振器等电声集成器件也是未来的发展方向。声表面波器件在微波通信、声信号处理、微流体

操纵、声表面波传感器等方面具有重要应用前景。利用声子带隙材料调控声表面波的传播，设计新型的基于声子晶体声表面波滤波器、延时器、卷积器等新型器件，对于通信领域有着重要的应用价值。

针对高端技术装备领域需求，开发以声人工带隙材料为核心的振动与噪声控制技术。利用声子能带理论、拓扑优化、逆向设计、机器学习等仿真、设计的关键技术，研发具备宽带、全向等优异吸声、隔声声学特性，兼具有良好热学、结构力学等性能的声结构功能材料。尚需解决的难题是低频声波能量的隔离与吸收，以及声学器件的小型化和轻量化，因此需发展跨尺度声学材料的制备加工方法，包括增材制造 3D 打印、复合材料制备以及微结构加工技术等。

拓宽材料体系，研究可调控的声子晶体。传统声子晶体结构一旦确定后便很难改变其声学性质，因此极大限制了其应用场景。利用由外场（电场、磁场、温场、应力等）调控的新型材料，构建实时可调控的声子晶体，有效主动地控制声波的传播特性，能够适用于更加复杂和多变的应用场景。比如利用磁电弹性复合材料构成的声子晶体在电场、磁场、应力等外界激励下，能够主动调节弹性波带隙，在隔振降噪领域有着重要应用价值；利用软材料制造的声子晶体可以通过施加大的外加载荷，产生显著的结构变形和刚度变化，从而引起能带结构变化；液晶弹性体是一种可以受多种物理场控制的软物质材料，以此为基底的弹性波声子晶体也能实现能带结构的智能调控；通过在二维声子晶体衬底上平铺二维材料，可以设计一种电可调的弹性波拓扑绝缘体。研究这类新型材料在声子晶体中的应用，揭示多物理场作用下波传播的新现象和新机理，能够为智能化和环境适应型声学功能器件的设计带来新的思路。

探索新颖的拓扑相。声子晶体作为一个研究拓扑现象的实验系统，避免了电子系统的复杂性，且能够用于构建具有低传输损耗、抗干扰的声学器件。该方向的发展包括但不限于：①声学高阶拓扑相的相关研究。近年来，高阶拓扑绝缘体和高阶拓扑半金属，作为一类全新的拓扑相，相继被发现和研究，其大大拓展了物质拓扑相家族的种类。声子晶体是实现高阶拓扑相的良好平台，同时具有独特的物理效应，如多维度边界态和分数化拓扑荷等，又为实现具有特殊功能的声学器件提供了物理基础。②非厄米拓扑物理的研究。对拓扑态的研究大多是基于厄米性的条件下所进行的，最近拓扑物质相的研究中也引入了非厄米的概念，非厄米的引入可调制和改变系统的拓扑性质，催生了一类对非厄米拓扑现象的研究，声学系统中非厄米调制的实验实现和观测是值得研究的方向。③声学体系中合成维度的研究。通过引入合成维度，可以研究更高维度的物理问题，并提供了高度的可控性和丰富的选择性。④其他类量子效应的研究，例如，魔角石墨烯、非阿贝尔半金属、非阿贝尔任意子等。

在数值计算方面，需要发展逆向设计、拓扑优化等新型声子器件设计方法。在过去相当长的时间里，声子晶体的设计方法都是基于经典模板的启发式设计，依赖于过去积累的经验。为突破人工和经验设计的局限，拓展更多的应用场景，实现最优的器件性能，需要发展新的逆向设计方法。逆向设计是指从所需要的特性结果出发，通过优化算法、器件模拟仿真等，对结构参数和材料参数等同时进行调整，反推出所需的器件设计，具体的优化过程可以利用遗传算法、拓扑优化以及人工神经网络等方法实现。除了能够实现系统和全面的器件特性优化，这种设计方法还可能突破经验设计，提供全新的设计指导，甚至揭示出新的物理机制。此外，声子晶体中的非线性波动问题求解也是具有研究价值的方向。当前声子晶体色散关系计算主要考虑线性响应，在一些高强度波动或者非线性结构中，比如颗粒声子晶体中，波的传播会呈现出非线性动力学响应，对非线性效应的理解能够有助于新型弹性波器件的设计。

## 三、超构材料

### （一）科学意义与战略价值

电磁波的频率范围覆盖了微波、毫米波、太赫兹波、红外波、可见光波乃至极紫外等。目前电磁波是各种通信技术的重要载体，也是重要的绿色能源。电磁波的任意操控对于解决未来的信息技术与能源技术中瓶颈问题具有重要的科学意义和应用价值。

自然界中的介质材料都是由原子或者分子组成，电磁波在介质中传播由电磁波与介质内部的原子分子相互作用的过程所决定。超构材料是由人工微纳结构单元组成的宏观介质，电磁波在超构材料中的传播性质是由电磁波与微纳结构单元之间相互作用所决定。通过调节这些人工结构单元的尺寸和结构，或者单元空间排列的序构，人们可以根据需要调节超构材料的宏观电磁参数，包括介电系数、磁导率系数、折射率系数、吸收系数等。在获得电磁参数的基础上，可进一步调控超构材料的有效电磁波的传播性质，包括折射、反射、透射、吸收、波矢色散、各向异性等。因此，超构材料可以超越自然材料，实现各种新奇的电磁应用，包括负折射、完美透镜成像、隐身斗篷、完美吸收、辐射制冷等。

超构材料在太空开发、深空探测、高定向电磁对抗、5G/6G 无线通信、新型绿色能源利用等国家重大需求、国防建设以及经济建设领域都有重要的应用前景。

### （二）研究背景和现状

自然界中材料的折射率都是正的，在两种介质的界面上，折射角与入射角具有相同的符号，入射光线与折射光线分布在法线的两侧，发生的折射过程是正折射。对于一般的正折射材料来说，凸透镜对光线是会聚，而凹透镜对光线是发散。20 世纪 60 年代，苏联科学家韦谢拉戈（Veselago）提出了负折射材料，所谓负折射材料，就是当材料的两个电磁参数，介电系数与磁导率系数同时都是负数时候，材料的折射率就可以实现负数，折射角与入射角具有相反的符号，入射光线与折射光线分布在法线的同侧，发生的折射过程是负折射。对于负折射材料来说，凸透镜对光线是发散，而凹透镜对光线是会聚。与普通的正折射材料相比，负折射材料的主要优势在于可以实现无像差的完美透镜成像，但自然界中不存在天然的负折射材料。

为了实现负折射材料，1999 年英国科学家彭德里（J. Pendry）提出了超构材料设计方法，他设计了一种金属开口环结构，作为人工磁共振结构单元，开口环的尺寸远小于电磁波的波长。把很多这样的开口环组装在一起，可以组成宏观上连续的超构材料。 当电磁波在超构材料中传播的时候，与这种共振单元耦合作用，在谐振波长处会产生很强的磁共振效应，从而产生负磁导率系数。彭德里的工作既为实现负折射材料提供了实现的途径，同时也为一般超构材料提供了基本的设计原理。

2001年，美国科学家史密斯（D. R. Smith）利用这种金属开口环人工结构单元，并结合金属线阵列，在世界上首次实现了电磁波的负折射效应，获得了国际上的普遍关注。很快，人们就在光学波段也实现了负折射材料。2005年，美国加利福尼亚大学的张翔等利用超构材料实现了完美透镜成像。2006年，美国科学家纳里马诺夫（E. Narimanov）提出了双曲超构材料的设计方法，并且将其用于实现双曲透镜的完美成像。后来，人们又发现双曲超构具有很高的光子能态密度，可用于增强材料的量子辐射和热辐射。

随着负折射率材料的发展，人们提出了介于正折射率材料与负折射率材料之间的零折射率材料。相比正负折射率材料来说，零折射率材料具有非常独特的电磁特性，例如电磁波在零折射率材料中传播的时候，其位相会保持不变，采用零折射率材料制作波导，可以实现光波的大角度转弯而不会改变波前的形状，因而可以实现隐身斗篷。后来，人们还将零折射率材料用于非线性光学的相位匹配过程，用于提高四波混频的产生效率。

早期超构材料的电磁参数在空间上分布是均匀的，电磁波在材料中传播无法根据实际应用沿着任意路径传播。2006年，彭德里提出了变换光学超构材料的概念，就是通过调节单元的尺寸和结构，实现电磁参数在空间上任意分布，从而实现对电磁波传播路径的任意操控。利用变换光学的设计方法，首先在超构材料中提出隐身斗篷的设计方法，并证明电磁波可以通过隐身斗篷绕过物体，无任何散射地向前传播。随后，美国科学家史密斯很快利用超构材料实现了隐身斗篷，并在微波实验中证明了它的隐身过程。变换光学超构材料吸引了超材料学者广泛的研究兴趣。除了隐身斗篷之外，人们提出了很多其他变换光学应用，包括幻象光学、龙伯透镜、等离激元的纳米聚焦等。

2006年，德国科学家莱昂哈特（Lenohardt）首先提出利用变换光学超构材料模拟引力弯曲时空的理论方法，可用于研究各种新奇的弯曲时空中的光学过程，包括黑洞的霍金辐射、加速系的安鲁效应等。2010年，东南大学课题组首先利用变换光学超构材料在微波频段实现了电磁黑洞的模拟；2013年，南京大学课题组首先在变换光子芯片上，在光学波段模拟了黑洞捕获光子的过程。

早期的超构材料是基于等效介质的理论模型进行设计的，由结构单元组成宏观介质时不考虑单元之间的相互作用，而把超构材料的宏观电磁参数视为很多结构单元体积平均的结果，材料的介电系数和磁导率系数都是由结构单元的几何尺寸与结构确定的，而与单元之间的耦合作用无关。而在实际应用中，当样品中结构单元之间的距离很接近的时候，单元之间会产生很强的电磁相互作用，传统的等效介质模型的近似已经无法成立。材料的宏观电磁参数不单决定于孤立单元本身的共振特性，还决定于单元之间的耦合作用，这种耦合直接影响了宏观电磁参数的改变。人们研究了结构单元的耦合对超构材料宏观特性的影响，发现两个磁共振单元之间耦合会产生电磁共振模式的杂化，使得原来单元共振模式会劈裂成两个共振杂化模式。通过调节这种杂化的共振模式，可以实现更高共振 $Q$ 值的法诺（Fano）共振。更进一步，人们又研究了一维超构材料中，结构单元之间的耦合会导致超构材料的电磁特性由原来单一共振的模式变化为连续的光子能带色散，这样会使得电磁参数在很宽的波长范围产生显著的改变，可用于实现宽波段的超构材料。

我国在超构材料的研究方面起步比较早，参与研究的课题组比较多，已经形成了一支实力强、有较高国际影响的研究队伍，其中主要包括南京大学、东南大学、复旦大学、浙江大学、中山大学、清华大学、西北工业大学、南开大学等多所高校的研究团队，在超构材料的理论和应用研究方面取得了突出的科研成果。

### （三）关键科学、技术问题与发展方向

超构材料从应用需求出发，在基于人工设计的微结构材料、超构材料的基础研究与应用研究上有很大的发展空间。未来 5～15 年的发展趋势将集中在以下几个方面。

#### 1. 超构材料的基础物理效应

超构材料主要是基于等效介质模型方法，通过结构单元的设计实现红外电磁参数的调控。未来将出现更多的理论模型来深入探讨超构材料的各种物理特性。

拓扑超构材料。可以通过结构单元的设计，来调控超构材料中电磁波的能带色散，构造具有拓扑特性的光子色散能带，如光拓扑绝缘体、光拓扑半金属、光高阶拓扑绝缘体等。另外，由于结构单元的设计具有很大的灵活性，

人们可以非常精确可控地实现拓扑能带的调控，因此可以进一步实现凝聚态电子能带所无法实现的拓扑能带结构。

非厄米超构材料。相比凝聚态电子体系，电磁波材料更容易实现各种非厄米的物理模型。在超构材料中，可以通过调节结构单元的共振特性，调节超构材料的增益与损耗，实现各种非厄米物理过程，包括：非厄米奇异点、趋肤效应、非厄米拓扑能带等。

### 2. 基于非金属基的超构材料

早期的超构材料主要采用金属结构。但由于金属内部的欧姆损耗较大，未来需要考虑利用损耗较低的非金属材料，以及一些具有独特光学特性的介质材料。

基于硅和其他半导体的超构材料。硅是最常见的半导体材料，在红外区间，硅具有比较低的光学损耗，同时具有很大的折射率，使硅成为较好的红外超构材料的基底材料。除了硅之外，二氧化钛、氮化镓等化合物半导体材料也是很好的选择。

基于石墨烯和二维材料的超构材料。除了传统的半导体材料之外，新型的二维半导体材料，如石墨烯二硫化钼等，也是可供选择的基底材料。二维材料厚度为单原子层，利用二维材料制备超构材料，可以用于实现超薄器件。此外，二维材料费米能级很容易通过外加电场改变，这使得超构材料的电磁波特性具有很好的调控优势。

基于铌酸锂介质的超构材料。以前超构材料曾经被用于非线性光学，但是非线性光学效率都比较低。铌酸锂晶体具有很好的非线性光学特性与电光特性，因此未来将铌酸锂与超构材料结合，将会大大增强超构材料的非线性光学效率。同时再结合铌酸锂的电光特性，可以大大提高超构材料的电光调制功能。

### 3. 红外与太赫兹波超构材料

超构材料主要集中在微波和光学波段的超构材料，但传统微波、光波材料和器件都已发展得很成熟，超构材料的优势不是特别明显。光学波段的超构材料由于尺寸太小，加工制备难度很大，所以超构材料在光学波段的局限性很大。另外，传统的红外波段和太赫兹波段的材料和器件发展并不很成熟，相关的应用也较欠缺，因此超构材料在红外和太赫兹波段具有很好的应用。近些年来，人们越来越多地关注超构材料在红外和太赫兹波段的应用。

基于人工等离激元的太赫兹超构材料。在太赫兹波段，金属本身的等离激元效应会减弱，为了实现对超构材料的色散调控，可以在金属中引入微结构，形成人工等离激元波，这种人工等离激元的色散可以通过结构参数改变，由此可以灵活调节等离激元波的传输速度等。采取这种人工等离激元实现的太赫兹波导，可大大提高太赫兹器件的集成度，用于太赫兹无线通信系统。

红外吸波与热辐射超构材料。传统红外波段的光学材料和器件成本很高，因此超构材料在红外波段的应用具有比较大的发展空间。超构材料的局域共振特性可以大大增强红外波段光学吸收，在红外探测、红外传感、红外成像等方面具有很好的应用。这种红外吸收增强不仅可以用于太阳能利用，还可用于太阳能电池、太阳能海水淡化等方面。另外，根据基尔霍夫热辐射定律，对于红外光学吸收强的材料，其红外热辐射的能力也很大。因此超构材料也可用于增强其热辐射的能力，在热辐射隐身、热辐射制冷等领域有很好的应用。

### 4. 动态调控的智能超构材料

以往超构材料主要是静态的结构设计，当材料制备出来后，其电磁特性就完全确定，无法进行动态调节。未来随着实际应用的需求，特别是在通信领域的应用需求，人们需要可以动态调节的超构材料，以便在通信中实现信息的加载和处理，超构材料需要与一些具有光电可控特性的材料结合，如半导体光电二极管、氧化钒等，以便实现快速动态调节的功能，从而在信息处理方面实现具体应用。

### 5. 基于机器学习的超构材料设计方法

当前超构材料主要是基于等效介质方法，从基本物理原理出发，基于电磁仿真软件设计出超构材料。在此过程中，人们往往根据经验，选取单元的结构参数来满足应用需求。为了找到最佳的结构参数，往往需要进行大量的重复计算并反复比较验证。为了加速超构材料的设计过程，未来可以采取机器学习的人工智能方法，从实际应用需求出发，逆向设计，以更快的方法找到最佳结构参数和满足特定实际应用需求的设计方法。

## 四、超构表面

### （一）科学意义与战略价值

超构表面是一类由单层或少层亚波长人工结构单元构成的薄层结构，用来控制光波（电磁波）的相位、偏振、波长响应等特性，进而操控光传播的人工材料，为调控光场提供了强大手段。早期超构表面的设计原理与超构材料类似，通过对亚波长尺度的金属纳米天线共振特性的设计来实现对局域相位与偏振的调控，并由此提出了基于超构表面的广义电磁波反射折射定律（广义斯内尔定律）。随着研究的深入，人们又提出基于单元结构排列取向对圆偏振光响应的几何相位方法构建超构表面的新原理。它具有宽带响应的功能，大大拓展了超构表面的工作带宽。然而，在光频段，这些基于金属纳米结构的超构表面具有较大损耗，阻碍了高效光学功能的实现与器件的研制。因此，人们后续将超构表面拓展到全介质结构，发现通过高折射率介质的纳米结构米共振以及纳米柱结构内波导模式的调控也可以高效地调控局域相位，由此又发展出第三种相位调控方法，即动态传播相位。至此，人们掌握了共振相位、几何相位、传播相位等超构表面设计方法，并将材料体系从原先的高损耗金属拓展到低损耗的介质型超构表面，先后演示了光束整形、超构全息、超构透镜、偏振成像等功能。由于传统方式实现这些功能通常需要相当大的宏观尺度的光学元器件，现在只需微米/亚微米厚度的超构表面即可完成，非常有利于光学系统的集成化与小型化。此外，超构表面与新材料结合为拓展光与物质相互作用、新的材料体系拓展了空间。比如非线性超构表面以及与之相结合的光量子超构表面，与相变材料结合的动态可调超构表面，与二维电子材料结合的新型超构表面等。这些方向进一步拓宽了光科学与技术的研究前沿。

当前光信息技术的一个重要发展方向是光学系统的小型化和集成化。诸如光子芯片、高性能成像芯片、微型传感器、机器视觉、虚拟/增强现实等技术都需要高度集成化的光学模块与系统。特别是人工智能、元宇宙等新概念的提出和相关技术的蓬勃发展，带动了一系列力、热、声、光、电信息技术的交叉融合，超构表面具有超薄、超轻、平面结构、多功能集成与设计灵活等特点与优势，将为开发新型高集成多功能的光学器件提供全新的设计原理，正在高速推动相关光信息技术的发展、升级乃至变革。

## （二）研究背景和现状

超构表面的工作原理与设计思想源自超构材料，都是利用亚波长人工单元结构来进行电磁响应特性的操控，从而调控光和电磁波的传播。在光波段，由于亚波长的单元结构加工难度大，特别是大规模制备困难，同时光在超构材料内部的传播损耗巨大，这些都阻碍了其走向大规模应用。2011 年，哈佛大学提出了超构表面的概念，通过一层薄层材料同样也可以有效地操控光场，并展示其强大的波前调控能力。此后，人们发展出了共振相位、几何相位、传播相位等调控方法，实现了一系列相对高效的功能性超构表面。特别是将多种相位调控方法交汇融合，展现出了异常丰富且强大的光场调控能力。比如，对原先互相锁定的偏振态解耦进行独立的相位设计；对超构表面的频率色散进行消色差设计；构建超原胞结构实现空间、偏振、频率、透反射等多通道的光场相位进行独立设计与复用，实现诸如轨道角动量光束、完美庞加莱光束、近场显示与远场全息等功能。其中，具有平面超薄特性的超构透镜及其成像技术是大家关注的焦点问题，人们先后提出了多种消色差消像差设计方案，展示了超构透镜在高集成的成像技术方面的应用潜力。随着纳米加工能力的提升以及人们对超构表面器件性能要求的不断提高，当前的超构表面结构设计越发复杂化，由此也催生了结构设计与性能优化算法的发展。基于神经网络深度学习等人工智能算法也逐渐引入到超构表面及超构器件的设计与实现中，这为高性能超构器件的研制提供了强大的助力。除了面向应用的超构器件之外，探究新的超构材料体系，发展非线性超构表面、动态可调控超构表面、量子超构表面以及具有拓扑光子特性的超构表面同样也是当前光子学的前沿领域。其整体现状概述如下。

### 1. 多维光场调控的多功能超构表面

超构表面较之于传统光学器件的主要优势除了其超薄平面的结构特征外，还体现在其设计的灵活性和功能的多样性上。早期的超构表面着重对光的偏振与相位进行调制，表现出了强大的光束调控功能，如矢量光场、庞加莱光束、艾里光束、轨道角动量光束等复杂光束，同时也实现了反射和透射的全息以及聚焦相位用来做透镜成像等功能。另外，利用超构原子的局域共振特性以及构建超构微腔结构的模式选择，进行超构表面的光谱的调制，从而实现具有纳米分辨率的彩色打印和显示技术。近年来，超构表面调控光场的维度进一步拓宽，人们通过空间交错拼接、叠层设计、分区设计等方法，实现了对局域单位的振幅调控；利用超构单元之间的相长相消干涉实现超构表面的透反射的调控。

近年来，随着超构表面相位调控及偏振调控手段的不断丰富，人们逐渐掌握了多种机制联合调控的方法，从原理上打破了原先超构表面光场调控中的一些锁定属性，为多功能集成的超构表面提供了强大的武器。其中两个典型的例子：一是利用几何相位与传播相位结合实现正交偏振态完全解耦的独立相位调控；二是利用几何相位、传播相位与马吕斯定律实现对远近场的光场的完全解耦。利用这些方法，人们成功实现了两种态独立调控的多偏振超构表面全息、双光束调控、完美庞加莱光束、光信息加密与解密、近场显示与远场全息、透射反射的超构表面设计与调控等等。这些多功能超构表面设计突破了早期利用空间交错复合原胞来实现多功能的限制，从原理上实现了多自由度完全解耦，大大提升了器件的工作效率，为发展新型光场调控器件和复用技术奠定了基础。

### 2. 超构透镜成像技术

超构透镜是一种具有聚焦相位的超构表面，能够进行光束聚焦和对物体成像。它较之于传统折射透镜具有超轻、超薄的优势，同时较之于传统衍射透镜，具有更小的单元结构，消除了高阶衍射且具有更精细的相位分布。它的厚度通常也远小于衍射透镜，从而具有较小的阴影效应，因此，具有比衍射透镜更优异的成像性能。特别是 2016 年哈佛大学所演示的全介质（$TiO_2$）超构透镜展示单波长下媲美尼康显微镜的性能，被研究人员和产业界所关注。

最近几年来，人们针对超构透镜的成像性能开展了大量的研究和优化，主要可以分为三类。第一，消色差超构透镜。超构透镜具有与衍射透镜相似的衍射色散导致它具有巨大的色差效应，这严重影响了它在宽带成像时的性能。人们发展了几何相位与集成共振结合、几何相位与传播相位结合等一系列调控色差和群速色散的方法，在近红外、可见光波段发展出反射及透射型、偏振敏感及不敏感的消色差超构透镜。第二，消像差超构透镜。在成像技术中，单色像差同样也非常重要，它是决定透镜成像质量、视场范围、视场角度的重要因素。超构透镜所基于的衍射原理同样决定了它比折射透镜具有更大的像差（尤其是彗差），这严重制约了透镜的视场范围。针对该问题，人们先后发展了多种设计方法，主要可以分两种：基于双层结构，即在超构透镜前置小孔光阑或超构表面相位修正板来满足后续的角度要求；采用二次型聚焦相位设计来满足在不同角度下都具有聚焦相位分布。不过这些方法都不够完美，会牺牲通光量和成像质量。尽管也有理论工作提出了多层拓扑优化的消像差超构透镜，但其巨大的加工难度限制了其真正实现。第三，基于超构透镜的成像应用。尽管当前超构透镜在色差、像差、成像质量、视场范围、工作效率等方面还存在不足，但其特有的超轻超薄、平面集成的特点仍然赋予它在很多应用场景上具有特殊的优势。比如利用它可以实现偏振相机，超构微透镜阵列实现消色差光场成像，利用偏振复用的双目成像实现景深分辨，通过超构透镜本身的巨大色差实现光谱层析成像技术，并且利用透镜阵列来扩大显微视场实现了高度集成的宽场超构显微镜等等。可以看到，这些应用大都充分利用了超构透镜在偏振调控、光谱响应、色散调控上的灵活性，同时基于自身超薄优势开发出的新型成像技术，并显示了在应用上巨大的潜力。

### 3. 动态可调及可重构超构表面

虽然基于人工结构的超构表面的研究已经得到长足的发展，很多调制光场的原理和手段也已非常丰富，但大多数超构表面的功能特性都是静态的，不具有可调性。由于很多光学器件都有动态可调或功能切换的需求，特别是当运用信息处理时，其调制速度也有很高的要求。虽然可以通过复用技术（如偏振复用）来完成，但其调制的通道与范围都非常有限，很难达到连续可调或高速切换等功能。从原理上说，超构表面的光学性能由两个方面决定，一是纳米单元结构的几何尺寸，二是构建材料的光学参数。一般地，所加工成型的超构表面的几何尺寸已经相对固定。因此，调节的一种方式是将超构表面制备在柔性衬底上，通过拉伸的方式改变结构单元间距实现调节功能；或者通过介电弹性材料微机电控制来进行超构表面动态调控（如超构透镜的变焦）。不过这类调控能力和范围都非常有限，人们通常还是借助光学可调材料及相变材料来进行动态超构表面的开发。

光学可调材料是通过外加电场、磁场、热效应等改变材料的介电常数或折射率。对于光学介质来说，主要有载流子注入型，如半导体、石墨烯等，热光调制型，如硅、氮化硅等，电光调制型如铌酸锂、钽酸锂等。不过对于仅仅微米级厚度结构的超构表面来说，其介电常数或折射率调制的幅度非常小，很难满足人们对动态调控器件的需求。因此，近年来人们重点考虑了相变材料，它可以在外加激励下通过物质内部晶格的改变大幅度改变材料的介电常数。其中，锗锑碲（GST）和二氧化钒（$VO_2$）是常用的相变材料，可以通过加热、激光脉冲照射、外加电场等方法改变其晶态与非晶态的转变、介电到金属态的转变。用这些材料构建超构表面，可以实现其损耗、工作波长等性质的大幅变化，从而实现超构表面的调控功能。基于这些材料，人们陆续实现了振幅可调和相位可调的光学超构表面器件。更进一步，人们利用GST发展出基于超构表面的热辐射调节器。

### 4. 其他类型超构表面

除了上述几类超构表面的研究，人们还进一步向新的方向拓展。在非线性光学领域，早期就有工作将金属纳米结构与非线性聚合物结合构建非线性超构表面和超构材料，发现了有趣的人工对称性调制的非线性谐波产生。近期也有人针对高非线性效应的铌酸锂材料，理论上揭示了具有增强二次谐波效应的超构表面。也有研究者将传统超构表面/超构透镜及其阵列与非线性晶体结合，构建高度集成的量子光源，实现了高维纠缠态，促进了量子光学的研究。

在多维光场调控方面，近年来人们将波导与超构表面结合，展示了受超构表面调控的导波–导波转换、导波向空间辐射模式与光束的调控以及以超构表面为耦合单元将空间光场耦合到波导模式，甚至向非线性模式转换等新颖的功能。波导的引入，一方面为超构表面中光的输入与发射提供了新的调控维度，另一方面也进一步提高了超构表面器件的集成度，为新型光学器件的开发开辟了新方向。

此外，超构表面设计以及性能优化的研究，促使人们越来越多地引入人工智能算法，如遗传算法、退火算法、拓扑优化等。随着人工智能光子学的发展，深度学习、神经网络等先进的计算技术也逐渐应用到超构表面的研究中。比如在单元结构的设计与优化过程中，人们已经可以通过大量结构样本的学习获得结构特征与超构表面光谱之间的关联，从而进行高性能优化的超构器件的设计。人们已经发展出了基于算法重构的超构表面阵列的片上光谱仪。在成像技术领域，计算成像本身就具有强大的图像重构与增强功能。近期，人们将神经网络学习方法运用到超构透镜成像中，一定程度上克服了传统超构透镜色像差的问题，获得了较为优异的成像结果。

### （三）关键科学、技术问题与发展方向

光学超构表面经过十余年的研究发展，经历了从现象演示到功能开发，从发展原理到性能提升，从单一特性到功能集成，从正向设计到逆向设计等一系列变化。随着大家对其调控物理机制的不断揭示与完善，研究的重心也逐渐从揭示物理效应到追求器件性能再到开发应用场景的过渡。其中还有一些关键科学问题、应用技术瓶颈需要研究人员去解决和克服。

（1）超构表面空间（角度）色散的完全调控。当前制约超构透镜以及相关超构器件的一个关键科学问题是其相位分布对不同角度入射电磁波的不可控制。这在超构透镜的像差矫正、广角超构器件的研发中至关重要。虽然近年来有用二次型相位来转换聚焦相位的空间平移关系，或通过单元耦合来调控超构表面的角度色散，但是其调控能力和性能都受到很大制约。特别是在大角度光入射后的调制效率问题将是制约发展高效超构表面器件的技术瓶颈。

（2）超构表面频率色散与其相位分布、工作效率的问题。近期大量的研究表明，超构表面的衍射色差的补偿主要依赖于传播相位。但是对于微米级高度的纳米单元结构，其补偿能力非常有限，因此能够获得足够相位补偿的仅限于几十到几百微米直径的消色差超构透镜。在有限的超构表面厚度下，超构透镜的工作效率与器件尺寸、数值空间、消色差带宽之间存在内在制约关系。如何实现宏观大尺寸高效率的消色差超构透镜仍然是原理设计上的重要挑战。

（3）大面积超构表面器件的研制。由于超构表面每个单元结构尺寸在几十纳米尺度，构建一个宏观器件通常需要万亿个单元，每个单元还具有多个结构参数。因此，如果结构单元的所有参数不具有重复性或规律性，加工过

程需要输入的参数就达到 $10^{12}$ 比特（Tbit），数据导入导出都是巨大的挑战。同时如此规模下，要保证每个单元结构尺度的精度与均匀性，以及相关加工设备工作的稳定性也是巨大的挑战。近期研究表明，要获得高性能的超构表面，需要更大的深宽比的纳米柱结构单元（如 100∶1），这对当前的微纳加工技术也是巨大的挑战。

（4）超构表面设计中的算法优化。随着智能光子学的发展，越来越多的超构表面要获得最优的性能都需要大量的设计与优化，其中往往涉及海量迭代过程，若只依赖于全波数值仿真，相关运算量会达到无法操作的地步。同时基于大数据样本的深度学习方法也面临大量的运算。尽管当前人们提出了一些基于小尺度（几十～几百波长量级）样品结构的计算设计方法，如伴随场方法等，但真正针对宏观尺度，特别具有互相耦合结构单元的样品时，完整的设计运算还面临着巨大挑战。

总之，当前超构表面研究已经从初期研究纳米结构的电磁响应及简单光场调控，深入到具体应用功能特性与性能提升的光子学器件开发。大量调控方法和功能已有所展示，然而在实际应用中遇到的瓶颈性问题也逐渐凸显并被大家所关注。人们提出超构表面 2.0 的概念来描述超构表面当前的研究阶段。随着新的设计思想、材料体系、加工技术的不断进步，相信上述关键问题能够逐步得到解决或寻得替代方案。特别是随着人工智能光子技术的引入，很多硬件上的原理性问题能被更先进的算法所缓解，同时，为新的超构光子技术带来优异的性能。

## 五、非厄米人工材料

### （一）科学意义与战略价值

波是能量与信息的载体，对波的操控水平是衡量国家前沿科技的重要标志，而突破传统波的操控极限往往需要理论上的突破。在此背景下，基于非厄米物理学拓展传统波动物理学极限的研究成为重要前沿之一。哈密顿量的厄米性是量子力学基本假设，它确保了孤立量子系统中的概率守恒，并保证了量子态的实数可观测量。然而严格的孤立系统在实际中并不存在，由于能量、粒子、信息向系统外流失，概率不守恒是普遍存在的。非厄米性的引入，突破了量子力学基本假设，引入了全新的自由度，这无疑将极大地推进人们对物理规律的认知。近十年来，非厄米物理已经逐步形成一个引人注目的新兴热点领域。它在非封闭系统与新颖波动现象之间构建了一个桥梁，特别适用于非保守经典系统。它是探索新奇波动行为的多功能平台，其概念和方法已经辐射到光学系统、机械系统、电子电路系统以及声学系统等。迄今为止，人们已经实现了一系列具有诸如单向隐形、传感增强、拓扑能量转移、非互易传播、相干完美吸收、单模激光、趋肤局域等新奇效应的人工材料。由此可见，非厄米物理不仅在基础研究上极为重要，而且其新颖的波动现象还有望为新一代光声器件在能源、信息等领域的应用开辟道路。

## （二）研究背景和现状

系统哈密顿量的厄米性确保了系统具有实数本征值，具有可观测物理量。其中，厄米性质是封闭系统的基本特征，即与环境无能量交换的系统。然而在实际场景中，系统常与外界有能量交换（如本征损耗、辐射等），其能量守恒被破坏，便自然地引入了非厄米动力学这一概念。对非厄米系统而言，由于能量交换，其哈密顿量的本征值一般是复数，本征态不再正交。1998 年，华盛顿大学的本德（Bender）和合作者在理论上开创性地指出，当系统满足宇称时间（parity-time, PT）对称性时，非厄米哈密顿量也可具有类似于厄米哈密顿量的实数本征值。这一现象随着系统非厄米的增强会进行进一步的演化，超过一定的阈值后，系统哈密顿量的本征值从实数变为复数，发生自发对称性破缺。在转变点上，哈密顿量的多个本征值和本征态发生简并与坍缩，引发大量新奇的物理现象和效应，如损耗诱导低阈值激光器、传感灵敏度增强、非对称模式转化、PT 对称诱导相干完美吸收等。这一非厄米简并点被称为奇异点。奇异点的发现及其新奇的物理现象和效应引发了学术界对于非厄米系统的极大兴趣，相继在开放量子体系、相互作用的电子体系以及添加增益和损耗的经典系统中展开了研究。

从 21 世纪初开始，非厄米物理的研究从量子力学拓展到光学等经典波体系中，其实验研究（PT 对称）首先是在人工材料的研究中实现突破的。人工材料所具有的特殊材料设计范式，在研究和探索非厄米物理和效应中展现出独特优势。例如，通过巧妙排列增益和损耗介质，可在满足 PT 对称性下实现各类奇异现象，包括奇异点以及相继发现的高阶奇异点、奇异线和奇异面等。近年来，研究人员在拓扑物质相的研究中也引入了非厄米的概念，发现非厄米可调制和改变系统的拓扑性质，其拓扑物理无法用传统的布洛赫能带理论进行解释，从而引起了极大关注，进而催生了一类对非厄米拓扑现象的研究。特别是近来由中国学者率先发现并报道的一类新奇非厄米效应，即非厄米趋肤效应。此外，非厄米系统在相空间具有丰富的代数结构，可以通过态在非厄米系统中的动力学演化来揭示。

基于人工材料对非厄米物理进行研究和探索对基础物理的发展起到了重要的推动作用。在此之前，人们对于非厄米的认识只局限于其带来的负面影响，如传输损耗和信息丢失等；而在对非厄米物理展开充分研究之后发现通过合理调控非厄米，可产生全新的原理和现象，例如，非厄米奇异性质可引发本征值和本征态同时发生简并，这极大地区别于厄米系统的简并，后者对应本征值的简并，但是本征态依然保持正交完备；又比如，在非厄米拓扑绝缘体中，传统拓扑相遵循的体边对应关系被打破，布洛赫能带无法再对拓扑态的出现和性质进行准确描述；非厄米趋肤效应进一步展现了非厄米物理的特色。人工材料在这一过程中体现出了独特的优势：一方面，作为人工可调的材料为人们研究非厄米提供了方便可调、易于制备和表征的绝佳实验平台，实现了许多在电子和开放量子系统中很难实现甚至是无法实现的新奇现象和效应；另一方面，调控玻色子的人工材料区别于调控费米子的电子材料，有望产生全新的非厄米物理和现象。

除了基础原理的研究与探索之外，非厄米人工材料在实际应用中也显示出重大的潜在价值。基于非厄米效应，一些可能应用和原型器件也被相继开发出来。例如，奇异点处能谱的特殊性，使其对于待测物理量的响应表现出奇特的性质，即响应信号强度与被测量强度的平方根呈线性关系（高阶奇异点可实现更高次方的响应），可以检测到很小的缺陷或者扰动，有望应用于高灵敏光 / 声学微腔等检测系统和传感器中。其他典型例子包括非互易传输、单模激光、光电模式转化、完美吸收、单向放大等等。这些成果表明基于人工材料的可调可控性，非厄米独特的现象和效应能够被充分地挖掘和开发，或可实现一些传统手段和传统材料无法实现的功能和应用。

目前，国际上研究非厄米人工材料的团队有数十个之多，包括宾夕法尼亚大学、华盛顿大学、杜克大学、米兰理工大学、马格德堡大学、南洋理工大学、马德里卡洛斯三世大学等。与此同时，我国也有一大批活跃在这个领域的团队，如香港大学、清华大学、北京大学、香港科技大学、香港理工大学、复旦大学、香港浸会大学、南京大学、武汉大学、华中科技大学、南开大学、中山大学、浙江大学、同济大学、北京计算科学研究中心等。国内团队的研究富有特色，特别是在声学非厄米调控的理论和实验研究方面处于世界领先地位，在这方面取得了一系列重要成果；然而，在光学非厄米调控，特别是在光频段的非厄米研究上，我们还需要进一步加强，后者对于实现光学微腔等重要应用有非常重要的推动作用。

综上所述，基于人工材料研究非厄米物理是一个非常活跃和前沿的研究领域，不仅在基础物理上可以产生一系列新奇的原理和现象，还可以为基于光 / 声功能材料的设计和开发提供全新的原理和方法。而作为以 5G 通信为基础的大数据时代下主要的信息、通信和智能交互载体，光 / 声功能材料的创新和发展已经刻不容缓。基于非厄米效应开发光 / 声功能材料能够将原本的负面因素如损耗等转化为可调控的积极手段，为实现新颖的器件性能和实际应用提供重要指引。

### （三）关键科学、技术问题与发展方向

非厄米系统的研究经过十余年的发展，在阐述非厄米性在量子与经典系统中的作用，尤其是系统非封闭性如何表现为丰富的波动现象方面取得了很大进展。但是将非厄米性纳入全局厄米物理学中，在理论、实验体系、应用上，仍然有大量的问题尚待研究。

在理论层面，系统的非封闭性往往伴随着能量以热、光、振动等形式辐射出去，不可避免地带来多物理场的耦合，其有效模型的构建、简化与求解颇具挑战。此外，前期研究集中在线性系统，在拓展线性系统框架下的人工超材料理论方面已经有了较为深刻的认识，但是对于非线性、非平衡、多体系统的研究亟待深入。比如，实际系统中非线性动力学具有很多有趣的现象，诸如混沌、分叉、同步等等，其底层机制是非厄米的，理论层面的探索尚未见到。

在实验层面，目前实现非厄米的途径往往还是局限在将系统抽象为基本物理模型，比如通过设计外场以实现增益损耗或者非互易耦合。在这里，人工材料起到构建基本模型的作用，如何利用人工材料的特性去实现主动可控、可调的非厄米项，如何利用多物理场耦合，将天然的系统有机结合成一个整体以表征其非厄米性特有的贡献，开发小型集成化低能耗非厄米器件，仍然停留在实验室验证阶段。在面向应用方面的研究仍需时间积累。

因此，未来5～15年中，非厄米系统以及非厄米人工材料的研究需要探索和解决以下科学问题：

（1）非厄米与拓扑、能带理论在线性系统中的结合。复能带中的拓扑性质与分类，体边对应关系仍然不清晰。尽管广义布里渊区方法在处理开放一维系统中已经卓有成效，但是其高维系统的适应性依然未知。在构建高维系统上，人工材料具有很大的优势，可以为探索这类问题提供很好的平台。同时非厄米系统的拓扑分类仍然在持续增长中，非厄米拓扑具有广阔的研究空间。

（2）多体系统的非厄米物理。不同于电子系统中相互作用繁杂并不可控，人工材料可以自由设计其相互作用。相互作用系统下，是否有独属于非厄米系统的多体态？如何分类？有什么特有现象？这些仍然是未知问题。

（3）非线性与非平衡系统中的非厄米物理。一些非平衡系统，诸如活性物质或者生物系统中的非线性与非厄米现象，还期待新的理论框架去描述。

（4）非厄米物理与多学科交叉问题，现有的交叉已经从量子力学辐射到光学、电磁学、机械学、声学甚至统计物理等等。未来与软物质、生物，甚至人类社会这个天然的非线性开放系统的交叉研究，值得深入探索。

（5）多物理场人工材料的耦合问题，目前研究多停留在某一类人工材料，再额外叠加非厄米贡献，如果将现有声、光、电、机械等人工材料耦合起来，在波动调控方面可能有新的突破。

（6）集成化、小型化器件的研发。目前实验系统还多停留在原理阐述，在非厄米系统的搭建上，其尺寸、能耗、响应时间、工作范围都还有很大的优化空间。

我国目前在人工材料的研究中处在世界前列，无论是新型人工材料的提出、制备、应用，都有了长足的发展。结合人工材料按需设计的优势，可以将人工材料的特性与非厄米物理学相结合，开展非厄米物理以及新型功能材料和器件的研究，发展波动调控的新原理、新方法和新技术。但是目前实验体系主要局限在线性系统中的声波段或者微波段，往高频电磁波和弹性声波的探索还有待加强。且由于非厄米系统天然的奇异点敏感性或者边界敏感性，高精度的样品制备与探测能力制约着整个领域的发展。

结合我国已有的优势与上述亟待解决的科学问题，重点研究非厄米物理框架下多物理场相互作用衍生出的新效应，并且在此基础上研制相关的原型器件。建议优先发展领域和重要方向包括以下几个方面。

（1）非线性系统中的非厄米人工材料。未来有望在激光、高灵敏度探测等领域取得突破。

（2）非厄米无线能量传输。有望极大地提高现有器件能量传输效率。

（3）非厄米人工拓扑结构。其局域能量增强效应，有望未来在能源领域、催化生物制药领域取得应用。

（4）非厄米系统动力学演化研究。比如，可在系统的动力学演化中揭示其黎曼相空间的奇妙特性，可以实现拓扑不变量的直接测量。

（5）非厄米系统中的多物理场耦合。人工材料的特性适用于多物理场，而非厄米的非封闭性本质上也与多物理场相关。多物理场耦合下的多层次人工材料对提高系统集成度无疑是非常有利的。

（6）非厄米系统与随机酉电路。非线性响应是人工神经网络执行复杂操作的根源，非厄米系统与随机酉电路的关联，有望为理解人工神经网络提供新的见解，并基于非厄米人工材料设计被动逻辑器件。

# 第八章

# 保障措施及建议

目前，我国正处于从科技大国向科技强国转变这一关键时期。科学技术领域的政策更加需要考虑发展的均衡性，这涉及人才培养、研究队伍、研究工具的开发、应用研究和资源配置等多个方面。综合量子物质领域的研究特点、发展现状和国家需求，为保障未来我国在该领域的持续发展并进入科技强国行列，我们从以下几个方面提出一些建议。

（1）科学研究的投入是领域持续发展的根本前提和必要保障。近年来，我国在科学研究上的投入不断增加，整体科研水平实现了质的提升。然而与发达国家相比，我国基础研究投入力度仍显不足，研发支出结构仍待完善，经费来源渠道相对狭窄。保证持续稳定的经费投入，积极拓宽科研经费来源，是量子物质领域可持续发展的必要保障。同时，需要以合理的资源配置促进领域的平衡发展，提高科研经费的分配和使用效率。合理的资源配置是一个学科实现持续良性发展的基础。应当统筹考虑领域现有研究基础、国家战略需求和领域发展的主流趋势，以科学规划、有序推进和有效实施为原则，协同或引领相关领域的持续良性发展，优化定向性团队攻关研究和自由探索类研究的资源配置，避免重复性的研究，提高经费使用效率。

进一步完善科研评价体系，营造良好的学术氛围和宽松的科研环境，提高研究人员的工作热情。在坚持公平公开和鼓励创新的原则下，根据领域内不同类型研究的自身特点，有针对性地设立评价标准，平衡弹性管理和促进性考核，实现人才队伍和学科领域的最优发展。

（2）量子物质与应用前沿领域涉及凝聚态物理、计算科学、材料科学、化学、人工智能、信息科学等多个学科方向。然而，由于研究关注点和研究手段的不同，学科之间会存在“学科壁垒”。为此，建议完善跨学科的交流机制，建立更活跃的跨学科交流网络，促进学科间学术交流与思想碰撞。鼓励国内不同研究小组之间的深入合作，建立有效的组织结构和联合研究中心，充分利用国内深厚的技术基础和多样性的文化背景来产生“从 0 到 1”的新思想。组建具有不同学科背景的联合攻关团队，并明确适合跨学科合作模式下符合时代发展的成果贡献体现形式和考核评价机制，鼓励研究者围绕重大基础问题开展长期、深入的合作。

（3）在基础研究和应用开发中，应鼓励和坚持走自主创新的道路。增强配套能力和核心竞争力，建立有自主知识产权的产业链，建立新材料结构设计 / 制造 / 认证评价的基础支撑体系。创新是发展的不竭动力，提高自主创新能力，特别是“源头创新”尤为重要，也是建设科技强国过程中摆在我们面前的重大任务。对于量子物质前沿领域，需要实现原创性基础物理研究、高质量新材料制备和新型原型器件开发的紧密结合，协同创新。这要求进一步推进理论研究和实验研究的高效结合，进一步发展高质量材料制备和精密物性测量技术。

新量子物质体系和新量子现象的发现需要长期的科学积累，依靠研究人员在物理、化学、材料等学科交叉方面丰富的研究经验、长期而大量的尝试探索以及敏锐的科学直觉。该类研究具有起点高、难度大、投入多、研究周期长等显著特点，存在较大的不确定性和风险性。对这类“高风险、高回报”的研究课题，需要建立合理的评估体系，实现长期稳定支持，设立对口专家定期跟进项目进展，建立鼓励原创性工作、宽容探索失败的机制，从而可能获得“十年磨一剑”的重大成果。

（4）重视人才队伍的结构化培养，一方面要扩大当前科研队伍的规模，增加高水平科研人才的数量，实现研究队伍规模达到原始创新的临界值，另一方面要合理配置科研队伍，优化队伍中实验、理论、技术支撑和科研管理人员的结构。在经费支持方面，注重老中青和传帮带，注重科研人员年龄衔接方面的合理优化，防止人才断层；在人才梯队建设方面，要建立良好的人才评价机制，注重小同行评审，有效支持长期探索钻研的科研人才；在人才引进、项目申请等方面对年轻科研人员可给予适当倾斜；重视技术人员培养，建立技术人员支持和晋升的成熟机制。

后备人才培养还需要重视基础教育，优化学科的课程教育体系，培养基础扎实的复合型创新人才。扩大交叉领域研究生层次的人才培养规模，可考虑建立相应的专业委员会，制定学科人才培养的目标与标准，改变目前本科和研究生阶段课程设置的落后现状。

（5）深化企业、科研院所和高校之间的合作，注重前沿基础研究与产业界的联系，构建管理部门、创新企业和研究机构的交流平台，提高技术创新能力和创新技术的产品转化，通过创新成果的不断涌现推动应用技术的孵化，力争实现“基础研究–技术创造–成果转移–产品开发”全链条的创新体系。对通用的核心实验技术和有应用前景的前沿表征技术进行推广，加强产业化的配套政策支持，将综合考虑科研项目、人才团队、企业资质三个因素作为政策导向的主要依据，对有核心自主知识产权的国产高端精密设备予以相应的政策倾斜；针对芯片架构、算法等方面的探索，鼓励研究机构与相关领域企业联合攻关，从应用角度提出关键问题，实施问题导向的研究。同时，完善领域监管和市场角色建设，发展相关咨询、出版、技术支持、知识产权和法律保障等配套环节。

（6）新量子物质体系的探索、新量子现象的发现以及新调控手段的开发均需要更多具有新功能的仪器设备。目前，先进的科研设备和高端的生产设备研发在我国还是短板，也是容易被“卡脖子”的地方。我国近年来投入的科研经费中，较多设备费流向了国际科研设备厂商。因此，应鼓励对科研设备的自主研发，开展多样化的仪器研制项目，在创新性科学仪器和高品质仪器的量产化等方面提高自身的研发能力。相关研发项目建议主要包括三类：第一类是以解决科学问题为导向开展重大科学仪器的自主研发，项目中需包含多个互相关联的核心子部件，且实现自主知识产权的国产化制造，从而组装形成可直接进行前沿科学实验的科学装置；第二类是针对单个核心技术或部件开展自主研发，项目不要求技术的直接应用，以从“0到1”的技术突破为导向，解决各领域中“卡脖子”的技术瓶颈；第三类是对于具有自主研发能力和已有自主研发设备的研究团队，应加大对其未来研究项目的资助力度，鼓励自研设备在解决前沿科学问题的同时能够持续性地进行技术创新和改进。

（7）在新的国际环境下，建立国际学术交流和合作的新途径、新模式。在原创思想产生、实验技术积累、高水平青年人才储备等方面，发达国家仍然具有明显的优势。应坚持开放的国际合作和学术交流，鼓励国际合作研究，掌握领域的最新发展动向和趋势，提升我国在科技领域的国际影响力；做好国外人才引进工作，充分利用国际智力资源。

# 参 考 文 献


向涛 . 2007. d 波超导体 [M]. 北京：科学出版社 .

赵忠贤 , 于渌 . 2013. 铁基超导体物性基础研究 [M]. 上海：上海科学技术出版社 .

Anderson P W. 1972. More is different: Broken symmetry and the nature of the hierarchical structure of science[J]. Science, 177(4047): 393-396.

APS. 2018. Celebrating 125 years of The Physical Review[EB/OL] https://journals.aps.org/125years[2022-06-10].

APS. 2020. Physical Review B 50th Anniversary Milestones[EB/OL] https://journals.aps.org/prb/50th[2022-06-10].

Ashcroft N W. 1968. Metallic hydrogen: A high-temperature superconductor? [J]. Physical Review Letters, 21(26): 1748-1750.

Bardeen J, Cooper L N, Schrieffer J R. 1957. Microscopic theory of superconductivity[J]. Physical Review, 106(1): 162-164.

Bauer E, Hilscher G, Michor H, et al. 2004. Heavy fermion superconductivity and magnetic order in noncentrosymmetric $CePt_3Si$[J]. Physical Review Letters, 92(2): 027003.

Bednorz J G, Mueller K A. 1986. Possible high $T_C$ superconductivity in the Ba-La-Cu-O system[J]. Zeitschrift für Physik B Condensed Matter, 64: 189-193.

Benalcazar W A, Bernevig B A, Hughes T L. 2017. Quantized electric multipole insulators[J]. Science, 357(6346): 61-66.

Bergeron D E, Castleman Jr A W, Morisato T, et al. 2004. Formation of $Al_{13}I^-$: Evidence for the superhalogen character of $Al_{13}$[J]. Science, 304(5667): 84-87.

Bernevig B A, Hughes T L, Zhang S C. 2006. Quantum spin Hall effect and topological phase transition in HgTe quantum wells[J]. Science, 314(5806): 1757-1761.

Broholm C, Cava R J, Kivelson S A, et al. 2020. Quantum spin liquids[J]. Science, 367(6475): eaay0668.

Cao Y, Fatemi V, Demir A, et al. 2018a. Correlated insulator behaviour at half-filling in magic-angle graphene superlattices[J]. Nature, 556(7699): 80-84.

Cao Y, Fatemi V, Fang S, et al. 2018b. Unconventional superconductivity in magic-angle graphene superlattices[J]. Nature, 556(7699): 43-50.

Chang C, Zhang J, Feng X, et al. 2013. Experimental observation of the quantum anomalous Hall effect in a magnetic topological insulator[J]. Science, 340 (6129): 167-170.

Chen G F, Li Z, Wu D, et al. 2008. Superconductivity at 41 K and its competition with spin-density-wave instability in layered $CeO_{1-x}F_xFeAs$[J]. Physical Review Letters, 100(24): 247002.

Chen X H, Wu T, Wu G, et al. 2008. Superconductivity at 43 K in $SmFeAsO_{(1-x)}F_x$[J], Nature, 453: 761-762.

Cheong S W. 2021. 5th Anniversary of npj Quantum Materials[J]. npj Quantum Materials, 6(1): 1-2.

Chu J H, Kuo H H, Analytis J G, et al. 2012. Divergent nematic susceptibility in an iron arsenide superconductor[J]. Science, 337(6095): 710-712.

Chubukov A. 2012. Pairing mechanism in Fe-based superconductors[J]. Annual Review of Condensed Matter Physics, 3(1): 57-92.

Dagotto E. 2005. Complexity in strongly correlated electronic systems[J]. Science, 309(5732): 257-262.

de la Torre A, Kennes D M, Claassen M, et al. 2021. Colloquium: Nonthermal pathways to ultrafast control in quantum materials[J]. Reviews of Modern Physics, 93(4): 041002.

Drozdov A P, Eremets M I, Troyan I A, et al. 2015. Conventional superconductivity at 203 Kelvin at high pressures in the sulfur hydride system[J]. Nature, 525: 73-76.

Drozdov A P, Kong P P, Minkov V S, et al. 2019. Superconductivity at 250 K in lanthanum hydride under high pressures[J]. Nature, 569: 528-531.

Feng B, Zhang J, Zhong Q, et al. 2016. Experimental realization of two-dimensional boron sheets[J]. Nature Chemistry, 8(6): 563-568.

Fernandes R, Colde A, Ding H, et al. 2022. Iron pnictides and chalcogenides: a new paradigm for superconductivity[J]. Nature, 601(7891):35-44.

Fradkin E, Kivelson S A, Tranquada J M. 2015. Colloquium: Theory of intertwined orders in high temperature superconductors[J]. Reviews of Modern Physics, 87(2): 457.

Fu L, Kane C L. 2008. Superconducting proximity effect and Majorana fermions at the surface of a topological insulator[J]. Physical Review Letters, 100(9): 096407.

Gogotsi Y, Anasori B. 2019. The rise of MXenes[J]. ACS Nano, 13(8): 8491-8494.

Gong C, Zhang X. 2019. Two-dimensional magnetic crystals and emergent heterostructure devices[J]. Science, 363(6428): eaav4450.

Guo J, Lü J T, Feng Y, et al. 2016. Nuclear quantum effects of hydrogen bonds probed by tip-enhanced inelastic electron tunneling[J]. Science, 352(6283): 321-325.

Haldane F D M. 1988. Model for a quantum Hall effect without Landau levels: Condensed-matter realization of the "Parity Anomaly" [J]. Physical Review Letters, 61(18): 2015-2018.

Hao N, Hu J. 2014. Topological phases in the single-layer FeSe[J]. Physical Review X, 4(3): 031053.

Hasan M Z, Kane C L. 2010. Colloquium: topological insulators[J]. Reviews of Modern Physics, 82(4): 3045.

Haule K, Kotliar G. 2009. Coherence–incoherence crossover in the normal state of iron oxypnictides and importance of Hund's rule coupling[J]. New Journal of Physics, 11(2): 025021.

Hebard A, Rosseinsky M, Haddon R, et al. 1991. Superconductivity at 18 K in potassium-doped $C_{60}$[J]. Nature, 350: 600-601.

Huang B, McGuire M A, May A F, et al. 2020. Emergent phenomena and proximity effects in two-dimensional magnets and heterostructures[J]. Nature Materials, 19(12): 1276-1289.

Jérome D, Mazaud A, Ribault M, et al. 1980. Superconductivity in a synthetic organic conductor $(TMTSF)_2PF_6$[J]. Journal de Physique Lettres, 41(4): 95-98.

Kamihara Y, Watanabe T, Hirano M, et al. 2008. Iron-based layered superconductor $LaO_{1-x}F_xFeAs$ ($x$ = 0.05–0.12) with $T_c$ = 26 K[J]. Journal of the American Chemical Society, 130(11): 3296-3297.

Kane C L, Mele E J. 2005. $Z_2$ topological order and the quantum spin Hall effect[J]. Physical Review Letters, 95(14): 146802.

Keimer B, Kivelson S A, Norman M R, et al. 2015. From quantum matter to high-temperature superconductivity in copper oxides[J]. Nature, 518(7538): 179-186.

Keimer B, Moore J E. 2017. The physics of quantum materials[J]. Nature Physics, 13(11): 1045-1055.

Kim B J, Jin H, Moon S J, et al. 2008. Novel $J_{eff}$= 1/2 Mott state induced by relativistic spin-orbit coupling in $Sr_2IrO_4$[J]. Physical Review Letters, 101(7): 076402.

Kitaev A Y. 1997. Quantum computations: algorithms and error correction[J]. Russian Mathematical Surveys, 52(6): 1191.

Kitaev A Y. 2003. Fault-tolerant quantum computation by anyons[J]. Annals of Physics, 303(1): 2-30.

Klitzing K V, Dorda G, Pepper M. 1980. New method for high-accuracy determination of the fine-structure constant based on quantized Hall resistance[J]. Physical Review Letters, 45(6): 494-497.

Knight W D, Clemenger K, de Heer W A, et al. 1984. Electronic Shell Structure and Abundances of Sodium Clusters[J]. Physical Review Letters, 52(24): 2141-2143.

Lee J J, Schmitt F T, Moore R G, et al. 2014. Interfacial mode coupling as the origin of the enhancement of $T_c$ in FeSe films on $SrTiO_3$[J]. Nature, 515(7526): 245-248.

Li D, Lee K, Wang B Y, et al. 2019. Superconductivity in an infinite-layer nickelate[J]. Nature, 572(7771): 624-627.

Li J, Li Y, Du S, et al. 2019. Intrinsic magnetic topological insulators in van der Waals layered $MnBi_2Te_4$-family materials[J]. Science Advances, 5(6): eaaw5685.

Li L, Sun K, Kurdak C, et al. 2020. Emergent mystery in the Kondo insulator samarium hexaboride[J]. Nature Reviews Physics, 2(9): 463-479.

Li L, Yu Y, Ye G J, et al. 2014. Black phosphorus field-effect transistors[J]. Nature Nanotechnology, 9(5): 372-377.

Liang S J, Cheng B, Cui X, et al. 2020. Van der Waals heterostructures for high - performance device applications: challenges and opportunities[J]. Advanced Materials, 32(27): 1903800.

Liu E, Sun Y, Kumar N, et al. 2018. Giant anomalous Hall effect in a ferromagnetic kagome-lattice semimetal[J]. Nature Physics, 2018, 14(11): 1125-1131.

Liu Q, Chen C, Zhang T, et al. 2018. Robust and clean Majorana zero mode in the vortex core of high-temperature superconductor $(Li_{0.84}Fe_{0.16})$ OHFeSe[J]. Physical Review X, 8(4): 041056.

Lu J M, Zheliuk O, Leermakers I, et al. 2015. Evidence for two-dimensional Ising superconductivity in gated $MoS_2$[J]. Science, 350(6266): 1353-1357.

Lutchyn R M, Sau J D, Sarma S D. 2010. Majorana fermions and a topological phase transition in semiconductor-superconductor heterostructures[J]. Physical Review Letters, 105(7): 077001.

Lv B Q, Weng H M, Fu B B, et al. 2015. Experimental discovery of Weyl semimetal TaAs[J]. Physical Review X, 5(3): 031013.

Mackenzie A P, Scaffidi T, Hicks C W, et al. 2017. Even odder after twenty-three years: the superconducting order parameter puzzle of $Sr_2RuO_4$[J]. npj Quantum Materials, 2(1): 1-9.

Majorana E. 1937. Teoria simmetrica dell' elettrone e del positrone[J]. Il Nuovo Cimento (1924-1942), 14(4): 171-184.

Mazin I I, Singh D J, Johannes M D, et al. 2008. Unconventional superconductivity with a sign

reversal in the order parameter of $LaFeAsO_{1-x}F_x$[J]. Physical Review Letters, 101(5): 057003.
McMillan W L. 1968. Transition temperature of strong-coupled superconductors[J]. Physical Review, 167(2): 331.
Meng X, Guo J, Peng J, et al. 2015. Direct visualization of concerted proton tunnelling in a water nanocluster[J]. Nature Physics, 11(3): 235-239.
Molle A, Goldberger J, Houssa M, et al. 2017. Buckled two-dimensional Xene sheets[J]. Nature materials, 16(2): 163-169.
Mourik V, Zuo K, Frolov S M, et al. 2012. Signatures of Majorana fermions in hybrid superconductor-semiconductor nanowire devices[J]. Science, 336(6084): 1003-1007.
Mühlbauer S, Binz B, Jonietz F, et al. 2009. Skyrmion lattice in a chiral magnet[J]. Science, 323(5916): 915-919.
Nadj-Perge S, Drozdov I K, Li J, et al. 2014. Observation of Majorana fermions in ferromagnetic atomic chains on a superconductor[J]. Science, 346(6209): 602-607.
Novoselov K S, Geim A K, Morozov S V, et al. 2004. Electric field effect in atomically thin carbon films[J]. Science, 306(5696): 666-669.
Orenstein J. 2012. Ultrafast spectroscopy of quantum materials[J]. Physics Today, 65(9): 44.
Ozawa T, Price H M, Amo A, et al. 2019. Topological photonics[J]. Reviews of Modern Physics, 91(1): 015006.
Po H C, Watanabe H, Vishwanath A. 2018. Fragile topology and Wannier obstructions[J]. Physical Review Letters, 121(12): 126402.
Qi X L, Zhang S C. 2011. Topological insulators and superconductors[J]. Reviews of Modern Physics, 83(4): 1057-1110.
Ren Z A, Lu W, Yang J, et al. 2008. Superconductivity at 55 K in iron-based F-doped layered quaternary compound $Sm[O_{1-x}F_x]$ FeAs[J]. Chinese Physics Letters, 25(6): 2215.
Samarth N. 2017. Quantum materials discovery from a synthesis perspective[J]. Nature Materials, 16(11): 1068-1076.
Schäfer F, Fukuhara T, Sugawa S, et al. 2020. Tools for quantum simulation with ultracold atoms in optical lattices[J]. Nature Reviews Physics, 2(8): 411-425.
Schaibley J R, Yu H, Clark G, et al. 2016. Valleytronics in 2D materials[J]. Nature Reviews Materials, 1(11): 1-15.
Science. 2005. What don't we know?[EB/OL]. https://www.science.org/doi/10.1126/science.309.5731.75[2022-06-10].
Shibauchi T, Carrington A, Matsuda Y. 2014. A quantum critical point lying beneath the superconducting dome in iron pnictides[J]. Annu. Rev. Condens. Matter Phys., 5(1): 113-135.

Skyrme T H R. 1962. A unified field theory of mesons and baryons[J]. Nuclear Physics, 31: 556-569.

Song Z D, Elcoro L, Xu Y F, et al. 2020. Fragile phases as affine monoids: classification and material examples[J]. Physical Review X, 10(3): 031001.

Steglich F, Aarts J, Bredl C D, et al. 1979. Superconductivity in the presence of strong Pauli paramagnetism: $CeCu_2Si_2$[J]. Physical Review Letters, 43(25): 1892-1896.

Sun H H, Zhang K W, Hu L H, et al. 2016. Majorana zero mode detected with spin selective Andreev reflection in the vortex of a topological superconductor[J]. Physical Review Letters, 116(25): 257003.

Tang F, Po H C, Vishwanath A, et al. 2019. Comprehensive search for topological materials using symmetry indicators[J]. Nature, 566(7745): 486-489.

Tokura Y, Kawasaki M, Nagaosa N. 2017. Emergent functions of quantum materials[J]. Nature Physics, 13(11): 1056-1068.

Tsui D C, Stormer H L, Gossard A C. 1982. Two-dimensional magnetotransport in the extreme quantum limit[J]. Physical Review Letters, 48(22): 1559-1562.

Uehara M, Mori S, Chen C H, et al. 1999. Percolative phase separation underlies colossal magnetoresistance in mixed-valent manganites[J]. Nature, 399(6736): 560-563.

Vergniory M G, Elcoro L, Felser C, et al. 2019. A complete catalogue of high-quality topological materials[J]. Nature, 566(7745): 480-485.

Wan X, Turner A M, Vishwanath A, et al. 2011. Topological semimetal and Fermi-arc surface states in the electronic structure of pyrochlore iridates[J]. Physical Review B, 83(20): 205101.

Wang D, Kong L, Fan P, et al. 2018. Evidence for Majorana bound states in an iron-based superconductor[J]. Science, 362(6412): 333-335.

Wang M X, Liu C, Xu J P, et al. 2012. The coexistence of superconductivity and topological order in the $Bi_2Se_3$ thin films[J]. Science, 336(6077): 52-55.

Wang Q Y, Li Z, Zhang W H, et al. 2012. Interface-induced high-temperature superconductivity in single unit-cell FeSe films on $SrTiO_3$[J]. Chinese Physics Letters, 29(3): 037402.

Wang Z, Chong Y, Joannopoulos J D, et al. 2009. Observation of unidirectional backscattering-immune topological electromagnetic states[J]. Nature, 461(7265): 772-775.

Wang Z, Zhang P, Xu G, et al. 2015. Topological nature of the $FeSe_{0.5}Te_{0.5}$ superconductor[J]. Physical Review B, 92(11): 115119.

Weng H, Fang C, Fang Z, et al. 2015. Weyl semimetal phase in noncentrosymmetric transition-metal monophosphides[J]. Physical Review X, 5(1): 011029.

Wu S, Fatemi V, Gibson Q D, et al. 2018. Observation of the quantum spin Hall effect up to 100 kelvin in a monolayer crystal[J]. Science, 359(6371): 76-79.

Xu G, Lian B, Tang P, et al. 2016. Topological superconductivity on the surface of Fe-based superconductors[J]. Physical Review Letters, 117(4): 047001.

Xu S Y, Belopolski I, Alidoust N, et al. 2015. Discovery of a Weyl fermion semimetal and topological Fermi arcs[J]. Science, 349(6248): 613-617.

Yablonovitch E. 1987. Inhibited spontaneous emission in solid-state physics and electronics[J]. Physical Review Letters, 58(20): 2059.

Yang C, Liu Y, Wang Y, et al. 2019. Intermediate bosonic metallic state in the superconductor-insulator transition[J]. Science, 366(6472): 1505-1509.

Yang L X, Liu Z K, Sun Y, et al. 2015. Weyl semimetal phase in the non-centrosymmetric compound TaAs[J]. Nature Physics, 11(9): 728-732.

Yao S, Wang Z. 2018. Edge states and topological invariants of non-Hermitian systems[J]. Physical Review Letters, 121(8): 086803.

Yip S. 2014. Noncentrosymmetric superconductors[J]. Annu. Rev. Condens. Matter Phys., 5(2): 15-33.

Yu R, Zhang W, Zhang H J, et al. 2010. Quantized anomalous Hall effect in magnetic topological insulators[J]. Science, 329(5987): 61-64.

Zhang T, Jiang Y, Song Z, et al. 2019. Catalogue of topological electronic materials[J]. Nature, 566(7745): 475-479.

Zhou Y, Kanoda K, Ng T K. 2017. Quantum spin liquid states[J]. Reviews of Modern Physics, 89(2): 025003.

# 关键词索引


## B

半导体纳米线　181, 198, 203, 204, 207, 221, 229, 230, 231, 232, 233, 234, 235

## C

材料基因工程　20, 388, 390, 398, 400, 402, 403

材料科学　5, 11, 22, 63, 80, 120, 184, 188, 223, 234, 247, 255, 273, 295, 296, 299, 357, 360, 392, 398, 399, 400, 401, 404, 435

超导材料　3, 12, 14, 15, 25, 26, 27, 28, 30, 31, 32, 33, 37, 38, 39, 42, 45, 46, 53, 54, 55, 56, 58, 59, 60, 61, 62, 63, 64, 65, 66, 67, 68, 69, 73, 83, 85, 86, 87, 90, 92, 93, 94, 95, 96, 98, 99, 100, 101, 103, 104, 105, 106, 147, 151, 196, 197, 229, 230, 232, 241, 255, 256, 258, 328, 347, 364, 366, 381, 387, 389, 395, 397, 398, 399

超导磁共振成像　96

超导磁体技术　95, 96, 98, 277

超导电力技术　14, 94, 95, 96, 98

超导量子干涉器件　100

超导量子计算　14, 16, 100, 102, 105, 198

超导配对对称性　29, 37, 38, 44, 50, 58, 88, 90, 183, 364

超导数字电路　100

超导无源器件　104, 105

超导与强关联体系　6, 13, 24

超短脉冲激光 20, 278, 373, 374, 375, 378, 379
超冷原子量子模拟 368, 369, 371
超流和绝缘态相变 370
陈绝缘体 83, 84, 85, 185
磁斯格明子 17, 281, 285, 291, 292, 297, 298
磁性随机存储器 284, 285, 286
磁性拓扑材料 15, 17, 152, 153, 154, 155, 200, 281, 318
脆拓扑态 152

## D

大科学装置 12, 47, 50, 87, 94, 175, 227, 300, 399, 400, 403
低功耗电子器件 175
低维量子体系 6, 8, 9, 13, 16, 220, 221, 222, 363, 365
狄拉克半金属 138, 152, 178, 179, 180, 185, 233, 318, 362
电声子耦合 13, 24, 25, 55, 126, 239, 275
电子相分离 18, 282, 283, 326, 327, 328, 329, 330, 331
动力学平均场 36, 47, 52, 123, 125, 126, 132, 133, 271
对称性自发破缺 5, 14, 50, 75, 76, 108
多自由度耦合量子物态体系 6, 9, 13, 17

## E

二维材料 8, 12, 16, 35, 81, 82, 83, 84, 113, 116, 168, 170, 222, 236, 237, 238, 239, 240, 241, 242, 243, 244, 245, 246, 247, 248, 254, 256, 262, 263, 265, 269, 270, 271, 273, 275, 279, 299, 301, 302, 303, 304, 305, 315, 317, 318, 359, 395, 396, 415, 420
二维超导体系 241, 255, 256, 257, 259, 260
二维磁性材料 85, 251, 254, 264
二维拓扑超导体 199, 258, 259

## F

反铁磁涨落 14, 25, 33, 42, 44, 48, 76, 78, 79, 137
反铁磁自旋电子学 289, 290, 297, 299, 300
范德瓦耳斯异质结 80, 86, 236, 247, 248, 249, 250, 251, 252, 253, 254, 269, 303

非阿贝尔任意子　113, 115, 116, 122, 202, 203, 204, 206, 231, 245, 416
非常规超导电性　31, 60, 62, 80, 81, 87, 88, 89, 90, 91, 92, 93, 357
非厄米量子体系　149, 214, 217, 218, 219
非厄米人工材料　428, 430, 431, 432, 433
非平衡动力学　140, 141, 144, 146, 147, 238, 371
非线性霍尔效应　8, 176, 177, 178, 183
非易失性信息存储　327
非中心对称超导体　56, 65, 66, 67, 68, 69
分数量子霍尔效应　122, 129, 164, 169, 170, 171, 172, 175, 187, 206, 207, 208, 221, 360, 361, 381, 392, 401
分子铁电材料　313, 314, 319, 320
富氢高温超导体　70, 71, 72, 73, 74

## G

高阶拓扑绝缘体　150, 151, 153, 415, 419
高温超导体　2, 4, 7, 24, 26, 27, 28, 29, 30, 31, 32, 33, 41, 46, 47, 48, 49, 51, 52, 53, 55, 60, 62, 64, 70, 71, 72, 73, 74, 75, 76, 77, 78, 79, 80, 83, 87, 88, 91, 93, 114, 120, 121, 127, 129, 134, 135, 137, 143, 154, 184, 208, 242, 255, 257, 258, 259, 326, 360, 362, 364, 380, 392
高压物理　152
关联电子材料　2, 7, 75, 139, 184, 190, 249, 326, 377, 379, 393, 395, 397
关联电子体系　2, 3, 6, 7, 27, 30, 46, 53, 54, 57, 59, 62, 64, 67, 75, 91, 115, 116, 118, 123, 134, 184, 187, 188, 189, 218, 326, 327, 356, 357, 359, 360, 373, 404
光子晶体　157, 218, 405, 406, 407, 408, 409, 410, 411, 412, 413
过渡金属硫族化合物　8, 9, 30, 221, 236, 239, 301, 302, 303, 305

## H

氦物理　20, 367, 368, 370
核量子效应　19, 283, 346, 347, 348, 349, 350, 351, 352
黑磷　8, 9, 170, 177, 221, 222, 236, 237, 238, 239, 243, 263, 269

## J

极端条件下的新奇量子物态　6, 10, 13, 19, 353, 354, 363

角分辨光电子能谱 4, 25, 148, 151, 180, 245, 273, 274, 275, 276, 278, 279, 378, 383
界面超导 66, 254, 255, 256, 257, 258, 259, 260, 261, 395
界面物理 261

**L**

朗道费米液体理论 2, 3, 4, 6, 14, 24, 25, 39, 120, 185, 188
量子薄膜材料 381, 391, 392, 394, 395, 396, 397
量子材料 2, 9, 10, 11, 15, 16, 17, 19, 20, 21, 47, 54, 81, 83, 107, 120, 125, 126, 127, 131, 133, 150, 151, 153, 184, 188, 190, 207, 221, 222, 229, 230, 232, 233, 234, 235, 236, 237, 240, 243, 244, 245, 246, 247, 249, 252, 253, 256, 257, 260, 261, 264, 282, 283, 309, 318, 331, 338, 346, 354, 359, 361, 363, 365, 367, 369, 371, 373, 374, 375, 376, 377, 378, 379, 380, 381, 382, 383, 384, 386, 387, 388, 389, 390, 391, 392, 394, 396, 397, 398, 401, 402, 403, 404
量子反常霍尔效应 4, 8, 15, 16, 80, 83, 84, 85, 149, 152, 154, 155, 164, 165, 166, 167, 169, 180, 188, 221, 222, 249, 251, 273, 303, 361, 381, 391, 394, 401
量子混沌 47, 140, 141, 143, 145, 146, 147
量子霍尔效应 2, 3, 4, 7, 8, 86, 100, 122, 129, 138, 148, 149, 157, 158, 163, 164, 165, 167, 169, 170, 171, 172, 173, 174, 175, 176, 182, 185, 187, 206, 207, 208, 209, 221, 236, 256, 268, 318, 353, 360, 361, 362, 365, 369, 381, 392, 401, 407
量子金属态 255, 257, 258, 259
量子纠缠 57, 100, 107, 140, 141, 142, 143, 144, 145, 146, 147, 201, 202
量子蒙特卡罗模拟 51, 79, 123, 125, 129, 213
量子热霍尔效应 8, 171, 172, 173
量子物态的超快操纵 20, 377
量子物质 1, 2, 3, 4, 5, 6, 8, 9, 11, 12, 13, 20, 21, 22, 57, 107, 109, 123, 126, 127, 133, 179, 221, 222, 260, 263, 311, 312, 315, 316, 358, 360, 373, 380, 383, 390, 391, 396, 397, 404, 434, 435, 436

量子物质的探索与合成 6, 11, 13, 20, 380
量子相变与临界现象 120
量子自旋霍尔效应 8, 167, 168, 169, 238, 249, 394
量子自旋液体 7, 13, 25, 46, 107, 109, 110, 111, 112, 115, 116, 119, 120, 121, 122, 124, 125, 128, 129, 131, 188, 207, 208, 209, 211, 212, 213, 249, 382, 386, 389

## M

马约拉纳零能模 16, 43, 151, 154, 166, 174, 180, 181, 183, 193, 194, 195, 196, 197, 198, 199, 203, 204, 205, 206, 207, 229, 235, 258
门电压调控 31, 32, 237, 260, 261, 262, 263, 264, 265, 266
密度矩阵重正化群 47, 52, 124, 125, 130, 131, 142, 145
摩尔超晶格 84, 116, 247, 248, 249, 250, 252, 253, 254, 262, 304, 305

## N

能带理论 3, 4, 6, 120, 159, 184, 214, 215, 216, 217, 218, 307, 396, 412, 415, 430, 432
能谷电子学 18, 245, 282, 300, 301, 302, 306
凝聚态全量子态 283
凝聚态物理 2, 3, 4, 5, 6, 7, 9, 10, 14, 19, 22, 24, 46, 47, 50, 53, 55, 60, 61, 64, 66, 75, 76, 80, 81, 84, 87, 107, 109, 115, 120, 126, 127, 128, 129, 130, 134, 139, 148, 150, 152, 154, 163, 164, 170, 174, 176, 178, 181, 184, 185, 186, 188, 189, 190, 191, 201, 208, 211, 214, 215, 216, 218, 220, 221, 222, 225, 228, 231, 247, 248, 251, 255, 256, 260, 283, 285, 300, 303, 305, 306, 312, 318, 326, 327, 351, 352, 353, 355, 356, 357, 358, 360, 361, 363, 367, 370, 371, 378, 383, 389, 390, 392, 395, 396, 397, 411, 435

## P

平带物理 82, 83, 84

## Q

奇异金属 14, 48, 49, 50, 51, 52, 57, 75, 76, 77, 78, 79, 83, 127, 128, 134,

137, 139, 140, 249, 382

R

人工带隙材料 12, 21, 382, 404, 405, 411, 414, 415
人工神经网络 10, 327, 328, 329, 331, 340, 345, 416, 433

S

扫描探针技术 274, 275, 276, 277
扫描透射电子显微镜 275, 276, 279
声子晶体 218, 405, 411, 412, 413, 414, 415, 416
石墨烯 2, 8, 9, 16, 80, 81, 82, 83, 84, 85, 86, 116, 120, 122, 129, 164, 165, 166, 168, 170, 177, 179, 183, 187, 188, 221, 222, 224, 236, 237, 238, 239, 243, 245, 247, 248, 249, 250, 251, 252, 253, 254, 255, 262, 263, 269, 276, 301, 302, 303, 316, 348, 394, 396, 416, 420, 426

T

铁电畴工程 313
铁电和多铁材料 9, 18, 282
铁基高温超导 3, 26, 28, 30, 33, 37, 38, 45, 70, 87, 88, 91, 93, 120, 134, 139, 222
铜氧化物高温超导 4, 7, 26, 28, 30, 33, 41, 46, 47, 48, 49, 51, 52, 53, 62, 64, 75, 76, 77, 78, 79, 80, 87, 88, 91, 114, 117, 118, 121, 137, 145, 242, 257, 259
团簇与量子点 221, 222
拓扑半金属 3, 7, 15, 66, 113, 115, 148, 149, 150, 153, 155, 159, 160, 174, 175, 178, 179, 181, 182, 183, 184, 187, 190, 250, 253, 256, 258, 362, 363, 365, 368, 415, 419
拓扑玻色系统 156, 157, 158, 159, 160, 161, 162, 163
拓扑超导体 3, 8, 15, 30, 57, 68, 88, 120, 122, 148, 149, 150, 151, 154, 155, 164, 166, 173, 175, 183, 190, 191, 192, 195, 199, 200, 203, 206, 231, 258, 259, 362, 368
拓扑近藤绝缘体 58, 185, 186, 187
拓扑绝缘体 2, 3, 7, 8, 12, 15, 65, 68, 113, 115, 137, 148, 149, 150, 151, 152, 153, 154, 155, 157, 158, 159, 160, 165, 166, 169, 179, 181, 184, 185, 190, 192, 194, 195, 196, 198,

199, 200, 203, 207, 209, 221, 229, 231, 232, 238, 239, 240, 250, 253, 257, 258, 299, 305, 318, 363, 368, 378, 381, 391, 393, 394, 396, 401, 407, 415, 419, 430

拓扑量子计算　15, 16, 54, 66, 69, 107, 113, 115, 120, 122, 128, 149, 154, 155, 166, 167, 169, 173, 175, 183, 184, 191, 198, 200, 201, 202, 203, 204, 206, 207, 208, 214, 221, 229, 230, 231, 232, 235, 258, 368, 381, 391

拓扑量子物态体系　6, 7, 13, 15, 148, 214

拓扑量子相变　137, 149, 207, 210, 211, 358

拓扑序　107, 109, 141, 142, 143, 145, 146, 147, 149, 171, 172, 185, 190, 195, 201, 206, 207, 208, 209, 210, 211, 212, 213, 242, 318, 326, 363, 392, 394, 395, 398

## W

外尔半金属　8, 16, 66, 138, 149, 152, 153, 154, 165, 166, 178, 179, 180, 181, 183, 185, 187, 221, 229, 233, 250, 318, 362, 378, 389

微电子学　3, 284, 296, 344

无质量费米子激发　181

## X

新型热电材料　3, 9, 306, 307, 308, 309, 310

信息科学　5, 22, 81, 103, 188, 232, 247, 267, 435

## Y

演生物理　3, 21, 360

赝能隙　7, 14, 25, 48, 49, 50, 51, 52, 60, 62, 64, 75, 76, 77, 78, 79, 114, 117, 120, 121, 127, 128, 135, 143, 147, 330, 364

伊辛超导　255, 256, 264, 364

忆阻材料　19, 283, 332, 333, 335, 336, 338

有机超导体　29, 55, 59, 60, 61, 62, 63, 64, 362

原子制造技术　4, 228, 237

## Z

涨落效应　43, 51, 77, 109, 255, 310, 348

重费米子超导　3, 7, 29, 44, 54, 55, 56, 57, 58, 59, 60, 66, 67, 88, 108, 137, 362, 364

自旋波自旋电子学　284, 292, 298

自旋电子学　1, 5, 9, 10, 15, 17, 18, 113, 152, 154, 167, 169, 248, 249, 257, 261, 264, 281, 283, 284, 285, 288, 289, 290, 291, 292, 293, 294, 295, 296, 297, 298, 299, 300, 301, 318, 328, 329, 331

自旋轨道耦合　17, 20, 30, 59, 113, 114, 115, 117, 118, 166, 168, 192, 227, 230, 231, 232, 238, 239, 245, 249, 256, 264, 275, 293, 297, 304, 401, 407

自旋三重态超导　66, 67, 69

自旋有序态　50, 121